Andreas Steinwidder/Walter Starz

Gras dich fit!

Stocker stv

Andreas Steinwidder
Walter Starz

Gras dich fit!

Weidewirtschaft erfolgreich umsetzen

Leopold Stocker Verlag
Graz – Stuttgart

Umschlaggestaltung:
DSR Werbeagentur Rypka GmbH, 8143 Dobl/Graz, www.rypka.at
Titelbild: Sonja Keiblinger und Walter Starz

Bildnachweis:
Markus Danner, Veronika Edler, Johann Gasteiner, Rudolf Grabner, Johann Häusler, Marco Horn, Sonja Keiblinger, Henri Kohnen, Georg Neumann, Rupert Pfister, Helmut Riegler, Walter Starz, Andreas Steinwidder, Martin Tragler, Karl Wurm

Bibliografische Information der Deutschen Nationalbibliothek
Die Deutsche Nationalbibliothek verzeichnet diese Publikation in der Deutschen Nationalbibliografie; detaillierte bibliografische Daten sind im Internet unter http://dnb.d-nb.de abrufbar.

Hinweis: Dieses Buch wurde auf chlorfrei gebleichtem Papier gedruckt. Die zum Schutz vor Verschmutzung verwendete Einschweißfolie ist aus Polyethylen chlor- und schwefelfrei hergestellt. Diese umweltfreundliche Folie verhält sich grundwasserneutral, ist voll recyclingfähig und verbrennt in Müllverbrennungsanlagen völlig ungiftig.

Auf Wunsch senden wir Ihnen gerne kostenlos unser Verlagsverzeichnis zu:
Leopold Stocker Verlag GmbH
Hofgasse 5/Postfach 438
A-8011 Graz
Tel.: +43 (0)316/82 16 36
Fax: +43 (0)316/83 56 12
E-Mail: stocker-verlag@stocker-verlag.com
www.stocker-verlag.com

ISBN 978-3-7020-1516-9

Layout und Repro: DSR Werbeagentur Rypka GmbH, 8143 Dobl/Graz
Druck: Druckerei Theiss GmbH, 9431 St. Stefan

Inhalt

Vorwort der Autoren

Dr. Andreas Steinwidder (o.) und DI Walter Starz (u.)

Die Weidehaltung von Rindern hat im Alpenraum eine lange Tradition und ist mitverantwortlich für die mitteleuropäische Kulturlandschaft, die auch Touristinnen und Touristen genießen. Weidehaltung liefert wertvolle Produkte – so zeichnen sich Weidemilch und Weidefleisch durch eine besonders hohe Qualität aus. Weidende Tiere sind auch ein wichtiges Bindeglied zwischen Produzenten und Konsumenten. Die Weide wirkt sich zudem bei optimalem Management positiv auf die Tiergesundheit aus und stärkt die Widerstandsfähigkeit der Tiere. In der Biologischen Landwirtschaft hat die Weidehaltung eine große Bedeutung und ist daher in den Richtlinien verankert. Das Weidefutter liefert für Landwirtinnen und Landwirte das preiswerteste Grundfutter und ermöglicht damit Betriebsentwicklungen, welche sich von der High-Input-Strategie abheben.

Trotz dieser positiven Eigenschaften nimmt die Bedeutung der Weidehaltung seit rund 50 Jahren in Europa ab und ganzjährige Stallhaltungssysteme nehmen stark zu. Durch veränderte Rahmenbedingungen, wie steigende Energie- und Kraftfutterkosten, Weidemilch-Projekte sowie durch vermehrte Forschungs- und Umsetzungsaktivitäten, ist es in den letzten zwei Jahrzehnten jedoch gelungen, die Weidehaltung in Mitteleuropa wieder stärker ins Blickfeld zu rücken. Viele teilweise in Vergessenheit geratene Vorteile und auch Erfahrungen zu Weidestrategien müssen wiederentdeckt und mit neuen Forschungs- und Praxiserkenntnissen sinnvoll kombiniert werden.

Das vorliegende Buch wendet sich daher vorwiegend an die Bäuerinnen und Bauern, die sich mit Weidehaltung beschäftigen bzw. einen „Neueinstieg" in die Weidehaltung planen. Auf den Weidepflanzenbestand, verschiedene Weidesysteme, die Weidetechnik und natürlich die beweidenden Rinder wird deshalb besonders eingegangen. Das Fachbuch soll auch der Beratung und Lehre als umfassendes deutschsprachiges Nachschlagewerk zur Weidehaltung dienen.

Wir wollen damit aktuelle internationale und regionale Forschungs- und Praxisergebnisse zusammenfassen und daraus Empfehlungen für unsere speziellen Weide- und Klimabedingungen ableiten.

Obwohl wir in den einzelnen Kapiteln des Buches sehr spezifisch und im Detail auf vorhandenes Wissen eingehen, ersuchen wir die Leserin und den Leser, den Blick auf „das Ganze" nicht zu verlieren. Das Buch soll fundierte Informationen bieten und vor allem zum Gelingen der Weidehaltung und zur Freude an einer nachhaltigen, tiergemäßen, ökologischen und ökonomischen Rinderhaltung beitragen.

An dieser Stelle möchten wir uns bei den Kolleginnen und Kollegen aus Wissenschaft, Beratung, Lehre und den Verbänden sowie bei vielen Landwirtinnen und Landwirten bedanken – wesentliche Teile dieses Fachbuches bauen auf Ergebnisse aus mehrjähriger freundschaftlicher Zusammenarbeit mit ihnen auf. Wir bedanken uns auch bei unserem Dienstgeber, dem Bundesministerium für Land- und Forstwirtschaft, Umwelt und Wasserwirtschaft, für die Unterstützung unserer Forschungs- und Umsetzungsaktivitäten an der Höheren Bundeslehr- und Forschungsanstalt für Landwirtschaft Raumberg-Gumpenstein. Vielen Dank für die gute Zusammenarbeit an die Mitarbeiterinnen und Mitarbeiter der HBLFA Raumberg-Gumpenstein bzw. des Bio-Instituts!

Andreas Steinwidder und Walter Starz
Frühling 2015

Widmung

Wir möchten dieses Fachbuch **Dr. Peter Thomet** widmen.
Durch seine unermüdlichen Forschungs- und Umsetzungsaktivitäten hat er wesentlich zur Renaissance der Weidehaltung im Alpenraum beigetragen. Peter Thomet lebt in der Schweiz und war bis 2015 in Forschung, Lehre und Beratung an der Hochschule für Agrar-, Forst- und Lebensmittelwissenschaften in Zollikofen beschäftigt.
Wir danken ihm für die immer freundschaftliche Zusammenarbeit und fachliche Unterstützung.

Die Autoren

Priv.-Doz. Dr. Andreas Steinwidder, aufgewachsen am elterlichen landwirtschaftlichen Milchviehbetrieb in Mühlen, studierte an der Universität für Bodenkultur in Wien. Er war dort neben dem Studium auch als Vertragsassistent am Institut für Nutztierwissenschaften beschäftigt und legte die Befähigungsprüfung für die Lehr- und Beratungstätigkeit ab. Anschließend war Dr. Steinwidder ein Jahr in der Futtermittelbranche beschäftigt und wechselte danach an die Bundesanstalt für alpenländische Landwirtschaft (BAL Gumpenstein) nach Irdning. Dort war er zwischen 1995 und 2005 am Institut für Viehwirtschaft und Ernährungsphysiologie landwirtschaftlicher Nutztiere wissenschaftlich und beratend tätig. Im Jahr 2005 übernahm er an der neustrukturierten Höheren Bundeslehr- und Forschungsanstalt (HBLFA) für Landwirtschaft Raumberg-Gumpenstein die Leitung des Instituts für Biologische Landwirtschaft und Biodiversität der Nutztiere. In seiner wissenschaftlichen Funktion betreut er Versuche mit Rindern. Dabei werden vorhandene und neue Verfahren in der Rinderhaltung bearbeitet bzw. evaluiert. Besonderes Augenmerk wird auf die ökologischen, tiergesundheitlichen und ökonomischen Auswirkungen gelegt. Dr. Steinwidder arbeitet bei Forschung sowie Umsetzung der Ergebnisse eng mit Kollegen der Universitäten, Kammern, Ministerien, Schulen sowie mit Verbänden und Vermarktungsorganisationen zusammen.

DI Walter Starz studierte Landwirtschaft mit dem Schwerpunkt Biologische Landwirtschaft an der Universität für Bodenkultur in Wien. Während des Zivildienstes und des Studiums sammelte er viele praktische landwirtschaftliche Erfahrungen auf Rinder haltenden Gemischt- und Grünlandbetrieben von den Gunstlagen bis ins Almgebiet. Nach dem Ende des Studiums im Jahr 2005 begann er seine Tätigkeit an der Höheren Bundeslehr- und Forschungsanstalt (HBLFA) für Landwirtschaft Raumberg-Gumpenstein als Abteilungsleiter für Biologische Grünland- und Viehwirtschaft im Institut für Biologische Landwirtschaft und Biodiversität der Nutztiere. Im Rahmen seiner Tätigkeit führt er Versuche zur Nutzung des mitteleuropäischen Dauergrünlandes durch, die sich den Themenbereichen Wirtschaftsdünger, Lagerung und Anwendung sowie Bestandesführung von Dauerwiesen und Dauerweiden widmen. Ein besonderer Schwerpunkt liegt seit Beginn seiner Forschungstätigkeit in Fragestellungen zur Optimierung der Pflanzenbestände auf Dauerweiden. Durch seine Lehrtätigkeit als Lektor an der Universität für Bodenkultur für die Fächer Grünland in der Ökologischen Landwirtschaft und Case Studies in Organic Grassland Management werden die Forschungsergebnisse direkt an nationale und internationale Studierende weitergegeben. Daneben hält DI Starz jährlich Vorträge vor Bäuerinnen und Bauern und verfasst Fachartikel, um das erworbene Wissen direkt an die Orte der Umsetzung und Produktion zu bringen. Für eine weitere gute Verbreitung der Forschungsergebnisse sorgt eine enge und erfolgreiche Kooperation mit der Bioberatung in Österreich.

Online-Infos auf der Website des Bio-Instituts:
http://www.raumberg-gumpenstein.at/cm4/de/forschung/forschungsbereiche/bio-landwirtschaft-und-biodiversitder-nutztiere.html

Weidepflanzen

Bei Weidehaltung ist die Fläche, auf der die Tiere stehen, zugleich der Futtertisch. Der auf diesem Futtertisch wachsende Weidepflanzenbestand trägt entscheidend dazu bei, welche Erträge und Futterqualitäten möglich sind. Aufgrund der großen Bedeutung des Weidepflanzenbestandes für den Betrieb befasst sich das erste Kapitel mit den Weidepflanzen.

Vor rund fünf Millionen Jahren brachte die Evolution die ersten Vorfahren der heutigen Rinder, Schafe und Ziegen hervor. Seit dieser Zeit ernähren sich diese Tiergruppen in erster Linie von frischen Gräsern, die auch heute noch im Dauergrünland eine zentrale Rolle bei einer erfolgreichen Nutzung spielen. Was die wiederkäuenden Nutztiere auf den modernen landwirtschaftlichen Betrieben daher perfekt beherrschen, ist das Weiden und Verdauen dieser Gräser und Kräuter.

Neben den Leguminosen nehmen Gräser im Dauergrünland und so auch auf Weiden folglich eine besonders wichtige Rolle ein. Die Gräser sind es, die die größten Mengen an Nährstoffen (Energie, Faserstoffe etc.) bereitstellen. Das Grasgerüst entscheidet darüber, ob ein Pflanzenbestand kippt und mit unerwünschten Pflanzen verkrautet oder eine ertragreiche und dichte Grasnarbe bildet. Damit langfristig ein stabiler Weidepflanzenbestand aufgebaut werden kann, ist es wichtig, die Grundsätze des Graswachstums zu verstehen und zu kennen.

Graswachstum auf Dauerweiden

Das Gras hat sich im Lauf von Jahrmillionen an die Beweidung angepasst. Um zu verstehen, was bei Weidehaltung genau vor sich geht, ist es notwendig, sich die Prozesse des Graswachstums genauer anzusehen.

Die Trieb- und Blattbildung der Gräser, wie beispielsweise beim Wiesenrispengras auf der nächsten Seite, verläuft immer nach demselben Muster und ein Trieb hat in der Regel nicht mehr als drei grüne Blätter.

Triebe vom Wiesenrispengras mit jeweils drei grünen Blättern

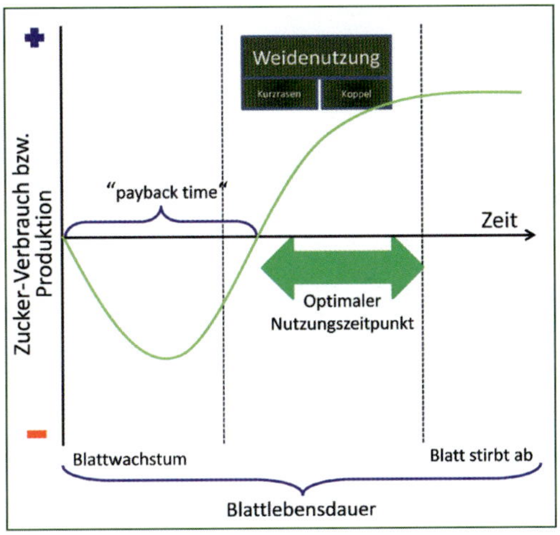

***Abbildung 1:** Zusammenhang zwischen Blattlebensdauer, „payback time" und Nutzung* (verändert nach Kikuzawa 1995)

Blattlebensdauer und „payback time"

Um das Graswachstum einfach zu beschreiben, ist es notwendig, die Pflanze gedanklich in die einzelnen Triebe und Blätter zu zerlegen. Jeder Trieb bildet eine eigene Einheit mit ineinander verschachtelten Blättern. Dabei wächst das jüngste Blatt immer aus der Mitte heraus und das älteste umhüllt in der Regel alle anderen Blätter. Die Lebensdauer eines Blattes ist begrenzt und beträgt beispielsweise beim Englischen Raygras (*Lolium perenne*) 20 bis 50 Tage, je nach Düngung, Witterung und Größe der übrigen Triebe der Pflanze.

Die **Blattlebensdauer** ist ein wichtiges Maß für die Beschreibung der Weideverträglichkeit einer Pflanze. Das Wiesenrispengras (*Poa pratensis*) besitzt beispielsweise die Fähigkeit, bei intensiver Nutzung die Blattlebensdauer zu reduzieren (Schleip et al. 2013). Solche Gräser mit einer kurzen Blattlebensdauer bilden somit auch rascher neue grüne Blätter und sind deshalb an einen ständigen Verbiss auf der Weide gut angepasst. In diesem Zusammenhang spielt die sogenannte **Rückzahlzeit** („payback time") eines Blattes eine wichtige Rolle. Nach der Nutzung eines Grasblattes durch das Mähwerk oder das Maul des Tieres sind die Prozesse in der Graspflanze nur darauf ausgelegt, neue Blätter zu bilden. Zur Bildung dieses Blattes werden vor allem Zuckerreserven der Pflanze benötigt, wofür die Pflanze Reservestoffe verbraucht. Sobald die grüne Blattspitze des neu gebildeten Blattes an das Sonnenlicht kommt, beginnt das Blatt mit der Fotosynthese und produziert neuen Zucker. Dieser wird einerseits sofort für die weitere Ausbildung des frischen Blattes verwendet und andererseits in die Reservelager eingebaut. Die Zeitspanne, die verstreicht, bis der verbrauchte Zucker wieder neu aufgebaut wird, wird als Rückzahlzeit (payback time) bezeichnet. Der **ideale Nutzungszeitpunkt** liegt demnach **nach dem Überschreiten der Rückzahlzeit**. Werden die Pflanzen immer vor dem Ende dieser Rückzahlzeit genutzt, führt dies zu einem raschen Absterben der gesamten Pflanze. Aus dieser Tatsache lässt sich schlussfolgern, dass insbesondere Pflanzen mit einer kurzen Rückzahlzeit sich gut an das System Weide anpassen können.

Obwohl der Bestand aus Wiesenrispengras sehr tief abgeweidet ist, besitzen die Pflanzen immer noch viele grüne Blätter und die Grasnarbe ist nach wie vor sehr dicht.

An die Weide angepasste Gräser reagieren auf einen intensiven Weidedruck nicht nur mit einer reduzierten Blattlebensdauer und damit einem rascheren und billigeren Bau von Blättern, sondern zeigen auch ein **verändertes Wachstumsverhalten** der Grastriebe. Auf intensiv genutzten Dauerweiden beginnen die Grastriebe sich so nah wie möglich an den Boden zu legen. Dadurch versuchen sich die Pflanzen außerhalb der Bisshöhe der Tiere zu bringen. Durch diesen geänderten Wuchs werden beim Abfressen nicht die gesamten Pflanzentriebe verzehrt, sondern immer nur die obersten Teile der Blätter, die zugleich die inhaltsstoffreichsten Teile der Pflanzen darstellen. Da aber nicht der gesamte Trieb gefressen wird, bleiben noch grüne Blattreste zurück, die weiterhin Fotosynthese betreiben und dabei Zucker produzieren können. Dadurch wird auch die Rückzahlzeit („payback time") verkürzt, denn es werden weniger Reserven für die Blattneubildung benötigt als bei Nutzung der gesamten grünen Masse, wie es beispielsweise bei Schnittnutzung der Fall ist.

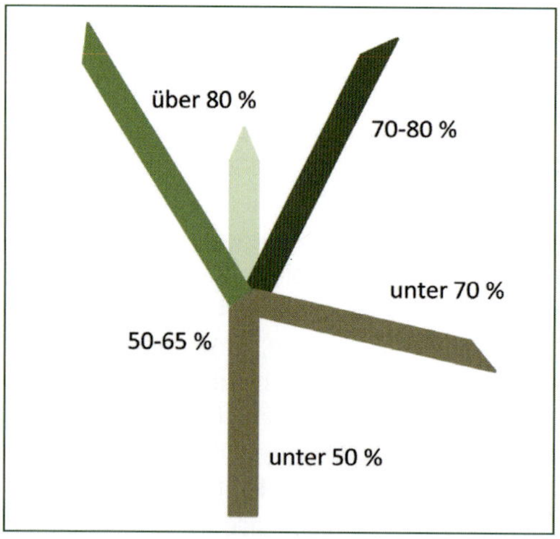

***Abbildung 2:** Verdaulichkeit der organischen Masse einer Graspflanze mit unterschiedlich alten Blättern (braun das älteste, im Absterben befindliche, und hellgrün das jüngste Blatt)*

Nutzung im 3-Blatt-Stadium

Legt man die Kenntnis der Rückzahlzeit („payback time") auf den **idealen Nutzungszeitpunkt** im Weidebestand um, so handelt es sich dabei um das **3-Blatt-Stadium** der Gräser. Mitteleuropäische Gräser haben in der Regel drei grüne Blätter. Wird das vierte gebildet, beginnt das älteste abzusterben. Wird nach dem 3-Blatt-Stadium mit dem Weidebeginn noch gewartet, nimmt zunächst der Flächenertrag zu. Zugleich steigt aber auch der Anteil an abgestorbener Pflanzenmasse, die fast nur mehr Faserstoffe, aber kaum Energie und Eiweiß enthält, für die Wiederkäuer folglich schlechter verwertbar ist und die Fläche weniger effizient werden lässt.

Neben Blattlebensdauer und Aufbau gibt es aber noch einen anderen wichtigen Prozess im Graswachstum, der für eine dichte Narbe hauptverantwortlich ist: die **Bildung von Nebentrieben im 3-Blatt-Stadium**. Jedes Grasblatt besitzt an der Basis eine Brutknospe, die zu wachsen beginnt und ein neues Blatt ausbildet, sobald das alte Blatt abstirbt. Dieses neue Blatt ist auch gleichzeitig das erste Blatt eines neuen Nebentriebes. Daneben geht die Blattbildung auch am Haupttrieb weiter und für jedes weitere Blatt, das am Haupttrieb abzusterben beginnt, entwickelt sich ein weiteres neues Blatt und somit ein neuer Nebentrieb. Hat der Nebentrieb das 3-Blatt-Stadium erreicht, bildet

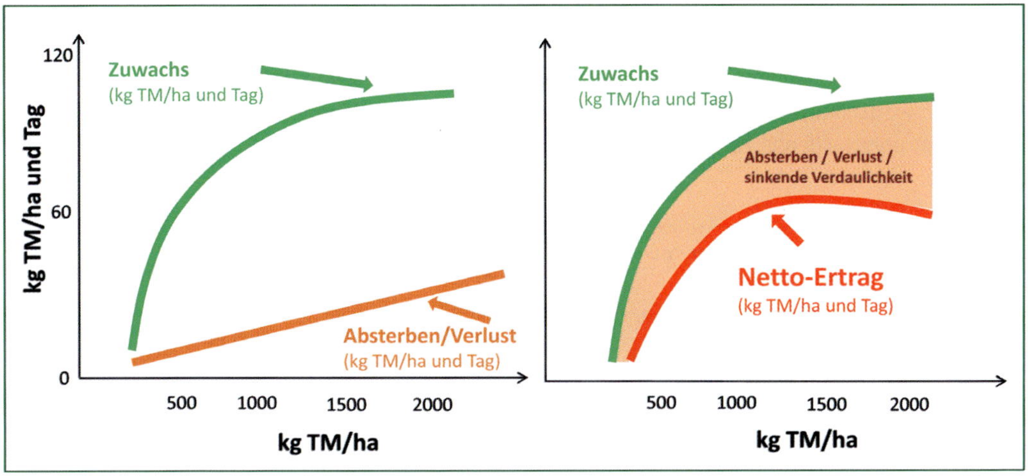

***Abbildung 3:** Zusammenhang zwischen Futterzuwachs, Futterverlusten und Netto-Ertrag eines Weidepflanzenbestandes (Holmes et al. 2002, nach White u. Hodgson 1999)*

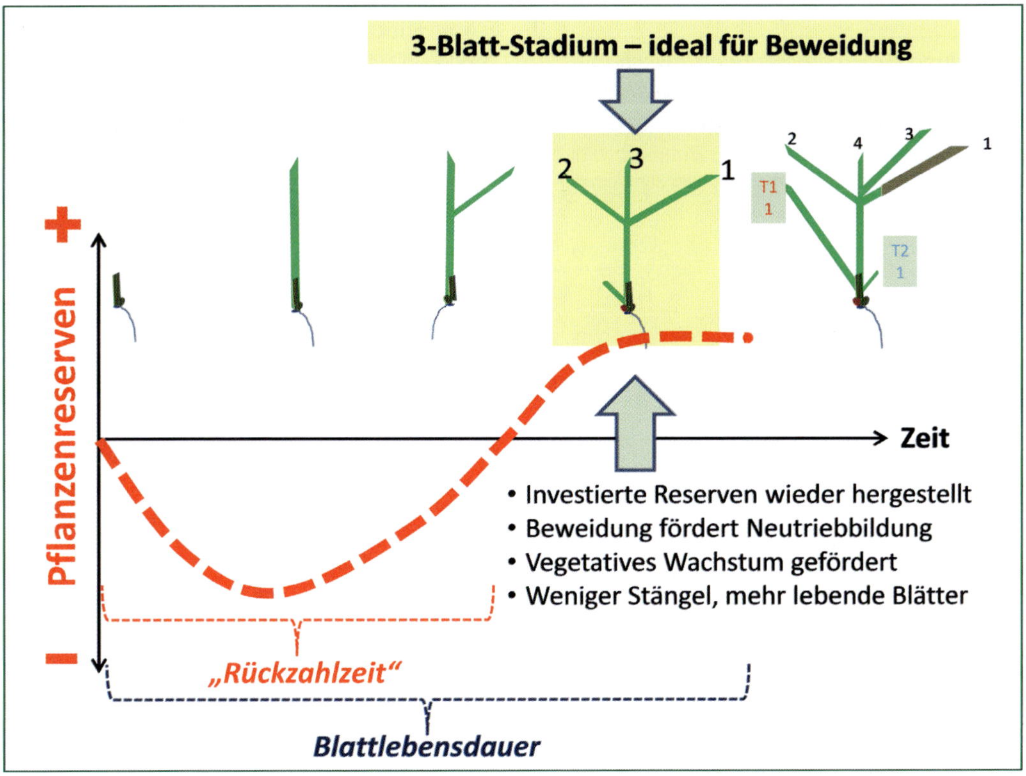

***Abbildung 4:** Reserven-Mobilisation, Rückzahlzeit und optimaler Nutzungszeitpunkt von Weidebeständen (schematische Darstellung)*

sich auch hier anstelle des absterbenden ältesten Blattes ein neuer Nebentrieb, was für das exponentielle Wachstum und die ständige Erneuerung beim Gras verantwortlich ist. Die Anzahl der Grastriebe ist also der entscheidende Faktor für eine dichte Grasnarbe.

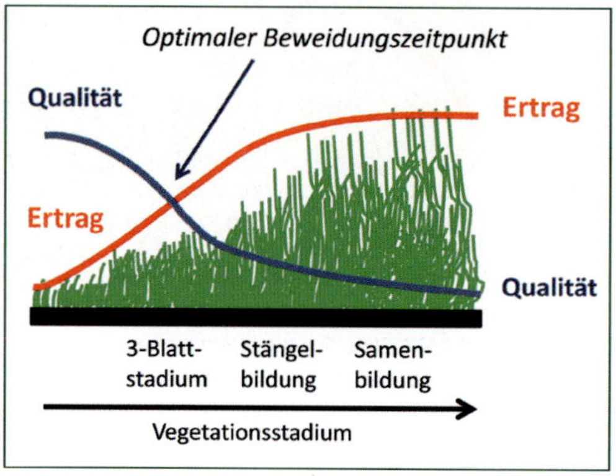

Abbildung 5: *Zusammenhang zwischen Futterqualität, Ertrag und Beweidungszeitpunkt (schematische Darstellung)*

Effekte des Verbisses

Wird ein Blatt durch den Biss verletzt, so beginnt der **Absterbeprozess**, wodurch sich, wie bereits erwähnt, die Blattlebensdauer verringert. Durch das ständige Abfressen werden zudem pro Jahr mehr Blätter und Nebentriebe gebildet, was der Hauptgrund für die dichte Grasnarbe auf Dauerweiden ist. **Je intensiver die Weidenutzung** betrieben wird, **desto dichter wird auch die Grasnarbe**, sofern ein Weidepflanzenbestand vorhanden ist und ein ordnungsgemäßes Dünger- und Pflegemanagement betrieben wird. Vielfach herrscht die Meinung vor, dass der Tritt der Tiere hauptverantwortlich für die Bestockung des Grases ist. Dies ist aus pflanzenbaulicher Sicht nicht richtig. Es ist die intensive Nutzung, die zu einer verkürzten Blattlebensdauer führt, wodurch wiederum mehr Blätter und somit auch mehr Nebentriebe pro Jahr gebildet werden. Dieser Effekt ist zwar bei einer intensiven Dauerweide am stärksten ausgeprägt, kann aber auch bei intensiv genutzten Wiesen (mehr als vier Nutzungen pro Jahr) beobachtet werden.

Englisches Raygras mit Haupttrieb in der Mitte – links und rechts zwei Nebentriebe, die sich bereits im 3-Blatt-Stadium befinden. Zwischen dem Haupttrieb und dem rechten Nebentrieb bildet sich bereits ein weiterer Nebentrieb.

Ein Nebentrieb schiebt sich bereits am ältesten Blatt des Triebes vorbei.

Ein neuer Nebentrieb hat sich bereits an der Basis des absterbenden Blattes gebildet.

Wegen der Beweidung werden viele neue Triebe pro Jahr gebildet, weshalb diese Flächen die dichtesten Grasnarben im Dauergrünland besitzen.

Weidedruck und Bestandsdichte

Sehr gut ersichtlich ist der Effekt der Nutzungshäufigkeit bzw. des Weidedrucks auf das Graswachstum in Ergebnissen einer englischen Untersuchung (Johnson u. Parson 1985). In dieser Untersuchung handelte es sich um einen einheitlichen Bestand aus Englischem Raygras. Wie in Tabelle 1 dargestellt, nimmt die Triebanzahl bei einer höheren Schnittfrequenz zu. Noch deutlicher zeigt sich die Triebzunahme bei den vier unterschiedlich intensiv genutzten Kurzrasenweiden. **Je kürzer die durchschnittlichen Aufwuchshöhen** waren, **desto mehr Nebentriebe** wurden gebildet. Bei einer einmaligen Nutzung im Juni lag die Dichte bei gut 8.000 Trieben je m^2 und stieg bei der intensivsten Nutzung als Kurzrasenweide (3 cm) auf über 43.000 Triebe je m^2 an. Zudem wurde eine Abnahme an Ährentrieben mit der Zunahme der Nutzungsintensität beobachtet. **Intensiver genutzte Bestände** verfügten also über **mehr Blatttriebe**. Bei der Weidenutzung wurden diese Triebe mit Erhöhung des Weidedruckes immer kürzer. Auch hier erfolgt folglich eine Anpassung des Grases an den Weidedruck, indem die Triebe kurz blieben und sich flach am Boden hielten.

Dieses intensiv beweidete Wiesenrispengras zeigt deutlich zur Seite wachsende Triebe, die sich so vor dem Verbiss der Tiere schützen und beim Abgrasen geringere Blattanteile verlieren.

	Triebanzahl je m²	Triebe mit Ähren in %	Trieblänge in cm
Schnittnutzung			
1. Schnitt am 7. Juni	8.330	74	–
4-wöchentliche Schnittnutzung bis 7. Juni	12.097	69	–
Kurzrasenweide			
3 cm Aufwuchshöhe	43.464	14	1,3
6 cm Aufwuchshöhe	33.765	31	3,6
9 cm Aufwuchshöhe	20.132	47	7,1
12 cm Aufwuchshöhe	14.311	59	9,2

Tabelle 1: Einfluss der Nutzungsintensität auf die Triebbildung bei einem Englisch-Raygras-Bestand (verändert nach Johnson u. Parson 1985)

Weideintensität und Bestandesentwicklung

Die Intensität der Beweidung und auch der Zeitraum einer intensiven Beweidung haben einen beachtlichen Einfluss auf die Bestandeszusammensetzung.

- Eine intensive Beweidung **fördert die Untergräser** und reduziert den Anteil an Horstgräsern.
- Intensive Beweidung führt auch zu einer **Reduktion der abgestorbenen Pflanzenteile** und Stängel sowie zu einer **Zunahme grüner Blätter** und der Triebdichte.
- Eine intensive Herbstweide kann zu einer Reduktion des **Weißklees** im Weidebestand des Folgejahres führen, wohingegen eine intensive Frühjahrsbeweidung den Weißklee fördern kann.

Intensive Beweidung erhöht generell die Verdaulichkeit des Futters. Eine zu intensive Beweidung kann jedoch auch zu einer Reduktion des Mengen- und Qualitätsertrages sowie des Futternachwuchses führen (s. Tab. 2). Daher muss die Beweidungsintensität auf das Standortpotenzial abgestimmt werden.

Wie die Zahlen nahelegen, existiert in der Weidepflanzennutzung ein Optimal- sowie ein Übernutzungs- und Unternutzungsbereich.

- Wenn ein **Graspflanzenbestand zu früh** wiederbeweidet wird, dann hat die Pflanze mehr Zucker investiert, als sie durch die Fotosynthese gewonnen hat. In diesem Fall wird sie „ausgelaugt", was bis zum **Absterben** führen kann. Ein typisches Beispiel dafür wäre eine Kurzrasenweide, welche bei einer Aufwuchshöhe von unter 4 cm geführt

	Frühjahr – Beweidung hohe Intensität	Frühjahr – Beweidung mäßige Intensität
grüne Blätter, %	46	30
grüne Stängel, %	23	40
Kleeanteil, %	17	12
abgestorbene Pflanzenteile, %	10	18
Verdaulichkeit der OM, %	74	67
Ertrag – Sommer, kg TM/ha	2,5	5,3

Tabelle 2: Einfluss der Beweidungsintensität im Frühjahr auf den Weidebestand im folgenden Sommer (Hoogendoorn et al. 1988, zitiert nach Holmes et al. 2002)

wird. In der Praxis treffen wir dies auch noch häufig auf schlecht geführten **Portionsweiden** an. Spätestens nach dem 5. Erstbeweidungstag müssen Portionsstreifen wieder konsequent **abgezäunt** werden! Nur dadurch kann verhindert werden, dass die neu gebildeten jungen und hochverdaulichen Blattspitzen von den Rindern nicht bereits wieder abgegrast werden.

- **Weidepflanzenbestände**, welche **zu spät genutzt** werden bzw. zu hoch aufwachsen, weisen eine **schlechte Futterverdaulichkeit** auf. Der Blattanteil sinkt und die Verholzung der zunehmend gebildeten Stängel steigt, wodurch die Grundfutterleistung deutlich sinkt und die Futterselektion und Futterverluste steigen. Darüber hinaus steht in solchen Pflanzenbeständen zunehmend **totes Pflanzenmaterial** auf der Fläche und der Blatttriebbereich verlagert sich in die Höhe. Nach einer Nutzung brauchen solche Flächen im Schnitt deutlich länger, um wieder eine hohe Blattmasse zu erzeugen, und erreichen auch eine geringere Trieb- und Bestandesdichte.

Ziele der Weidenutzung

1. Etablierung und Erhaltung eines Weidepflanzenbestands (Weidearten und -sorten)
2. Möglichst viele grüne Blätter und wenig abgestorbene Blätter in einem dichten Bestand
3. Immer optimale Besatzdichte anstreben

Wachstumszone der Blätter

Die Wachstumszonen der Graspflanze liegen **nahe an der Bodenoberfläche**. Dadurch befindet sich diese Zone gut geschützt außerhalb der Mahd- und Bisshöhe. Wie in Abbildung 6 ersichtlich, befindet sich die Zone der Zellteilung, also der Bereich des eigentlichen Wachstums, im untersten Bereich des Blattes. Jede einzelne Zelle wird zunehmend weiter nach oben geschoben, wo die weitere Reifung in Form der Streckung und Differenzierung stattfindet. Erscheint das neue Blatt mit seiner grünen Blattspitze in der Mitte des Triebes, so handelt es sich dabei

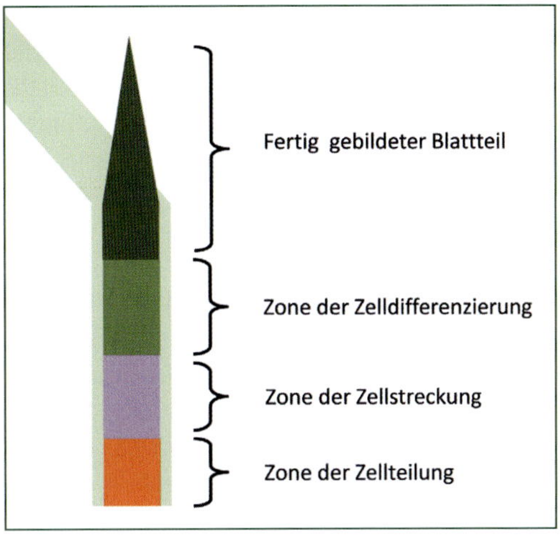

Abbildung 6: *Wachstumszonen in einem heranwachsenden Blatt (nach Lattanzi et al. 2004)*

um den ältesten Teil des neu gebildeten Blattes. Sobald die ersten Sonnenstrahlen „eingefangen" werden, beginnt die Fotosynthese und die dabei produzierten Stoffe werden gleich in die Wachstumszone des Blattes an der Basis transportiert. Rinder grasen auf der Weide folglich immer die ältesten und voll ausgebildeten Teile eines Blattes ab. Üblicherweise fressen sie nicht bis in Bereiche der Wachstumszone hinunter.

Wurzelbildung und aktiver Humus

Die Wurzelbildung hängt bei Gräsern eng mit der Blattneubildung und Blattlebensdauer zusammen. Wenn das Blatt abstirbt, entwickeln sich aus der Knospe an der Basis nicht nur das neue Blatt und der neue Nebentrieb, sondern es entsteht aus dem Basisbereich des abgestorbenen Blattes auch eine Wurzel. Eine **Erhöhung der Anzahl an Blättern** und Grastrieben pro Fläche **bedeutet** folglich eine **Erhöhung der gebildeten Wurzeln** im Oberboden. Im Durchschnitt besitzt ein Grastrieb sechs bewurzelte Glieder, die von den letzten sechs abgestorbenen Blättern herrühren. Neue Gräserwurzeln entwickeln sich immer erst nach den neu gebildeten Blättern und haben in der Regel eine doppelt so lange Lebensdauer. Nach dieser Zeit sterben die ältesten Wurzeln ab und ein neues Segment eines gerade abgestorbenen Blattes bewurzelt. Gräser bilden also permanent organisches Material aus den abgestorbenen Wurzeln im Oberboden. Dieses wird von den Bodenlebewesen ab- und umgebaut und ist für die hohen Humusgehalte von 6–12 % in mineralischen Grünlandböden mit verantwortlich.

Effekte der Nutzung auf die Wurzeln

Die Reaktion der Gräser auf den Verlust der Blattmasse, in Form eines Schnittes oder des Weideverbisses, ist das kurzfristige Einstellen des Wurzelwachstums. In weiterer Folge wird die Wurzelmasse an die noch vorhandene grüne Blattmasse angepasst und alle nicht mehr benötigten Wurzelteile werden „abgestoßen". Zuvor recycelt die Pflanze jedoch noch einen Großteil der mobilen Nährstoffe aus den Wurzeln. Anschließend fokussiert die Pflanze die neue Blattbildung. Langfristig führt daher eine **Intensivierung der Grünlandnutzung** zu einer **geringeren Wurzelmasse** bzw. zu einem **geringeren Wurzeltiefgang**, da die Pflanze nur jene Wurzelmasse bildet, die sie auch tatsächlich kurzfristig benötigt. Diese Beobachtung wurde bereits von Klapp (1971) beschrieben (s. Abb. 7). Eine intensive Nutzung erfordert in der Regel auch eine intensive Düngung, damit der Stoffentzug und die Stoffrückführung in Balance bleiben. Durch diese regelmäßige Düngung finden die Pflanzen die Nährstoffe leicht und zahlreich in den obersten Bodenschichten vor und investieren daher nicht in ein tief gehendes Wurzelsystem.

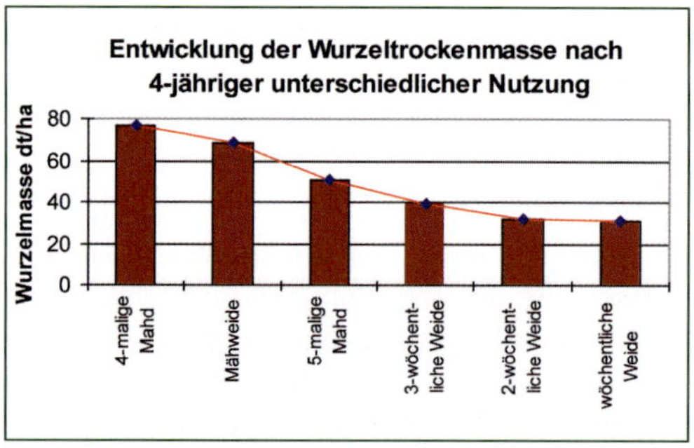

***Abbildung 7:** Wurzelmassen bei unterschiedlich intensiven Grünlandnutzungen (Klapp 1971)*

Hohe Wurzelmassen auch bei Weide

Eigene Untersuchungen (Starz et al. 2013) am Bio-Institut der HBLFA Raumberg-Gumpenstein zeigen, dass intensiv genutzte Weidebestände noch immer über eine sehr hohe Wurzelmasse verfügen. Hier wurden auf einer Dauerweidefläche (dominiert von Englischem Raygras, Wiesenrispengras und Weißklee) in Niederösterreich die Kurzrasen- und die Koppelweidehaltung miteinander verglichen und die Wurzelmassen während der Vegetationszeit erhoben. In dieser Untersuchung nahmen die Wurzelmassen bis zum Herbst hin sehr stark zu und lagen im Bereich von Schnittwiesen (s. Tab. 3). Die Ergebnisse zeigen auch, dass sich der **hauptsächliche Wurzelraum in den oberen 5 cm Boden** befindet. Im Jahresdurchschnitt konnten zwischen beiden Weidesystemen keine Unterschiede in der Wurzelbildung festgestellt werden. Vergleichbare Ergebnisse wurden auch in Untersuchungen in der Schweiz (Thomet et al. 2000), im klimatisch begünstigteren Westalpenraum, beobachtet. Hier wurden Wurzelmassen von 5.400–6.000 kg TM/ha gemessen.

Schwankungen der Wurzelmassen können sowohl bei Schnitt- als auch bei Weidenutzung zwischen einzelnen Jahren beobachtet werden. Dies zeigte eine mehrjährige Untersuchung am Versuchsbetrieb (Seehöhe 680 m, Ø Niederschläge: 1.014 mm und Ø Temperatur: 7 °C) des Bio-Instituts im steirischen Ennstal. Die Wurzelbildung hängt immer mit der Entwicklung des oberirdischen Aufwuchses im jeweiligen Jahr zusammen. Es zeigten sich auch in dieser Untersuchung keine Unterschiede zwischen den absoluten Wurzelmassen und den Verteilungen der Wurzelmassen zwischen der Schnitt- und Weidenutzung.

Monat	Einheit	Horizont 0–5 cm		Horizont 5–10 cm	
		Kurzrasen	Koppel	Kurzrasen	Koppel
April	kg TM/ha	3.432	5.301	282	270
Mai	kg TM/ha	4.140	7.199	230	360
Juni	kg TM/ha	7.212	3.432	356	293
Juli	kg TM/ha	8.045	4.688	517	338
August	kg TM/ha	11.406	9.816	296	356
September	kg TM/ha	12.007	8.715	343	958

***Tabelle 3:** Entwicklung der Wurzelmassen in der Vegetationszeit auf einer Dauerweide im südlichen Waldviertel (Niederösterreich, Starz et al. 2013)*

Versuchs-jahr	4-Schnittnutzung				Kurzrasenweide			
	0–5 cm kg TM/ha	5–10 cm kg TM/ha	0–5 cm %	5–10 cm %	0–5 cm kg TM/ha	5–10 cm kg TM/ha	0–5 cm %	5–10 cm %
2008	3.868	478	89	11	3.856	479	89	11
2009	5.357	662	89	11	3.581	445	89	11
2010	7.415	527	93	7	8.352	282	97	3
2011	4.103	1.756	70	30	4.437	1.370	76	24
2012	3.265	231	93	7	3.055	164	95	5

***Tabelle 4:** Durchschnittliche Wurzelmassen im Schnitt- und Weidesystem in einzelnen Jahren am Versuchsstandort des Bio-Instituts der HBLFA Raumberg-Gumpenstein (Starz et al., unveröffentlichte Ergebnisse)*

Weidepflanzen in Mitteleuropa

Grundsätzlich gibt es bei den Gräsern **zwei verbreitete Wuchsstrategien**, was sehr entscheidend für die Eignung einer Weidenutzung der Gräserarten ist. Einerseits gibt es **Gräser, die Horste bilden**, und andererseits **Gräser mit Ausläufertrieben**. Daneben verfügen einzelne Horstgräser über die Fähigkeit, kurze Bestockungstriebe anzulegen, weshalb diese als lockere Horste bezeichnet werden. Gräser, die Horste bilden, müssen aussamen können, um sich in Dauergrünlandbeständen zu halten (eine Ausnahme bilden diesbezüglich teilweise die lockeren Horstgräser). Die bereits beschriebenen Wachstumsprozesse bei Blatt- und Wurzelbildung sind aber bei beiden Wuchsformen gleich.

- Die Lebensdauer eines Gräserhorstes liegt bei sechs bis acht Jahren. Innerhalb dieser Zeitspanne muss ein Horstgras aussamen, um im Bestand erhalten zu bleiben. Beim Horstgras werden die Nebentriebe immer unmittelbar neben dem Haupttrieb angelegt und bilden so den kompakten Horst.
- Anders verhält es sich bei Gräsern mit Ausläufertrieben. Bei diesen Gräsern kommen je nach Art sowohl oberirdische als auch unterirdische Ausläufertriebe vor. Durch diese Triebbildungen sind sie nicht unbedingt auf ein regelmäßiges Aussamen zur Arterhaltung angewiesen. Die Ausläufer wachsen in den Bestand hinein und aus den Trieben entwickeln sich in regelmäßigen Abständen neue Jungpflanzen. Ausläufertriebe sind nichts anderes als räumlich verlagerte Nebentriebe.

Links ein typisches Horstgras, das Knaulgras, und rechts ein typisches Gras mit unterirdischen Ausläufertrieben, das Wiesenrispengras.

Die Bildung der Nebentriebe, egal ob bei einem Horstgras oder als Kriechtrieb eines Ausläufergrases, folgt nach den vorhin beschriebenen Regeln als Teil der Blattbildung.

Unter mitteleuropäischen Klimabedingungen spielen auf intensiv genutzten Weiden **zwei Grasarten und eine Leguminose die Hauptrollen**. Wiesenrispengras, Englisches Raygras und der Weißklee sind jene drei Arten, die die Basis eines ertragreichen und trittstabilen Weidebestandes bilden. Auf Weiden über 1.000 m Seehöhe geht die Bedeutung des Englischen Raygrases, aufgrund der schlechteren Winterhärte, stark zurück. Weiters finden sich, auf intensiv genutzten Weiden in geringeren und auf extensiven Standorten in höheren Bestandesanteilen, auch noch Wiesenschwingel, Kammgras, Wiesenlischgras, Rotschwingel und Rot-Straußgras.

Wiesenrispengras

Das Wiesenrispengras (*Poa pratensis*) ist das **bedeutendste Weidegras** im alpinen Raum **Österreichs**. Die Verbreitung reicht von den Gunst- und Tallagen bis hinauf in die Almregion. Dieses Gras besitzt die Fähigkeit, die Nebentriebe nicht nur direkt am Haupttrieb anzulegen, sondern es kann diese durch unterirdische **Kriechtriebe** räumlich verlagern. Dadurch trägt es entscheidend zur Bildung einer dichten Grasnarbe bei. Eine einzelne Pflanze kann sich so über weite Distanzen ausbreiten und aktiv in Lücken einwachsen. Dauerweiden mit einem Flächenanteil ab 20–30 % Wiesenrispengras sind in der Lage, bei guter Düngung, Schäden durch Tritte oder andere kleinflächige Ereignisse selbst wieder zu schließen. Diese Fähigkeit besitzt bei mitteleuropäischen Klimabedingungen und sehr intensiver Nutzung unter den wertvollen Futtergräsern nur Wiesenrispengras.

Wiesenrispengras zählt aufgrund der Wuchshöhe zu den **Untergräsern**, wobei einige Zuchtsorten Wuchshöhen von um die 40 cm erreichen können. Im Bestand ist es durch die dunkelgrüne bis blaugrüne Farbe zu erkennen. Das oberste Blatt kommt immer gefaltet aus dem Trieb. Betrachtet man die leicht gerillte Oberseite des Blattes genauer, lassen sich in der Mitte zwei größere Rillen (Doppelrille) erkennen. Die Blattspitze bildet von der Seite betrachtet eine kleine Kapuze (kahnförmig), die mit den Fingern auseinandergelöst werden kann, wodurch das Blattende zwei Spitzen zeigt. Jede Spitze stellt das Ende einer der Doppelrillen dar.

Wiesenrispengras besitzt eine kapuzenförmige Spitze. Wird diese ausgestreift, erscheinen zwei Spitzen.

In der Blattmitte verläuft eine Doppelrille. Auf der Blattoberfläche sind nur diese zwei Rillen zu sehen.

Im Vergleich zur Gemeinen Rispe (oben) ist das Blatt der Wiesenrispe bis zur Spitze gleich breit und läuft nicht spitz zu.

Die Erscheinung des Wiesenrispengrases ist aufrecht und steif. Die Blätter sind robust und dunkelgrün gefärbt.

Dieses Gras ist **ertragreich**, intensiv nutzbar und stellt eine der wertvollsten Futterpflanzen dar. Schwieriger gestaltet sich die Einsaat, da die Samen des Wiesenrispengrases sehr empfindlich auf eine zu tiefe Ablage (tiefer als 0,5 cm) reagieren und eine sehr **langsame Jugendentwicklung** zeigen, was bei der Übersaat und Neuansaat unbedingt beachtet werden muss.

Englisches Raygras

Englisches Raygras (=Deutsches Weidelgras, *Lolium perenne*) ist **international das bedeutendste Gras** der intensiven Schnittwiesen und Weiden. In Mitteleuropa kommt es in den Gunstlagen des Alpenvorlandes und in den alpinen Tälern verbreitet vor. Auf intensiv genutzten Dauerweiden mit südlicher Exposition kann es bis auf 1.000 m Seehöhe noch größere Bestandesanteile einnehmen. Unter den Raygräsern besitzt Englisches Raygras die beste Winterhärte, wird aber bei langen Schneedecken und nicht gefrorenem Boden stark vom Schneeschimmel geschädigt. Standorte, die Ende Februar regelmäßig schneefrei sind, erweisen sich als gute Standorte für dieses Gras.

Englisches Raygras wird zu den **Mittelgräsern** gezählt und ist erkennbar durch Blätter, die an der Unterseite stark glänzen (sie glitzern wie eine Wasseroberfläche in der Sonne) und an der Oberseite stark gerillt sind. Auch bei diesem Gras kommt das oberste Blatt gefaltet aus dem Trieb.

Durch die Beweidung werden die **lockeren Horste** des Englischen Raygrases dazu angeregt, viele Nebentriebe zu bilden. Da bei intensiver Beweidung die Triebe versuchen, sich dem Biss zu entziehen, kommt es zu einer seitlichen Verlagerung. Ähnlich wie Getreide bildet Englisches Raygras Knoten, um die Ähre in die Höhe zu heben. Diese

Das Blatt des Englischen Raygrases (oben) ist im Vergleich zum Wiesenschwingel (unten) unter 5 mm breit und besitzt an der Oberfläche sehr viele Rillen.

Der Triebgrund ist deutlich rot bis weinrot gefärbt.

Das jüngste Blatt in der Mitte des Triebes kommt gefaltet und nicht gerollt heraus.

Die Knoten des Englischen Raygrases werden auf der Weide waagrecht an der Bodenoberfläche gebildet und bilden Wurzeln aus. Daher kommt es zu einer flächigen Ausbreitung und eine Versamung ist nicht notwendig.

Knoten bilden, nach den oben beschriebenen Regeln der Blattbildung, neue Blätter (= Nebentriebe) und bewurzeln. Somit beginnt der Horst sich polsterförmig in der Fläche auszubreiten. Mit dieser Strategie schafft es Englisches Raygras, sich auch ohne Versamung langfristig im Bestand zu halten. Durch die kurzen im Boden verlaufenden Seitentriebe besitzt das Gras Reserven, die vor einem Schneeschimmelbefall im Winter geschützt sind. Dies dürfte auch ein Grund sein, warum Englisches Raygras auf Weiden ausdauernder ist als auf Schnittwiesen und daher auch in höheren Lagen noch anzutreffen ist.

Englisches Raygras ist an eine intensive Düngung und Nutzung angepasst und stellt ein **sehr ertrag- und inhaltsstoffreiches Futtergras** dar. Eine Übersaat mit Englischem Raygras gestaltet sich **unkompliziert**, da die Samen rasch keimen und auf die Saattiefe unempfindlicher reagieren. Sie sind deutlich größer als die des Wiesenrispengrases und verfügen somit über mehr Reserven für die Keimung.

Die Blattunterseite des Englischen Raygrases ist stark glänzend und glitzert wie eine Wasseroberfläche.

Weißklee

Weißklee (*Trifolium repens*) ist die vorherrschende **Leguminose auf Dauerweiden**. Langfristig ist Weißklee die einzige Leguminose in Mitteleuropa, die im Dauergrünland mehr als drei Nutzungen aushält. Alle übrigen Leguminosen, wie Rotklee oder Hornklee, gehen im Bestand bei einer Intensivierung von über zwei Schnitten pro Jahr stark zurück.

Damit sich Weißklee im Bestand ausbreiten kann, benötigt er **Licht und Platz**. Durch den Verbiss der Weidetiere oder eine intensive Schnittnutzung wird der Aufwuchs kurz gehalten, was dem Weißklee genügend Licht verschafft. Die oftmalige Nutzung schadet der Pflanze wenig, da die Weidetiere nur die Blätter abfressen können. Der eigentliche Trieb des Weißklees kriecht an der Bodenoberfläche dahin und bei jedem Knoten entstehen ein Blatt und Wurzeln. An diesen Knoten können sich auch Verzweigungen bilden, wodurch die Pflanze ein **großes Geflecht** errichten und so einige Meter auf der Fläche zurücklegen kann. Durch diese Wuchsform kommt es weiters zu einer regelmäßigen Verjüngung der Pflanze, weshalb eine Vermehrung mit Samen nicht notwendig ist.

Weißklee ist die wichtigste Leguminose auf Dauerweiden.

Durch das ständige Abfressen auf der Weide bekommt der Kriechtrieb des Weißklees genügend Licht und kann sich so optimal auf der Fläche ausbreiten.

Auf Dauerweiden bilden die oberirdischen Kriechtriebe der Weißkleepflanze ein dichtes Netzgeflecht aus.

Als Leguminose ist Weißklee nicht nur ein bedeutender **Eiweißlieferant**, sondern trägt auch zur **Schmackhaftigkeit** des Futters bei. Dabei gilt nur zu beachten, dass die Flächenanteile nicht wesentlich über 30 % ansteigen, da sonst ein vermehrtes Blährisiko, vor allem bei Koppel- oder Portionsweide, gegeben ist. Eine gut entwickelte Grasnarbe ist hier entscheidend, damit es zu keiner flächigen Ausbreitung des Weißklees kommt. Damit die Gräser in ihrer Entwicklung auf der Weide gut gefördert werden, ist eine an die Bewirtschaftung angepasste Düngung notwendig. Biologisch bewirtschaftete Dauerweiden zeigen in der Regel einen höheren Flächenanteil an Weißklee. Auf Bio-Betrieben im Dauergrünland sind die Wirtschaftsdünger oft nicht in ausreichender Menge vorhanden, um die intensiv genutzten Dauerweiden mit den maximal möglichen Düngermengen zu versorgen. Dies schwächt in erster Linie Gräser, was Weißklee einen Vorteil verschafft.

Weißklee ist nicht nur wegen der hohen Eiweißgehalte wichtig, sondern er besitzt auch die Fähigkeit, über die Knöllchenbakterien **Luftstickstoff zu fixieren**. Im Schnitt werden pro Gewichtsprozent Klee im Bestand 4 kg Stickstoff pro Jahr und ha fixiert. Diese Fähigkeit ist auch ein Grund dafür, dass sich der Weißklee bei nicht voll ausgeschöpfter Düngung gut ausbreiten und entwickeln kann.

Je mehr Knöllchen sich an den Weißkleewurzeln befinden, desto mehr Stickstoff kann aus der Luft gebunden werden.

Schwächelt das Grasgerüst auf der Weide, kann der Weißklee stark zunehmen, wodurch das Blährisiko stark ansteigt.

Sonstige Gräser

Neben Wiesenrispengras, Englischem Raygras und Weißklee kommen auf intensiv geführten Dauerweiden auch noch andere, teils weniger bedeutende Grasarten vor. Dazu zählen die Horstgräser Kammgras (*Cynosurus cristatus*), Wiesenschwingel (*Festuca pratensis*) und Wiesenlischgras (*Phleum pratense*) sowie die Ausläufergräser Rotschwingel (*Festuca rubra*) und Rot-Straußgras (*Agrostis capillaris*). Auf **extensiveren Standorten**, **Hutweiden** oder **in höheren Berglagen** können diese Arten den **Hauptteil des Pflanzenbestandes** ausmachen. Es mag verwundern, dass die oben angeführten Horstgräser auch zu den wichtigen Weidegräsern gezählt werden. In den Geilstellen schaffen sie es jedoch, Samentriebe zu bilden, welche nicht gefressen werden, wodurch sie sich im Bestand halten.

Weidepflanzen für trockene Weidestandorte

Grundsätzlich eignen sich alle bereits beschriebenen Grasarten auch für trockene Standorte. Der große Unterschied auf der Fläche besteht aber darin, dass diese Arten deutlich geringere Erträge und lückigere Bestände liefern. Der Einfluss von Wassermangel und Graswachstum wird im Kapitel „Ertrag und Weidefutterzuwachs im Jahresverlauf" näher beschrieben. Aufseiten der Gräser gibt es aber auch Arten, die toleranter auf trockenere Phasen oder Standorte reagieren, da sie mit ihrem in der Regel tiefer gehenden Wurzelsystem zusätzliche Bodenwasserreserven erreichen können. Dazu zählt beispielsweise der **Rohrschwingel** (*Festuca arundinacea*), dessen natürlich vorkommende Typen sehr harte und raue Blätter besitzen. Daher wurden Sorten (z. B. Belfine) gezüchtet, die weichere Blätter aufweisen und von den Tieren lieber aufgenommen werden. Neben Gräsern wurde auch im Bereich der Kräuter versucht, trockenheitstolerante Arten zu züchten. Hier wäre die **Weidezichorie** (z. B. Sorte Puna), eine Züchtung aus der Wegwarte (*Cichorium intybus*), zu nennen. In der Schweiz wird eine **eigene Weidemischung** für trockene Standorte angeboten. Diese setzt sich aus Weißklee

Rotschwingel (oben) und Kammgras (unten) sind typische Gräser auf extensiv genutzten Dauerweiden.

In Geilstellen gebildete Samentriebe von Wiesenschwingel (oben) und Kammgras (unten)

(4 kg/ha), frühreifem Englischem Raygras (3 kg/ha), Wiesenrispengras (10 kg/ha) sowie Rohrschwingel (15 kg/ha) zusammen. Die Mengenangaben dieser Mischung beziehen sich auf eine Neuansaat einer blanken Fläche. Laut Schweizer Empfehlungen kann dieser Mischung noch 1 kg/ha der Weidezichorie beigemengt werden.

Problempflanzen

Auf Weiden gibt es aber auch Pflanzen, die sich für die Nutzung als wenig günstig erweisen und teilweise von den Tieren ungern oder gar nicht gefressen werden. Sind die erwähnten wichtigen Grasarten auf der Weide in einem zu geringen Umfang vorhanden und zeigt die Fläche große Bestandeslücken, so können sich weniger wertvolle Pflanzen großflächig ausbreiten. Nur ein stabiles und dichtes Gerüst an wertvollen Weidegräsern verhindert ein Überhandnehmen von unerwünschten Arten. Zu den wenig gewünschten Grasarten auf der intensiv genutzten Dauerweide zählen die horstförmig wachsende Rasenschmiele sowie die Kriechtriebe bildenden Gräser Lägerrispe und Ausläuferstraußgras.

Rasenschmiele

Die Rasenschmiele (*Deschampsia cespitosa*) besitzt sehr harte und raue Blätter. Nur sehr junge Blätter werden bei entsprechendem Weidedruck von den Tieren abgefressen. Sind die Blätter bereits älter, bleiben die Horste in der Fläche stehen und gelangen rasch bis zur Samenreife. Ist der Weidebestand lückig, können die Samen in den offenen Stellen keimen und zu neuen Pflanzen heranwachsen. Ein hoher Besatz an Rasenschmiele ist daher immer ein Anzeichen dafür, dass zu spät mit dem Weiden begonnen wurde und die Fläche nicht ausreichend mit Wiesenrispengras und/oder Englischem Raygras besetzt ist oder war. Damit sich bestehende Pflanzen nicht noch weiter ausbreiten können, ist es wichtig, alle Samentriebe so früh wie möglich (noch in grünem Zustand) abzumähen.

Rasenschmiele

Bei einem späten Weidebeginn und zu geringem Weidedruck bleiben die Horste der Rasenschmiele übrig, da die alten Blätter sehr rau sind und von den Weidetieren nicht mehr gefressen werden.

Lägerrispe und Ausläuferstraußgras

Lägerrispe (*Poa supina*) und Ausläuferstraußgras (*Agrostis stolonifera*) besitzen beide oberirdisch verlaufende Kriechtriebe, wodurch sie sich rasch in lückigen Weiden flächig ausbreiten können. Typisch für beide Arten ist das Überwuchern ganzer Flächenteile. Dabei können die Pflanzen mehrere Quadratmeter einnehmen. Hier liegt das Grundproblem ebenfalls im Fehlen der wertvollen Weidegräser.

Das **Ausläuferstraußgras** kann – wie die Gemeine Rispe (*Poa trivialis*) in Schnittwiesen – einen dichten, verfilzten Bestand bilden, der muffig riecht und von den Tieren daher ungerne aufgenommen wird.

Lägerrispe ist typisch für hochalpine Weiden jenseits der Baumgrenze und findet sich dort auf nährstoffreichen und intensiv beweideten Flächen. Auf intensiv genutzten Dauerweiden kann dieses eher hochalpine Gras bis in die Niederungen sehr große Bestandesanteile einnehmen, wenn die wertvollen Weidegräser fehlen oder diese durch eine unzureichende Düngung geschwächt wurden. Ein starker Besatz mit Lägerrispe lässt sich von der Ferne schon ausmachen, da die Tiere beim Weiden ganze Büschel ausrupfen und diese dann wieder auswerfen. Durch die oberflächliche Verwurzelung werden beim Grasen Wurzeln und Bodenteile ausgerissen,

Auf der Weide fällt der Lägerrispenfilz durch die hellgrüne Farbe auf – außerdem liegen von den Weidetieren ausgespuckte und wenig schmackhafte Büschel der Lägerrispe herum.

Ausläuferstraußgras hat lange oberirdische Kriechtriebe, besitzt kurze spitzige Blätter und bildet dichte Rasenflecken.

Die Lägerrispe kann an den Blättern mit dem Wiesenrispengras verwechselt werden. Lägerrispe hat einen niedrigen Wuchs sowie hellgrüne und sehr weiche Blätter im Vergleich zur Wiesenrispe.

was vom Tier als wenig schmackhaft empfunden wird. In trockeneren Perioden und bei höheren Lägerrispeanteilen liegen diese vertrockneten Büschel auf der Grasnarbe. In sehr trockenen Phasen kann die Lägerrispe leicht mit starken Striegelzinken aus der Fläche gezogen werden. Die kahlen Stellen müssen sofort mit wertvollen Weidegräsern übergesät werden und langfristig muss das Düngermanagement optimiert werden (s. Kapitel „Pflege und Düngung").

Sowohl Ausläuferstraußgras als auch Lägerrispe liefern im Vergleich zu Wiesenrispengras und Englischem Raygras weitaus geringere Erträge auf der Fläche.

Unerwünschte Kräuter

Kräuter stellen auf einer gut geführten Dauerweide ein geringes Problem dar. Große Anteile an Scharfem Hahnenfuß (*Ranunculus acris*) sind immer ein Indiz dafür, dass zu spät mit dem Beweiden begonnen wurde oder der Bestand zu lückig ist. Wird regelmäßig im sehr frühen Vegetationsstadium beweidet (egal ob im Frühling oder nach einer vorangegangenen Schnittnutzung), werden so gut wie alle Kräuter mitgefressen und bei hohem Weidedruck sind die Tiere nicht in der Lage zu selektieren. Dies trifft auch auf den Stumpfblatt-Ampfer (*Rumex obtusifolius*) zu.

Je dichter und besser die Grasnarbe auf der Dauerweide entwickelt ist, **desto geringer ist der Anteil an Kräutern**. Durch den ständigen Verbiss auf der Weide sind zudem hauptsächlich Kräuter vorzufinden, die sich nah am Boden befinden, wie z. B. Breitwegerich (*Plantago major*), Kriechender Günsel (*Ajuga reptans*), Kriechender Hahnenfuß (*Ranuncu-*

lus repens), Kleine Brunelle (*Prunella vulgaris*) und Wiesenlöwenzahn (*Taraxacum officinale*). Solange diese aber keine größeren Flächenanteile einnehmen, stellen sie einen Beitrag zur Artenvielfalt auf der Weide dar.

Unter den Kräutern können **Disteln** auf Dauerweiden zu einem Problem werden. Disteln sind im Dauergrünland **Zeiger für eine geringe Nutzungsintensität**. Auf der Weide werden sie aufgrund ihres mechanischen Fraßschutzes durch Dornen nicht gefressen, was die extensive Nutzung erklärt. Distelarten sind aber auf der Weide durch regelmäßiges Abmähen relativ einfach zu verdrängen, denn sie vertragen keinen oftmaligen Schnitt.

Der **Stumpfblättrige Ampfer** (*Rumex obtusifolius*) wird vielfach als die Problempflanze im Dauer-

Wenig gewünschte Arten auf der Weide, wenn sie in Massen auftreten: Scharfer Hahnenfuß, Breitwegerich, Kleine Brunelle und Kriechender Hahnenfuß

Wird früh mit der Weide begonnen und ein hoher Weidedruck umgesetzt, dann fressen die Tiere die Ampferpflanzen an und schwächen sie. Durch die intensive Beweidung wird die Triebbildung der Gräser gefördert, was zu einer dichten Grasnarbe führt und damit ein Aufkommen von Jungpflanzen stark reduziert.

Herrscht auf der Weide ein geringer Weidedruck vor (links), wird der Stumpfblättrige Ampfer nicht gefressen; im Gegensatz zu Flächen mit einem hohen Weidedruck (rechts), wo auch Stumpfblatt-Ampfer mitgefressen wird.

grünland angesehen. Oft herrscht auch die Meinung vor, dass gerade die Beweidung zu einer starken Ausbreitung dieser unerwünschten Pflanze führt. Grundsätzlich ist der Stumpfblättrige Ampfer, so wie alle Kräuter, ein **Zeiger für Lücken im Bestand**. Solange genügend Gras auf der Fläche vorhanden ist und dieses die Narbe dicht hält, haben Kräuter eine geringe Chance, sich auszubreiten. Gerade der Stumpfblättrige Ampfer ist aber auch eine typische **Zeigerpflanze für gute bis überdüngte sowie verdichtete Standorte**. Treten alle Faktoren gemeinsam auf, kann er auf einer Grünlandfläche stark überhandnehmen und zum Problem werden. Dies geschieht, wenn sich Tiere konzentriert auf einer Fläche aufhalten und dadurch große Trittschäden erzeugen. Weiters kommt es hier zu Überdüngung bei lückigem Bestand, was beste Voraussetzungen für den Stumpfblatt-Ampfer schafft. Werden bei Weidehaltung alle geforderten Regeln eingehalten, so stellt der Stumpfblättrige Ampfer langfristig kein Problem dar.

Dass es bei **Kurzrasenweiden zu keiner Ausbreitung des Stumpfblättrigen Ampfers** kommt und dieser in Kombination mit Übersaaten langfristig sogar reduziert werden kann, konnte in einer Untersuchung am Bio-Institut der HBLFA Raumberg-Gumpenstein festgestellt werden (Starz et al. 2010). Es besteht daher die Möglichkeit, eine stark mit dem Stumpfblättrigen Ampfer belastete Fläche mit der Kurzrasenweide zu sanieren.

Dafür eignet sich z. B. Jungvieh, das über zwei Jahre die Fläche sehr intensiv und mit hohem Druck beweidet. Während der Beweidung sind mehrmalige Übersaaten (wie im Kapitel „Übersaaten" beschrieben) notwendig, um so den Stumpfblättrigen Ampfer langfristig, mit einer dichten Grasnarbe, in den Griff zu bekommen.

Giftpflanzen

Giftpflanzen haben ihren Verbreitungsschwerpunkt auf **extensiv genutzten Grünlandflächen**. Sie kommen insbesondere auf wechselfeuchten, feuchten oder nassen Standorten vor. Man findet sie aber auch an Waldrändern, im Bereich von Hecken und Baumgruppen, unter Zäunen, auf Böschungen und entlang von Entwässerungsgräben.

Generell werden Giftpflanzen durch folgende Umweltbedingungen gefördert:

- Geringe Nutzungshäufigkeit (ein bis maximal zwei Schnitte pro Jahr)
- Sehr späte Nutzung
- Unterbeweidung (Standweide)
- Geringe bis fehlende Düngung
- Geringe Konkurrenz mit starkwüchsigen Gräsern
- Lückige Grasnarbe

Die mit Abstand problematischste Giftpflanze in Mitteleuropa ist die Herbstzeitlose (*Colchicum autumnale*). Weitere bedeutende Giftpflanzen sind der Scharfe Hahnenfuß (*Ranunculus acris*) und der Sumpf-Schachtelhalm (*Equisetum palustre*) sowie der Eisenhut (*Aconitum napellus*) und der Weiße Germer (*Veratrum album*) auf Almflächen.

Bei der Regulierung müssen folgende Aspekte berücksichtigt werden:

- Ursachenregulierung hat immer Vorrang gegenüber Symptombekämpfung
- Pflanzenbestand regelmäßig in Bezug auf Giftpflanzen kontrollieren
- Regulierungen mit Augenmaß durchführen
- Naturschutzaspekte mitberücksichtigen (einige Giftpflanzen zählen in Österreich zu den seltenen bzw. gefährdeten Pflanzenarten)
- Zeitpunkt der ersten Nutzung und Häufigkeit der Nutzung an den Standort und sein Ertragspotenzial anpassen (kurzfristig die Schnittanzahl pro Jahr erhöhen)
- Selektive Unterbeweidung vermeiden
- Konkurrenzstarke Gräser fördern und Narbenschäden vermeiden
- Weidepflege durchführen
- Entwässerung bei regelmäßiger Staunässe

Grundsätzlich ist die Gefahr der Aufnahme von Giftpflanzen beim Eingrasen deutlich höher als auf der Weide, da die Tiere hier stärker selektieren können. Trotzdem sollte die Ausbreitung von Giftpflanzen auch auf der Dauerweide im Auge behalten werden.

Die Herbstzeitlose zählt zu den giftigsten Grünlandpflanzen in Mitteleuropa.

Entwicklung von Weidebeständen

Betriebe, die sich entscheiden, vermehrt und intensiver in die Weidehaltung einzusteigen, benötigen Dauerweideflächen. Dafür ist es notwendig, bisherige Schnittflächen in Dauerweiden überzuführen. Traditionelle Schnittwiesen besitzen in der Regel viele horstförmig wachsende Obergräser (z. B. Knaulgras, Glatthafer oder Wiesenfuchsschwanz). Viele Obergräser sind auf der Weide nicht in der Lage, die Blattlebensdauer so zu verkürzen, dass sie die Rückzahlzeit („payback time") einhalten können. Wird das Futter bei einer guten Weideführung konsequent auf eine Höhe von 3–5 cm abgefressen, führt dies rasch zu einem Rückgang der wiesentypischen horstbildenden Obergräser.

Untersuchungen zur Entwicklung optimaler Weidebestände

Eine Untersuchung am Versuchsbetrieb des Bio-Instituts an der HBLFA Raumberg-Gumpenstein (Starz et al. 2010) befasste sich mit diesem Rückgang wiesentypischer Obergräser.

Pflanzen in Flächen-%	Weide	Schnitt
Lücken	1	2
Gräser	68	78
Wiesenrispengras	**21**	**7**
Englisches Raygras	**19**	**10**
Knaulgras	3	13
Goldhafer	2	11
Gemeine Rispe	5	19
Lägerrispe	4	0
sonstige Gräser	13	19
Weißklee	**18**	**7**
Kräuter	**13**	**12**
Anzahl Arten	*27*	*26*

Tabelle 5: *Unterschiede im Pflanzenbestand nach vier Jahren Kurzrasenweide auf einer bisherigen Schnittwiese*

(Angaben in Flächenprozent, Starz et al. 2010)

Im Rahmen der Untersuchung wurde eine bisherige Schnittwiese nach dem System Kurzrasenweide genutzt. Zu Beginn wurden einige Parzellen von der Beweidung ausgeschlossen und als 4-Schnitt-Varianten genutzt, um mögliche Veränderungen dokumentieren zu können. Nach vier Jahren intensiver Kurzrasenbeweidung wurden die Bestände in den Schnitt- und Weideparzellen miteinander verglichen. Die Flächenprozentergebnisse in Tabelle 5 zeigen deutliche Unterschiede in der Zusammensetzung der Pflanzenbestände und verdeutlichen, dass bereits in sehr kurzer Zeit mit Veränderungen durch die Beweidung zu rechnen ist. Bei der Anzahl an Arten auf der Fläche konnten keine Unterschiede ausgemacht werden. Auch der Krautanteil war in beiden Systemen niedrig. Die intensive Weide zeigte einen sehr deutlichen Einfluss auf den Weißkleeanteil. Durch den niedrigeren Pflanzenbestand und die Fähigkeit, rasch neue Blätter zu produzieren, konnte sich diese Pflanze gut behaupten und auf der Fläche ausbreiten. In der Zusammensetzung des Gräsergerüstes waren auch deutliche Unterschiede in der Artenverteilung erkennbar. Waren bei der Wiesennutzung für die Höhenlage von knapp 700 m typische Gräser, wie Knaulgras oder Goldhafer, vertreten, konnten diese auf der Weide kaum mehr gefunden werden. Sowohl Knaulgras als auch Goldhafer sind Gräser mit einer langen Blattlebensdauer, die sich an die intensive Nutzung bei Weidehaltung schlecht anpassen können. Goldhaferreiche Bestände können zu gesundheitlichen Problemen bei den Tieren führen. Dieses Gras besitzt eine Vitamin-D-ähnliche Substanz, die den Stoffwechsel der Tiere aus dem Gleichgewicht bringt und zum Krankheitsbild der Kalzinose führt. Vor allem eine frühe und intensive Beweidung kann Goldhafer stark zurückdrängen.

Gemeine Rispe

Die Gemeine Rispe ist ein gefürchtetes Gras in Schnittwiesen, da sie dort die Lücken der ausfallenden wertvollen Futtergräser auffüllt. Da sie sehr frühreif ist, wird sie beim ersten Schnitt in einem alten Entwicklungsstadium geerntet und bei sehr dichten Beständen verfaulen bereits die untersten abgestorbenen Blätter und verursachen einen muffigen Geruch. Nach dem ersten Aufwuchs „kriecht" sie am Boden dahin und kann so gut wie nicht mehr geerntet werden. Trotzdem verwundert es, dass die Gemeine Rispe als **ausläufertreibendes Gras** bei der intensiven Weide **fast gänzlich verschwindet**. Ihr wird weniger die Rückzahlzeit oder die Blattlebensdauer zum Verhängnis, als vielmehr die oberflächliche Verwurzelung. Die führt dazu, dass die Pflanze beim Weiden leicht ausgerupft wird, die Klauen der Tiere zerstören darüber hinaus den labilen Rasenfilz. Die Weidehaltung kann daher zur Sanierung von mit Gemeiner Rispe belasteten Schnittflächen, bei entsprechendem Weidedruck mit Übersaaten, empfohlen werden.

Trittschäden bei hohen Anteilen an Gemeiner Rispe

Werden Schnittwiesen mit hohen Anteilen an Gemeiner Rispe beweidet, wird die verfilzte Narbe rasch durchgetreten und typische Trittschäden werden beobachtet. Solche offenen Stellen sind ideal für Übersaaten mit wertvollen Weidegräsern geeignet.

Lägerrispe

Die Weide kann jedoch nicht alle unerwünschten Gräser zurückdrängen. Wie bereits erwähnt, zählt die Lägerrispe dazu. In diesem Versuch wurde auch Lägerrispe, jedoch in einem geringen Umfang, festgestellt. Lägerrispe ist fast ausschließlich ein Problem auf Dauerweiden in den klimatisch günstigeren Klimaregionen. Sie kann sich bei lückigen Beständen sehr rasch ausbreiten. Daher ist es wichtig, bereits kleine Nester zu kontrollieren und einer Ausbreitung mit zielgerichteten Übersaaten in entstandenen Bestandeslücken entgegenzuwirken.

Rasche Veränderungen

Im dargestellten Versuch zeigte sich aber auch, dass die typischen Weidegräser Englisches Raygras und Wiesenrispengras, durch den Effekt der Beweidung, optimale Bedingungen vorfanden und sich ausbreiten konnten. Die **drei Hauptarten** (Englisches Raygras, Weisenrispengras und Weißklee) bedeckten an die **60 % der Fläche**. Es entwickelte sich ein stabiler Dauerweidebestand, der nur bei Bedarf geringe Eingriffe in Form von Übersaaten benötigt.

Was diese Untersuchung auch erwiesen hat, ist, dass sich **beweidete Wiesen sehr rasch umstellen** und die Pflanzenbestände bereits in den ersten Jahren auf die intensive Beweidung reagieren. Dafür sind die bereits beschriebenen Prozesse, welche mit Rückzahlzeit und Blattlebensdauer der einzelnen Arten zusammenhängen, hauptverantwortlich.

Wiesenrispengras bildet sowohl Nebentriebe unmittelbar neben dem Haupttrieb als auch Nebentriebe, die unterirdisch als Kriechtriebe verlagert werden und so eine sehr dichte Weide-Grasnarbe aufbauen.

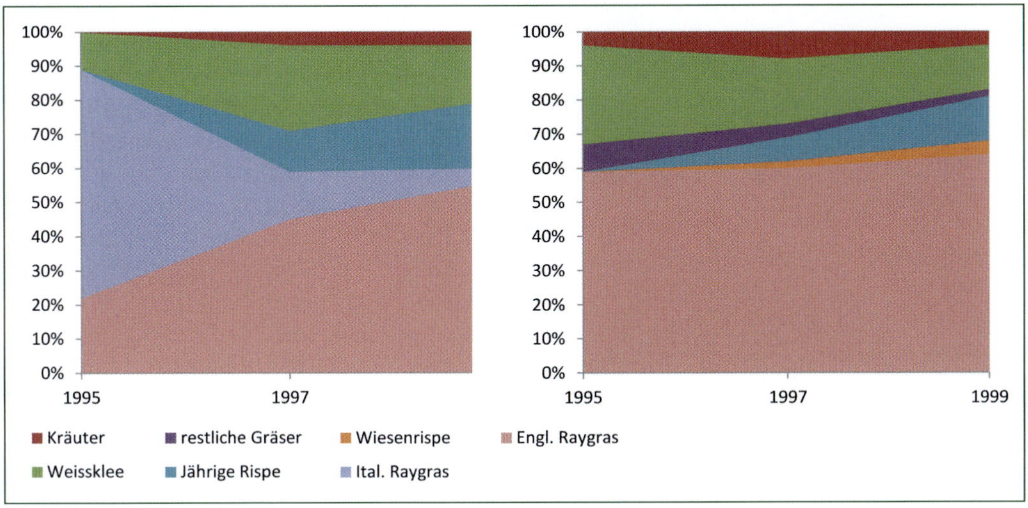

***Abbildung 8:** Entwicklung zweier Mischungen bei Neuansaaten unter Dauerbeweidung auf einem Schweizer Standort (Thomet et al. 2000)*

Befinden sich sehr viele wiesentypische Gräser im Bestand, kann davon ausgegangen werden, dass durch die Beweidung Lücken entstehen, was in der Folge auch zu beachtlichen Trittschäden führt. Dies ist auf vielen Betrieben zu Weidebeginn zu beobachten, vor allem auf Wiesen mit hohen Anteilen an Gemeiner Rispe. Auf manchen Flächen wird das wahre Ausmaß der Belastung mit Gemeiner Rispe erst durch die Umstellung auf Beweidung sichtbar. Die auftretenden Lücken müssen jedoch als Chance gesehen werden. Sie ermöglichen eine gezielte Übersaat, die dazu beiträgt, den Bestand schneller zum Zielbestand einer Dauerweide umzustellen.

Schnelle Bestandesveränderungen bei Beweidung wurden auch in den Gunstlagen des Schweizer Westalpenraumes festgestellt (Thomet et al. 2000). In Abbildung 8 sind die Bestandesveränderungen von zwei Schweizer Grünlandmischungen unter Beweidung (1995–1998) dargestellt. Auch in diesem Versuch konnte eine sehr rasche Umstellung beobachtet werden. Gerade auf die Beweidung empfindlich reagierende Arten wie das Italienische Raygras (*Lolium multiflorum*) verschwinden nach wenigen Jahren komplett und an die Beweidung angepasste Arten wie das Englische Raygras nehmen stark zu.

Sind hingegen diese weidetoleranten Grasarten von Anfang an schon auf der Fläche, bleiben die Bestände stabil und können so von Beginn an eine dichte Grasnarbe aufbauen.

Doldenblüter

Grundsätzlich kann eine gezielte **Beweidung** auch dafür herangezogen werden, **krautreiche Wiesenbestände zu sanieren**. Einige Pflanzenarten, wie doldenblütige Gewächse (Wiesenbärenklau oder Wiesenkerbel), halten eine dauerhafte Beweidung nicht aus. Kräuter an sich stellen auf einer gut geführten Dauerweide kein Problem dar. Weiden sind in der Regel sehr grasreich und haben somit eine dichte Narbe, die ein übermäßiges Aufkommen sowie das Ausbreiten von Kräutern verhindert bis stark reduziert. Die Beweidung in Kombination mit einer angepassten Übersaat ist eine kostengünstige und effektive Methode, Grünlandbestände zu sanieren.

Mähweide

Von traditionellen Mähweideflächen werden in der Regel **ein bis zwei Aufwüchse geschnitten** und das restliche Jahr wird die Fläche als Weide genutzt. Durch die etwas extensivere Nutzung im Vergleich

Feuchte bis wechselfeuchte Grünlandstandorte sind typisch für den Wiesenfuchsschwanz. Solche Flächen eignen sich für die Mähweidenutzung mit einem Schnitt des ersten Aufwuchses. Da der Wiesenfuchsschwanz im Frühling rasch Halme bildet (oben), wird er bei Weidenutzung übrig gelassen (unten) und ein Reinigungsschnitt wird notwendig.

zur Dauerweide haben es typische Horstgräser hier leichter, die für die Pflanzen notwendigen Rückzahlzeiten zu erreichen, die längere Blattlebensdauer zu realisieren und im Bestand zu verbleiben. Wird der erste Aufwuchs etwas später geerntet, können manche Horstgräser sogar Samen produzieren. Durch die nachfolgende Beweidung werden in solchen Beständen aber auch die ausläufertreibenden Gräser und der Weißklee gefördert.

Gerade Flächen mit einem **hohen Besatz an Wiesenfuchsschwanz** (*Alopecurus pratensis*) eignen sich **optimal für die Nutzung als Mähweide**. Der Wiesenfuchsschwanz zählt zu den sehr frühreifen Wirtschaftsgräsern. Auch wenn mit der Weide bereits im zeitigen Frühjahr begonnen wird, bildet dieses frühreife Gras trotzdem bald Halme, die von den Tieren in der Folge nicht mehr gefressen werden. Setzt man auf einer Wiesenfuchsschwanzwiese eine Dauerweide um, so geht diese Art, mit den Jahren, jedoch sehr stark zurück, da dieses Gras die Blattlebensdauer und somit die Rückzahlzeit nicht anpassen kann. Wenn die Beweidung erst nach dem ersten Schnitt erfolgt, bildet der Wiesenfuchsschwanz kaum mehr Samentriebe und wird von den Tieren im weiteren Vegetationsverlauf gut abgefressen.

Dauerweiden und Schnittnutzung

Es besteht auch die Möglichkeit, **Dauerweiden in einzelnen Jahren als Mähweide** bzw. Mähwiese zu nutzen. Solche Bestände zeichnen sich durch hohe Anteile an Englischem Raygras, Wiesenrispengras und Weißklee aus. Beim ersten Schnitt ist zu beachten, dass das Futter jedenfalls zum Zeitpunkt des Ähren-/Rispenschiebens geerntet wird (Aufwuchshöhe 20–30 cm) . Solche Pflanzenbestände müssen früh geschnitten werden, da die Gräser sehr dicht stehen und ein sehr blattreiches Futter bereitstellen. Aufgrund der kurzen Blattlebensdauer und des dichten Bestandes würde eine späte Ernte zu vielen abgestorbenen Pflanzen und vergilbten Pflanzenteilen im Bodenbereich führen. Nach dem Mähen dürfen blattreiche Bestände nur behutsam und nicht zu oft gekreiselt werden. Dieses Futter kann optimal verdichtet werden und eignet sich **bestens zur Silageherstellung.** Auch bei der Herstellung von Belüftungsheu können beste Qualitäten erreicht werden. Nach der Ernte und einer Düngergabe kann ein weiterer Schnitt erfolgen oder rasch mit der Beweidung begonnen werden.

Hutweide

Hutweiden sind **extensiver bewirtschaftete Dauerweideflächen**, die aufgrund des Standortes nicht in der Lage sind, jene Mengen- und Qualitätserträge zu liefern wie intensive Dauerweiden. Gründe dafür sind zu raues Klima, Sommertrockenheiten, zu steile Flächen oder sehr nährstoffarmer und seichter Boden. In einigen Fällen treten auch mehrere dieser aufgezählten Punkte an einem Standort auf.

Hutweiden eignen sich nicht als ausschließliche Weideflächen für Tiere, die höhere Leistungen erbringen. Zudem müssen weniger Tiere gehalten werden als auf Intensivflächen. Hutweiden bieten jedoch ein **ideales Futter für heranwachsende Zuchttiere** oder **Tiere mit geringerer Leistungserwartung**. Auf Hutweiden findet sich außerdem eine **deutlich höhere Artenvielfalt**, da durch die extensive Beweidung Lücken entstehen, die von Lückenbüßern besiedelt werden. Weiters stehen im Bereich der Kotfladen viele Nährstoffe zur Verfügung, die für Nährstoffzeiger optimal sind. Durch den ständigen Verbiss der Tiere wird die Pflanzendecke immer kurz gehalten, wodurch lichtliebende sowie flach am Boden wachsende Pflanzen gefördert werden. Zu gering darf der Tierbesatz auf Hutweiden folglich nicht ausfallen.

Hutweiden verfügen zwar auch über viele ausläufertreibende Gräserarten, wie Rotschwingel, Rotes Straußgras und Wiesenrispengras, jedoch kommen auch typische Horstgräser, wie Kammgras, Knaulgras, Wiesenlischgras und Wiesenschwingel, in größeren Mengen vor.

Die Pflege der Hutweiden stellt oft ein Problem dar. Meistens sind die Flächen maschinell nicht zugänglich und ein Mulchen bzw. Reinigungsschnitt ist nicht bis schwer möglich. Daher ist es notwendig, ein gutes Weidemanagement auf diesen Flächen umzusetzen. Günstig wäre eine **Koppelung**, damit die Weidetiere nicht die Möglichkeit haben, Hänge zum Weiden und ebene Flächen zum Liegen und Koten auszuwählen, wodurch es zu einer Verfrachtung und Anreicherung von Nährstoffen im Liegebereich kommt. An solchen Stellen treten dann typische Nährstoffzeiger auf und das Futter wird dort kaum mehr gefressen. Darüber hinaus kann bei Koppelung der Hutweiden ein gleichmäßigeres Abgrasen der Pflanzen und Weidebereiche erreicht werden. Da auf Hutweiden auch meist Strauchstrukturen anzutreffen sind, muss sichergestellt werden, dass diese sich nicht in der Fläche ausbreiten und die Weidefläche langfristig zuwächst. Die Pflege der Hutweiden muss neben der Pflege der übrigen Intensivweiden am Betrieb im Jahreslauf mit berücksichtigt werden. Da gerade auf Hutweiden Giftpflanzen stark auftreten können, sind die möglichen **Pflege- und Sanierungsmaßnahmen** zu berücksichtigen, die bereits im Kapitel Giftpflanzen beschrieben wurden.

Flächeneignung

Grundsätzlich bestimmen die natürlichen Standortfaktoren, wie Klima, Boden, Pflanzenbestand, Hangneigung etc., ob und wie eine Grünlandfläche als Weide genutzt werden kann. Für schwere Tiere (z. B. Kühe) sind je nach Gewicht, Boden und Pflanzenbestand Hangneigungen bis maximal 30–40 % und für Jungrinder bis maximal 50–60 % zur Beweidung geeignet. Unter feuchten Bedingungen ist das Weidemanagement besonders wichtig. Ein dichter Bestand an wertvollen Weidegräsern spielt hinsichtlich Trittfestigkeit eine wesentlich größere Rolle als die Bodenverhältnisse. Er bildet jedenfalls die Basis für geringe Trittschäden und ein gutes Ertragsniveau. Zudem hat auch die Art der Weide einen großen Einfluss auf Trittschäden. So verteilen sich die Tiere bei großflächigen Standweiden relativ gleichmäßig und sind generell ruhiger im Verhalten. Werden Milchkü-

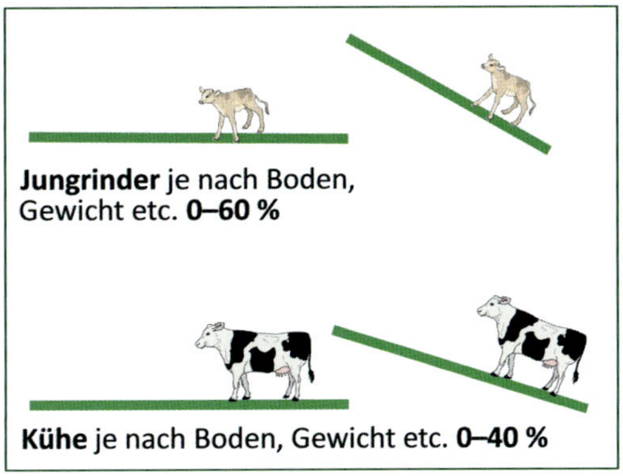

Abbildung 9: *Maximale Hangneigung bei Jungrindern und Kühen in % (40 % = 36 °)*

he geweidet, sollten die Weideflächen nicht zu weit vom Hof entfernt sein, um die tägliche Treibarbeit gering zu halten. Bei Mutterkuhherden bzw. Jungvieh können die Weiden durchaus weiter entfernt sein, sofern Wasserversorgung und Unterstände auf den Flächen vorhanden sind. Sind die Flächen zwar zusammenhängend, aber trotzdem zu weit entfernt für ein tägliches Treiben der Milchkühe, setzen einige Betriebe auch auf Weidemelkstände.

Übersaaten

Ist der Weidebestand nicht gut entwickelt oder steigt ein Betrieb in die vermehrte Weidehaltung ein, so kann dem Bestand mit begleitenden Übersaaten geholfen werden, sich in eine gewünschte Richtung zu entwickeln. Dabei sollte auch nicht außer Acht gelassen werden, dass Zuchtformen von Wiesenrispengras und Englischem Raygras oftmals deutlich höhere Erträge und Futterqualitäten bereitstellen können als die natürlich vorkommenden Ökotypen.

Wird eine bisher als Schnittwiese genutzte Fläche in eine Dauerweide umgestellt, entstehen Lücken, da typische Horstgräser der Schnittwiese verschwinden. Diese Lücken eignen sich optimal, um Übersaaten durchzuführen und den Bestand schnell in eine Dauerweide umzuwandeln.

Gerade wenn eine Schnittwiese auf eine Dauerweide umgestellt wird, ist der beste Zeitpunkt für eine Übersaat gleich in den ersten Jahren. Wie bereits beschrieben wurde, verträgt das Wiesenrispengras keine tiefe Ablage und daher muss das Saatgut oberflächlich ausgebracht werden. Deshalb können nur solche Saatverfahren angewendet werden, die für die oberflächliche Ausbringung geeignet sind.

Sortenwahl

Bei der Übersaat auf Weideflächen ist nicht nur die Grasart wichtig, sondern innerhalb der Art ist die Sortenwahl entscheidend.

- Beim Wiesenrispengras sollen Sorten gewählt werden, die dem Wiesentyp (hoch aufwachsend) zugeordnet werden. Eine in Mitteleuropa gezüchtete, ausdauernde und sehr ertragsstarke Wiesenrispengras-Sorte ist z. B. Lato.
- Das Englische Raygras kann auf Weiden unter 1.000 m Seehöhe in Übersaatmischungen verwendet werden. Über 1.000 m Seehöhe wird es eher die Funktion einer Deckfrucht in einer Mischung mit Wiesenrispengras übernehmen, da eine lange geschlossene Schneedecke und der Schneeschimmel den Großteil auswintern lassen. Auf Dauerweiden sollten bei den Sorten Mischungen aus früh-, mittel- und spätreifen Sorten verwendet werden. Gerade mittel- und spätreife Sorten bilden später Ährenhalme, die vom Weidevieh nicht mehr gefressen werden.

Biologisch wirtschaftende Betriebe müssen bei der Verwendung von konventionell unbehandeltem Saatgut die jeweils geltenden rechtlichen Bestimmungen beachten. Nicht jede für den Standort und die Weide gut geeignete Sorte ist in Bio-Qualität erhältlich.

Sowohl bei der Sortenwahl von Wiesenrispengras als auch bei Englischem Raygras empfiehlt es sich, die jeweiligen **Sortenempfehlungen** zu studieren und daraus die für das Klima geeigneten Sorten auszuwählen. Betriebe haben die Möglichkeit, die Sorten rein zu kaufen und selbst eine Sorten- bzw. Artenmischung herzustellen. Weiters ist es möglich, handelsübliche Intensivweidemischungen zu verwenden, die nur aus Komponenten wie Wiesenrispengras, Englischem Raygras und wahlweise Weißklee bestehen. Werden Einzelkomponenten eingesetzt, ist eine zusätzliche Saat von Weißklee meist nicht notwendig, da dieser durch die oberirdischen Kriechtriebe auf Dauerweiden von selbst stark zunimmt.

Einfache Übersaatmethode

Eine einfache und kostengünstige Methode der Übersaat auf Weiden ist die mittels **Feinsämereienstreuer**. Es können aber auch alle sonstigen Maschinen verwendet werden, die die **Samenkörner oberflächlich** (!) ablegen. Punktuell kann natürlich auch eine händische Übersaat vorgenommen werden. Dazu ist es notwendig, das Saatgut mit Sägemehl zu strecken, da sonst zu große Mengen pro ha per Hand ausgebracht werden.

Bevor man mit der Übersaat beginnt, ist es wichtig, sich den Bestand anzusehen und zu kontrollieren, ob genügend offener Boden vorhanden ist. Verfilzte Weiden mit einer geschlossenen Narbe eignen sich nicht für eine Übersaat, da die Samenkörner nicht auf den Boden kommen und folglich nicht zur Quellung und Keimung gelangen.

Eine einfache und kostengünstige Methode der Übersaat ist die mittels Feinsämereienstreuer. Das Saatgut wird nach der Saat von den Weidetieren angepresst und durch die Weiterbeweidung wird der Bestand kurz gehalten.

TIPPS Bestandeslenkung

Offene Stellen im Bestand entstehen bei Beweidung von Schnittwiesen automatisch oder können erzeugt werden, indem die Besatzdichte auf der Fläche für einige Tage erhöht wird.

Verfilzte Narben können aber auch mit Starkstriegeln aufgerissen werden. Hier sind Perioden nach einer Trockenphase günstig, da die oberflächlich verfilzten Pflanzen leicht ausgerissen werden können.

Ist offener Boden vorhanden, kann eine Übersaat durchgeführt werden. Pro Termin sollten je nach Lückigkeit 5–10 kg je ha Saatgut der gewählten Sorten bzw. Mischungen ausgebracht werden. Es gilt zu beachten, dass **Übersaaten vielfach mehrmals** und so oft erfolgen müssen, bis sich der Bestand in die gewünschte Richtung entwickelt hat. Nicht jeder Übersaatdurchgang führt zum gleichen Erfolg, da die Witterung danach entscheidend ist. Auch aus diesem Grund ist es günstig, wenn die Übersaatmethode für den Betrieb preiswert und einfach durchzuführen ist. Damit die Keimung des Saatgutes schneller vor sich geht, ist ein guter Bodenschluss notwendig, wofür auf der Weide die Tiere eingesetzt werden können, die mit ihren Klauen die Samen an den Boden anpressen. Theoretisch könnte auch mit Walzen gearbeitet werden. Eine gleichzeitige Düngung ist nicht zu empfehlen!

Bei Standweidehaltung können die Tiere nach der Saat auf der Fläche weiterweiden. Da die Tiere auf großflächigen Weiden ruhig über die Fläche ziehen und die einzelnen Bereiche nur kurz betreten, schadet dies den Sämlingen kaum. Die Weidetiere erfüllen aber eine sehr viel wichtigere Funktion – sie halten durch den ständigen Weideverbiss die bestehende Grasnarbe kurz und schaffen so bessere Startbedingungen für die Jungpflanzen. Beim Grasen erwischen die Tiere die jungen Pflanzen erst ab einer Höhe von 3–4 cm. Zu diesem Zeitpunkt sind diese schon gut verwurzelt und können nicht mehr ausgerissen werden.

Massive Grünlandübersaatmaschinen arbeiten mit starken Striegelzinken zum Aufreißen der Narbe und nachfolgender Übersaat sowie nachlaufenden Kontaktwalzen zum Anpressen des Saatgutes.

Untersuchung zum Erfolg von Übersaaten

In Tabelle 6 ist der Erfolg von Übersaaten anhand eines Versuches am Versuchsbetrieb des Bio-Instituts dargestellt. Es wurden dafür 10 kg je ha und Termin verwendet, wobei zu vier Terminen in drei Jahren eine Übersaat erfolgte. Die ursprüngliche Mähweide wurde in den Folgejahren als Kurzrasenweide genutzt. Vor der Umstellung wurde der erste und in manchen Jahren auch der zweite Aufwuchs gemäht und danach erfolgte die Beweidung der Fläche. Dies erklärt, warum im Jahr 2007 21 Flächenprozent Weißklee enthalten waren. Englisches Raygras und Wiesenrispengras erreichten jeweils Anteile von unter 10 % im Bestand. Bei der Bestandsaufnahme im Jahr 2013 konnten deutlich höhere Deckungswerte (Englisches Raygras 22 % und Wiesenrispengras 20 %) bei beiden Arten erzielt werden. Neben diesen drei wichtigen Hauptarten konnten sich auf der Dauerweide auch noch andere Grasarten halten, die bereits bei der Mähweidenutzung vorkamen. Der Anteil an Wiesenschwingel nahm zwar stark ab, er verblieb aber mit 5 % im Bestand. Oben wurde bereits beschrieben, dass dieses Gras zur Erhaltung im Bestand versamen muss, was auf der Kurzrasenweide in den Geilstellen möglich war. Selbiges gilt für das Kammgras und das Wiesenlischgras. Es zeigte sich also, dass auf sehr intensiv genutzten Dauerweiden immer noch mit einer gewissen Vielfalt gerechnet werden kann, auch wenn konzentrierte Übersaaten mit Englischem Raygras und Wiesenrispengras erfolgen.

Optimaler Übersaattermin

Günstige Übersaatzeitpunkte sind regional unterschiedlich. Entscheidend sind **regelmäßige Niederschläge nach der Saat**. Auf Dauerweiden sind Übersaaten in der Vegetationsperiode **ab Frühlingsbeginn** möglich. Wann die optimalen Zeitpunkte sind, können nur die Betriebsleiter selbst, aufgrund der Erfahrungen aus langjährigen Wetterbeobachtungen, entscheiden. Die letzten Übersaaten sollten **Ende August bzw. Anfang September** (in Gunstlagen) durchgeführt werden. Bei späteren Saaten ist der Entwicklungszeitraum bis zum eintretenden Winter häufig zu kurz. In Berglagen, wo über den Winter eine geschlossene Schneedecke vorhanden ist, kann auch eine Schlafsaat durchgeführt werden. Dabei erfolgt die Saat unmittelbar vor dem ersten Schneefall und die Keimung erfolgt erst nach der Schneeschmelze im Frühling. Dadurch wird den Sämlingen ein Zeitvorsprung gegeben, da nach der Schneeschmelze die Böden nass sind und erst nach ein paar Wochen mit Maschinen befahren werden können.

Neuansaaten und Weide als Fruchtfolgeglied

Gemischtbetriebe können die Weide auch in ihre Fruchtfolge einbauen. Schläge, die für ein mehrjähriges Kleegras bzw. Feldfutter angebaut werden sollen, können mit einer Weidemischung eingesät werden. Ist der Bestand gut aufgegangen, sollte zuerst ein Reinigungsschnitt vorgenommen werden, um mögliche aufgelaufene Beikräuter sofort zu re-

Artengruppen	Arten	Flächenprozent 2007	Flächenprozent 2013
Lücken		**3**	**0**
Gräser		**62**	**69**
	Ausläuferstraußgras	10	8
	Kammgras	1	5
	Wiesenschwingel	21	5
	Englisches Raygras	7	22
	Wiesenlischgras	2	2
	Wiesenrispengras	6	20
	Lägerrispe	0	4
Leguminosen		**21**	**19**
	Weißklee	21	19
Kräuter		**14**	**12**
	Kriechender Hahnenfuß	4	4
	Wiesenlöwenzahn	3	3

Tabelle 6: *Zusammensetzung des Weidebestandes nach sechs Jahren intensiver Kurzrasenbeweidung und gezielten Übersaaten mit Englischem Raygras und Wiesenrispengras*

(Starz et al. 2014a)

gulieren. Somit hat die Grasnarbe auch etwas Zeit, um sich für die Beweidung besser zu entwickeln.

Vorsaat von Wiesenrispe

Bei einer Neuansaat besteht die günstige Möglichkeit, dem Wiesenrispengras in der Jugendentwicklung durch „Vorsaat" etwas unter die Arme zu greifen. Dazu ist es notwendig, Einzelkomponenten zu verwenden und keine fertigen Mischungen einzusetzen. Nachdem die Fläche für die Saat gut vorbereitet wurde, wird das Saatgut in einem zeitlich versetzten Verfahren ausgebracht.

- Dazu wird in einem ersten Schritt **15–20 kg/ha Wiesenrispengras** vorgesät. Hier ist wieder zu bedenken, dass eine „Übersaat" durchgeführt wird und die Wiesenrispen-Samenkörner sich auf der Bodenoberfläche (!) befinden. Danach ist es wichtig, das Saatgut mit einer Kontaktwalze an den Boden anzupressen, um einen schnelleren Aufgang zu erzielen.
- **Nach zehn bis 20 Tagen** wird dann die **restliche Mischung**, bestehend aus z. B. 8–12 kg Englischem Raygras (Mischung aus früh-, mittel- und spätreifen Sorten) und 1–2 kg Weißklee je ha, in das bereits aufgelaufene Wiesenrispengras übergesät. Erfolgt die zweite Saat mit einer Striegelübersaatmaschine, so ist darauf zu achten, dass die Striegelzinken so seicht wie möglich eingestellt werden, damit die Wiesenrispengrasjungpflanzen nicht ausgerissen werden. Eine nachlaufende Walze schädigt die Jungpflanzen dagegen kaum. Zu beachten ist auch, dass die zweite Saat auch bis spätestens Ende August (Gunstlage Anfang September) vorgenommen wird, da der Entwicklungszeitraum bis zum Winter ansonsten vielfach zu kurz wird.

Nach dieser Methode wurde 2013 eine Versuchsfläche am Bio-Institut angelegt. Hierbei handelte es sich um einen Umbruch auf einer Grünlandfläche. 2014 erfolgte im Frühling die Bonitur der Versuchsparzellen. Wie in Tabelle 7 dargestellt, zeigten die Parzellen, auf denen das Wiesenrispengras zehn bzw. 20 Tage vor der restlichen Mischung vorgesät wurde, deutlich höhere Anteile an Wiesenrispengras. Durch diese Methode konnte bereits im

Folgejahr, nach der Anlage im Spätsommer, ein gut entwickelter Weidebestand erzielt werden.

Eine Übersaat kann aber auch in bestehendes Feldfutter oder Kleegras erfolgen. Solche Bestände bestehen meist aus Rotklee und/oder Luzerne sowie horstbildenden Obergräsern, die bei einer Beweidung sehr rasch ausfallen. In solchen Beständen können sehr einfach Übersaaten durchgeführt werden, da in der Regel schon viele Lücken vorhanden sind, wodurch auf solchen Flächen ein kostenintensiver Umbruch mit einer Neuansaat vermieden werden kann.

Arten in Flächenprozent	Englisches Raygras	Wiesenrispengras
Keine Vorsaat	49	19
Vorsaat 10 Tage	37	26
Vorsaat 20 Tage	35	29

Tabelle 7: *Flächenprozent von Englischem Raygras und vorgesätem Wiesenrispengras*

Weidemischungen

In Tabelle 8 sind beispielhaft Weidemischungen angeführt, wie sie in der Schweiz, in Deutschland und Österreich im Handel verfügbar sind. Damit die Mischungen miteinander vergleichbar sind, wurden alle Mischen auf 30 kg/ha standardisiert. Die erste Spalte pro Land stellt die Empfehlung für die intensive Nutzung dar und die zweite Spalte die für extensive Weidestandorte.

Kurzrasenweiden müssen so geführt werden, dass der Pflanzenbestand möglichst gleichmäßig abgegrast wird.

Koppel- und Portionsweiden sollten bei einer Aufwuchshöhe von 10–15 cm wieder bestoßen und dann tief abgegrast werden.

Wenn überständige Flächen bestoßen werden, treten hohe Futterverluste auf!

WICHTIG **Weidegrundsätze**

Optimale Weidepflanzenbestände unterscheiden sich sehr deutlich von Schnittwiesen.

Großes Potenzial hinsichtlich Flächenleistung (Flächeneffizienz) liegt in der optimierten Grünland-Weidenutzung.

Intensive Weiden (Weidepflanzenbestand vorausgesetzt) sind dann hoch produktiv, wenn

- „pay-back"-Zeit für möglichst viele Pflanzen im Bestand erreicht wird und
- wenig tote Blätter im Bestand sind.

Eine hohe Weideflächenproduktivität erreicht man bei weidebetonten Fütterungssystemen nicht mit höchster Einzeltierleistung.

Arten	CH AGFF		DE LfL Bayern		AT ÖAG	
	SM 4601	SM 4812	BQSM-W1c[1]	BQSM-W2[2]	Kwei[1]	H[2]
Hornklee		3,3				1,7
Schwedenklee						1,2
Weißklee	2,2	2,0	1,7	1,7	2,2	2,3
Engl. Raygras*	7,3	2,0	19,2	5,0	11,1	1,5
Wiesenrispengras	7,3	6,5	2,5	3,3	16,7	7,0
Wiesenlischgras	2,2	1,3	6,7	4,8		3,5
Wiesenschwingel		5,2		12,5		5,2
Rotschwingel	3,7	3,9		2,5		3,5
Rotes Straußgras						1,2
Weißes Straußgras	3,7	2,6				
Goldhafer				0,3		
Knaulgras						1,2
Kammgras	3,7	3,3				1,7

Saatmengen in kg/ha und standardisiert auf eine Neuansaatmenge von 30 kg/ha
* früh- bis spätreife Typen in jeder Mischung [1] für intensive Nutzung [2] für extensive Nutzung

***Tabelle 8:** Saatgutmischungsbeispiel mit den landesüblichen Bezeichnungen aus der Schweiz, aus Deutschland und Österreich mit Empfehlung für die Weide (Stand 2014)*

Weidefutter

Beim **Futter auf Dauerweiden** handelt es sich um das **inhaltsstoffreichste**, das im Grünland erreicht werden kann. Da alle Pflanzen von den Weidetieren in einem sehr jungen Stadium gefressen werden, liegen die Nähr- und Mineralstoffe in konzentrierter Form vor.

Pries und Menke (2011) untersuchten simulierte Kurzrasenweideproben (8 bis 15 cm Bestandeshöhe) in Versuchen mit Hammeln hinsichtlich Verdaulichkeit der Rohnährstoffe und Energiegehalt (s. Tab. 9). Wie die Nährstoffgehalte variierte auch die Verdaulichkeit der organischen Masse zwischen den Jahreszeiten. Im Frühjahr zeigte sich mit 84 % die höchste Verdaulichkeit der OM. Die aus den verdaulichen Nährstoffen berechneten Energiegehalte betrugen im Frühjahr 7,44 MJ NEL, im Sommer 6,41 und im Herbst 6,60 MJ NEL/kg TM.

Der Zuckergehalt in Weidegras wird wesentlich von der Aufwuchshöhe (Rotationsintensität), der Lichtintensität und auch von den Nachttemperaturen beeinflusst. Kühle Nächte resultieren in höheren Zucker- und geringeren Strukturkohlenhydrat-Gehalten.

Weidefutterqualität

Untersuchungsergebnisse aus der Schweiz

Im Rahmen eines vierjährigen Versuches in der Schweiz (Münger 2003) wurde die **Futterqualität von Kurzrasen- und Koppelweide** verglichen. Dabei konnten beim Rohprotein-, dem Rohfaser- und dem Zuckergehalt keine Unterschiede zwischen den beiden Weidesystemen gemessen werden. In Abbildung 10 sind die Verläufe der drei Inhaltsstoffe dargestellt, wie sie in Gunstlagen des Schweizer Westalpenraumes anzutreffen sind. Dabei zeigte sich die **hohe Qualität** des Weidefutters **während der gesamten Vegetationsperiode**.

	Frühjahr	Sommer	Herbst
Anzahl Hammelversuche	3	1	2
Inhaltsstoffe, g/kg TM			
Rohprotein	210	217	231
Rohfett	45	58	32
Rohfaser	153	217	204
Rohasche	93	89	113
Zucker	181	97	53
NDFom	459	540	498
ADFom	166	226	250
NFC	145	97	127
ADL	13	18	16
Verdaulichkeiten, %			
Organische Masse	84	75	79
Rohprotein	81	77	79
Rohfett	56	45	31
Rohfaser	89	80	85
NDFom	89	81	82
ADFom	83	68	75
Berechneter Energiegehalt, MJ/kg TM			
Netto-Energie-Laktation (NEL)	7,44	6,41	6,60
Umsetzbare Energie Rind (ME)	12,08	10,73	10,88

Tabelle 9: *Rohnährstoffgehalt des Kurzrasenweide-Frischgrases nach Jahreszeiten sowie Verdaulichkeit und Energiegehalt* *(Pries und Menke 2011)*

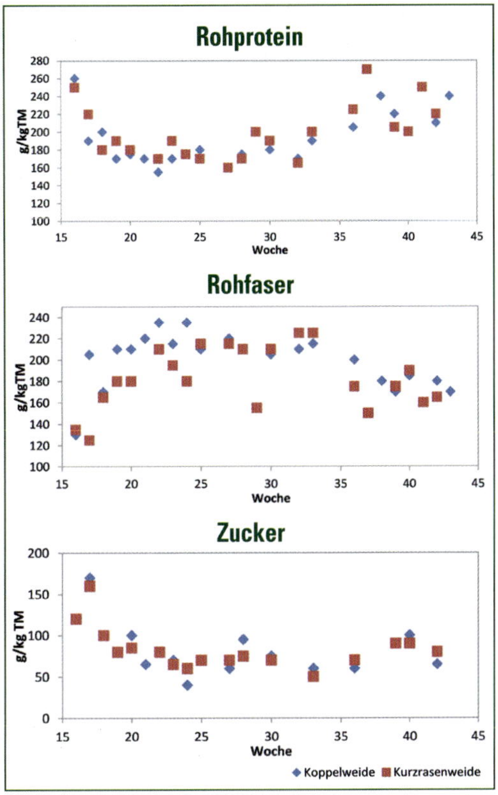

Abbildung 10: *Inhaltsstoffverläufe bei Kurzrasen- und Koppelweide in einer Schweizer Untersuchung (1995–1998) in einer Grünlandgunstlage* *(nach Münger 2003)*

Untersuchungsergebnisse aus Österreich

Hohe Futterqualitäten wurden aber auch im kühleren ostalpinen Klimagebiet festgestellt. Von 2007–2012 wurde am Bio-Institut der HBLFA Raumberg-Gumpenstein ein Weideversuch (Starz et al. 2014a) durchgeführt. Im Rahmen dieser Untersuchung sollte die Qualität des Weidefutters in den inneralpinen Tallagen erhoben werden. In dieser Untersuchung ließ man die Weide in Weidekörben aufwachsen und mähte sie siebenmal pro Jahr ab. Im Schnitt erfolgte die erste Ernte am 1. Mai und die letzte am 22. Oktober. In Tabelle 10 sind die Gehalte an Nährstoffen, Energie, Mineralstoffen und Spurenelementen dargestellt.

Keine Dauergrünland-Nutzungsform stellt so **hohe Eiweißmengen und Eiweißkonzentrationen** zur Verfügung wie die Weide. Bei der Eiweißkonzentration zeigt sich zudem ein Anstieg vom Sommer (19 %) bis hin zum Herbst (23 %). In diesem Stadium erreicht das Weidefutter Rohprotein-Konzentrationen, die dem Niveau der Körnererbse entsprechen. Dafür verantwortlich sind nicht nur

Parameter	Einheit	Termine						
		1	2	3	4	5	6	7
Erntehöhe[1]	cm	8,4	8,0	7,7	8,5	9,2	7,3	5,3
Trockenmasse	g/kg FM	173	195	182	174	168	172	171
Rohasche	g/kg TM	88	92	101	99	100	98	102
Rohprotein	g/kg TM	199	186	222	211	224	231	229
Rohfett	g/kg TM	31	26	29	30	29	29	29
Rohfaser	g/kg TM	194	239	223	221	215	199	178
NDF	g/kg TM	382	449	430	429	411	398	365
ADF	g/kg TM	230	280	264	274	257	236	216
ADL	g/kg TM	26	34	33	33	33	31	27
N freie Extraktstoffe	g/kg TM	518	489	459	472	460	461	502
NFC	g/kg TM	299	247	218	231	236	243	275
Energie								
NEL	MJ/kg TM	7,00	6,48	6,21	6,22	6,25	6,41	6,41
Mengen- und Spurenelemente								
Ca	g/kg TM	8,4	9,2	10,7	9,8	10,0	9,2	10,0
P	g/kg TM	4,4	4,5	5,4	5,4	5,6	5,6	5,1
Mg	g/kg TM	2,9	3,1	3,8	3,6	3,6	3,8	3,8
K	g/kg TM	23,3	22,4	23,9	23,1	23,7	23,4	21,2
Na	mg/kg TM	420	360	346	430	535	690	683
Mn	mg/kg TM	55	66	78	84	96	99	99
Zn	mg/kg TM	55	52	92	91	86	109	99
Cu	mg/kg TM	12	11	13	13	15	15	13

[1] Erntehöhe bestimmt mit dem RPM

Tabelle 10: *Futterqualität von intensiven Weiden im Jahresverlauf (Termin 1 = 1. Mai, Termin 7 = 22. Oktober) am inneralpinen Versuchsbetrieb des Bio-Instituts an der HBLFA Raumberg-Gumpenstein*

das junge Gras, sondern auch die hohen Anteile an Weißklee. Der Weißklee liefert aber nicht nur viel Eiweiß und fixiert viel Stickstoff aus der Luft, sondern macht das Futter für die Tiere auch schmackhaft und abwechslungsreich. Weidebestände mit einer Mischung aus Gras und Klee werden von den Tieren lieber angenommen als reine Grasbestände.

Die Energiedichte im Weidefutter begann im Frühling bei sehr hohen Konzentrationen von um 7 MJ NEL/kg TM. Ende Mai ging die Energiekonzentration deutlich auf 6,5 zurück und lag im Sommer zwischen 6,2 und 6,3 MJ NEL/kg TM. Im Herbst (letzter Aufwuchs) lag die Energiekonzentration bei 6,4 MJ NEL/kg TM.

Die Rohfaserkonzentration stieg von 19 % auf 24 % zum zweiten Termin Ende Mai und blieb über den Sommer bei 22 %. Erst im Spätsommer und Herbst sank sie bis auf 17 % ab. Ein ähnliches Bild zeigen auch die Gerüstsubstanzen (NDF, ADF und ADL). Die Anteile daran waren während der Sommermonate am höchsten und nur im Frühling und Herbst niedriger. Diese Effekte dürften hauptsächlich auf die jahreszeitlich unterschiedliche Halmbildungstendenz der Gräser zurückzuführen sein. Wenn man

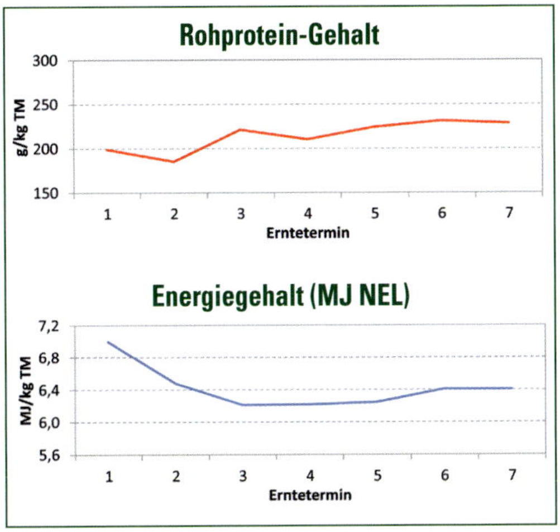

Abbildung 11: Verläufe der Gehalte an Rohprotein und Energie (NEL) im Vegetationsverlauf (Termin 1 = 1. Mai, Termin 7 = 22. Oktober)

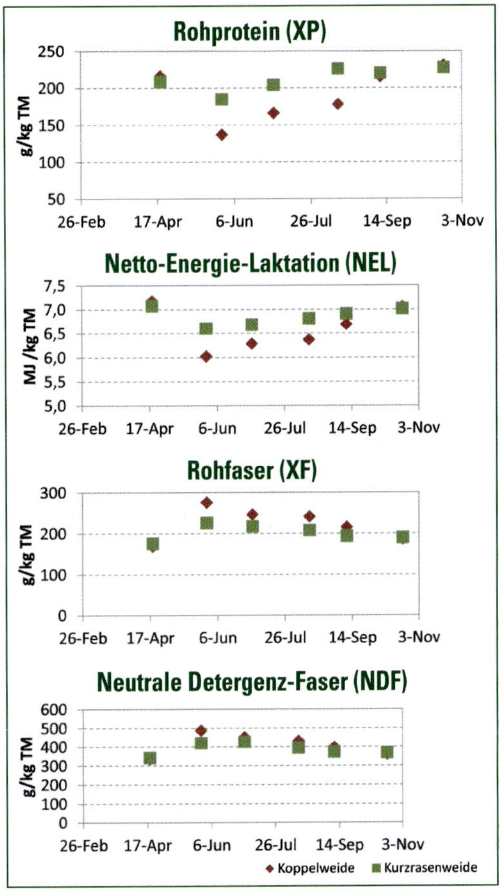

Abbildung 12: Konzentrationen an Rohprotein (XP), Energie (NEL), Rohfaser (XF) und Neutral-Detergenz-Faser (NDF) im Futter der Kurzrasen- und Koppelweide im Jahr 2010

die Werte für Lignin (ADL) betrachtet, dann zeigen diese die signifikant höchsten Mengen von Mai bis August. In diesem Zeitraum bilden die meisten Gräser auf der Weide Samentriebe, die rascher verholzen. Dies dürfte auch der Hauptgrund dafür sein, dass die Energiekonzentration in dieser Phase in allen Untersuchungen tiefer liegt.

Aus den Untersuchungsergebnissen lässt sich nicht ableiten, dass die Weide den Wiederkäuern zu wenige Faserstoffe bereitstellen würde. **Sowohl die Rohfaser- als auch die Gerüstsubstanzgehalte** liegen **im wiederkäuergerechten Bereich**, sofern keine hohen Kraftfuttermengen zusätzlich eingesetzt werden. Die Spitze eines Blattes stellt das älteste Gewebe des Grasblattes dar, wie bereits im Kapitel „Weidepflanzen" beschrieben, weshalb es auch die komplette Faserausstattung besitzt. Wiederkäuer sind seit jeher an die Verdauung von frischem Gras angepasst, daher verwundert es auch nicht, dass Grasblätter genügend strukturierte Faserstoffe für eine ordnungsgemäße Wiederkaufunktion bereitstellen. Mehr Faserstoffe werden in einem Grünlandbestand erst dann gebildet, wenn die Gräser Samentriebe produzieren. Diese werden aber auf der Weide ungern bis nicht gefressen, da die Tiere die Möglichkeit der Futterselektion haben.

Eine **Untersuchung** des Bio-Instituts prüfte den **Einfluss der Weideaufwuchshöhe auf die Konzentration der Futterinhaltsstoffe** (Starz et al. 2013). Dabei wurde auf einer Englisch-Ragygras-Wiesenrispengras-Weißklee-Dauerweide im Jahr 2010 die Kurzrasen- und Koppelweide simuliert. Die Erntehöhe der Kurzrasenweide lag bei 9 cm (gemessen mit dem Zollstab) und die der Koppelweide bei 15 cm (bei einem Restaufwuchs von 3 cm). Wie in Abbildung 12 ersichtlich, hatte die niedrigere Wuchshöhe sowohl höhere Rohprotein- als auch Energiekonzentrationen während der Hauptwachstumsphase zur Folge. Hinsichtlich der Faserstoffe (XF und NDF) waren die Unterschiede gering bis nicht vorhanden und jedenfalls im wiederkäuergerechten Bereich, was sich mit der nachfolgend beschriebenen Studie aus Frankreich deckt.

Die vorgestellten Ergebnisse zeigen, dass auch im raueren Klima der Ostalpen hohe Futterqualitäten auf Dauerweiden erreicht werden können. Die größte Einschränkung gegenüber den klimatisch begünstigteren Gebieten ist die kürzere Vegetationsdauer. Trotz der kürzeren Wachstumszeit erreichen die Bestände jedoch hohe Inhaltsstoffkonzentrationen und liefern den Wiederkäuern damit ein qualitativ hochwertiges Weidefutter.

Untersuchungsergebnisse aus Frankreich

In einer französischen Untersuchung (Ribeiro Filho et al. 2005) wurden auf **zwei unterschiedlichen Pflanzenbeständen** (reiner Englisch-Raygras-Bestand und ein Mischbestand aus Englischem Raygras und Weißklee) Ernten durchgeführt. Jeder Bestand wurde je bei einer niedrigen und einer hohen Wuchshöhe geerntet. Dazu wurde das Futter bis auf 5 cm (in Tabelle 11 als über 5 cm bezeichnet) geschnitten und in einem weiteren Schritt auch die Restaufwuchshöhe bis zum Boden (in Tabelle 11 als unter 5 cm bezeichnet) geerntet. Mit dieser Untersuchung konnte gezeigt werden, dass der ertragsbildende Partner im Grünland das Gras ist. Die Erträge im Englisch-Raygras-Bestand waren bei einer Höhe von über 5 cm deutlich höher als im Mischbestand mit dem Weißklee. Ob die Bestände hoch oder niedrig waren, hatte keinen Einfluss auf die Gehalte an Faserstoffen (NDF und ADF). Einen Einfluss zeigte aber der Pflanzenbestand. Hier hatte der Mischbestand mit Weißklee die niedrigeren Faserkonzentrationen. Dies verdeutlicht, dass die Gräser jene Pflanzengruppe im Grünland darstellen, welche die strukturierten Faserstoffe vorrangig bereitstellen. Daher ist es wichtig, dass genügend Gras auf Dauerweiden vorhanden ist, damit nicht nur ein guter Ertrag erzielt, sondern den Wiederkäuern auch ausreichend Faser zur Verfügung gestellt wird. Der Weißkleeanteil sollte jedoch auch bis zu 30 Flächenprozent betragen, da dieser das Futter für die Tiere nicht nur schmackhafter macht, sondern auch Protein liefert und zusätzlichen Stickstoff über die Fixierung kostenlos in das System bringt.

Futterqualität bei verspäteter Nutzung bzw. auf extensiven Standorten

Wenn Weideflächen verspätet genutzt werden, nehmen die Futterqualität ab und die Futterverluste zu. Darüber hinaus sterben bereits viele Blätter

Parameter	Einheit	Englisch-Raygras-Bestand		Englisch-Raygras-Weißklee-Bestand	
		niedrig	hoch	niedrig	hoch
Ertrag oberhalb 5 cm	kg TM/ha	2.150	2.470	1.430	1.460
Ertrag unterhalb 5 cm	kg TM/ha	2.690	2.860	3.290	3.290
Futterdichte über 5 cm	kg TM/ha/cm	229	227	249	276
Futterdichte unter 5 cm	kg TM/ha/cm	574	614	755	746
NDF aus Futter über 5 cm	g/kg TM	553	545	498	502
ADF aus Futter über 5 cm	g/kg TM	258	263	239	245

Tabelle 11: *Mengenerträge und Futterqualität von Weideflächen in Frankreich. Der Erntezeitraum erstreckte sich von Mai bis Juli 2002 und die Messung der Aufwuchshöhe erfolgte mit dem RPM.* (Ribeiro Filho et al. 2005)

ab, wodurch keine effiziente Fotosyntheseleistung erreicht wird. Die Tiere beginnen dann verstärkt, selektiv zu grasen. Bei Umtriebsweiden wird durch Selektion am ersten Tag die höchste und am letzten Tag der Koppelbestoßung die geringste Futterqualität aufgenommen. In Tabelle 12 sind Veränderungen der Futterqualität am Beispiel von Weidefutterproben bei unterschiedlichem Nutzungszeitpunkt dargestellt. Beim Schossen wird jeweils die höchste Verdaulichkeit und Nährstoffdichte festgestellt. Bei Weidehaltung sollte jedenfalls eine rechtzeitige Bestoßung der Flächen erreicht werden.

Futtermittel	Trockenmasse TM g	Rohprotein XP g	Rohfaser XF g	Rohfett XL g	N freie Extraktst. XX g	nutzbares Rohprotein nXP g	Ruminale N-Bilanz RNB g	Netto-Energie-Laktation NEL MJ	Umsetzbare Energie ME MJ	Calcium Ca g	Phosphor P g	Magnesium Mg g
Kurzrasenweide												
Schossen	164	234	184	29	447	142	15	6,85	11,21	8,8	4,4	2,6
Ähren-/Rispenschieben	174	211	213	29	446	135	12	6,46	10,70	7,8	4,2	2,4
Mähweide												
Schossen	144	211	178	28	465	136	12	6,31	10,45	11,5	3,8	3,5
Ähren-/Rispenschieben	187	185	214	25	464	134	8	6,03	10,07	10,8	3,4	3,3
Beginn Blüte	196	150	247	22	486	132	3	5,91	9,92	9,2	2,9	3,0
Hutweide												
Schossen	201	162	200	25	499	131	5	5,94	9,98	12,0	2,6	3,4
Ähren-/Rispenschieben	199	145	234	24	501	127	3	5,84	9,85	10,6	2,3	3,0
Beginn Blüte	267	128	251	20	518	116	2	5,48	9,37	9,9	2,1	2,9
Mitte bis Ende Blüte	248	110	282	19	505	108	0	5,14	8,89	8,6	1,8	2,6
Nach der Blüte	265	78	324	21	493	92	-2	4,41	7,90	6,9	1,4	2,2
Almweide 1. Aufwuchs												
Schossen	166	147	208	21	528	119	5	5,70	9,63	13,5	2,5	5,3
Ähren-/Rispenschieben	197	137	237	21	519	115	4	5,39	9,18	12,0	2,4	4,7
Beginn Blüte	208	140	260	20	492	111	5	5,01	8,62	10,3	2,3	4,0
Mitte Blüte	262	123	283	20	497	108	3	4,75	8,23	8,5	2,2	3,2
Ende Blüte	300	105	314	19	500	101	1	4,39	7,70	6,4	2,1	2,4
Almweide 2. Aufwuchs												
Schossen	167	164	186	22	515	119	7	5,72	9,68	14,4	3,6	4,4
Ähren-/Rispenschieben	214	153	219	23	505	103	8	5,20	8,85	11,6	3,3	3,7
Beginn Blüte	230	147	245	22	498	101	7	4,75	8,33	9,5	3,0	3,1
Mitte bis Ende Blüte	241	124	274	21	502	92	5	4,35	7,76	7,1	2,7	2,5

Tabelle 12: Beispiele zum Nährstoffgehalt (je kg TM) von Weidefutter bzw. Almfutter bei unterschiedlichem Nutzungszeitpunkt (Resch et al. 2006)

Die Futterqualität auf **extensiven Standorten** (Hutweiden, Almen etc.) schwankt stärker und liegt auf einem generell niedrigeren Niveau (4 bis 5,5 MJ NEL/kg TM) als auf intensiver genutzten Talweiden. Die Qualität wird hier auch stark von der Bestandeszusammensetzung beeinflusst. Nur zu Weide- bzw. Almweidebeginn (bei zeitigem Auftrieb) bzw. auf sorgfältig bewirtschafteten Kammgrasweiden (Gunstlagen) sind Energiegehalte über 5,5–6,0 MJ NEL/kg TM kurzzeitig realisierbar. Auf Almen sind der Futterertrag und der tägliche Futterzuwachs deutlich begrenzt und die Tiere wenden vermehrt Zeit und Energie für die Futtersuche auf. Daher sind diese Standorte für Hochleistungstiere nicht bzw. nur bedingt (Trockenstehzeit, Ende Laktation etc.) geeignet.

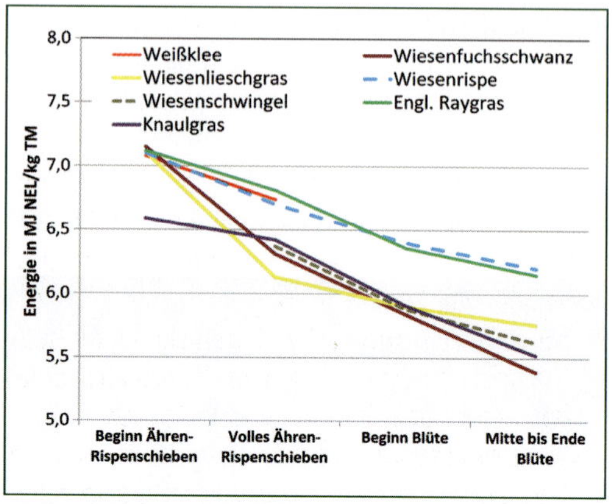

Abbildung 13: *Abnehmende Energiegehalte von Grünlandarten mit fortschreitendem Alter* (DLG 1997)

Ertrag und Weidefutterzuwachs im Jahresverlauf

Der Erfolg eines guten Weidesystems wird neben dem Tier- und Betriebsmanagement sehr stark durch den Pflanzenbestand bestimmt. Auf die Ertragsleistung eines Pflanzenbestandes haben aber nicht nur die Artenzusammensetzung, sondern im großen Maße auch die Klimafaktoren einen Einfluss.

Diese **Klimafaktoren** sind maßgeblich für die Höhe der Erträge mitverantwortlich. Hier geht es nicht alleine um die Temperatur oder die Länge der Vegetationsperiode, sondern gerade um die **Niederschlagssumme und Verteilung** während der Vegetationsperiode. Das Grünland zählt zu den wasserbedürftigsten Kulturen in der Landwirtschaft. Damit 1 kg TM an Grünmasse auf einer Wiese oder Weide gebildet werden kann, benötigt die Pflanze ca. 600 l Wasser. Anders ausgedrückt bedeutet das, dass Dauergrünland, um optimal wachsen zu können, täglich 2–3 l Wasser pro m² Fläche benötigt. Unter idealen Bedingungen, d. h., wenn genügend Nährstoffe, Wasser und Sonnenlicht vorhanden sind, ist Gras in der Lage, 1–2 mm pro Stunde zu wachsen. Wird die Wasserbedürftigkeit von Gras betrachtet, wird klar, warum sich die ertragsreichsten Dauergrünlandstandorte in niederschlagsreichen Regionen befinden. In solchen Regionen ist das Grünland in der Ertragsbildung auch effizienter als Ackerkulturen. Aus dieser Erkenntnis lässt sich ableiten, dass der mögliche Jahresertrag auf einem Betrieb maßgeblich von den Jahresniederschlägen und im Besonderen von den Niederschlägen in der Vegetationsperiode abhängt. Ein Betrieb in einer Region mit 700 mm Niederschlag wird niemals die Ertragslage eines Betriebes mit 1.200 mm erreichen. An Standorten mit geringeren Niederschlägen fehlt in erster Linie das Wasser, vorausgesetzt, Düngung und Pflege werden optimal durchgeführt. In niederschlagsarmen Regionen steht als einzige technische Alternative die Bewässerung zur Verfügung, was in den meisten Fällen aber aus ökonomischen Gründen nicht in Frage kommt.

WICHTIG **Wasserversorgung**

Bei der Wasserversorgung des Grases spielt auch der **Boden** eine sehr wichtige Rolle. Sandige und seichtgründige Böden können Wasser nicht so lange speichern wie tiefgründige und sandig-lehmige Böden.

Maßnahmen bei Trockenheit

Die beste Vorbereitung auf mögliche Trockenperioden sind gute Kenntnisse des lokalen Klimas, des Futterbedarfs der Tiere, der Standortbedingungen (Boden, Lage), der Weidesysteme und der Weidepflanzen. Wenn Trockenheitsperioden häufig auftreten, müssen **vorausschauende Maßnahmen** umgesetzt werden.

- **Saatmischungen:** Die Saatmischungen sollten trockenheitsbeständigere Pflanzen (Luzerne, Rohrschwingel, Chicoree etc.) enthalten.
- **Weidesysteme:** Koppelweidesysteme sind in Trockengebieten günstiger als intensive Kurzrasenweiden. Der Boden und Pflanzenbestand trocknen bei Koppelsystemen langsamer aus und es können auch gewisse „Futterberge" in Trockenphasen mitgenommen werden.
- **Abgestufte bzw. versetzte Wiesenbewirtschaftung:** Wenn nicht alle Wiesen gleichzeitig konserviert werden, können Futterreste oder bereits neue Aufwüchse in Trockenperioden genutzt werden.
- **Stehende Futterreserven anlegen:** Reserven können bei anhaltender Trockenheit über Portionsweiden genutzt werden, nach Niederschlägen werden sie konserviert. Wenn das Weidefutter bereits sehr hoch und strukturkohlenhydratreich ist, dann kann eine Mahd und nachfolgende Beweidung des angetrockneten Futters empfohlen werden – in diesem Fall sind die Futterverluste geringer als bei direkter Beweidung.
- **Zufütterung:** In Trockenperioden kann eine Zufütterung mit konserviertem Grundfutter notwendig sein. Um deutliche Rationsumstellungen zu vermeiden, sollte jedoch Weidefutter in der Ration bleiben. Auch wenn weitere Strecken zurückgelegt werden müssen, sollten Weideflächen genutzt werden. Reserven an Heu und/oder Grassilage sowie eventuell von Zwischenfrüchten sind in trockenheitsgefährdeten Gebieten notwendig!
- **Schattenplätze:** Tagsüber muss den Tieren ein schattiger Weideunterstand (Stall, Unterstand oder auch Busch- und Randzonen von Wäldern) angeboten werden.
- **Futtermangel – rasch reagieren:** In Futtermangeljahren den Tierbestand rasch anpassen, aber jedenfalls leistungsbetonte Tiere immer bedarfsgerecht versorgen. Masttiere, die hochgehungert werden, benötigen mehr Futter, da der Erhaltungsbedarfsanteil steigt! Ersatzfuttermittel frühzeitig einlagern, da die Kosten üblicherweise im Jahresverlauf steigen. Grundfutterersatzrationen (z. B. Mischungen aus Stroh, Restgrundfutter, Kraftfutter, Mineralstoffmischungen, Melasse) in der Aufzucht und Trockenstehzeit einsetzen.
- **Bewässerungsanlagen:** Eine grünlandbasierte Rinderhaltung erfordert gut verteilte und ausreichende Niederschläge. Weidebetriebe, welche in Regionen mit geringen Jahresniederschlägen (unter 600–700 mm) oder schlechter Niederschlagsverteilung liegen, müssen entweder auf extensive Weidestrategien setzen, vermehrt Ergänzungsfutter einplanen oder aber auf Bewässerungsanlagen zurückgreifen. Je nach Klimabedingungen ergibt sich in Beregnungswochen ein beachtlicher Wasserbedarf von 100–500 m^3 pro ha (10–50 mm/m^2). Die Wirtschaftlichkeit von Grünlandberegnungsanlagen ist zumeist nicht bzw. nur eingeschränkt gegeben.

Mengenerträge und Futterzuwachsverlauf

Gut geführte Dauerweiden verfügen über niedrige Aufwuchshöhen. Auf Praxisbetrieben erweckt dies anfänglich den Eindruck, dass solche Systeme ertragsschwach sind. Gerade bei der Kurzrasenweide ist eine niedrige Aufwuchshöhe jedoch ein zentraler Schlüssel für das erfolgreiche Gelingen. Im Idealfall sollten die Tiere hier genau so viel pro Tag abweiden, wie zuwächst. Das wahre Ertragsausmaß auf Dauerweiden kann nur in Form von Versuchen erfasst werden.

Mit Weidekörben wurde am inneralpinen Versuchsstandort des Bio-Instituts an der HBLFA Raumberg-Gumpenstein eine **sechs Jahre dauernde Untersuchung** durchgeführt (2007–2012). Dabei wurden vier Nutzungen auf derselben Fläche miteinander verglichen. Hierbei handelte es sich um

In Versuchen werden Weidekörbe eingesetzt, um so den Jahresertrag auf der Dauerweide feststellen zu können.

eine jährliche Abwechslung von Vierschnittnutzung und Kurzrasenweide, Vierschnittnutzung, Mähweidenutzung (1. Schnitt und danach Kurzrasenweide) und Kurzrasenweide.

Bei der Betrachtung der **Ertragsergebnisse** in Tabelle 13 erreichte die Schnittnutzung die höchsten Erträge. Dabei muss aber berücksichtigt werden, dass diese Erträge im Versuch erhoben wurden. Dies bedeutet, dass das Futter frisch gemäht, sofort gewogen und im Anschluss die Trockenmasse (TM) bestimmt wird. Es handelt sich um ein faktisch verlustfreies System, da weder Atmungs- noch Bröckel- und Konservierungsverluste oder Vorlageverluste auftreten. Selbst bei guten Erntebedingungen und guter Erntetechnik treten im Normalfall mengenmäßige Verluste von 10–30 % auf. Bei ungünstigen Verhältnissen und schlechter Werbetechnik können diese Verluste auf über 50 % ansteigen. Wird die Weide optimal geführt und ist ein Mulchen bzw. Nachmähen der Weidefläche nur in Ausnahmefällen nötig, liegen die Verluste unter denen der Schnittnutzung. Daher können die Ergebnisse der Untersuchung so interpretiert werden, dass die Weide zumindest dieselben Erträge liefert als ein reines Schnittnutzungssystem.

Ein ähnliches Bild wie die Mengenerträge zeigten die **Energieerträge** in Netto-Energie-Laktation (NEL). Gänzlich anders verhielt es sich bei den Rohproteinerträgen (XP) auf Kurzrasenweide. Hier ist der Ertrag etwa doppelt so hoch wie der Ertrag eines Hektars Bio-Sojabohnen in Österreich. Das hohe Rohproteinertragsniveau kann auf den hohen Weißkleeanteil, das proteinreiche junge Weidefutter und die fehlenden Bröckelverluste zurückgeführt werden.

Im Jahr 2010 wurden auf drei Standorten in Deutschland und Österreich die **Menge- und Qualitätserträge** auf Kurzrasenweide im Rahmen von Versuchen verglichen. In Tabelle 14 sind neben den Erträgen auch die klimatischen Bedingungen der Standorte angeführt. Der Standort in Bayern lag im Alpenvorland an der Grenze zu Oberösterreich, der Standort im Waldviertel befand sich im westlichen Niederösterreich und der inneralpine Standort war am Versuchsbetrieb des Bio-Instituts.

Parameter	Einheit	4-Schnitt-nutzung/Kurz-rasenweide	4-Schnitt-nutzung	Mähweide	Kurzrasen-weide
TM-Ertrag	kg/ha	10.385	12.518	10.273	9.813
NEL-Ertrag	MJ/ha	64.112	73.524	63.254	63.226
XP-Ertrag	kg/ha	1.840	1.855	1.933	2.092

Tabelle 13: *Mittlere Mengen- (TM), Energie- (NEL) und Rohprotein-Erträge (XP) aus sechs Versuchsjahren bei vier unterschiedlichen Grünlandnutzungssystemen*

Parameter	Einheit	Bayern	inneralpin AT	Waldviertel AT
Seehöhe	m	380	670	360
Ø Temperatur	°C	8,1	7	9,1
Niederschlag	mm	870	1.014	745
TM-Ertrag	kg/ha	8.768	10.193	7.956
NEL-Ertrag	MJ/ha	58.496	66.776	54.166
XP-Ertrag	kg/ha	2.003	2.138	1.681

Tabelle 14: *Mengen- und Qualitätserträge bei Kurzrasenweide auf drei unterschiedlichen Standorten im Jahr 2010*

Alle Standorte lieferten gute Mengen- und Qualitätserträge. Deutlich wird bei den Ergebnissen jedoch, wie wichtig die **Wasserversorgung** des Pflanzenbestandes ist. Die Erträge nehmen mit geringer werdenden Niederschlägen am jeweiligen Standort ab.

Weidezuwachs und Weidesystem

Nicht nur die Niederschlagsmenge beeinflusst den Ertrag auf der Fläche. Auch das Weidesystem hat, bei gleichen Niederschlägen, einen Einfluss. Dazu wurde eine Untersuchung (Starz et al. 2013) auf dem niederschlagsärmeren Standort im südlichen Waldviertel in Niederösterreich (s. Tab. 14) durchgeführt. Hier wurde das Weidesystem Koppel mit der Kurzrasenweide verglichen. Beide Systeme unterscheiden sich, aus pflanzenbaulicher Sicht, in erster Linie durch die Aufwuchshöhe des Futters.

Wie in Abbildung 14 ersichtlich, reagiert die Kurzrasenweide sensibler auf die Niederschlagsmenge: Bei einem kurzzeitigen Trockenheitsstress wird das Graswachstum schneller reduziert als auf Koppelweiden. Die Koppelweide konnte beim gleichen Pflanzenbestand um 2.800 kg/ha mehr TM, um 280 kg/ha mehr XP und um 15.567 MJ NEL/ha mehr produzieren. Eine mögliche Ursache der höheren Trockenheitstoleranz von Koppelsystemen liegt im höheren Pflanzenbestand, der stärkeren Beschattung des Bodens und dem damit veränderten Kleinklima in Bodennähe.

Ein ähnliches Ergebnis brachte eine Untersuchung (Starz et al. 2014b) am Bio-Institut im steirischen Ennstal, wo drei unterschiedliche Eintriebsaufwuchshöhen (niedrig, mittel und hoch) des Systems Koppelweide miteinander verglichen

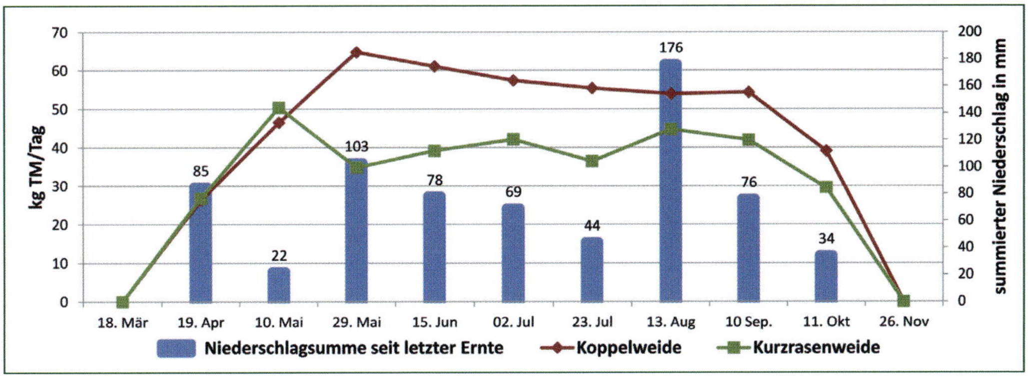

Abbildung 14: *Graszuwachskurve für Kurzrasen- und Koppelweide sowie Niederschlagsmengen während der Vegetationsperiode 2010*

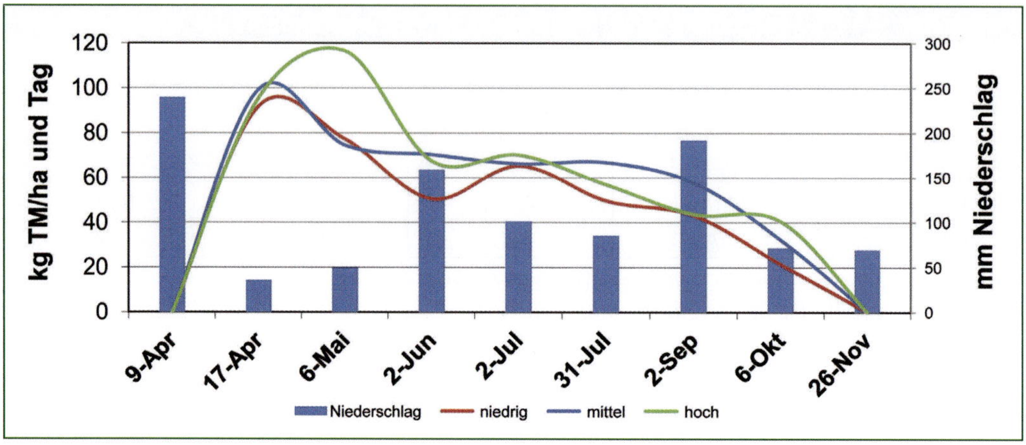

Abbildung 15: *Graszuwachskurven 2013 der drei unterschiedlichen Aufwuchshöhen (niedrig = 8 cm, mittel = 10 cm, hoch = 12 cm, gemessen mit dem RPM) sowie die Niederschlagssummen von einem Datum zum nächsten (die Niederschlagssumme vom 9. April entspricht der Niederschlagsmenge ab 1. Jänner)*

wurden. Obwohl der Standort mit seinen 1.014 mm Niederschlag eine gute Wasserversorgung bietet, konnten in Perioden mit geringeren Niederschlagssummen veränderte Graszuwächse zwischen den drei Aufwuchshöhen festgestellt werden.

Die größten Unterschiede zwischen den Aufwuchshöhen wurden im Mai festgestellt. Hier erreichte die Variante mit der Zielaufwuchshöhe „hoch" mit knapp 120 kg TM/ha und Tag kurzfristig die höchsten je auf diesem Standort gemessenen Zuwachsleistungen. Diese kurzfristig sehr starken Zuwächse entsprechen Werten, wie sie sonst nur im klimatisch begünstigten Westalpenraum erzielt werden.

Die Monate April und Mai verzeichneten die geringsten Niederschlagssummen. In diesem Zeitraum ging das Graswachstum bei den Varianten „niedrig" und „mittel" deutlich zurück. Demgegenüber zeigte die Variante „hoch" trotzdem noch eine Erhöhung der Wachstumsrate. Diese Beobachtung deckt sich mit jener vom Standort im südlichen Waldviertel (s. Abb. 14). Auch hier dürften günstigere kleinklimatische Bedingungen der Grund dafür sein, dass der Wasserverlust über die Verdunstung geringer ausfällt. Die niedrigeren Pflanzendecken dürften das über die Boden- und Pflanzenoberfläche frei werdende Wasser weniger gut zurückhalten können.

Auf der Dauerweidefläche des Bio-Instituts, wo der 2013 durchgeführte Aufwuchshöhenversuch stattfand, wurden von 2007 bis 2012 der Ertrag und die Graszuwächse erhoben. Wie Abbildung 16 zeigt, muss **in jedem Jahr** mit **unterschiedlichen Zuwachsverläufen und Erträgen** gerechnet werden. Daher können Angaben zum möglichen Tierbesatz in unterschiedlichen Perioden nur als grobe Richtwerte angesehen werden. Dies zeigt sich auch im Mittelwert des Futterzuwachses über sechs Jahre, denn dieser deckt sich im Detail mit keinem Jahr vollständig. Daher sind die beschriebenen Instrumente zur Planung der Weide, wie das Messen der Aufwuchshöhe, so entscheidende Maßnahmen für eine effiziente Weidenutzung. Die Abbildungen 16 und 17 zeigen auch den Einfluss der Niederschläge. Bis etwa Mitte/Ende August beeinflussen Niederschläge das Graswachstum stärker. Danach konnte eine bessere Wasserversorgung das Graswachstum nicht mehr steigern. Im Spätsommer werden die Tage immer kürzer und die bei Tag mittels Fotosynthese produzierten Zuckermengen in der Nacht von den Pflanzenzellen im Stoffwechsel verbraucht.

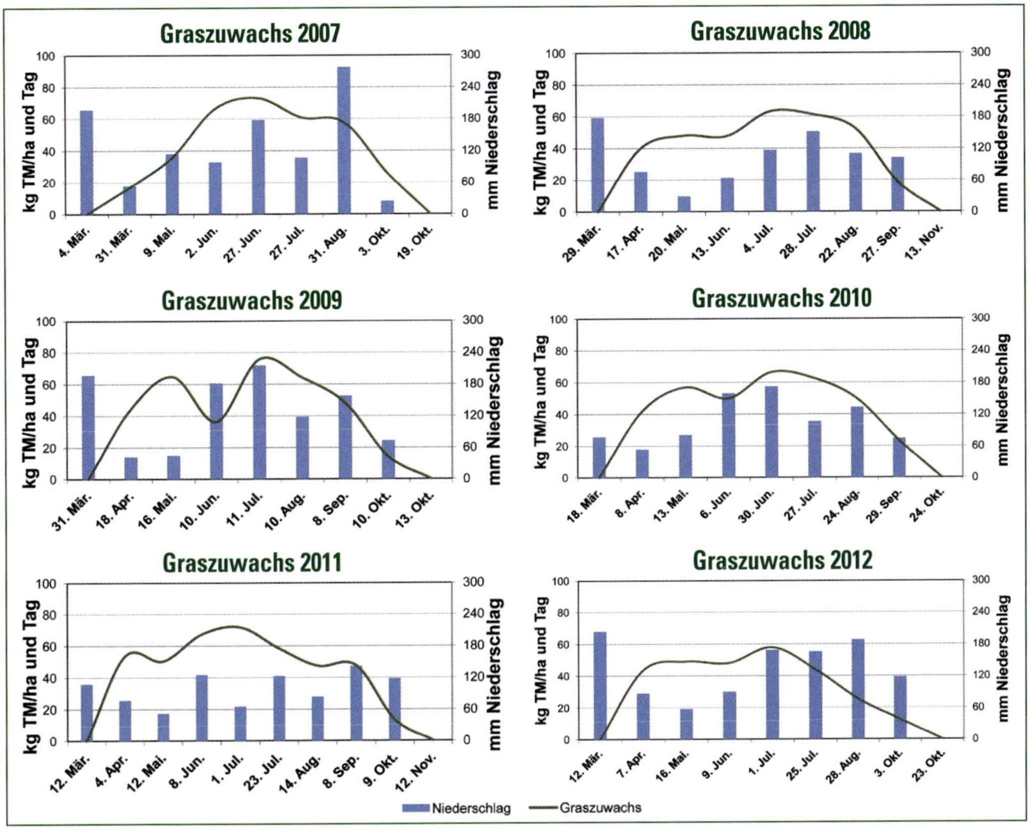

Abbildung 16: *Graszuwächse auf einer Dauerweidefläche in sechs Jahren und die jeweiligen Niederschlagsmengen von einem Datum zum nächsten (die Niederschlagsmenge vom 1. Termin entspricht der Niederschlagssumme ab 1. Jänner)*

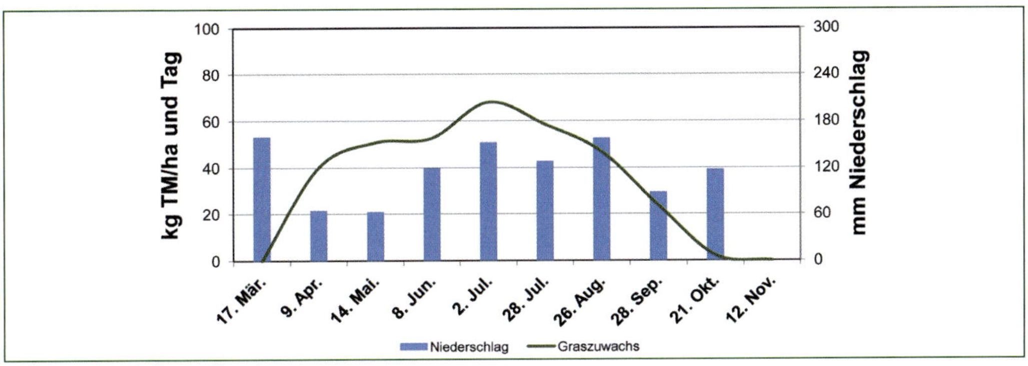

Abbildung 17: *Mittlere Graszuwachskurve im Mittel von sechs Jahren und die jeweiligen Niederschlagsmengen von einem Datum zum nächsten (die Niederschlagsmenge vom 17. März entspricht der Niederschlagssumme ab 1. Jänner)*

Bedeutung des aktuellen Weidezuwachses

Die Höhe und der Verlauf des Weidefutterzuwachses sind entscheidend für die mögliche Tierbesatzstärke und -dichte auf einem Weidestandort. Nur wenn der Tierbesatz optimal auf den aktuellen Weidefutterzuwachs abgestimmt ist, wird eine hohe Flächeneffizienz erreicht!

Die **Standortbedingungen** (Boden, Exposition, Kleinklima), die **Düngung** und der **Pflanzenbestand**, aber auch das **Weidemanagement** (Weidesystem, Aufwuchshöhe) beeinflussen, wie oben gezeigt wurde, den Weidefutterzuwachs wesentlich. Unter mitteleuropäischen Klimabedingungen sind auf Kulturweiden Jahreserträge zwischen 4.000 kg TM (Berggebiet extensiv) und 11.000 kg TM (Weidegunstlage intensiv) realisierbar. In Gunstlagen der Schweiz wurden auch Erträge über 12.000 kg TM festgestellt (s. Tab. 15). Auf Almstandorten sind Jahreserträge zwischen 1.500 und 4.000 kg TM realistisch. In Österreich liegt der Großteil der Kulturweideerträge im Bereich von 6.000–9.000 kg TM pro Jahr.

In Abbildung 18 sind Futterzuwachskurven dreier Standorte beispielhaft gegenübergestellt. Sowohl der Beginn als auch das Ende der Vegetationsperiode (= Zeit, in der die Tagesmitteltemperatur 5 °C überschreitet) wird von den Klimabedingungen beeinflusst. Im Berggebiet setzt das Graswachstum später ein und endet im Herbst früher. Der maximale Trockenmassezuwachs pro Tag liegt je nach Standortbedingungen zwischen 50 kg (Berggebiet) und 120 kg (Weidegunstlage intensiv) pro Hektar.

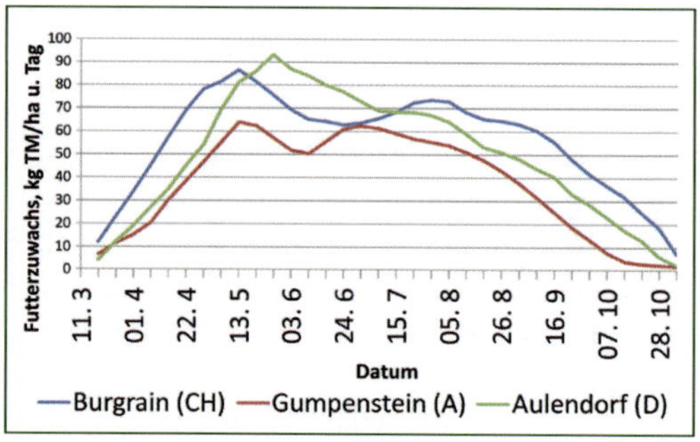

Abbildung 18: *Futterzuwachskurven (kg Trockenmassezuwachs je ha und Tag) dreier Standorte (Deutschland, Schweiz und Österreich) im Vergleich (Thomet et al. 2011)*

Höhe, m[1]	Boden	Klima	März		April		Mai		Juni		Juli		Aug.		Sept.		Okt.		Ertrag
			Beg.	Ende	Beg.	Ende	Beg.	Ende	Beg.	Ende	Beg.	Ende	Beg.	Ende	Beg.	Ende	Beg.	Ende	t TM/ha u. J.
unter 700	tiefgründig	feucht	10	25	45	75	90	80	70	55	55	60	60	55	50	35	30	20	12,8
	tiefgründig	trocken	5	15	30	75	90	60	50	30	30	30	30	30	30	40	35	15	9,4
	flachgründig	feucht	5	15	25	65	80	55	45	35	35	35	35	35	35	25	25	10	8,7
	flachgründig	trocken	5	15	25	60	75	45	35	10	10	10	10	15	20	30	25	10	6,4
unter 900	tiefgründig	feucht	5	15	25	60	75	65	55	45	45	50	50	45	40	35	30	15	10,5
	tiefgründig	trocken	5	10	20	50	75	60	50	30	30	25	25	25	30	30	30	10	8,0
	flachgründig	feucht	5	10	15	55	60	60	50	30	30	35	35	30	30	30	30	10	8,0
	flachgründig	trocken	5	10	15	45	55	55	45	25	20	10	10	15	15	20	20	10	5,9
unter 1.100	günstig				5	40	55	70	65	40	40	45	45	40	40	25	20	5	8,4
	ungünstig				5	35	50	55	45	30	30	30	30	25	25	20	20	0	6,3

[1] Zu beachten: Angaben für westalpine Klimabedingungen – entspricht unter ungünstigerem ostalpinem Klima etwa der tatsächlichen Höhenlage –200 m

Tabelle 15: *Weidefutterwachstum (kg TM/ha und Tag) typischer Schweizer Kuhweiden, unterteilt nach Höhenlage, Bodengründigkeit und Klima[1] (Mosimann et al. 2008)*

Mögliche Weidedauer

Die an einem Standort mögliche Beweidungsdauer mit entsprechender Weidefutteraufnahme hängt von den Klimabedingungen und der Vegetationsdauer, den Boden- und Pflanzenverhältnissen sowie der Möglichkeit zur Ergänzungsfütterung bzw. gezielten Weidesteuerung wesentlich ab. Zu Weidebeginn im Frühjahr ist ein rasches Überweiden der Flächen beim Spitzen der Gräser und entsprechender Ergänzungsfütterung günstig. Im Herbst sollte möglichst bodenschonend beweidet werden und das Weideende nicht zu stark hinausgezögert werden. In Abbildung 19 sind Richtwerte zur möglichen Weidedauer, abgeleitet aus den Ergebnissen aus einem Vollweideprojekt mit Milchkühen in Österreich, in Abhängigkeit von der Seehöhe, dargestellt. Dieser Zeitraum beinhaltet auch die Stunden- und Halbtagsweidephasen im Frühling und Herbst.

Optimale Weidefutterqualität bei gleichzeitig effizienter Nutzung der Weidepflanzen anstreben

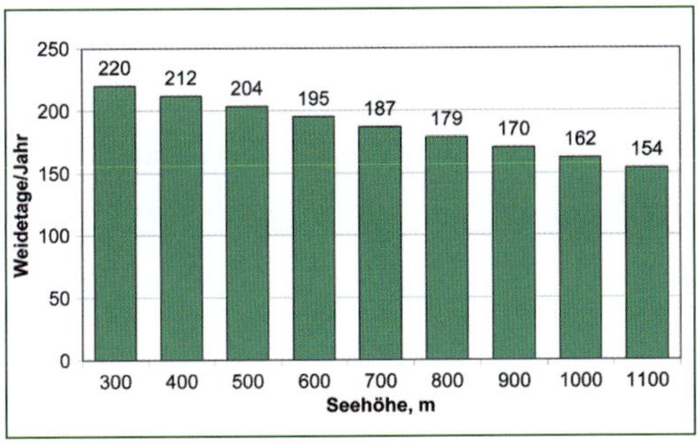

***Abbildung 19:** Richtwerte zur möglichen Weidedauer in Abhängigkeit von der Seehöhe in Österreich, ± 20 Tage*
(Steinwidder, unveröff. Ergebnisse)

Im Berggebiet ist die Vegetationsdauer verkürzt – zu Weidebeginn steigt der Futterzuwachs aber oft sehr rasch an.

Weidefutterberg und -mangel

Die Kunst des Weidens besteht darin, den Rindern immer eine optimale Weidefutterqualität bei gleichzeitig effizienter Nutzung der Weidepflanzen anzubieten.

- **Futterüberschüsse werden konserviert** und von Herbst bis Frühling oder in Weidemangelsituationen gefüttert. Diese können aber auch von Jungtieren genutzt werden, welche beispielsweise später auf Almflächen kommen.
- Wenn das Weidefutterangebot zurückgeht, muss entweder der Tierbesatz durch Flächenvergrößerung oder Weidetierabtrieb reduziert werden bzw. mit der Ergänzungsfütterung langsam begonnen werden.

Hilfsmittel zur Weideplanung

Auf der Website vom Bio-Institut der HBLFA Raumberg-Gumpenstein (www.raumberg-gumpenstein.at/weideinfos) finden Sie einfache Hilfsmittel zur Abschätzung und Planung des Futterzuwachses sowie zum möglichen Tierbesatz vor. Dabei können Sie Ihre spezielle Betriebssituation einfach entsprechend den Vorlagen abbilden (s. Beispiel in Abb. 20).

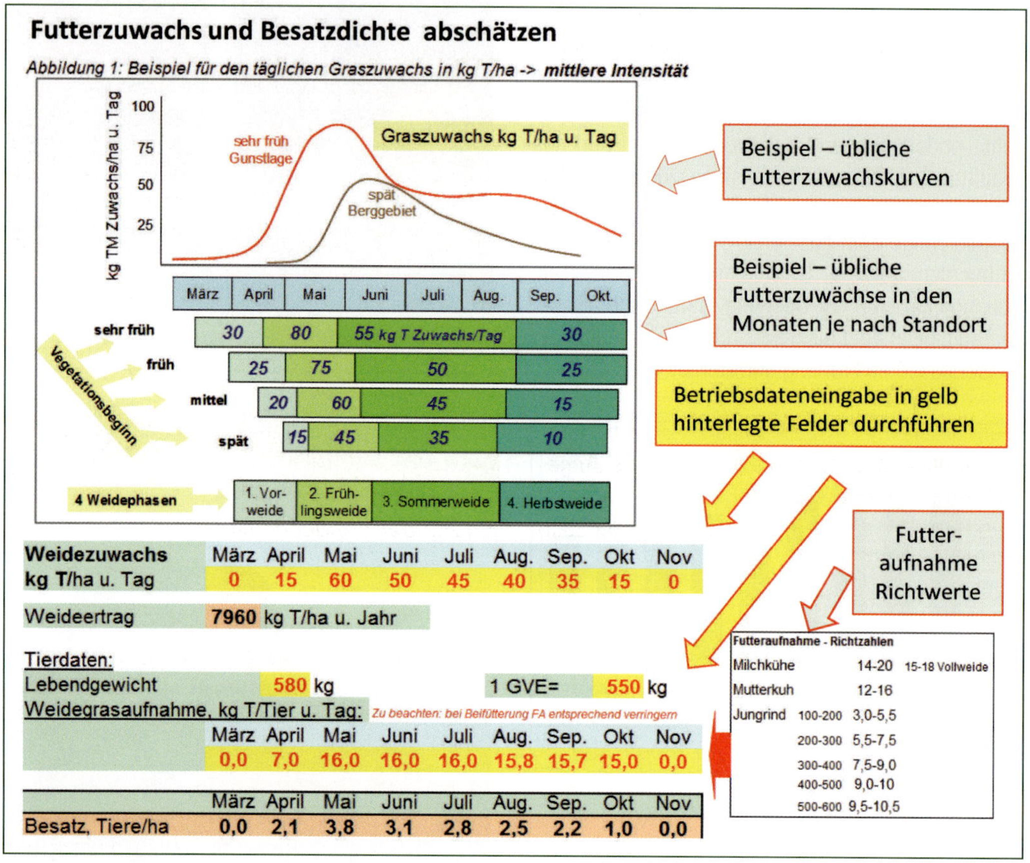

***Abbildung 20:** Einfache Excel-Formulare können die Weideplanung unterstützen (www.raumberg-gumpenstein.at/weideinfos).*

Bedeutung der zeitigen Frühjahrsweide

Ein alter Spruch auf Almbetrieben lautete: „Wer im Frühling als erster eine Alm bestößt, hat im Herbst am längsten eine grüne Alm." Diese Aussage gilt nicht nur für Almbetriebe, sondern auch für Talbetriebe.

Pflanzenbestandeslenkung

Das **Überweiden** des jungen Pflanzenbestandes **fördert die Bestockung** der Gräser **sowie die Wurzelbildung** und lenkt den Pflanzenbestand in eine günstige Richtung. Lückenfüller und unerwünschte Kräuter werden zurückgedrängt, die Trittempfindlichkeit des Bestandes geht zurück. Weidebetriebe sollten daher ihre Flächen bereits bestoßen, sobald in der Region die ersten Betriebe mit dem Wiesenabschleppen beginnen bzw. wenn das Gras ergrünt bzw. spitzt! Erfahrungen aus der Praxis haben gezeigt, dass das Frühjahrsüberweiden (über zwei Wochen) von üblicherweise schnittgenutzten Grünlandflächen ebenfalls positive Effekte auf den Bestand haben kann, da weideempfindliche Pflanzen zurückgedrängt werden.

Vorteile für Tier und Pansen

Die Umstellung von der Winterfütterung auf die Frühjahrsweide ist eine bedeutende Veränderung in der Futterzusammensetzung. Darauf müssen sich auch die Pansenmikroben und die Rinder langsam umstellen können. Rasche Futterwechsel führen bei Wiederkäuern sehr schnell zu Verdauungsstörungen und starken Durchfällen. Wer beim Ergrünen der ersten Pflanzen mit der Überweidung einer großen Fläche beginnt und weiterhin noch eine Ergänzungsfütterung betreibt, erreicht damit automatisch eine **langsame Angewöhnung an das Weidefutter**. In der ersten Weidewoche sollten die Rinder daher erst nach der Stallfütterung auf die Stundenweide kommen. Danach wird die Ergänzungsfütterung im Stall schrittweise zurückgenommen und die Weidedauer ausgeweitet. Wenn das Graswachstum nach zwei bis drei Wochen voll einsetzt, sind die Wiederkäuer auf das Weiden und der Pansen auf das Weidefutter eingestellt und können damit das Futter optimal verwerten.

In der Praxis wird die Frühjahrsweide teilweise **nicht optimal** umgesetzt. Gründe dafür sind:

- Überschuss an konserviertem Futter. Der Fahrsilo/Heustock ist noch nicht leer und muss bis zur neuen Ernte geleert werden. Hilfreich könnte die Vorbereitung von einigen Silageballen sein.
- Angst vor Trittschäden.
- Angst vor Futtermangel, denn der erste Schnitt liefert die Hauptfutterreserve.
- Weiden werden gedüngt oder abgeschleppt, wodurch das Futter verschmutzt ist.
- Weidezaun und Wasserversorgung sind noch nicht fertig errichtet.

Ein zeitiger Weidebeginn im Frühjahr ist wichtig.

- Klauenpflege muss erst durchgeführt werden.
- Manche Betriebe wollen ohne Ergänzungsfütterungsperiode austreiben (häufig bei Aufzucht/Mutterkuhbetrieben).
- Fehlendes Wissen bzw. Reaktion der Nachbarn.

Weideeinstieg im Sommer

Wenn erst im Sommer mit dem Weiden begonnen wird, sollten **folgende Punkte** beachtet werden:

- Flächen vor der Beweidung **nicht zu hoch mähen**
- **Bestoßen so rasch wie möglich** nach der Schnittnutzung, zu Beginn ist daher eine „Kurzrasenweide" günstig
- Neue Fläche möglichst **tief abgrasen** lassen
- Übergangsfütterung und **langsame Umstellung** der Rinder beachten (Stundenweide → Halbtagsweide → Vollweide)
- Bei Bedarf (lückiger Bestand) **Möglichkeit zur Übersaat** konsequent nutzen

Tipps zur Herbstweide

Die Herbstweide auf Wiesen und Weiden kann aus pflanzenbaulicher Sicht **empfohlen** werden, wenn

1. die Witterungsbedingungen und das Weidemanagement zu keinen starken Trittschäden führen und wenn
2. der Pflanzenbestand nicht zu tief abgegrast in den Winter geht.

Vor allem Horstgräser leiden sehr stark, wenn sie tief genutzt werden, da sie oberirdische Reservestofflager besitzen. Aber auch bei Weißklee und ausläufertreibenden Gräsern besteht ein Zusammenhang zwischen Herbstblattfläche und Frühjahrsentwicklung.

Aus Schweizer Versuchsergebnissen kann abgeleitet werden, dass der Pflanzenbestand mit einer durchschnittlichen Höhe von etwa 8–10 cm bei Zollstabmessung bzw. 6–8 cm bei Messung mit der Plastikdeckelmethode in den Winter gehen sollte. Bei einer tieferen Beweidung oder Schnittnutzung wurden im Folgejahr überproportionale Ertragseinbußen festgestellt (s. Abb. 21). Vor allem auch auf Flächen, die im Frühjahr zeitig genutzt werden sollen (z. B. Weidestartflächen), ist ein rechtzeitiges Weideende erforderlich.

Auch bei einer Herbstweidepflege durch Nachmahd oder Mulchen muss der oben beschriebene Zusammenhang zwischen Aufwuchshöhe im Herbst und Frühjahrsertrag berücksichtigt werden. **Düngermaßnahmen** sollten im Herbst grundsätzlich **so früh wie möglich** erfolgen, da zu späte Düngung die Nährstoffausnutzung deutlich verschlechtert. Auf Dauerweideflächen kann eventuell ein Wiesenabschleppen sinnvoll sein. Dadurch werden Kotfladen der abgelaufenen Weidesaison zerteilt und können über den Winter wieder gut einwachsen. Im Frühjahr wird aufgrund des angestrebten frühen Weidebeginns nach Möglichkeit auf das Wiesenabschleppen (Verschmutzung) verzichtet.

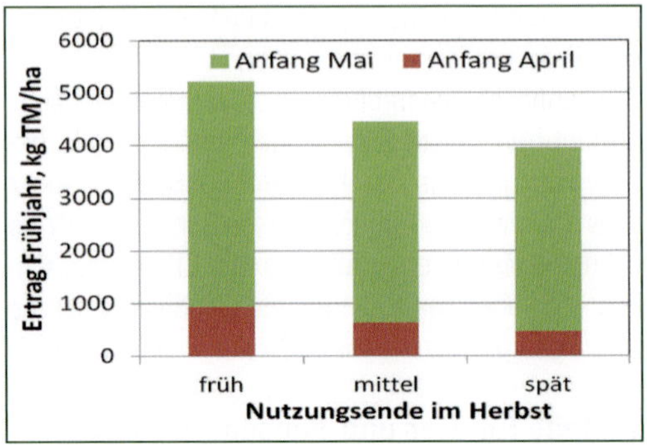

***Abbildung 21:** Wenn die Herbstnutzung zu spät endet, muss mit Ertragseinbußen im Folgejahr gerechnet werden.* *(nach Lobsiger et al. 2007)*

Einige Betriebe führen im Spätherbst auf lückigen Beständen eine **„Schlafsaat-Übersaat"** mit Einzelkomponenten oder Mischungen (5–10 kg/ha) durch. Das Saatgut wird von den weidenden Rindern angedrückt und soll aber erst im kommenden Frühjahr keimen. Dabei werden die Frühjahrsfeuchtigkeit und die geringere Beschattung (Konkurrenzdruck geringer) ausgenutzt, das Saatgut ist aber auch empfindlicher hinsichtlich Spätfröste. Bei einer Schlafsaat ist zu bedenken, dass diese nur auf Standorten funktioniert, wo wenige Tage nach der Saat der Schnee fällt und bis zum Ende des Winters eine geschlossene Schneedecke vorliegt.

Besatzstärke und Besatzdichte

Weidepflanzenbestände werden optimal im sogenannten 3-Blatt-Stadium genutzt. In diesem Fall sind die investierten Reserven wieder aufgefüllt und der Absterbeprozess des ältesten (zumeist dritten und vierten) Blattes ist noch nicht weit fortgeschritten. Von Vorteil ist weiters, dass das Gras durch die regelmäßige Nutzung mehr Blätter und somit auch mehr Nebentriebe bildet. Damit wird ein deutlich trittbeständigerer und dichter Pflanzenbestand mit hohem Blatt- und geringem Stängelanteil erreicht. Eine effiziente Weideführung verlangt die **regelmäßige Anpassung der Besatzdichte** (Tiere pro ha) an das jeweilig aktuelle Weidepflanzenwachstum. Das ständig nachwachsende Futter soll den Nährstoffbedarf der Weidetiere möglichst genau decken.

WICHTIG Weidemanagement

Die Weide muss als ein dynamisches System gesehen werden – Effizientes Weidemanagement heißt ständige Anpassung der Besatzdichte an das aktuelle Weidefutterangebot!

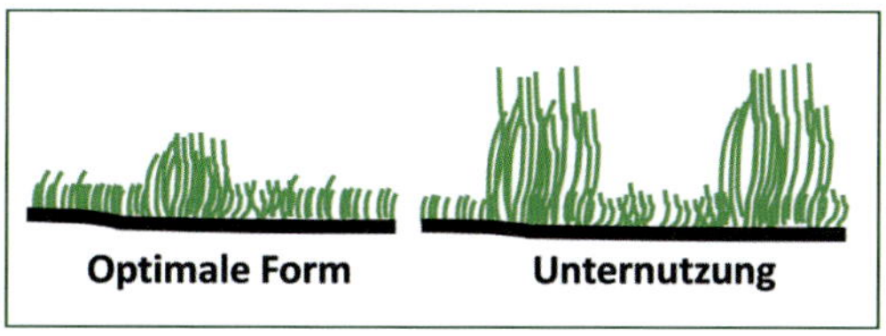

***Abbildung 22:** Bei Kurzrasenweide geben die Geilstellen Auskunft darüber, ob die Nutzung angepasst ist.*

Besatzdichte: Anzahl der Tiere während der Beweidungsdauer (z. B. Tag; zweite Weidewoche etc.) auf einer Teilfläche. Die Besatzdichte wird angegeben als „Großvieheinheit" (GVE in der EU i. d. R. definiert mit 500 oder 550 kg) oder „Kuhanzahl" je ha. Bei Besatzdichte handelt es sich um die tatsächliche Tierzahl pro Flächeneinheit.
Bsp.: Kühe je ha im Mai bei Vollweide

Besatzstärke: Anzahl der Tiere während der ganzen (oder einer längeren) Weideperiode auf der gesamten Weidefläche. Die Besatzstärke bezeichnet daher die mittlere Tierdichte in der Weideperiode pro ha (wenn ganzjährig = pro Jahr).
Bsp.: Durchschnittliche Kuhanzahl je ha Weidefläche und Weidesaison
Bsp.: Durchschnittliche Kuhanzahl je ha Grundfutterfläche

Besatzzeit: Anzahl der Tage, an denen dieselbe Koppel pro Umtrieb beweidet wird.

Ruhezeit: Anzahl der Tage zwischen zwei folgenden Auftrieben.

Pflanzenbestandsbild bei optimalem Tierbesatz (rechts) sowie deutlicher Unternutzung (links) bei Kurzrasenweide

Folgen eines zu geringen Tierbesatzes

Wenn der Tierbesatz auf der Weide zu gering ist, nimmt die Selektion zu und einzelne Futterbereiche (wüchsige Teilstellen, Geilstellen, Liegestellen etc.) beginnen auszuwachsen. Zu Selektionsbeginn ist die Leistung der Tiere noch hoch, doch in den Folgewochen geht die Leistung der Tiere merklich zurück und ein hoher Anteil an schwerverdaulichem und strukturreichem Weidefutter bleibt auf den Weiden stehen.

Auch der Anteil an abgestorbenen Pflanzenteilen nimmt zu und die Assimilationseffizienz sinkt, wodurch der Jahresertrag sinkt und die Futterverluste steigen. Der Pflanzenbestand entwickelt sich zunehmend uneinheitlich. Wenn der Pflanzenbestand zunehmend ausgewachsen ist, beginnen die Tiere in jenen Bereichen sehr tief zu grasen, in denen noch junges Futter steht bzw. junge Blätter nachgeschoben werden, wodurch diese Pflanzen geschwächt und der Pflanzenbestand auch langfristig geschädigt wird. Überständiges Futter wird gemieden. Pflegemaßnahmen, die Energie kosten und zu an sich vermeidbaren Futterverlusten führen, werden in der Folge notwendig!

Die Folgen

- Die unteren Pflanzenbereiche (Blätter) werden gelb (Beschattung)
- Höherer Anteil an abgestorbenen Blättern
- Zunahme der Stängelbildung
- Geringe Fotosyntheseleistung bezogen auf die Blattfläche
- Bestandesdichte sinkt
- Obergräser (schnell aufwachsende Gräser) beginnen zu dominieren (Untergräser- u. Weißkleeanteil sinkt)
- Verdaulichkeit des Futters sinkt
- Höhere Futterselektion durch die Rinder
- Abgrastiefe wird uneinheitlicher – Übernutzung und Unternutzung nehmen weiter zu
- Vermehrt Weideverluste und Lücken

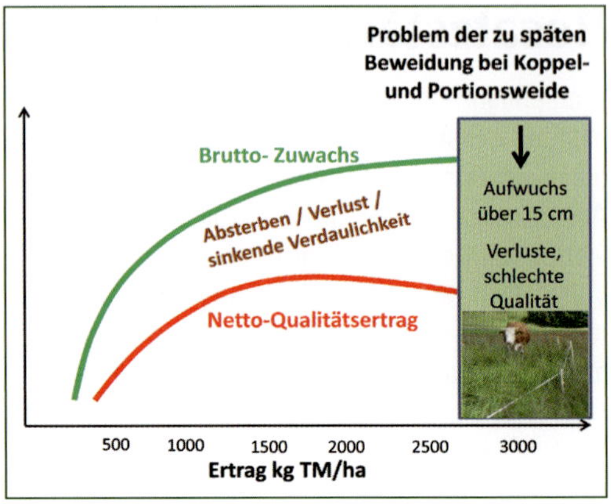

Abbildung 23: *Folgen zu später Beweidung bei Koppel- und Portionsweide (schematisch)*

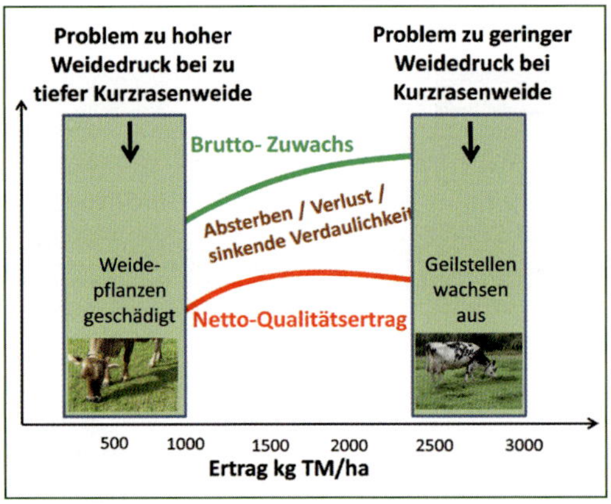

Abbildung 24: *Folgen von zu hohem oder zu geringem Weidedruck bei Kurzrasenweide (schematisch)*

Folgen eines zu hohen Tierbesatzes

Wenn der Tierbesatz auf der Weide durchgehend zu hoch ist, dann werden Weidepflanzen sehr tief und die jungen Blätter in kurzen Abständen immer wieder abgegrast. Für das Nachschieben junger Blätter müssen die Pflanzen zu Beginn jedoch Nährstoffe investieren, die aber wieder an die Pflanze zurückgezahlt werden müssen („payback time"). Wird diese Zeitdauer durch zu intensives Beweiden ständig unterschritten, dann werden Weidepflanzen und deren Wurzeln „ausgelaugt" und geschädigt. Der Pflanzenbestand wird lückig und es nehmen unerwünschte flach wachsende Weidepflanzen zu (Lägerrispe, Jährige Rispe oder Ausläuferstraußgras). Die Assimilationseffizienz pro Flächeneinheit und der Jahresertrag sind gering und auch die Einzeltierleistung sinkt.

Die Folgen

- Unterschreitung der Payback-Zeit
- Pflanze lebt von Reserven
- Wurzelneubildung leidet
- Erhöhtes Trockenheitsrisiko
- Gras stirbt langfristig ab
- Sinkender Ertrag
- Lücken werden mit Pflanzen gefüllt, die toleranter gegen Verbiss sind
- Futteraufnahme der Rinder (je Bissen und pro Tag) geht zurück

Pflanzenbestandsbild bei hohem Tierbesatz auf einer Kurzrasenweide

Wie ist Über- bzw. Unterbesatz erkennbar?

Koppelweiden sollten am letzten Tag (beim Verlassen) möglichst tief abgeweidet sein (Restaufwuchshöhe 5 cm). Nach einer konsequenten Ruhephase werden sie bei einer neuerlichen Weidefutteraufwuchshöhe von 8–12 cm (max. 15 cm) wieder bestoßen. Bei Kurzrasenweidehaltung wird eine durchschnittliche Aufwuchshöhe von 6 cm (5 bis 7 cm Messung mit der Deckelmethode) angestrebt. Wenn der Bestand etwas zu hoch wird (über 7 cm),

Die Weidefutteraufnahme von Mutterkühen liegt bei etwa 13 kg TM pro Tag.

muss die Fläche rasch und konsequent verkleinert oder der Tierbesatz erhöht werden. Wenn der Bestand zu tief abgegrast wird (unter 5 cm), muss der Tierbesatz verringert oder (vermehrt) beigefüttert werden. Auch das Bild der Geilstellen gibt Auskunft darüber, ob die Weiden in den vergangenen Tagen richtig bestoßen wurden.

Wie viel Weidefutter fressen die Weidetiere pro Tag?

In Tabelle 16 sind Richtwerte zur täglichen Weidefutteraufnahme von Rindern zusammengefasst. Bei Ergänzungsfütterung bzw. Halbtagsweidehaltung sind die Angaben entsprechend zu reduzieren. Im Kapitel „Weidefutteraufnahmeverhalten" wird auf methodische Ansätze zur Abschätzung der Weidefutteraufnahme näher eingegangen.

Nutzungsart		Weidefutter (kg TM)
Milchkühe		16 (14–19)
Mutterkühe		13 (12–15)
Jungrinder	100–200 kg	3,0–5,5
	200–300 kg	5,5–7,5
	300–400 kg	7,5–9,0
	400–500 kg	9,0–10,0
	500–600 kg	9,5–10,5

Tabelle 16: *Richtwerte zur Weidefutteraufnahme bei Weidehaltung ohne wesentliche Ergänzungsfütterung*

	Mai	Juni	Juli	August	Sept.	Oktober
Täglicher Futterzuwachs, kg TM/ha	55	60	50	40	25	10
Weidefutteraufnahme, kg TM/Tier	14	16	16	15	15	14
Besatzdichte, Tiere/ha	3,9	3,8	3,1	2,7	1,7	0,7
Flächenbedarf für 10 Tiere, ha	2,5	2,7	3,2	3,8	6,0*	14,0*
* oder Beginn einer Ergänzungsfütterung						

***Tabelle 17:** Beispiel zur Berechnung des Weideflächenbedarfs im Vegetationsverlauf*

Bei optimalem Tierbesatz entspricht der aktuelle Futterzuwachs (im verfügbaren Grashöhenbereich) der aktuellen Futteraufnahme der Tiere. Beispielsweise können bei einem aktuellen täglichen Futterzuwachs von 48 kg TM je ha, bei einer mittleren Trockenmasseaufnahme von 16 kg je Milchkuh und Tag, zum aktuellen Zeitpunkt drei Kühe je ha ohne Weidefutterreservenaufbau oder -abbau versorgt werden.

Zur Steuerung des Weidemanagements eignet sich in der Praxis die regelmäßige Aufwuchshöhenmessung. Wenn auch aktuelle Futterdichtewerte vorliegen, kann bei Koppelweidehaltung eine genaue Tierbesatzabstimmung erfolgen (s. dazu Kapitel „Aufwuchshöhenmessung" bzw. „Futterdichte").

TIPP **Weideplanung & -steuerung**

Zur vorausschauenden Weideplanung und Weidesteuerung im Jahresverlauf finden Sie auf der Website des Bio-Instituts der HBLFA Raumberg-Gumpenstein einfache Excel-Programme als kostenlose Download-Blätter vor (http://www.raumberg-gumpenstein.at/weideinfos).

Die Aufwuchshöhenmessung ist einfach durchzuführen und unterstützt das Weidemanagement wesentlich.

Flächenleistung kontra Einzeltierleistung

Wenn bei Weidehaltung eine hohe Flächenleistung (kg Milch/ha und Jahr bzw. kg Tageszunahmen/ha und Jahr) angestrebt wird, dann darf die Einzeltierleistung nicht maximiert werden! Eine hohe Einzeltierleistung (Milch/Kuh und Tag bzw. Tageszunahmen pro Tier) erfordert nämlich bei Weidehaltung ein hohes Weidefutterangebot. In diesem Fall beginnen die Rinder jedoch zunehmend zu selektieren und sie grasen den Pflanzenbestand auch weniger tief ab. Damit nehmen die Futterverluste zu, viele Blätter sterben ungenutzt ab, viele tote Pflanzenteile stehen auf der Fläche und es kommt durch die Beschattung zu einer weniger guten Ausnutzung der Sonnenenergie (s. Abb. 25).

WICHTIG **Effizientes Weiden**

Nur wenn der Weidepflanzenbestand intensiv und tief abgegrast wird, dann wird das Weidepflanzenwachstum optimal genutzt.

Wer Einzeltierleistung maximiert, erzielt bei Weidehaltung üblicherweise keine hohe Flächenleistung!

Eine Ausnahme dazu stellen nur Weidestrategien dar, wo niedrigleistende Tiergruppen hochleistenden Tieren bei Koppel- oder Portionsweide gesteuert nachgrasen.

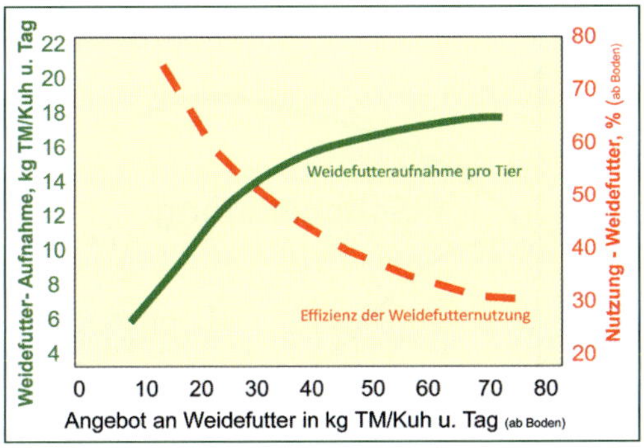

***Abbildung 25:** Beziehung zwischen Weidefutterangebot, Weidefutteraufnahme und Weide-Nutzungseffizienz (nach Delagarde et al. 2001)*

Versuchsergebnisse zur Effizienz

Literaturübersichtsdaten zeigten, dass im Mittel bei einer Reduktion des Weideangebots um 20 % die Weidefutteraufnahme je Milchkuh um etwa 8 % abnahm, jedoch die Weidefutteraufnahme je Weidefläche um 15 % anstieg (Peyraud u. Delagarde 2013). Auch unter biologischen Produktionsbedingungen stellte Schori (2008) mit Vollweidekühen bei geringerem Tierbesatz eine abnehmende Flächenleistung fest. Eine Auswertung von **weltweit durchgeführten Milchviehversuchen** (n = 109), welche den Zusammenhang zwischen Tierbesatz, Einzeltierleistung und Flächenleistung untersuchten, zeigte ebenfalls eindeutig den negativen Zusammenhang zwischen Einzeltierleistung und Flächenleistung (Abb. 27).

Versuchsergebnisse zeigen, dass zur Erzielung einer hohen Flächeneffizienz sowohl in der Rindermast als auch in der Aufzucht und Milchproduktion ein hoher Tierbesatz notwendig ist.

Bei der Interpretation der Ergebnisse in Tabelle 18 und in den Abbildungen 26 und 27 ist jedoch zu beachten, dass aus dieser Darstellung nur generelle Zusammenhänge abgeleitet werden können. Keinesfalls können Rückschlüsse zum optimalen Tierbesatz für einzelne Standorte gezogen werden. Wie Abbildung 28 zeigt, muss bei einem für den Standort

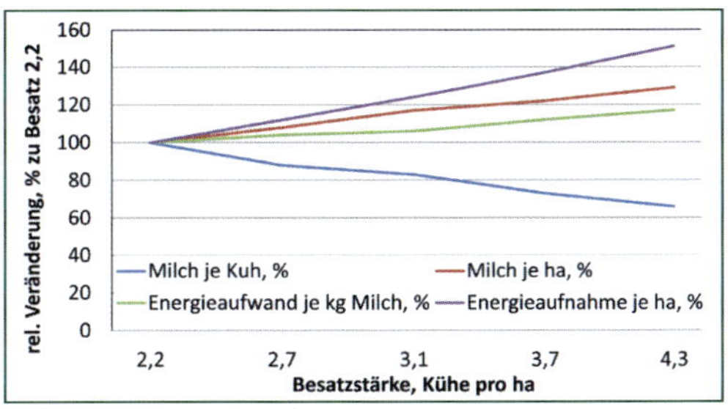

***Abbildung 26:** Einfluss der Besatzstärke auf Einzeltier- und Flächenleistung, Energieaufwand und Energieaufnahme in einem neuseeländischen Versuch*
(eigene Berechnungen auf Basis von Macdonald et al. 2008)

Besatzstärke, Kühe/ha	2,2	2,7	3,1	3,7	4,3
Laktationstage	291	274	258	234	221
Milch je Kuh, kg ECM	5.396	4.757	4.471	3916	3.566
Milch je Kuh, %	100	88	83	73	66
Milch je ha, kg ECM	11.871	12.842	13.859	14.488	15.337
Milch je ha, %	100	108	117	122	129
Energieaufwand je kg Milch, MJ NEL	5,4	5,6	5,7	6	6,3
Energieaufwand je kg Milch, %	100	104	106	112	117
Energieaufnahme, MJ je ha	63.766	71.616	79.230	87.486	96.123
Energieaufnahme je ha, %	100	112	124	137	151

Tabelle 18: *Einfluss der Besatzstärke auf Einzeltier- und Flächenleistung, Energiebedarf und Energieaufnahme in einem neuseeländischen Versuch (eigene Berechnungen auf Basis von Macdonald et al. 2008)*

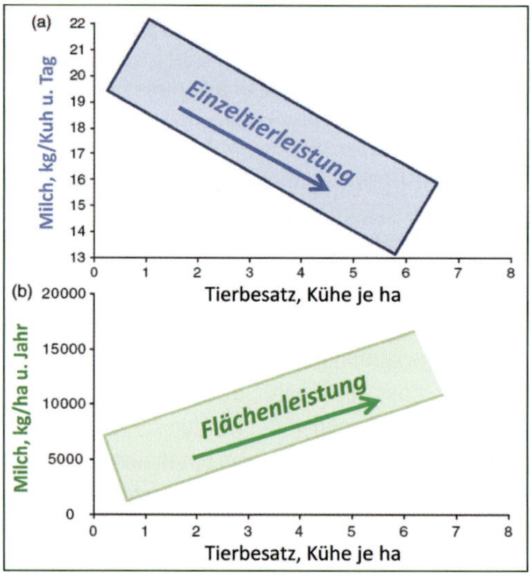

Abbildung 27: *Beziehung zw. Tierbesatz (Kühe/ha) und täglicher Einzeltierleistung (kg/Kuh) sowie zwischen Tierbesatz (Kühe/ha) und Milchleistung je Flächeneinheit (kg Milch/ha) (weltw. Literaturübersichtsarbeit, Abb. verändert nach McCarthy et al. 2011)*

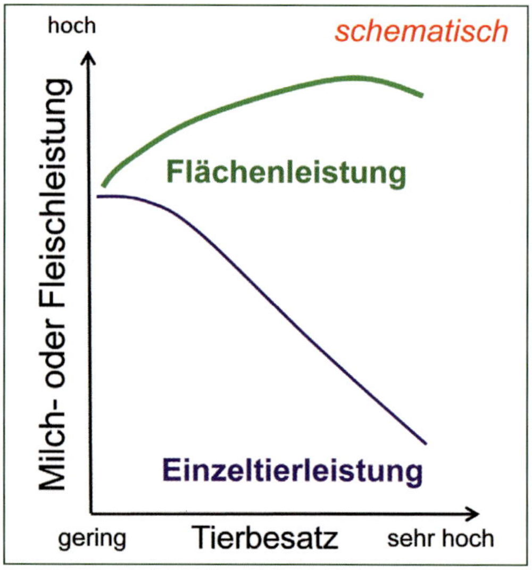

Abbildung 28: *Zusammenhang zwischen Tierbesatz, Flächenleistung und Einzeltierleistung (gültig für Weidemast und Weidemilchproduktion)*

zu hohen Tierbesatz selbstverständlich mit einem Rückgang der Flächenleistung gerechnet werden. Dies tritt vor allem dann ein, wenn die zusätzliche Weidefutteraufnahme bei höherem Besatz den zusätzlichen Erhaltungsbedarf der größeren Tieranzahl nicht mehr abdecken kann. Darüber hinaus schädigt ein sehr restriktives Futterangebot die Weidepflanzen und ist auch tierschutzrelevant!

Hohe Einzeltier- und hohe Flächenleistung

Wenn man bei Ganztagsweidehaltung eine hohe Einzeltierleistung und eine hohe Flächenproduktivität kombinieren will, dann müssen Weidesysteme umgesetzt werden, in deren Rahmen höherleistende Tiere „vorausgrasen“ und dabei die schmackhaftesten hochverdaulichen Weidepflanzenteile fressen können (**„leader-follower-grazing"**). Das stängelreichere Restfutter muss dann in den Folgetagen von niedriger leistenden Tieren tief abgegrast und damit verwertet werden. Mit gut ausgeklügelten Koppel- und Portionsweidesystemen und unterschiedlichen Tiergruppen, welche zwischen den Koppeln rotieren, ist dies möglich. In der Mutterkuhhaltung kann ein Kälberschlupf oder Zwischenzaun so angebracht werden, dass die Jungrinder die Möglichkeit zum Vorausgrasen in der Koppel haben. In der Milchviehhaltung könnten Kalbinnen oder trockenstehende Kühe bzw. Pferde beispielsweise nachgrasen.

Aufzuchtkalbinnen können hinter den Kühen nachgrasen und die weniger verdaulichen Futterreste verwerten.

Aufwuchshöhenmessung

Die **wöchentliche Messung** der Aufwuchshöhe auf der Weidefläche ist ein wertvolles Weidemanagement-Hilfsmittel. Dies gilt vor allem für Betriebe, die in die Weidehaltung einsteigen und hauptsächlich Kurzrasenweide betreiben. Aber auch Koppelweidebetriebe können damit den Futtervorrat im Auge behalten und ein gezieltes Koppelmanagement durchführen.

In der Forschung bzw. in Weideregionen wird zur Messung der Weidefutteraufwuchshöhe bzw. des Futtervorrates meist ein spezielles **Aufwuchshöhenmessgerät** verwendet („Plate Pasture Meter" oder „Rising Plate Pasture Meter"; Jenquip, Feilding, NZ). Dieses ist hinsichtlich Auflagengewicht (6,8 kg/m^2) und Auflagenfläche (35 cm Durchmesser) genormt, sodass die Ergebnisse unterschiedlicher Studien weltweit vergleichbar sind. Es kann hier die Anzahl der angestrebten Messungen pro Koppel eingegeben werden und das Gerät erfasst in 0,5 cm Abstufungen („1 click" = 0,5 cm) jeweils die gemessene Aufwuchshöhe und errechnet nach der letzten Messung direkt die durchschnittliche Aufwuchshöhe je Koppel. Die Kosten belaufen sich je nach Ausführung auf etwa 400 bis 900 Euro. In Neuseeland wurde in den letzten Jahren auch das „C-DAX Pasture Meter" (CPM, C-DAX Ltd., Turitea, NZ) entwickelt. Dieses Messinstrument wird an ein Fahrzeug (Quad, Traktor, Motorrad) angehängt und über die Weide gezogen. Dabei wird über Lichtstrahlen und Fotodioden die Aufwuchshöhe ermittelt. Die Anschaffungskosten liegen derzeit jedoch noch im Bereich von 3.500 bis 4.000 Euro! Beide beschriebenen Geräte können über Gleichungen die Grasmasse in kg TM/ha direkt abschätzen.

Für die Praxis kann die kostengünstige **Zollstabmethode** in Kombination mit einem **gelochten Plastikdeckel** empfohlen werden. Dieses Verfahren wurde an der LfL in Bayern für Praxisbetriebe ausgearbeitet (Steinberger S., LfL Bayern). Eine Kopiervorlage für das Aufzeichnungsblatt kann kostenlos über folgenden Link bezogen werden: www.raumberg-gumpenstein.at/weideinfos

Die **Zollstabmethode** (Doppelmeter-Methode) **ohne Deckel** misst die Grasaufwuchshöhe ohne Verdichtung des Pflanzenbestandes. Dabei lässt die Messperson den Daumen entlang des Messstabes nach unten gleiten, bis das erste Blatt oder der erste Stängel berührt wird. Die Zahl an der Daumenspitze wird abgelesen und dann in eine Liste eingetragen. Je Weidefläche werden 30 bis 50 zufällige Messungen durchgeführt.

Vorgangsweise bei der Messung

Auf der zu messenden Weidefläche wird eine gedachte Linie (zu einem Fixpunkt) „gezogen". Entlang dieser Linie wird beispielsweise bei jedem 5. Schritt zufällig (!) die Lochplatte neben dem Fuß abgelegt und die Aufwuchshöhe durch das Loch in der Platte mit dem Zollstab gemessen. Es werden dabei auch Geilstellen mitgemessen – Zufälligkeit!

Die in cm festgestellte Aufwuchshöhe wird in die Aufwuchshöhenliste (Ringerl) eingetragen (s. Beispielblatt in Abb. 30). Nach Beendigung der mindestens 30 Messungen wird der Mittelwert der Aufwuchshöhe berechnet. Dazu wird die Summe der obersten Ring-Zahlen durch die Anzahl der Messungen dividiert. Wenn man die jeweils obersten Ringe einer Kolonne verbindet, erhält man auch ein Aufwuchshöhenmuster.

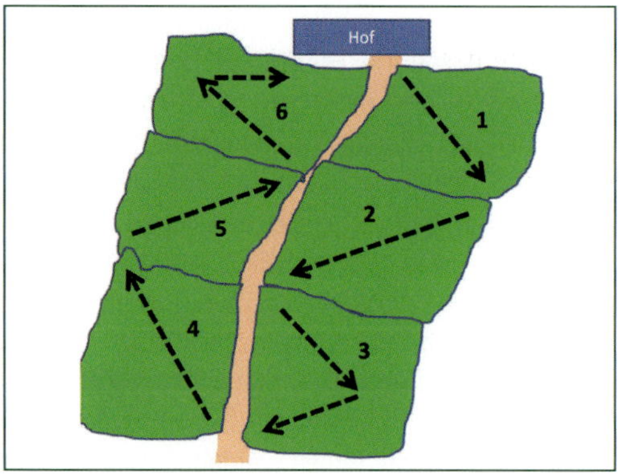

Abbildung 29: *Bei Koppelweide wird wöchentlich alle vier Schritte über beispielsweise eine gedachte Diagonale die Auswuchshöhe jeder Koppel gemessen.*

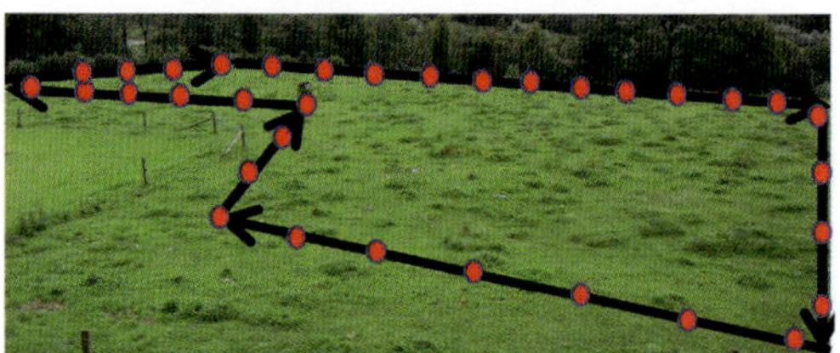

Aufwuchshöhenmessung bei Kurzrasenweide, entlang einer gedachten Linie

Zur Messung der Weidefutteraufwuchshöhe wurden genormte Aufwuchshöhenmessgeräte entwickelt („Plate Pasture Meter" oder „Rising Plate Pasture Meter").

Mit einem Zollstab wird die Aufwuchshöhe ohne Verdichtung des Pflanzenbestandes erhoben.

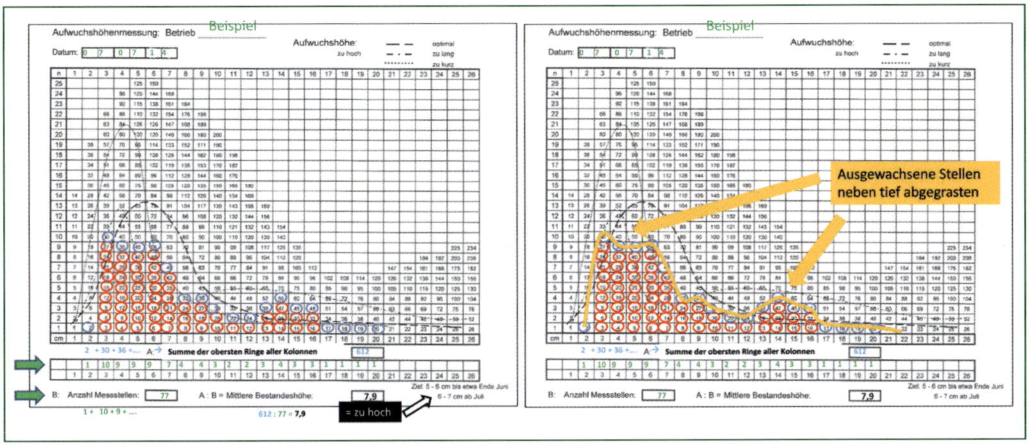

Abbildung 30: Beispielsergebnis einer Aufwuchshöhenbestimmung – Ergebnisse im Aufzeichnungsblatt eingetragen

In der Praxis kann die Aufwuchshöhe einfach und kostengünstig mit einem gelochten Plastikdeckel in Kombination mit einem Zollstab und einer Aufzeichnungsliste erhoben werden.

Bequemes Aufwuchshöhenmessgerät – Selbstbau

Wer sich das Aufheben des Deckels bzw. Bücken beim Ablesen der Aufwuchshöhe ersparen will, kann sich auch ein Selbstbau-Aufwuchshöhenmessgerät basteln. Dazu benötigt man einen Holzstiel (1,8–2 m), einen Kunststoffdeckel, ein leichtes Elektro-Leerrohr (z. B. Evilon), drei Lusterhaken zur lockeren Führung des Leerrohres am Holzstiel, ein Zollstabstück, Blechscheiben oder Beilagscheiben, Schrauben, eine leichte Holzplatte oder Klemmmappe (als Messlistenauflage). Man schneidet in die Mitte des Deckels ein Loch, dessen Durchmesser etwa 0,5 cm größer als der Holzstiel ist. Am unteren Ende des Holzstiels befestigt man eine Beilagen- oder Blechscheibe, deren Durchmesser größer als das Deckelloch ist. In den Holzstiel schraubt man die drei Lusterhaken zur lockeren (!) Führung des Leerrohres. Der Holzstiel wird von oben durch das Deckelloch geschoben und das Leerrohr wird am Deckel fixiert. Das leichte E-Leerrohr wird deswegen verwendet, damit das zusätzliche Gewicht am Deckel möglichst gering ist. Dieses überträgt die gemessene Aufwuchshöhe nach oben, wo am Holzstiel in passender Höhe der Zollstab fixiert ist. An den Holzstiel kann man nun auch noch eine Klemmmappe schrauben, damit beim Weiderundgang die Messergebnisse bequem aufgeschrieben werden können.

Da die Methode der Aufwuchshöhenerfassung das Ergebnis beeinflusst, können die einzelnen Ergebnisse nicht direkt miteinander verglichen werden. Das „Plate Pasture Meter" bzw. „Rising Plate Pasture Meter" (RPM) verdichtet das Futter stärker als der Plastikdeckel. Bei der Messung mit der Zollstabmethode wird das Futter gar nicht verdichtet. Die Aufwuchshöhe gemessen mit dem Zollstab ist daher höher als jene der Deckelmethode und des „Plate Pasture Meters". Mit folgenden Gleichungen können unterschiedlich gemessene Aufwuchshöhen zum Vergleich näherungsweise umgerechnet werden.

TIPP **Aufwuchshöhen-Umrechnung**

Y cm Zollstab x 0,56 entspricht ca. X cm Rising Plate Pasture Meter

Y cm Zollstab x 0,79 entspricht ca. X cm Plastik-Deckel-Methode

Y cm Rising Plate Pasture Meter x 1,34 entspricht ca. X cm Plastik-Deckel-Methode

Y cm Plastik-Deckel-Methode x 0,75 entspricht ca. X cm Rising Plate Pasture Meter

Futterdichte

Die Futterdichte (kg TM/cm Aufwuchshöhe) wird, neben der Aufwuchs-Messmethode, wesentlich vom Pflanzenbestand, der Jahreszeit und dem Aufwuchshöhenbereich bestimmt.

WICHTIG **Dichte schwankt!**

Pflanzenbestände mit hohen Anteilen an Horstgräsern sind im Schnitt weniger dicht als rasenbetonte Pflanzenbestände.

Je geringer der Gräseranteil, desto geringer ist die Futterdichte.

Üblicherweise sind Weiden im Herbst weniger dicht als im Frühjahr und insbesondere im Sommer.

Die Futterdichte nimmt mit steigender Aufwuchshöhe – in den oberen Horizonten im Vergleich zur Basis – ab.

Aus **Schweizer Angaben** zur **Futterdichte bei Koppelweideführung** (nach Mosimann et al. 2005) wurden Futterdichtebereiche, gemessen mit unterschiedlichen Methoden, im Vergleich zusammengefasst (s. Abb. 31). Demnach schwankt die Futterdichte bei Messung mit dem Rising Plate Pasture Meter in dem für die Kühe verfügbaren Pflanzenbestandsbereich zwischen etwa 180 und 240 kg TM je cm Aufwuchshöhe (min. 140; max. 260 kg TM). Dies entspricht bei der einfachen Deckelmessmethode einer Futterdichte zwischen etwa 130 bis 180 kg TM je cm Aufwuchshöhe. Da Kurzrasenweiden bei geringerer Aufwuchshöhe geführt werden und der Pflanzenbestand dichter ist, können hier um 10 bis 30 % höhere Futterdichten erwartet werden. Weitere Ergebnisse dazu können auch bei Schori (2013) nachgelesen werden.

Über Schnittmethoden können, in Kombination mit der Aufwuchshöhenmessung und Trockenmassebestimmung, das aktuelle Futterangebot und die Futterdichte bestimmt werden.

Je nach Aufwuchshöhenmessmethode wird das Futter bei der Messung nicht bzw. unterschiedlich stark verdichtet.

Futterdichte kg TM/ha je **cm RPM**				
Gräseranteil	**Gräserbetonung**	**Frühling**	**Sommer**	**Herbst**
> 70 %	Rasen	220	260	200
> 70 %	Horst	180	220	160
<70 %	Rasen	200	240	180
<70 %	Horst	160	200	140

Futterdichte kg TM/ha je **cm Deckelmesshöhe**				
Gräseranteil	**Gräserbetonung**	**Frühling**	**Sommer**	**Herbst**
> 70 %	Rasen	164	194	149
> 70 %	Horst	134	164	119
<70 %	Rasen	149	179	134
<70 %	Horst	119	149	104

Futterdichte kg TM/ha je **cm Zollstabhöhe**				
Gräseranteil	**Gräserbetonung**	**Frühling**	**Sommer**	**Herbst**
> 70 %	Rasen	123	146	112
> 70 %	Horst	101	123	90
<70 %	Rasen	112	134	101
<70 %	Horst	90	112	78

Abbildung 31: *Futterdichten bei Koppelweide im verfügbaren Pflanzenbestandsbereich*
(eigene Berechnungen nach Mosimann et al. 2005)

Parameter	Einheit	25.04. 2013	17.05. 2013	18.06. 2013	16.07. 2013	16.08. 2013	20.09. 2013	23.10. 2013
Dichte	kg TM/cm	279	239	315	321	408	311	356
Aufwuchshöhe	cm	8,9	11,4	8,9	9,2	6,8	8,2	5,2
Reststoppelhöhe	cm	3,7	4,3	3,8	3,4	3,0	3,3	3,1

Tabelle 19: *Futterdichte (Höhenmessung mittels RPM) bei simulierter Kurzrasenweide im Jahr 2013 auf einer Wiesenrispengras-Englisch-Raygras-Weißklee-Weide des Bio-Instituts HBLFA Raumberg-Gumpenstein*

Im Jahr 2013 wurde auf einer langjährigen Dauerweide des Bio-Instituts an der HBLFA Raumberg-Gumpenstein die Futterdichte mit dem Rising Plate Pasture Meter (RPM) erhoben. Dazu wurde die Wiesenrispengras-Englisch-Raygras-Weißklee-Weide mit Weidekörben versehen und siebenmal beerntet. In Tabelle 19 auf der vorherigen Seite können die Futterdichten des untergrasbetonten Weidebestandes abgelesen werden. Die sehr hohe Anzahl an gebildeten Nebentrieben ist bei der Kurzrasenweide dafür verantwortlich, dass so hohe Futterdichten möglich werden. Hohe Futterdichten bedeuten aber auch, dass die Weidetiere pro Bissen mehr Futter aufnehmen können.

Futterangebot

Das aktuelle Weidefutterangebot kann über die **Ertragserfassung über Referenz-Ernteflächen** und anschließender **Trocknung der Futterproben** bestimmt werden. In der Praxis ist jedoch die Aufwuchshöhenmessung und Verwendung von Dichteangaben oder Gleichungen, welche diese berücksichtigen, zur Futterangebotsabschätzung üblich. Dabei ist jedoch immer zu berücksichtigen, mit welcher Methode die Aufwuchshöhe bestimmt wurde und für welchen Aufwuchshöhenbereich die Futterdichtewerte bzw. Futterangebotsangaben gelten.

In wissenschaftlichen Arbeiten wird international häufig das gesamte **Futterangebot ab Bodenoberfläche** angegeben, wobei hier mit genormten Aufwuchshöhenmessgeräten gearbeitet wird (Plate Pasture Meter). In Tabelle 20 ist dazu beispielhaft eine international übliche Gleichung angeführt, mit welcher auf Basis der Aufwuchshöhe das jeweilige Futterangebot errechnet werden kann. Da jedoch in der Futterdichte jahreszeitlich Unterschiede bestehen, werden auch jahreszeitlich unterschiedliche Gleichungen zur Futterdichteanpassung verwendet.

Das Futterangebot ab Boden ist jedoch methodisch schwer zu erfassen und entspricht aufgrund der eingeschränkten Bisstiefe bei Rindern (ca. 3 cm) auch nicht dem tatsächlich verfügbaren Futterange-

Futterangebot ab Boden in kg TM/ha = RPM cm x 280 + 500

Tabelle 20: Standardgleichung zur Abschätzung des Gesamtfutterangebotes ab Boden bei Messung der Aufwuchshöhe mit dem Rising Plate Pasture Meter (RPM; 1 cm RPM entspricht zwei clicks)

Futterangebot ab Boden in kg TM/ha = 1,06 x Futterangebot ab 2,5 cm (kg TM/ha) + 1.452
Futterangebot ab Boden in kg TM/ha = 1,08 x Futterangebot ab 3 cm (kg TM/ha) + 1.621
Futterangebot ab Boden in kg TM/ha = 1,10 x Futterangebot ab 3,5 cm (kg TM/ha) + 1.759
Futterangebot ab Boden in kg TM/ha = 1,13 x Futterangebot ab 4 cm (kg TM/ha) + 1.903
Futterangebot ab Boden in kg TM/ha = 1,17 x Futterangebot ab 5 cm (kg TM/ha) + 2.142
Futterangebot ab 3 cm in kg TM/ha = 0,92 x Futterangebot ab Boden (kg TM/ha) – 1.499
Futterangebot ab 5 cm in kg TM/ha = 0,85 x Futterangebot ab Boden (kg TM/ha) – 1.811

Tabelle 21: Gleichungen zur Umrechnung des aktuellen Futterangebotes auf unterschiedliche Ernte-Futteraufwuchshöhen (Delagarde et al. 2011)

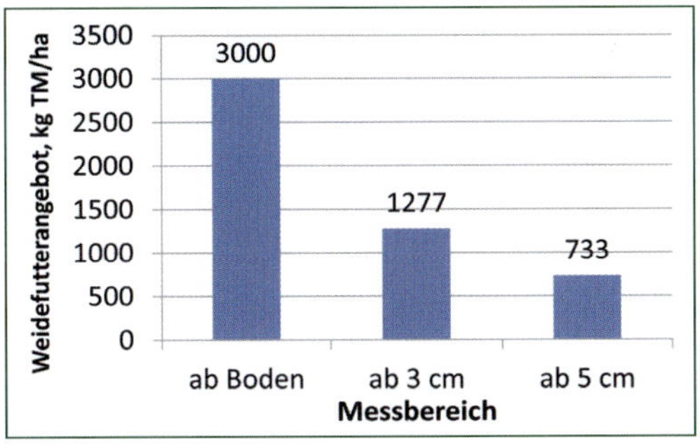

Abbildung 32: *Beispiel zum Futterangebot (kg TM/ha), erhoben ab Boden bzw. ab 3 und 5 cm Aufwuchshöhe*

bot. Aus diesem Grund finden sich in der Literatur auch Futterangebotsangaben ab einer Aufwuchshöhe von 2,5–5 cm (jeweils gemessen mit dem Plate Pasture Meter). Zur Umrechnung der unterschiedlichen Futterangebotsangaben und zum Vergleich von Studien wurden ebenfalls Gleichungen erarbeitet (s. Tab. 21 bzw. Abb. 32).

TIPP **Futterangebotsbereich ab 4 cm**

Koppel- und Portionsweide: 1.500–3.000 kg TM pro ha Futterangebot

Bei **Rotationsweidesystemen** beeinflusst das Weidefutterangebot (Rotationsdauer, Aufwuchshöhe, Dichte) vor dem Bestoßen die Futteraufnahme, Weidefutterqualität, Milchleistung und auch die Effizienz der Weidenutzung (Ertrag, Verluste, Milch und Fleisch/ha). Bei Reduktion des Futterangebotes von über 3.000 kg TM/ha (gemessen ab 4 cm) auf unter 3.000 kg nehmen die Weidefutteraufnahme und die Milchleistung aufgrund des zunehmenden Blattanteils und abnehmender Anteile an Stängeln und abgestorbenen Pflanzenteilen zu (Holmes et al. 2002, Wims et al. 2014). Wenn jedoch das Futterangebot zu gering wird, kann die Futteraufnahme der Tiere eingeschränkt sein (zu wenig Futter pro Bissen). Zudem wird teilweise die Payback-Zeit für Weidepflanzen unterschritten, wodurch der Pflan-

Die Futterangebotsbestimmung ab Boden ist vor allem in der Forschung üblich – für die Praxis kann eine Schnitthöhe von 3 cm empfohlen werden, da diese der Bisstiefe der Rinder näherkommt.

zenbestand leidet, und auch die Assimilationsrate und der Nettoertrag sind eingeschränkt. Darüber hinaus sind keine bzw. nur mehr minimale Veränderungen in der Nährstoffkonzentration des Futters zu erwarten.

Wims et al. (2014) verglichen in einem umfangreichen Koppelweideversuch (Englisch-Raygras-Bestand) in Irland den Effekt des Futterangebots (Rotationsgeschwindigkeit: Ø 17 (15–23), 22 (19–24), 25 (23–25) Tage; Futteraufwuchshöhe: Rising Plate Pasture Meter: Ø 8,0, 9,6 bzw. 12 cm vor der neuerlichen Koppelbestoßung). Bei einem Futterangebot von 1.150 kg TM/ha (gemessen ab 4 cm) wurde zwar noch kein Rückgang der Milchleistung pro Kuh festgestellt, die Weidezuwachsleistung ging jedoch aufgrund der kurzen Weiderotation zurück und der Futterergänzungsbedarf stieg im Vergleich zu 1.400 kg TM/ha (9,6 cm) bzw. insbesondere zu 2.000 kg TM/ha Futterangebot (12 cm) an. Die Autoren schließen daraus, dass ein zu geringes Futterangebot keine hohe Besatzdichte ermöglicht und damit nicht zu einer Verbesserung der Flächenleistung beitragen kann. Auch bei Kurzrasenweidehaltung wurde bei zu kurzer Aufwuchshöhe (5 cm) und damit geringerem Futterangebot im Vergleich zu 7 cm Aufwuchshöhe ein Rückgang der Weidefutteraufnahme festgestellt (Gibb et al. 1997).

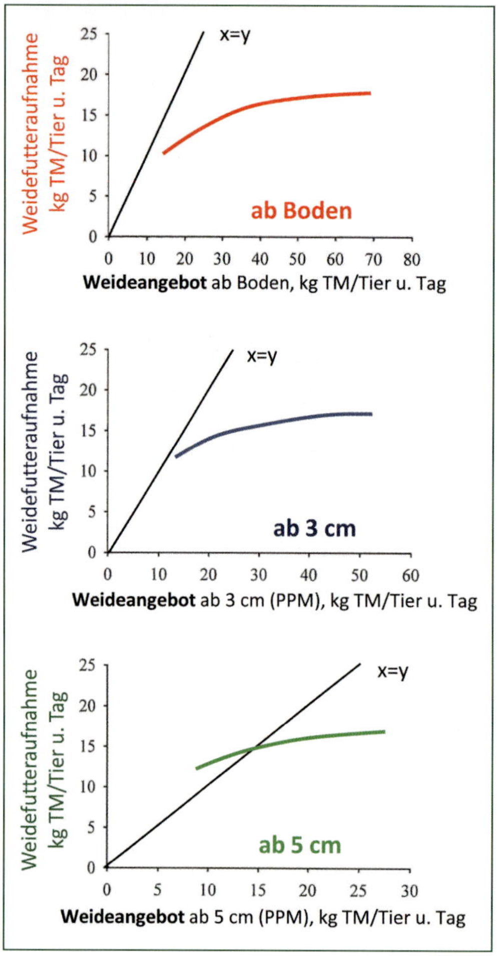

***Abbildung 33:** Beziehung zwischen Weidefutterangebot und Weidefutteraufnahme von Milchkühen (gemessen bei unterschiedlicher Aufwuchshöhe mit dem Rising Plate Pasture Meter) (nach Pérez-Prieto und Delagarde 2013)*

TIPP **Empfehlungen Koppelweide**

Die möglichst tief abgeweideten Koppeln (Restaufwuchshöhe 4–5 cm) werden nach einer konsequenten Ruhephase bei einer neuerlichen Weidefutteraufwuchshöhe von 8–12 cm (max. 15 cm) wieder bestoßen.

TIPP **Empfehlungen Kurzrasenweide**

Bei Kurzrasenweidehaltung wird eine durchschnittliche Aufwuchshöhe von 6 cm (5–7 cm) angestrebt. Wenn der Bestand etwas zu hoch wird (über 7 cm), muss die Fläche rasch und konsequent verkleinert oder der Tierbesatz erhöht werden. Ansonsten wird das Futter zu alt und in der Folge nicht mehr gerne gefressen. Wenn der Bestand zu tief abgegrast wird (unter 5 cm), muss der Tierbesatz verringert oder (vermehrt) beigefüttert werden.

Grasertrag feststellen

Durch **Wiegung** von repräsentativen Kleinparzellen-Erntemengen (z. B. acht Parzellen zu 0,25 m²) und **Bestimmung des Trockenmassegehaltes** kann das aktuelle Futterangebot bzw. der Ertrag von Weideflächen relativ genau festgestellt werden. Dabei sollte die Schnitthöhe (z. B. Akku-Gartenschere) der Fresshöhe der Tiere (z. B. 3 cm) entsprechen. Zudem müssen mehrere Wiederholungen (z. B. acht Parzellen) bei der Ertragsfeststellung erfolgen.

Mithilfe von **Weidekörben** – welche den Verbiss verhindern – können Zuwachsraten und Graserträge auf Weideflächen ermittelt werden. Dabei sollten die Weidekörbe auf den beweideten Flächen nach der Beerntung weitergerückt werden, um den Beweidungseffekt im Jahresverlauf abzubilden. Wenn die Weidekörbe weitergerückt werden, dann muss der Pflanzenbestand der zukünftigen Weidekorbparzelle auf die spätere Schnitthöhe (z. B. 3 cm) zurückgemäht werden. Wenn dies nicht erfolgt, wird der Futterzuwachs überschätzt.

Flächenleistung abschätzen

Weidebetriebe streben eine hohe Milch- und Fleisch-Flächenleistung (kg Milch/ha, kg Fleisch/ha) an. Bei der Abschätzung der Weide-Flächenleistung muss bei Ergänzungsfütterung die Berechnungsmethode beachtet bzw. angegeben werden, da dies das Ergebnis wesentlich beeinflusst. Um eine gleichmäßige Aufteilung des Gesamtenergiebedarfs (Erhaltung + Leistung) auf das Weidefutter bzw. das Ergänzungsfutter zu erreichen, schlägt Leisen (Leisen, persönliche Mitteilung) eine anteilige Zuordnung der Leistung (Milchleistung/Fleischleistung) entsprechend der anteiligen Energieaufnahme aus der Weide bzw. dem Ergänzungsfutter vor.

WICHTIG **Weideleistung berechnen**

Milch aus Weidefutter = Gesamtmilch x Energieanteil aus Weide in der Ration
Beispiel: Liefert die Weide 50 % der Energieaufnahme, so trägt sie auch 50 % zur Milchleistung bei.

In der Milchviehhaltung kann mit dieser Methodik über den gesamten Verlauf des Weidejahres die aktuelle Milchproduktion pro ha berechnet und dargestellt werden. Dazu wird zur Berechnung der aktuellen Weidemilchmenge von der produzierten Tagesmilchmenge jener Anteil (bzw. Prozentsatz)

Weidebetriebe streben eine hohe Flächenleistung an.

an Milch abgezogen, der über das Ergänzungsfutter produziert wird. Durch Division der Weidemilchmenge mit der aktuellen Weideflächengröße erhält man die aktuelle Weidemilchflächenleistung (s. Tab. 22). Wenn in der Milchviehhaltung die Tiere in der Weidezeit Körpersubstanz (BCS bzw. Lebendgewicht) verlieren oder zunehmen, dann müsste dies ebenfalls in der Flächenleistungsangabe berücksichtigt werden. Vor allem bei Kurzzeituntersuchungen (beispielsweise zu Laktationsbeginn) können in diesen Fällen die errechneten von den tatsächlichen Weideleistungen abweichen.

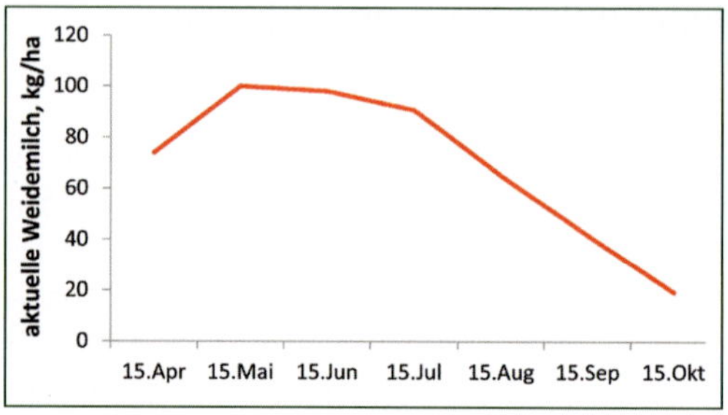

Abbildung 34: *Milchleistung pro ha Weidefläche (Vollweide-Beispielsbetrieb in Gunstlage)*

Datum	15. Apr	15. Mai	15. Jun	15. Jul	15. Aug	15. Sep	15. Okt
Kühe, N	30	30	30	30	29	29	29
produzierte Tagesmilch, kg	810	740	700	680	630	540	501
Energieaufnahme aus Weidefutter, %	50	90	100	100	100	90	45
Milchanteil aus Weidefutter, kg	405	666	700	680	630	486	225
aktuelle Weidefläche, ha	5,5	6,7	7,1	7,5	9,7	11,6	11,6
akt. Weidemilchleistung pro ha, kg	74	100	98	91	65	42	19

Tabelle 22: *Beispiel zur Berechnung der Weidemilch-Flächenleistung im Jahresverlauf*

Weidesysteme

Das Weidesystem muss eine gute Ausnutzung des Graszuwachses für die Milch- und Fleischerzeugung ermöglichen. Ein möglichst gleichbleibendes Weideangebot (hohe Qualität und gleichbleibende Menge) wird angestrebt und es sollen nur minimale Weidefutterverluste auftreten. Alle Weidesysteme funktionieren nur dann gut, wenn diese mit System angelegt und geführt werden.

Koppelweide (Umtriebsweide)

Bei der Koppelweidehaltung (Umtriebsweidehaltung) wird die gesamte Weidefläche in etwa gleich große Koppeln unterteilt. Diese werden – eine nach der anderen – von den Rindern während einer kurzen Besatzzeit beweidet. In der **Milchviehhaltung** wird eine **Besatzdauer von max. drei bis vier Tagen je Koppel** angestrebt. Spezialisierte Weidebetriebe portionieren die Flächen innerhalb der Koppel und erreichen dadurch eine hohe und gleichmäßige Futterqualität über die Besatzdauer (s. Abb. 36). In der **Aufzucht** bzw. bei extensiven Systemen kann eine **max. sieben- bis zehntägige Besatzdauer**, am besten ebenfalls mit zumindest einer „Zwischenportionierung", empfohlen werden.

TIPP | **Planungshilfsmittel nutzen**

Zur vorausschauenden Grobplanung des Weideflächenbedarfs und der Koppelanzahl im Verlauf der Weidesaison steht Ihnen auf der Website der HBLFA Raumberg-Gumpenstein unter www.raumberg-gumpenstein.at/weideinfos ein Excel-Koppelweideplaner kostenlos zur Verfügung.

Regeln für die Koppelweide

- Kurze Besatz- und genügend Ruhezeit!
- In der Ruhephase wird die Fläche konsequent nicht beweidet.

- Weide nicht zu spät bestoßen – 8–12 cm Aufwuchshöhe (max. 15 cm gemessen mit der Deckel-Methode)!
- Koppelruhezeit im Jahresverlauf an Weidezuwachsleistung anpassen und nicht konstant halten – Aufwuchshöhe entscheidet über neuerliche Bestoßung einer Koppel!
- Weide tief (unter 5 cm) abgrasen lassen. Damit wird verhindert, dass sich über das Jahr zunehmend Stoppelmaterial aufbaut, welches nicht gerne gefressen wird.
- Bei nasser Witterung nach Möglichkeit größere Flächen bzw. geeignete Flächen (keine schweren Böden etc.) bestoßen.
- Leader-Follower-Systeme sind sehr effizient und können hohe Einzeltierleistung mit hoher Effizienz kombinieren (hochleistende Rinder grasen ein bis zwei Tage voraus – niedrigleistende grasen in den Folgetagen tief nach).
- Bei Reinigungsschnitten bzw. Mähnutzung muss ein tiefer Schnitt mit scharfen Geräten durchgeführt werden. Im Frühjahr führt ein Reinigungsschnitt bei Blühbeginn dazu, dass sich unerwünschte Pflanzen (Hahnenfuß, Rasenschmiele etc.) durch Verhinderung der Samenbildung nicht vermehren können. Im Sommer ist das Abmähen von Brennnesseln etwa zwei Tage vor der Beweidung günstig – die angewelkten Pflanzen werden gefressen. Auch beim „Toppen" wird überständiges Futter relativ hoch abgemäht und nach dem Anwelken von den Tieren gefressen.

Koppeln werden bei einer Aufwuchshöhe zwischen 8 und 12 cm (max. 15 cm) bestoßen und dann tief (unter 5 cm) abgegrast.

Die möglichst tief abgeweideten Koppeln (Restaufwuchshöhe 3–5 cm) werden nach einer konsequen-

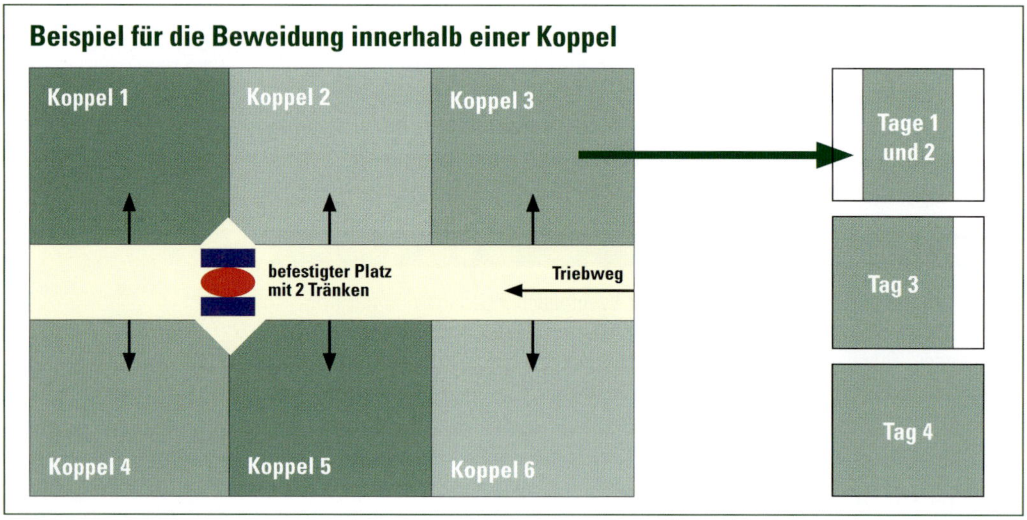

Abbildung 35: *Intensives viertägiges Koppelweidesystem mit gezielter Portionierung innerhalb der Koppel*

Milchkühe bleiben ein bis maximal vier Tage in einer Koppel.

Zu späte Weidebestoßung – der Pflanzenbestand ist für eine effiziente Weidehaltung bereits zu hoch!

ten Ruhephase bei einer neuerlichen Weidefutteraufwuchshöhe von 8–12 cm (max. 15 cm) wieder bestoßen oder können bei höherer Aufwuchshöhe oder Futterüberschuss auch zur Mahd herangezogen werden. Entsprechend dem Graszuwachs variiert die Weideruhedauer im Vegetationsverlauf zwischen drei und acht Wochen. Es werden daher unterschiedliche Koppelanzahlen im Jahresverlauf benötigt. Im Frühling wird ein Überweiden aller Koppeln und langsamer Einstieg in das Koppelsystem empfohlen (gleitender Übergang von Kurzrasen- auf Koppelweide). Damit kann erreicht werden, dass

	Beweidungsdauer je Koppel		
	3-tägig	6-tägig	10-tägig[1]
Hauptwachstumsphase	6–9 Koppeln	3–5 Koppeln	2–3 Koppeln
Ab Ende August	12–16 Koppeln	5–8 Koppeln	3–5 Koppeln
[1] nicht für hochleistende Tiere empfohlen			

***Tabelle 23:** Richtwerte zur notwendigen Koppelanzahl je nach Beweidungsdauer einer Koppel*

	Beweidungsdauer je Koppel		
Koppelgröße für	3-tägig	6-tägig	10-tägig[2]
10 Milchkühe – Ganztagsweide[1]	0,3 ha	0,5 ha	
10 Milchkühe – Stundenweide	0,1–0,2 ha	0,3 ha	
10 Mutterkühe trocken (ohne Jungrinder) – Ganztagsweide		0,4 ha	0,7 ha
10 Aufzucht- oder Mastrinder (400–500 kg) – Ganztagsweide		0,3 ha	0,6 ha
[1] entspricht etwa auch einer Mutterkuh inkl. Jungrind bei Kuh [2] nicht für hochleistende Tiere empfohlen			

***Tabelle 24:** Richtwerte zur notwendigen Koppelgröße für zehn Tiere je nach Beweidungsdauer pro Koppel (ha je zehn Tiere der jeweiligen Kategorie!)*

auch in der letzten Koppel die Grasaufwuchshöhe beim Bestoßen nicht über 12 cm (max. 15 cm) liegt.

Bei Milchkühen beträgt die Rotationsdauer im Frühjahr üblicherweise 18 bis 22 Tage und im Sommer 25 bis 30 Tage. Die Mehrzahl der Betriebe führt einmal pro Jahr auf jeder Koppel eine tiefe Nachmahd (oder eine Schnittnutzung) durch.

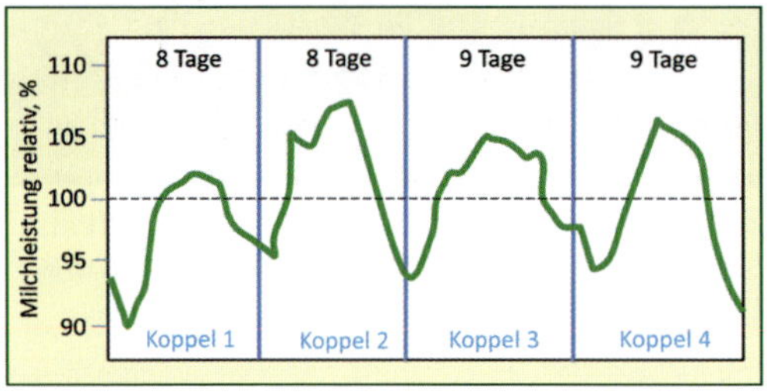

Abbildung 36: *Bei langen Koppelbesatzzeiten schwankt die Milchleistung der Kühe stärker (Beispiel: acht bis neun Tage Besatzdauer).*

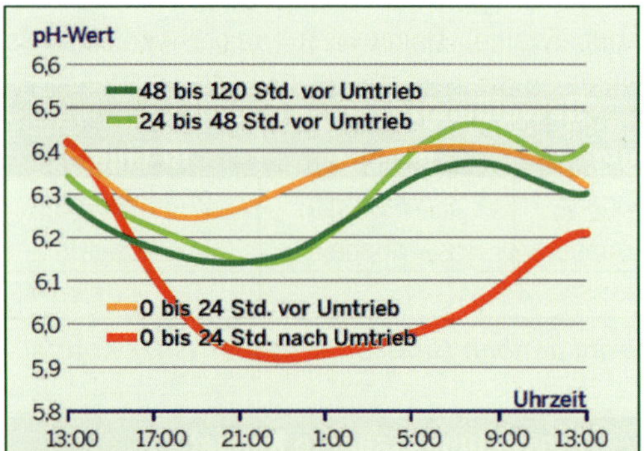

Besonderheiten:

- 100 % Weideanteil (keine Zufütterung)
- Vor Umtrieb: letzte 24 Stunden erhöhte pH-Werte (geringere Futteraufnahme/mehr Struktur)
- Nach Umtrieb: extrem starke und langandauernde pH-Absenkung (hungrige Kühe/energiereiche Pflanzenteile)

Abbildung 37: *Bei Koppelweidehaltung werden die tiefsten pH-Werte im Pansen beim Bestoßen der neuen Koppel festgestellt.*

(Leisen 2014)

Koppelweidebetriebe müssen durchdachte Triebweg- und Wasserversorgungssysteme anlegen.

In der Mutterkuhhaltung bleiben die Tiere üblicherweise sechs bis zehn Tage in einer Koppel.

Auch auf Almen sollte eine Koppelweide angestrebt werden.

Besatzzeit und Koppelgröße

Wenn die Eintriebs-Aufwuchshöhe kürzer angestrebt wird, dann benötigt man am Betrieb weniger, aber dafür entsprechend größere Koppeln. Je länger die Besatzzeiten pro Koppel sind, umso weniger, aber größere Koppeln werden benötigt.

Aus Sicht der Futterqualität und des Ertrages spricht vieles für eine kurze Eintriebs-Aufwuchshöhe und eine kurze Besatzdauer je Koppel. Es muss aber auch bedacht werden, dass bei Schlechtwetterperioden durch den höheren Tierbesatz die Trittschäden auf kleiner Fläche zunehmen und dass der Arbeits- und Materialaufwand deutlich steigt. Üblicherweise werden daher beispielsweise in der Aufzucht weniger intensive Koppelsysteme als in der Milchviehhaltung angewandt.

Steigende Koppelanzahlen führen zu

- einem Rückgang der Besatzdauer je Koppel,
- kleineren Koppeln,
- längeren Ruhephasen für die Koppeln,
- höherer Besatzdichte an Beweidungstagen (durchschnittliche Besatzstärke bleibt gleich),
- geringerem Ausmaß an selektivem Fressen und gleichmäßigerer Nährstoffversorgung,
- besserer Steuerbarkeit des Systems und
- steigendem Management- und Materialaufwand.

Intensive Koppelweide

In Neuseeland (Lincoln Universität) wurde eine intensive und hochproduktive Koppelweideführung für Milchkühe entwickelt.

- Dabei werden die Halbtags- oder Tageskoppeln bei sehr geringer Aufwuchshöhe von 7 cm im Frühjahr und 9 cm im Sommer/Herbst (gemessen mit dem Rising Plate Meter) bestoßen.
- Die Koppeln werden tief mit vier bis fünf Kühen je ha auf 3,5 cm abgegrast, die Rotationsdauer beträgt 12 bis 14 Tage im Frühling und 20 bis 25 Tage im Sommer/Herbst.

Das Wichtigste ist es, die Weide wie eine Ackerkultur zu behandeln und **Weidereste möglichst gering** zu halten. Das Ziel ist, sieben clicks (auf dem Rising-Plate-Meter-Grasmesser) zu erreichen, das entspricht ca. 3,5 cm. Die Konservierungsschnitte werden ebenfalls tief vorgenommen; auch hier sind sieben clicks anzustreben. Die Kühe müssen darauf trainiert werden, tief abzufressen. Die Weiden werden mithilfe eines Futtervorratskeils („feed wedge") kontrolliert, sodass nur eine Weide pro Tag beweidet werden kann (Pitt u. Käch Pitt 2014).

Koppelweide und Mähnutzung

In der Praxis kombinieren Betriebe bei Koppelweidehaltung oft auch Weide- und Mähnutzungen. In diesem Fall ist es wichtig, dass auch hier ein untergrasbetonter Weidepflanzenbestand die Basis bilden muss. Bei Schnittnutzung darf dieser Pflanzenbestand nicht zu spät genutzt werden, da ansonsten im unteren Aufwuchsbereich sehr viele Blätter absterben. Darüber hinaus ist es wichtig, dass – im Gegensatz zu den sonst üblichen Empfehlungen bei Schnittwiesen – der Schnitt bei der Mahd tief erfolgt. Damit wird ein „Stoppelaufbau" in der Weide verhindert.

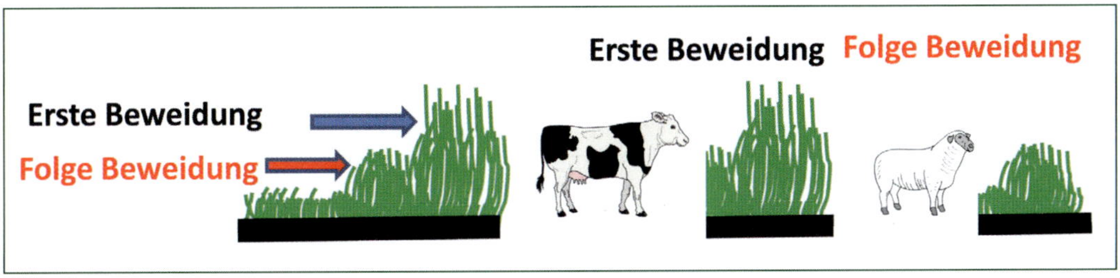

Abbildung 38: Leader-Follower-Systeme sind sehr effizient und können hohe Einzeltierleistung mit hoher Effizienz kombinieren (hochleistende Tiere grasen voraus – niedrigleistende grasen in den Folgetagen tief nach).

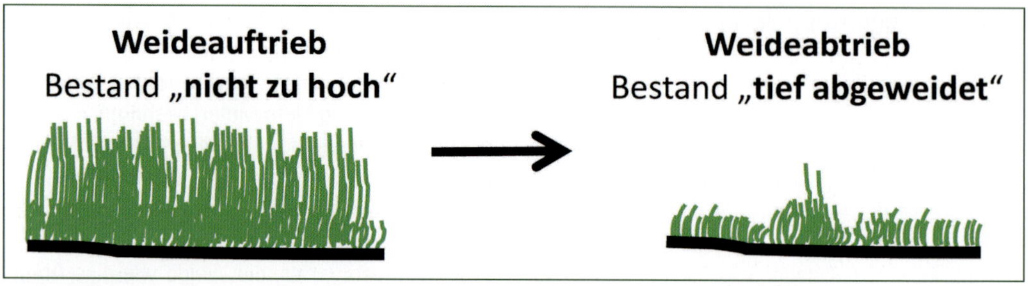

Abbildung 39: *Die höchste Effizienz wird bei Koppelweidehaltung dann erreicht, wenn der Bestand nicht zu hoch bestoßen wird (1. Auftriebstag) und dann tief abgegrast (Abtriebstag) in die Rotationspause geht.*

Beispiel 1

Koppel 1	Koppel 2	Koppel 3	Koppel 4	Koppel 5	Koppel 6	Koppel 7	Koppel 8
Frühjahrsüberweidung							
1. Aufwuchs							
Weide	Weide	Weide	Mahd	Mahd	Mahd	Mahd	Mahd
2. Aufwuchs							
Weide	Weide	Weide	Weide	Weide	Weide	Mahd	Mahd
3. Aufwuchs							
Weide	Weide	Weide	Weide	Weide	Weide	Weide	Weide

Beispiel 2 – Wechsel Weide und Mahd

Koppel 1	Koppel 2	Koppel 3	Koppel 4	Koppel 5	Koppel 6	Koppel 7	Koppel 8
Frühjahrsüberweidung							
1. Aufwuchs							
Weide	Weide	Weide	Mahd	Mahd	Mahd	Mahd	Mahd
2. Aufwuchs							
Mahd	Mahd	Mahd	Weide	Weide	Weide	Weide	Weide
3. Aufwuchs							
Weide	Weide	Weide	Weide	Weide	Weide	Weide	Weide

Abbildung 40: *Unterschiedlicher Koppelbedarf im Jahresverlauf (Beispiel 1) bzw. Wechsel zwischen Weide und Mahd (Beispiel 2)*

Tipps zur Koppelanlage und Koppelweide

- Wenn möglich alle Koppeln etwa gleich groß anlegen.
- Koppeln rechteckig (gut unterteilbar), aber nicht zu schlauchförmig und ohne lange spitze Winkel anlegen!
- Triebwege und Wasserstellen gut durchdacht und bodenschonend anlegen, um Trittschäden zu vermeiden.
- Steilflächenbereiche gezielt und nur kurzzeitig beweiden.
- Steilflächen nicht (bzw. nicht zu lange) quer zur Falllinie beweiden, da es ansonsten zu einer „Ganglbildung" kommt. Bei Steilflächenbeweidung ist auch zu überlegen, in welchem Bereich die Rinder bei langen Fresszeiten ruhen und wie (ebene Bereiche) eine Überdüngung vermieden werden kann. Flache Bereiche innerhalb der Koppel, wenn möglich, zuerst abweiden lassen – erst dann als Liegestellen anbieten.
- Betriebe im Berggebiet stallen Tiere oft auch in den Nachtstunden ein – damit fällt ein größerer Teil des Düngers im Stall an.
- Keine Zusatzdüngung auf Liegestellen – Düngung vor allem dort, wo weniger Kot und Harn anfallen.
- Bei ungleichmäßiger Tierverteilung Zwischenzäunungen (Portionierungen) durchführen!
- Wöchentliche Aufwuchshöhenmessung zur Feinsteuerung durchführen!
- Ideale Grashöhe vor dem Bestoßen einer neuen Koppel: 8–12 cm (Deckelmethode). Ist das Gras deutlich höher, sollte gemäht werden.
- Tief abgrasen lassen – die Grasaufwuchshöhe sollte nach dem Verlassen bei unter 5 cm liegen, da sich ansonsten Stoppelmaterial aufbaut.
- Betriebe, die eine hohe Einzeltierleistung anstreben, können auf das „Leader-Follower-System" zurückgreifen.

Vor- und Nachteile der Koppelweide

Die **Vorteile** der Koppelweide liegen in der **guten Steuerbarkeit des Futterangebots** durch die Anpassung der Parzellengröße und der Dauer des Umtriebs. Vor allem bei ungünstiger Weidestruktur (Flächengestaltung, hügelig, Steilflächen) sind eine gesteuerte Beweidung und gute Verteilung der Kühe auf der Weidefläche leicht durchführbar. **Bei Trockenheit** sind Koppelweiden **weniger empfindlich** (Bodenbeschattung) als Kurzrasenweiden. Auch eine **Düngung** in der Vegetationsperiode kann bei Koppelnutzungen einfach durchgeführt werden. Die Koppelwirtschaft ist gut mit der Mähnutzung, aber auch der Portionsweidehaltung kombinierbar. Die Koppelweide ist vor allem unter **ungünstigeren Weidebedingungen** (z. B. hügeliges Gelände, Trockenheit) ertragsstabiler. In der Milchviehhaltung verursacht der tägliche Eintrieb bei Koppelweidehaltung weniger Arbeit als bei Kurzrasenweide.

Nachteilig ist das höhere **Risiko für Trittschäden** sowie das **höhere Blährisiko**. Trittschäden treten bei Koppelweide an Regentagen deshalb leichter auf, da der Tierbesatz auf der Fläche hoch ist und die Tiere auch etwas unruhiger sind. In Regenperioden sollten Koppeln vorübergehend nicht zu lange bestoßen und nicht zu tief abgegrast werden und es sollten vor allem Koppeln mit nicht zu hohem Bestand beweidet werden. Auch bei gutem Management fressen die Tiere am ersten Beweidungstag die am leichtesten verdaulichen Pflanzenbereiche und am letzten die unteren stängelreicheren Bereiche. Damit **schwanken** die **Nährstoffaufnahme und die Leistung** von Tag zu Tag. Obwohl auch bei diesem Weidesystem eine hohe Nutzungsfrequenz gegeben ist, ist die **Bestockung des Grases etwas weniger stark** ausgebildet und damit die Narbendichte etwas geringer. Kurze Umtriebszeiten fördern die Bestandesdichte. Der **Material- und Arbeitsaufwand** (Wasser, Zaun, Vorstecken) ist bei Koppelweiden höher als bei Standweiden.

Futtervorrat

Zur Kontrolle des Futtervorrates bei intensiver Koppelwirtschaft greifen spezialisierte Milchvieh-

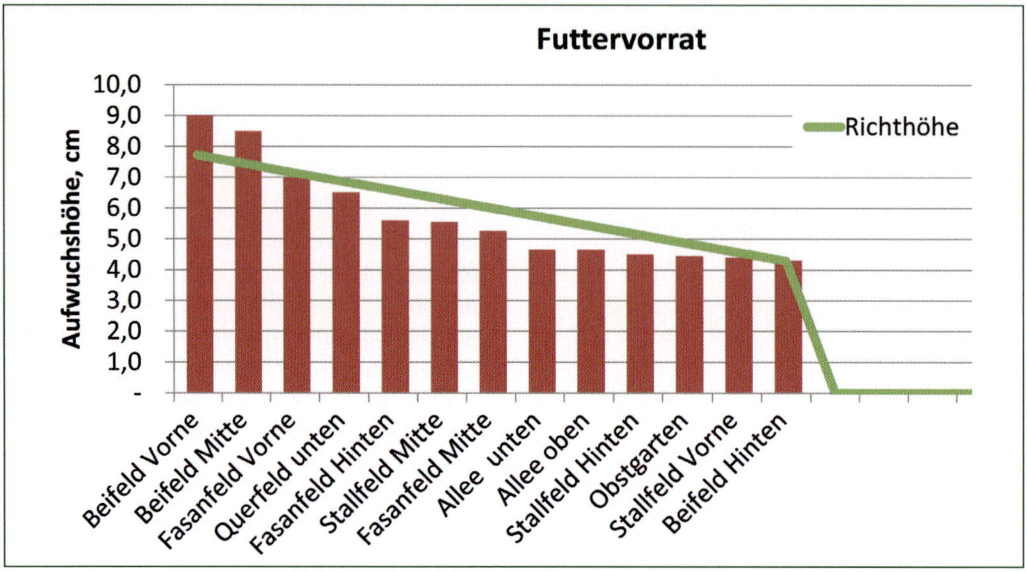

Abbildung 41: *Aktueller Futtervorratskeil eines Praxisbetriebs bei Koppelweidehaltung (International wird der Futtervorratskeil auch in Form des Futterangebots in kg TM je ha angegeben. Dabei muss dann jedoch zusätzlich zur Aufwuchshöhe die jeweilige Futterdichte erhoben werden bzw. bekannt sein.)*

betriebe auf die konsequente wöchentliche Aufwuchshöhenmessung zurück. Beim wöchentlichen Weiderundgang wird die Grasaufwuchshöhe in allen (!) Koppeln gemessen und der aktuelle Futtervorrat mithilfe eines Formulars berechnet bzw. ein Futtervorratskeil grafisch („feed wedge") dargestellt (s. Abb. 42). In diesem Beispiel strebt der Betrieb eine Weideeintriebshöhe von 8 cm (gemessen mit Pasture Plate Meter) und eine Weideaustriebshöhe von 4 cm an (grüne Linie). Die roten Balken stellen die aktuelle Weidefutteraufwuchshöhe jeder Koppel dar. Es zeigt sich für die ersten zwei Koppeln ein etwas zu hoher Aufwuchs, diesem folgt aber ein leichter Weidefuttermangel. Daher wird der Betrieb keine der beiden bereits relativ hoch aufgewachsenen Flächen schnittnutzen, sondern diese in den nächsten Tagen mit beweiden.

Futtervorratskeil

- Zeigen die Ergebnisse einen zukünftigen Futterberg an, dann werden einzelne Koppeln zeitgerecht nicht beweidet und für die Mahd herangezogen. Damit wird verhindert, dass überständige Weidebestände auftreten.
- Weisen die Ergebnisse auf einen zukünftigen Futtermangel hin, dann wird die Koppelweidefläche frühzeitig erweitert, es werden einige Flächen zwischengedüngt bzw. es wird die Zufütterungsmenge erhöht.
- Eine Excel-Vorlage für einen Futtervorratskeil kann kostenlos von der Website des Bio-Instituts unter www.raumberg-gumpenstein.at/weideinfos heruntergeladen werden.

Das wöchentliche Messen und die Abbildungen helfen

- bei professioneller Koppelweideplanung und -führung,
- beim Erkennen von zukünftigem Futtermangel bzw. Futterberg,
- bei effizienter Koppelnutzung und
- bei wirtschaftlicher Weidehaltung.

Kurzrasenweide (Intensive Standweide)

Die Kurzrasenweide ist ein **intensives Standweidesystem**, welches vor allem für Weidegunstlagen (eben bis leicht geneigt, aktive Böden, gute Wasserversorgung, ausreichend gedüngt) empfohlen werden kann. Es wird dabei über die gesamte Vegetationsperiode mit hohem Weidedruck gearbeitet. „Das Futter muss den Rindern in das Maul wachsen." Wenn eine Ruhezeit vorliegt, dann dauert diese üblicherweise nie länger als eine Woche. Betriebe, die keine große zusammenhängende Weidefläche haben, rotieren ständig zwischen zwei bis sechs Weideflächen.

Regeln für die Kurzrasenweide

- Mit der Fläche geizig sein und **Weidedruck konsequent hoch halten**, eine **Aufwuchshöhe von 5–6 cm** anstreben. Wenn der Bestand etwas zu hoch wird (über 7 cm), muss die Fläche rasch und konsequent verkleinert oder der Tierbesatz erhöht werden. Ansonsten wird das Futter zu alt und in der Folge nicht mehr gerne gefressen.
- Mangelnder Weidedruck im Frühjahr ist sehr problematisch.
- Falls durch Überbeweidung oder Trockenheit die Weideaufwuchshöhe deutlich unter 5 cm absinkt, müssen entweder Tiere von der Fläche genommen oder es muss mehr zugefüttert bzw. die Weidefläche vergrößert werden.

Wichtig ist daher, dass die Futteraufwuchshöhe im Auge behalten wird. **Kurzrasenweideprofis messen die Grasaufwuchshöhe einmal wöchentlich** und passen die Flächengröße an die Wuchshöhe an.

Wenn das Futter zu hoch wird, geht die Futteraufnahme zurück und vor allem Geilstellen, und damit der Anteil an schwerer verdaulichen Futterbestandteilen, nehmen stark zu. Dies sollte durch gute Weideführung verhindert werden! Wenn jedoch der Weidepflanzenbestand entglitten ist, dann hilft oft nur mehr das **„Toppen"**. Dabei werden die Auswuchsbereiche bei Schönwetter (!) hoch (ca. 8 bis 10 cm – über Kot!) abgemäht. Das Schnittgut bleibt auf der Fläche und wird in angegorenem Zustand in den Folgetagen gerne aufgenommen. Wenn ein tiefer Pflegeschnitt erfolgen muss, dann kommt es durch die Verteilung der Kotfladen zu einer deutlich

Bei Kurzrasenweide muss der Pflanzenbestand immer sehr kurz gehalten werden.

Ein typisches Bild für einen deutlich zu hohen Kurzrasenweide-Pflanzenbestand.

Wöchentlich muss konsequent die Aufwuchshöhe gemessen werden!

Ampferbelastete Grünlandflächen können mithilfe einer mehrjährigen intensiven Kurzrasenbeweidung und begleitender Übersaat saniert werden. Dazu eignen sich Aufzuchttiere oder niedrigleistende Rindergruppen.

geringeren Futteraufnahme. In diesem Fall sollte eine Ruhephase eingeplant werden, wobei gleichzeitig eine Düngung erfolgen könnte. Grundsätzlich sollte die Kurzrasenweide jedoch so geführt werden, dass kein Toppen erforderlich ist.

WICHTIG **Kurzrasenerfahrungen**

Wichtig ist, dass vor allem im Frühjahr zeitgerecht mit dem Weideaustrieb begonnen und generell mit hohem Weidedruck gearbeitet wird.

Wenn der erste Betrieb in der Region mit dem Wiesenabschleppen beginnt, dann müssen die Weideflächen bereits überweidet werden!

Wenn man im Zeitraum der Flieder- und Holunderblüte („magic day") über die Kurzrasenweide wandert, dann sollte man das Gefühl haben, dass die Rinder zu wenig Weidefutter vorfinden.

Wenn diese Punkte zutreffen, dann ist entsprechend den Erfahrungen in der Praxis die Basis für ein gutes Weidejahr gelegt.

Bei Kurzrasenweidehaltung muss die Weidefläche im Jahresverlauf zumindest zwei- bis dreimal vergrößert werden, da der tägliche Futterzuwachs nach dem 1. Aufwuchs zurückgeht (siehe Kapitel

Im Zeitraum zwischen Flieder- und Holunderblüte („magic day") sollte man das Gefühl haben, dass die Tiere auf der Kurzrasenweide zu wenig Weidefutter vorfinden.

Auch in Rindermast und Aufzucht bewährt sich die arbeitszeitsparende Kurzrasenweidehaltung.

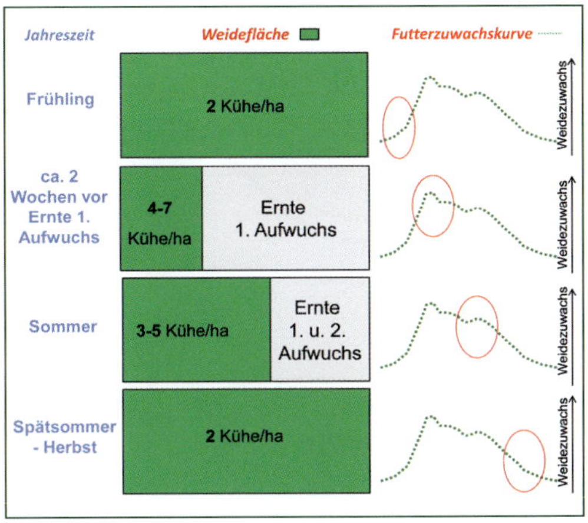

Abbildung 42: *Richtwerte zum Flächenbedarf bei Ganztags-Kurzrasenweide von Milchkühen*

„Futterzuwachs"). Bei Ganztagsweidehaltung sollten je nach Ertragslage pro Milchkuh etwa 0,3–0,5 ha Weide zur Verfügung stehen. Davon können in der Hauptwachstumsphase etwa 25–35 % konserviert werden. In Abbildung 43 bzw. Tabelle 25 sind Richtwerte zum Tierbesatz im Jahresverlauf für Milchkühe bei Ganztagsweidehaltung angeführt. Die Anzahl an Tieren entspricht auch etwa dem einer Mutterkuh + Jungrind bzw. der doppelten Anzahl an Aufzuchtkalbinnen. Bei Halbtags- oder Stundenweide kann der Flächenbedarf aufgrund der geringeren Weidefutteraufnahme um 50–70 % reduziert werden.

Zur Düngung eignet sich Mistkompost, Rottemist und verdünnte Gülle. Eine Startdüngung im Frühling ist wichtig, ein bis zwei weitere Kleinmengendüngungen (z. B. 8–12 m³ Gülle/ha) sollten nach Möglichkeit im Sommer erfolgen. In der Praxis düngen die Kurzrasenweidebetriebe vor Regenperioden abwechselnd etwa 25 % der jeweiligen Weideflächen.

Zufütterung und Kurzrasenweide

Wenn Rinder bei Kurzrasenweidehaltung **(fast) kein Ergänzungsfutter** erhalten, dann gelingt dieses Weidesystem am leichtesten. Die Tiere sind dann angehalten, den gesamten Weidebestand abzuweiden. Je höher der Ergänzungsfutteranteil, desto stärker geht die Weideaktivität und -intensität bei Rindern zurück und umso mehr nimmt der Anteil der Geilstellen und Auswuchsbereiche auf der Weide zu.

	Weideperiode	
	Hauptwachstumsphase	**ab Ende August**
Milchkühe – Stundenweide	8–12 Tiere/ha	8–2 Tiere/ha
Milchkühe – Ganztagweide[1]	4–6 Tiere/ha	4–1 Tiere/ha
Mutterkuh trocken – Ganztagweide	5–7 Tiere/ha	3–1 Tiere/ha
Aufzucht-, Mastrind 400–500 kg – Ganztagweide	8–10 Tiere/ha	5–2 Tiere/ha

[1] entspricht etwa auch 1 Mutterkuh inkl. Jungrind bei Kuh

Tabelle 25: *Richtwerte zum Tierbesatz je ha bei Kurzrasenweidehaltung (wüchsiger Standort; Angabe in Tiere je ha)*

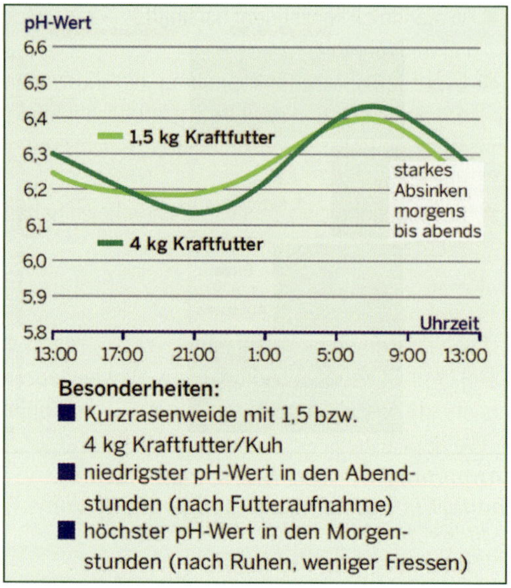

Abbildung 43: *Pansen-pH-Wert-Verlauf von Milchkühen bei Kurzrasenweidehaltung bei Ergänzung von 1,5 bzw. 4 kg FM Kraftfutter* *(Leisen 2014)*

Stundenweide-Betriebe können durch die Weide 2–3 kg Kraftfutter pro Tier und Tag bei gleicher Leistung sparen.

Kurzrasenweide liefert über die gesamte Vegetation eine sehr gute Futterqualität (über 6,3 MJ NEL/kg TM) mit ausreichendem Strukturkohlenhydratanteil. Die gleichmäßige Weidefutteraufnahme (viele kleine Bissen über den Tag verteilt) ist ebenfalls sehr positiv für stabile Pansenverhältnisse. Sofern keine bzw. nur geringe Kraftfutterergänzung erfolgt und auch keine abrupten Futterumstellungen gegeben sind, ist daher prinzipiell keine Strukturergänzung (Heu) notwendig. Eine Grundfutterergänzung in größerem Ausmaß erfolgt daher bei Vollweidehaltung nur im Frühling und Herbst bzw. in Weidefuttermangelsituationen.

Kurzrasenweide als Stundenweide

Erfahrungen aus der Praxis zeigen, dass Kurzrasenweidehaltung aber auch als Stundenweide mit entsprechender Ergänzungsfütterung im Stall genutzt werden kann. Dabei gilt es jedoch **folgende Punkte zu beachten**:

- Die Rinder sollten zumindest einmal pro Tag möglichst „hungrig" freien Zugang zur begrenzten Weidefläche haben. Die Weidefläche muss hier zur Futteraufnahme und nicht nur als Liege- und Kotplatz Verwendung finden.
- Betriebe mit Stunden-Kurzrasenweide führen zumeist einmal jährlich einen Pflegeschnitt durch.
- Durch die Nutzung der Weide kann und sollte der Kraftfutter- und Eiweißergänzungsbedarf im Sommer reduziert werden.

Betriebe mit begrenzten Weideflächen oder Betriebe, die eine hohe Einzeltierleistung anstreben, setzen mit Erfolg auf die arbeitszeitsparende Stundenweidehaltung!

Kurzrasenweide in hügeligem Gelände

Ganztags-Kurzrasenweidehaltung funktioniert sehr gut auf flachen oder einheitlich leicht geneigten Flächen. Wenn Kurzrasenweide in hügeligem Gelände umgesetzt wird, dann bereiten vor allem die ungleiche Kot- und Harnverteilung (Liegestellen im flachen Bereich überdüngt, Aushagerungsbereiche auf Steilflächen) sowie das uneinheitliche Abweiden der Weidebereiche mögliche Probleme. Um dem vorzubeugen, können **folgende Punkte empfohlen** werden:

- Düngermanagement konsequent anpassen (keine Düngung in flachen Bereichen, verstärkte Düngung in den steileren Bereichen)
- Liegestellen (flache Bereiche) vorübergehend auszäunen, um Überdüngung zu vermeiden
- Ausgezäunte Liegestellen einmal jährlich eventuell auch für Schnittnutzung verwenden
- Begrenzung der täglichen Weidedauer, die Rinder sollten nach Möglichkeit im Stall ruhen (z. B. Kühe in der Mittagszeit oder zumindest in der Nacht in den Stall lassen/treiben)
- Wasserstellen und Triebwege gut durchdacht anlegen (Kühe in weniger attraktive Bereiche lenken)
- Weidedruck konsequent hochhalten – ganz wichtig im Frühjahr
- Eventuell Zwischenkoppelung der Kurzrasenweideflächen und gezielte witterungsabhängige ständige Rotation zwischen den „Kurzrasenweidekoppeln"
- Konsequent nicht zu schwere Rinderlinien halten/ züchten

Weidepflanzenbestand

Die Kurzrasenweide ist ein intensives Weidesystem und braucht daher unbedingt einen Weidepflanzenbestand! Ausführungen dazu finden Sie im Kapitel „Weidepflanzen".

Nach dem Aufstehen setzt üblicherweise das Ausscheideverhalten ein – in hügeligem Gelände fallen Ausscheidungen daher gehäuft auf den Flachstellen an.

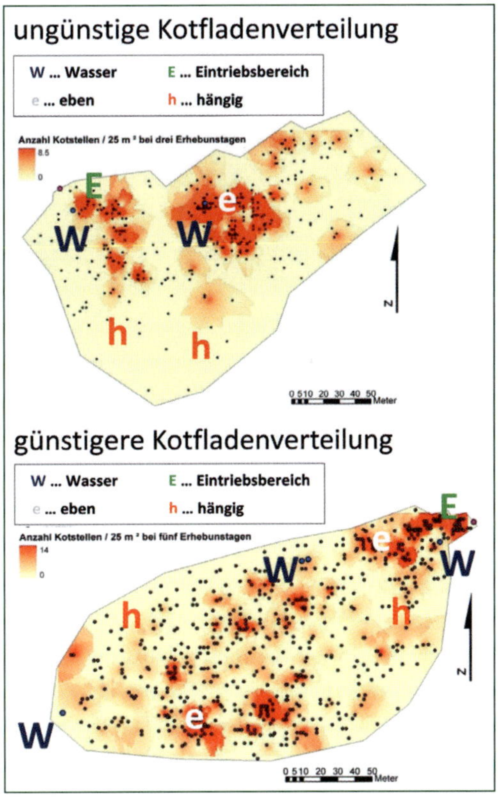

***Abbildung 44:** Kotfladenverteilung auf zwei Kurzrasenweiden – hoher Kotanfall im Bereich der Tränken, auf ebenen Flächen, beim Eintrieb und in Schattenbereichen*

In der Mutterkuhhaltung wird die Kurzrasenweide bei geringer Aufwuchshöhe geführt.

Dieser Kurzrasenweidebetrieb bestößt die sehr steilen Flächenbereiche nur bei günstiger Witterung.

Wasserstellen

Über die Platzierung der Wasserstellen können die Aufenthaltsbereiche der Rinder (Ausscheidungen, Futteraufnahme) auf den Kurzrasenweiden wesentlich mitgesteuert werden. Daher sollten diese nach Möglichkeit in jenen Bereichen errichtet werden, wo die Tiere sich ansonsten weniger häufig aufhalten. Das sind zumeist nicht die Eintriebsbereiche oder die Schattenbereiche, sondern die entfernteren Weidebereiche. Pro Kurzrasenweidefläche sollten bei Ganztagsweidehaltung zumindest zwei Tränkestellen errichtet werden, damit auch rangniedrige Tiere immer ausreichend Wasser aufnehmen können. Bei großen Flächen reicht eine Tränkestelle für eine Weidefläche von etwa 3 ha aus. Bei der Wasseraufnahme ist zu beachten, dass der Bedarf sehr stark je nach Wassergehalt des Futters bzw. Witterung schwankt (20 bis 120 l/Kuh und Tag).

Weidepflege

Kurzrasenweiden sollten so selten wie möglich und nur so oft wie unbedingt notwendig maschinell gepflegt werden. Das Weidemanagement muss so gestaltet werden, dass möglichst keine Verluste auftreten.

WICHTIG **Weidepflege**

Nicht entsprechend abgeweidete Weidestellen können bei schönem Wetter in einer Schnitthöhe von etwa 10 cm geschnitten („Toppen") werden, das Schnittgut verbleibt auf der Weidefläche und wird in angewelktem Zustand von den Tieren gefressen.

Bei uneinheitlichem Pflanzenbestand und vor allem, wenn unerwünschte Pflanzen zur Reife kommen, ist eine Weidepflege anzuraten!

Auf Frühjahrsweiden Wiesenabschleppen im Herbst statt im Frühjahr durchführen.

Mulchen darf in der Weidesaison nicht notwendig werden – dies führt zu einer breitflächigen Futterverschmutzung!

Vor- und Nachteile der Kurzrasenweide

Die **Vorteile** der Kurzrasenweide sind vor allem:

- Geringer Arbeits- und Materialaufwand
- Hohe gleichbleibende Futterqualität über die ganze Vegetationsperiode
- Geringe (keine) Futterverluste und bei optimalen Bedingungen keine Weidepflege notwendig
- Dichte trittfeste Grasnarbe wird gefördert
- Kurzrasenweide kann Problembestände sanieren helfen (Ampfer etc.)
- Ruhiges Tierverhalten, wenig Trittschäden, geringes Blährisiko
- Gut geeignet auch bei feuchter Witterung (Regenperioden)
- Alternative zur oft nicht professionell geführten Portionsweide und teilweise zur extensiven Standweide

Zu den **Nachteilen** zählen folgende Punkte:

- Schwierigeres System für uneinheitliches Gelände (hügelig, Waldrand, schlauchförmige Parzellen)
- Gute Bodenverhältnisse notwendig
- Untergrasbetonter Weidepflanzenbestand unbedingt erforderlich (insbesondere Wiesenrispe, in Gunstlagen zusätzlich Englisches Raygras)
- In Regionen mit Trockenheitsrisiko ist die Koppelwirtschaft ertragssicherer (Beschattung des Bodens etc.)
- Düngung in der Vegetationsperiode schwieriger
- Mehrere Tränkestellen für die Tiere, aber auch zur Verteilung der Ausscheidungen erforderlich
- Futteraufwuchs muss bei Neueinstieg unbedingt wöchentlich gemessen werden
- Weideeintrieb kostet bei Milchkühen mehr Zeit (große Fläche für Kühe)
- Bei zunehmender Herdengröße stößt Kurzrasenweide mit Milchkühen an die Grenzen

TIPP | **Kurzrasenweide planen**

Hilfsmittel zur Aufwuchshöhenmessung, Kurzrasenweideführung etc. können kostenlos über die Website der HBLFA Raumberg-Gumpenstein heruntergeladen werden (www.raumberg-gumpenstein.at/weideinfos).

Leistungsvergleich Koppelweide und Kurzrasenweide

Im Vergleich zur arbeitsextensiveren Kurzrasenweide ist der Material- und Arbeitsaufwand bei Koppelweide höher. Koppelweiden sind im Weidemanagement etwas besser steuerbar (Weidemanagement, Düngung) und bei ungünstigen Klimabedingungen (z. B. Trockenheit) ertragssicherer.

Beranger und Micol (1986; zit. nach Peyraud u. Delaby 2005) verglichen Literaturergebnisse zur Milchflächenleistungen von Milchkühen bei Kurzrasenweide bzw. Koppelweidesystemen. Im Durchschnitt aller Versuche schnitt die Koppelweide in der Flächenleistung leicht besser als die Kurzrasenweide ab (s. Abb. 45).

In einer vierjährigen Studie wurde in der Schweiz Kurzrasenweide und Koppelweide bei Milchkühen mit Ergänzungsfütterung (Mittel: 7,5 kg TM/Kuh und Tag) verglichen. Dabei schnitten die Kühe in der Milchleistung bei Koppelweidehaltung tendenziell besser als bei Kurzrasenweidehaltung ab (Münger et al. 2003). Starz et al. (2013) verglichen auf einem

Tageszunahmen über 1.000 g sind auf gut geführten Koppelweiden möglich.

für Weidehaltung trockenheitsgefährdeten Standort den Ertrag einer Dauerweide bei simulierter Kurzrasen- bzw. Koppelweide. Der Trockenmasseertrag der Kurzrasenweide lag mit 7,8 t/ha im Vergleich zur Koppelweide mit 10,6 t/ha und Jahr signifikant tiefer. Auch im Rohproteinertrag (+ 280 kg/ha) und Energieertrag (+ 15.500 MJ NEL) schnitt die Koppelweide deutlich besser ab.

In einer Literaturübersichtsarbeit wurden von Thomet et al. (2000) die Mastleistungen von Rindern bei Koppel- bzw. Kurzrasenweidehaltung verglichen (s. Abb. 46). Auch hier schnitten im Mittel die Tiere bei Kurzrasenweidehaltung in der Gewichtszunahme pro Hektar etwas schlechter (– 5,5 %) als bei Koppelweidehaltung ab.

Auch ein Versuch an der HBLFA Raumberg-Gumpenstein mit Aufzuchtkalbinnen der Rasse Fleckvieh zeigte ein vergleichbares Ergebnis. Im Lebendgewichtsbereich zwischen 340 und 380 kg betrugen die Tageszunahmen bei Kurzrasenweidehaltung 923 g und bei Koppelweidehaltung 1.013 g (Häusler et al. 2008).

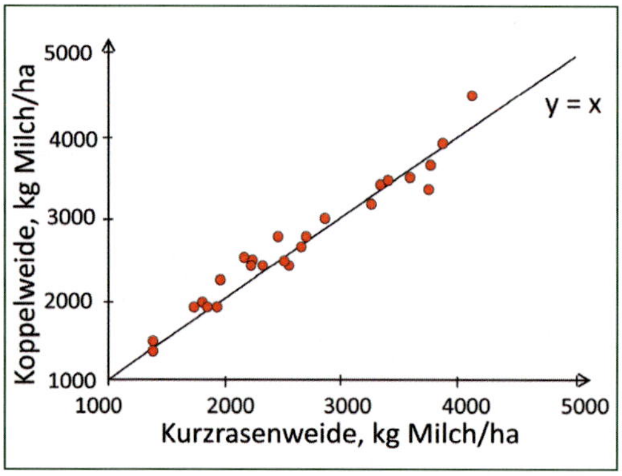

***Abbildung 45:** Vergleich der Milchleistung bei Kurzrasenweide bzw. Koppelweide*
(Literaturübersicht Beranger und Micol 1986, Abbildung verändert nach Peyraud u. Delaby 2005)

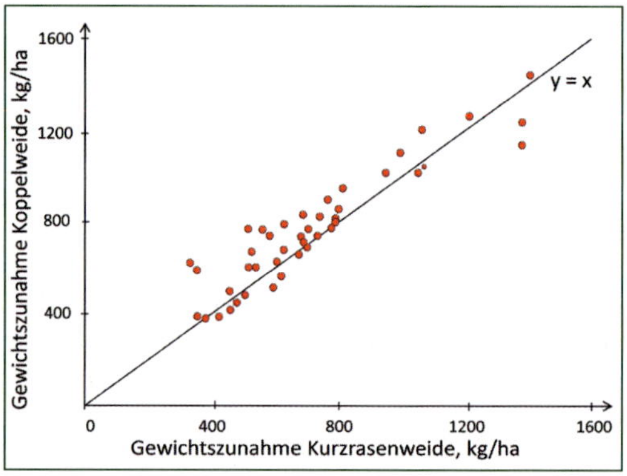

***Abbildung 46:** Vergleich der Mastleistung von Rindern bei Kurzrasenweide bzw. Koppelweide*
(Ernest et al. 1980, Abb. verändert nach Thomet et al. 2000)

Portionsweidehaltung

Der Aufwand an Arbeitszeit und Material ist bei diesem Weideverfahren sehr hoch. Bei jedem Auftrieb wird den Tieren innerhalb des Schlages zur bisherigen Weidefläche eine neue zusätzliche Weidefläche angeboten. Die Portionsweidehaltung ist **nur bei gutem Management nachhaltig**, leistungsfähig und für Hochleistungstiere geeignet.

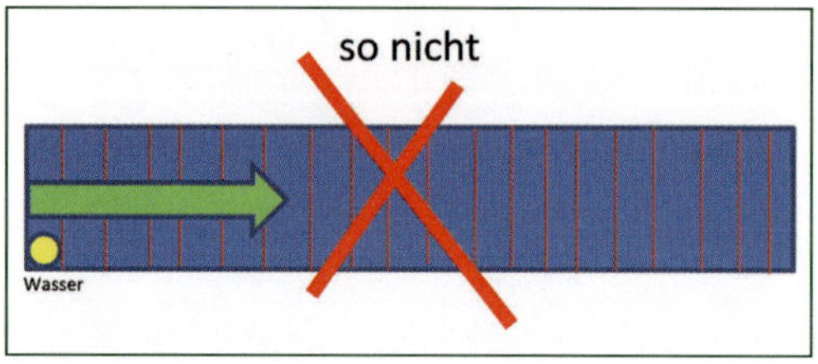

***Abbildung 47:** Portionsweidehaltung wird oft falsch umgesetzt.*

Die Portionsweidehaltung ist in unseren Regionen weitverbreitet, wird aber oft sehr schlecht umgesetzt. Abgeweidete Flächen werden beispielsweise über viele Tage überweidet/betreten, was zu folgenden **Problemen** führt:

- Keine Ruhephase – Neutriebe (Reserven) werden wieder abgefressen
- Ständig älter werdendes Futter

Bei Portionsweidehaltung ist das Risiko für gehäufte Trittschäden am größten.

Auch bei Portionsweidehaltung darf der Pflanzenbestand nicht über 15 cm aufwachsen.

- Triebwegbildung hin zur letzten Tagesportion
- Hohe Trittbelastung am Beweidungstag auf Tagesportion
- Unruhige Kuhherde und hastiges Fressen

Oft ist das Futter deutlich zu hoch, insbesondere am anderen Ende der Koppel. Dadurch nehmen die Futterverluste zu und die Leistung der Tiere geht zurück.

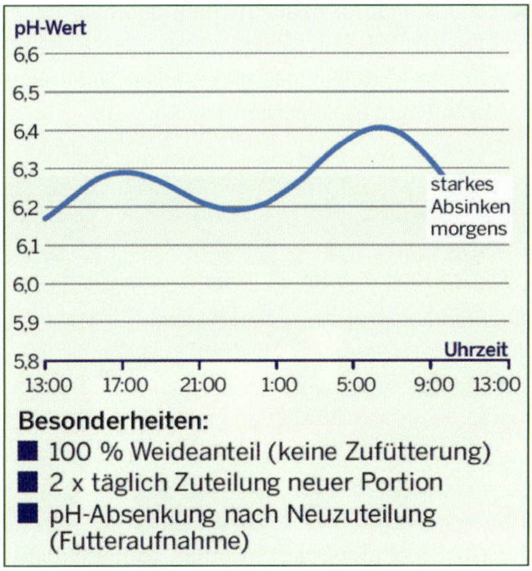

***Abbildung 48:** pH-Wert-Verlauf bei Portionsweidehaltung von Milchkühen ohne Zufütterung bei zweimal täglich Weidezuteilung* (Leisen 2014)

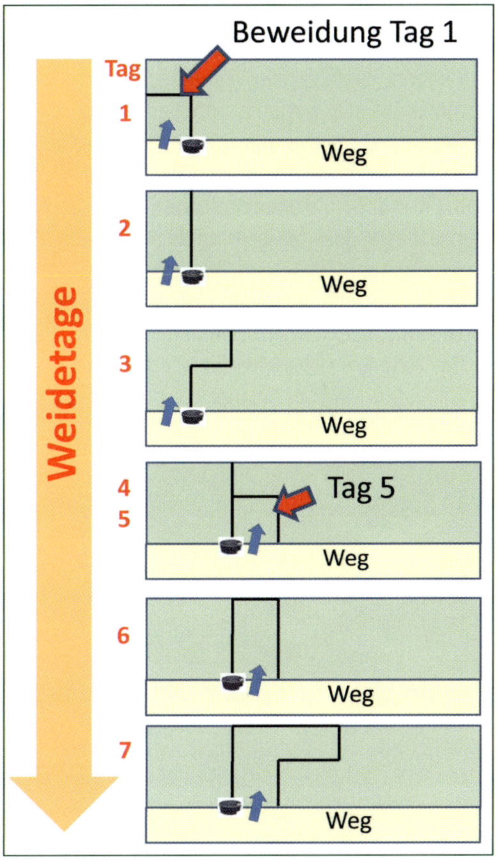

***Abbildung 49:** Bei Portionsweidehaltung müssen abgeweidete Bereiche nach vier bis sechs Tagen wieder ausgezäunt werden.*

Regeln für die Portionsweide

Bei Portionsweidehaltung müssen **folgende Regeln konsequent eingehalten** werden:

- Eine bereits abgeweidete Fläche wird nach spätestens vier Tagen nicht mehr überweidet/betreten! Diese kurze Besatzdauer garantiert, dass nachschiebende junge Blätter nicht wieder sofort abgegrast werden. Nur dadurch wird gewährleistet, dass die Weidepflanzen, aber auch der Boden geschont werden.
- Auch hier sollte die Aufwuchshöhe des Grases bei 8 bis maximal 15 cm liegen!
- In Regenperioden sollte aufgrund der Trittschäden nach Möglichkeit auf Portionsweide verzichtet werden.
- Auch wenn Mähwiesen beweidet werden, ist aufgrund der üblicherweise geringen Bestandsdichte die Portionsweidehaltung nicht geeignet.

Extensive Standweide

Bei der extensiven Standweide sind die Weideflächen in der Vegetation durchgehend bzw. über lange Perioden besetzt. Die Weidefläche ist in keine bis maximal drei Koppeln unterteilt. Generell ist der Aufwand im Weidemanagement gering. Als Nachteile dieses Systems sind die großen Futterreste (30–40 %), die uneinheitliche Entwicklung des Pflanzenbestandes, das jahreszeitlich unregelmäßige Futterangebot (Menge und Qualität) und die damit verbundenen schwankenden bzw. eingeschränkten tierischen Leistungen anzuführen.

Die extensive Standweide ist daher bei entsprechendem Flächenangebot nur für die extensive Haltung von trockenstehenden Kühen, Mutterkühen bzw. für die extensive Mast von Rindern zu empfehlen. Durch Koppelmaßnahmen, Steuerung des Tierbesatzes und Weidepflegemaßnahmen kann die Qualität jedoch auch von extensiven Standweiden wesentlich erhöht werden.

Vor- und Nachteile

Zu den **Vorteilen** der extensiven Standweide zählen:

- Lebensraum für bedrohte Tiere und Pflanzen – extensive Weiden zählen zu den artenreichsten Flächen Mitteleuropas und erfüllen somit eine bedeutende ökologische Funktion

Auf extensiven Standweiden entwickelt sich der Pflanzenbestand uneinheitlich und die Futterqualität ist begrenzt.

Ganglbildung durch schwere Tiere

- Auf extensiven Standorten sind Extensivweiden ökologisch nachhaltig
- Vielfältig zusammengesetztes Futter, ideal für Aufzucht, Trockenstehzeit etc.

Mit folgenden **Nachteilen** muss gerechnet werden:

- Oft große Futterreste
- Unregelmäßiges Futterangebot (Menge und Qualität)
- Nicht geeignet für hochleistende Tiere
- Unerwünschte Pflanzen (Giftpflanzen) und Parasiten in Auswuchsstellen (dichte Bereiche) können zunehmen

Darauf sollte geachtet werden

Eine optimale **Anpassung des Tierbesatzes** an die Flächenleistung ist anzustreben. Ein zu geringer Tierbesatz kann sich nachteilig auf die Bestandsentwicklung auswirken – die Fläche wird nicht gleichmäßig abgegrast und es nehmen auch die Futterverluste sowie unerwünschte Pflanzen zu, der Artenreichtum kann sinken. Auf extensiven Flächen besteht das höchste Risiko für das **Auftreten von Giftpflanzen**, eine diesbezügliche Beobachtung des Pflanzenbestandes ist notwendig.

Die extensive Standweide ist bei entsprechendem Flächenangebot nur für die extensive Haltung von trockenstehenden Kühen, Mutterkühen bzw. für die extensive Mast von Rindern zu empfehlen.

Bei einer **Übernutzung** (zu hoher Tierbesatz) sinkt die Bestandesdichte, zudem treten rasch Trittschäden auf, das Erosionsrisiko erhöht sich und die Bestandeszusammensetzung verschlechtert sich. Extensive Weiden benötigen daher ebenfalls ein **durchdachtes Weidemanagement**. Durch entsprechende Weidepflegemaßnahmen können diese ökologisch wertvollen Weiden erhalten werden.

Almweiden

Almweiden sind ökologisch sehr **sensible Standorte**. Sie haben einen besonderen Wert für Umwelt, Tourismus, Naturschutz und Ökologie. Eine nachhaltige Almwirtschaft nutzt das standortbedingte Futterangebot bestmöglich aus. Der **Bewirtschafter lenkt durch das Weidemanagement die Vegetationsentwicklung und den Ertrag** wesentlich.

Die Verdaulichkeit und der Nährstoffgehalt von alpinem Grünlandfutter liegen zumeist auf niedrigerem Niveau (4 bis 5,5 MJ NEL/kg TM) als auf Talweiden. Nur zu Almweidebeginn (bei zeitigem Auftrieb) bzw. auf sorgfältig bewirtschafteten Kammgraswiesen (Gunstlagen) sind Energiegehalte über 5,5 MJ NEL/kg TM realisierbar. Der Futterertrag und der tägliche Futterzuwachs sind auf Almen deutlich begrenzt. Auf Almweiden wenden die Tiere vermehrt Zeit für die Futtersuche auf.

Bei hochleistenden Tieren kann die Futter- und Nährstoffaufnahme aufgrund fehlender Weidezeit und eingeschränkter Futterqualität leiden. Vor allem ab Ende Juli gehen die Zuwachsleistung und die Weidefutterqualität auf den Almweiden häufig deutlich zurück. Das Weidemanagement muss daher so gestaltet werden, dass der Tierbesatz an den Futterbedarf der Tiere bzw. das Flächenausmaß an den Tierbesatz abgestimmt wird. Für hochleistende Tiere sind Almflächen generell nicht gut geeignet. Auf Almen findet man vorwiegend Koppel- und extensive Standweidesysteme vor.

Extensive Almen sind für hochleistende Tiere nicht gut geeignet.

Milchkühe auf einer wüchsigen Almweide in Frankreich

Ein hoher Kraftfuttereinsatz zur Verbesserung der Energieversorgung auf Almen muss aus mehreren Gründen hinterfragt werden. Dieser vergrößert zum Beispiel das Risiko für lokale Nährstoffüberschüsse und kann typische Eigenschaften von Almprodukten (Omega-3-Fettsäuren-Gehalt) negativ beeinflussen. Jedenfalls müssen die im Folgenden angeführten **Almweideregeln bestmöglich eingehalten** werden.

Wichtige Almweideregeln

- Vorbereitung der Almweidetiere auf das Weiden bereits im Tal
- Früher Almweidebeginn (konserviertes Futter für Schlechtwettereinbruch vorbereiten)
- Gunstbereiche nach Möglichkeit zuerst beweiden
- Nach Möglichkeit Koppelung und Umtriebsweidehaltung durchführen

Almweiden sind ökologisch sehr sensible Standorte – die Almweideregeln müssen daher eingehalten werden.

- Bestoßungsdauer der Koppeln an Futterangebot anpassen
- Koppeln so groß anlegen, dass diese nicht länger als eine Woche durchgehend beweidet werden
- Durch Weidemanagement und Position der Tränken und Futterstellen auf gute Verteilung der Tiere auf den Weideflächen Wert legen. Damit wird eine bessere Verteilung von Kot und Harn sowie eine gleichmäßigere Futternutzung und Bestandsentwicklung erreicht
- Reduktion des Tierbesatzes im Spätsommer
- Gezielte Steuerung der Abkalbungsphase am Betrieb (z. B. Abkalbung der Kühe im Oktober – Auftrieb der trockenstehenden Kühe)
- Höherleistende Tiergruppen beweiden die Gunstlagen
- Beweidung von Hochalmen im Juli – Wanderung talwärts im Spätsommer

Der Futterertrag und der tägliche Futterzuwachs sind auf Almen deutlich begrenzt.

- Rechtzeitiger Herbstabtrieb
- Bei Bedarf Beifütterung von Heu oder Silage nach dem Auftrieb und vor dem Abtrieb

Kombinationsmöglichkeiten

Natürlich können die einzelnen Weideverfahren flexibel miteinander kombiniert werden. So nutzen einzelne Betriebe ebene bzw. nur **leicht geneigte Flächen als Kurzrasenweide**, während die **steileren Flächen in Koppeln** unterteilt sind und nur bei trockener Witterung bestoßen werden. Wenn das System der **Kurzrasenweide im hügeligen Gelände** umgesetzt wird, dann empfiehlt sich eine **Koppelung** der Flächen, um eine gezielte Weideführung zu ermöglichen. Da ebene Bereiche bevorzugt zum Liegen genutzt werden, sollten auch diese nach Möglichkeit nur vorübergehend zugeteilt werden. Eine zusätzliche Düngung dieser Bereiche ist jedenfalls nicht erforderlich. Teilweise beginnen Weidebetriebe im **Frühjahr mit Kurzrasenweide** und gleiten dann in der **Hauptwachstumsphase** in das **Koppelweidesystem** und beenden im Herbst die Weidesaison wieder mit einer Kurzrasenweide.

„Leader-Follower-Systeme" können vor allem bei Koppelweidehaltung umgesetzt werden. Dabei grasen hochleistende Tiergruppen einen bis drei Tage voraus und niedrigleistende Gruppen nutzen das Restfutter über einen bis drei Tage. Dabei kann hohe Einzeltierleistung mit hoher Flächeneffizienz kombiniert werden.

Von **vereinfachter Koppelweide oder „Kurzweide"** spricht man, wenn eine Kurzrasenweide bei Koppelung der Flächen umgesetzt wird. In diesem Fall kommen die Rinder etwa alle drei bis fünf Tage wieder in eine „Kurzweidekoppel" zurück. Die Aufwuchshöhe wird etwa wie bei der Kurzrasenweide zwischen 6–7 cm gehalten. Dieses System wenden Kurzrasenweidebetriebe bei nicht zusammenhängenden Flächen auch vielfach an.

Die folgende Tabelle bietet eine Übersicht über Vor- und Nachteile der gebräuchlichen Weidesysteme.

Weidesystem	Produktionsverfahren	Vorteile	Nachteile
Kurzrasenweide (Intensive Standweide)	Optimal für höherleistende Tiere (Milch- und Mutterkühe laktierend, Rindermast), aber auch in der Aufzucht möglich	Niedriger Arbeitszeitbedarf, konstante Futterqualitäten, ruhige Tiere, keine/wenig Weidepflege notwendig Dichte Grasnarbe – wenig Vertritt	Nicht für Gebiete mit Sommertrockenheit geeignet (< 800 mm Niederschlag) Weniger geeignet für Steilhänge und Hügel Optimale Aufwuchshöhe schwieriger zu managen
Umtriebsweide (Koppelweide)	Milch- und Mutterkühe laktierend bzw. trocken, Rindermast, Aufzucht Hohe Leistungen bei kurzer Besatzdauer und Portionierung	Auch für trockene Gebiete geeignet Steile Koppeln können kurzfristig bei trockener Witterung beweidet werden Bei zu hohem Aufwuchs einfache Schnittnutzung	Höhere Investitionen in Zaunmaterial + Wasserversorgung Höhere Blähgefahr Schwankende Futterqualität
Portionsweide	Bei höherleistenden Tiergruppen weitverbreitet – Weideregeln beachten, da sehr sensibles System	Kurzfristig steuerbar Steile Flächen können gezielt beweidet werden Flexibel – kann auf kleinen Feldstücken praktiziert werden	Hoher Arbeitsaufwand Große Trittschäden bei feuchter Witterung Futterqualität sehr unterschiedlich In der Praxis oft schlecht umgesetzt
Extensive Standweide	Für trockenstehende Milch- und Mutterkühe, Mutterkühe mit Kalb (Beifutterstand für Kälber), Aufzucht, Mastrinder ab 300 kg	Niedriger Arbeitszeitbedarf Einfache Weideführung Meist sehr artenreich	Hohe Futterverluste Unterschiedliche Futterqualitäten Niedrige tierische Leistungen Hoher Weidepflegeaufwand

Tabelle 26: Eignung von Weideflächen für Produktionssysteme

Pflege und Düngung

Mulchen

Düngung

Der Pflege- und Düngeraufwand auf Dauerweiden ist im Vergleich zu vielschnittigen Wiesen gering. Trotzdem ist es wichtig, dort einzugreifen, wo es notwendig ist, damit sich langfristig die Fläche nicht in eine unerwünschte Richtung entwickelt. Rechtzeitige Regulierungsmaßnahmen können so das System stabil halten.

Eine auf Schnittwiesen vielfach im Frühling angewendete Methode der Pflege ist das Wieseneggen (in manchen Regionen auch als Wiesenabschleppen bezeichnet). Diese Maßnahme ist auf Dauerweiden nicht notwendig und auch nicht sinnvoll. Auf Wiesen dient sie dazu, etwaige Maulwurfshügel oder Erdhügel sonstiger grabender Tiere einzuebnen sowie schlecht ausgebrachten Mist besser zu verteilen. Sollten auf Weiden Maulwurfshügel vorhanden sein, so fressen die Tiere herum. Ein Verstreifen im Frühling würde zu einer Verschmutzung des Futters führen, wodurch die Weidetiere dieses Futter beim notwendigen zeitigen Weidebeginn ungern oder nicht aufnehmen würden. Einige Weidebetriebe gehen dazu über, Dauerweiden im Herbst abzuschleppen, damit die Kotfladen vor dem Winter aufgerissen und zerkleinert werden.

Eine weitere Vorstellung ist, dass durch das Wieseneggen der Boden belüftet wird und die Gräser zur Bestockung angeregt werden. Wie bereits oben beschrieben wurde, wird die Bestockung der Gräser nicht durch einen mechanischen externen Reiz ausgelöst, sondern stellt einen Prozess der Blattbildung dar. Ein mehr oder weniger starkes Entlangstreifen an der Bodenoberfläche und Aufkratzen der Grasnarbe ist darüber hinaus auch keine effektive Form der Bestandes- und Bodenbelüftung. Hierfür wären massiver gebaute Tiefgrubber notwendig. Im Dauergrünland sollten der ständige Bewuchs und die damit verbundene Aktivität des Bodenlebens sowie die Wurzelbildung eine ausreichende Durchlüftung sicherstellen.

Mulchen

Das Mulchen von Dauerweideflächen sollte beim richtigen Weidedruck eine Ausnahme darstellen. Dies trifft gerade bei der Nutzung als **Kurzrasenweide** zu. Sollten die Geilstellen trotzdem auswachsen, dann kann mit einem hochgestellten Balkenmäher (Schnitthöhe ca. 10 cm) die Fläche gemäht werden. Der Vorteil dieser als Toppen bezeichneten Methode ist, dass es zu keiner Verunreinigung der übrigen Weidefläche kommt, da der Mäher über die Kotfladen gleitet und diese nicht auf der Fläche verteilt. Diese Maßnahme wird an einem heißen Tag durchgeführt, wodurch das Schnittgut einen halben Tag anwelken kann. Dieses angewelkte Schnittgut wird von den Tieren in der Folge sehr gerne gefressen. Dadurch können die Futterverluste auf der Weide reduziert werden und es kann auch wieder ein einheitlicherer Pflanzenbestand erreicht werden. Schlegelmulcher sollten, wenn überhaupt, erst im Herbst nach der Weideperiode eingesetzt werden, da diese die Fläche zu sehr verschmutzen. Bei der entstehenden Sogwirkung des Schlegelmulchers werden die Kotfladen aufgesaugt und über die Fläche verteilt. Dies kommt einer Mistdüngung während der Beweidung gleich. Die Kotstellen auf der Weide sind in der Regel kein Problem, da sie bei entsprechend hohem Weidedruck nach einigen Wochen von den Tieren wieder angefressen werden. Kotfladen sind schließlich im Grunde genommen sehr kleine Komposthaufen, die innerhalb weniger Wochen ausreichend angerottet sind.

Sichel- bzw. Weidemulcher arbeiten ähnlich einem Rasenmäher und zerschneiden das zu hohe Futter. Das übrige Weidefutter wird kaum verschmutzt.

Etwas anders gestaltet sich das Thema Mulchen bzw. Mähen bei der **Koppelweide**. Die Kotstellen werden auch hier beim Wiederbestoßen der Koppel verschmäht, und sollten die Gräser bereits Samenhalme gebildet haben, werden sie von den Weidetieren nicht mehr angefressen. Hier ist das Abmähen oder Mulchen eine notwendige Maßnahme, um wieder frisches Weidefutter auf der Fläche anbieten zu können. Im Koppelsystem können Schlegelmulcher eingesetzt werden, da das Wiederbestoßen derselben Koppel erst nach ein paar Wochen passiert. Zu diesem Zeitpunkt stellt die Verteilung der Kotstellen kein Problem mehr dar. Am Markt sind auch spezielle Weidemulcher erhältlich. Diese schneiden das Futter mit mehreren Klingen sehr klein. Dabei kommt es zu keiner Verschmutzung der Fläche und des Weidefutters. Solche Geräte eignen sich besonders gut für das Mulchen nach dem Abtrieb von einer Koppel. Es gilt nur zu berücksichtigen, dass es sich um ebene bzw. einheitlich geneigte Flächen handelt, damit eine ordnungsgemäße Funktion der Maschine gegeben ist.

Wenn Koppeln mit zu hohem Pflanzenbestand (oder Bereiche innerhalb der Koppel) beweidet werden müssen, dann kann eine Vormahd hilfreich sein. Damit wird verhindert, dass Weidebereiche auswachsen, Futterbereiche „absticken", sich Stoppelmaterial aufbaut bzw. Futterverluste auftreten. Dabei wird das Futter – ähnlich wie beim oben beschriebenen Toppen – an einem trockenen Tag gemäht und die Fläche mit dem angewelkten Futter den Tieren zugeteilt. Dieses Futter wird praktisch verlustfrei von den Tieren gefressen.

Grundsätzlich sollte bei jedem geplanten Mulchen oder Nachmähen die Sinnhaftigkeit der Maßnahme überprüft werden. Jeder Arbeitsgang mit dem Traktor verursacht Maschinenkosten, die gerade bei der Weidehaltung stark reduziert werden können.

Düngung

Die Weidehaltung an sich stellt hinsichtlich der Düngung ein relativ geschlossenes System dar. Gerade auf Betrieben, wo die Tiere Tag und Nacht auf der Weide stehen, fallen die über das Futter aufgenommenen Nährstoffe zu einem beträchtlichen Teil wieder über Kot und Harn auf der Fläche an. Die Verteilung der Ausscheidungen auf der Weide kann ein Problem darstellen, da sowohl das Absetzen von Kot als auch von Harn oft punktuell im Bereich der Liegestellen erfolgt. Bis dieselbe Stelle einer Weide wieder mit Kot oder Harn gedüngt wird, können auf einer Dauerweide zwischen sechs Monate und 25 Jahre vergehen. Die Kalkulationen in Tabelle 27 verdeutlichen den Einfluss der Verteilung auf der Fläche. Wegen dieser uneinheitlichen Verteilung auf der einen Seite und den doch sehr hohen Entzügen über das Weidefutter auf der anderen Seite ist eine zusätzliche Düngung notwendig und sinnvoll.

Je nach Leistungsniveau, Rationsgestaltung, Tierbesatzstärke, Weidestundenanzahl und jährlicher Weidedauer fallen beispielsweise über Milchkühe 100–140 kg Stickstoff je ha an (Starz u. Steinwidder 2007). Dem stehen aber auf intensiv genutzten Weiden auch sehr hohe Stickstoffentzüge von über 200 kg je ha gegenüber.

Die Düngung auf der Dauerweide hat die Funktion, den Boden aktiv zu halten und das Bodenleben zu fördern. Dadurch kann sichergestellt werden, dass den Weidepflanzen die benötigten Nährstoffe zur Verfügung gestellt werden. Gerade die Gräser leiden darunter, wenn sie zu wenige stickstoffhaltige Verbindungen aus der Bodenlösung aufnehmen können.

	Einheitliche Verteilung	Schlechte Verteilung: Ausscheidungsbereich	Schlechte Verteilung: Aushagerungsbereich
Kot + Harn	alle 3–6 Jahre	alle 0,5–1 Jahre	alle 15–25 Jahre

***Tabelle 27:** Wiederkehrfrequenz der Ausscheidungen (Kot und Harn) auf derselben Fläche auf einer Kurzrasenweide bei einheitlicher und schlechter Verteilung der Ausscheidungen (bei 180 Vollweidetagen)*
(eigene Berechnungen)

In Tabelle 28 sind die durchschnittlichen Nährstoffexportmengen für die drei Hauptnährstoffe Stickstoff (N), Phosphor (P) und Kalium (K) angeführt. Dabei zeigt sich, dass die größten Nährstoffmengen über die Milch abtransportiert werden. Dies müssen insbesondere Betriebe im Dauergrünland beachten,

Typische Liegebereiche auf hängigen Weideflächen sind kleine, ebene Bereiche, wo große Mengen Kot abgesetzt werden.

Frisch abgesetzter Kot wird rasch von Fliegen und Käfern eingenommen, die somit eine schnelle Umsetzung in Gang setzen.

Tierkategorie	Abfuhr in kg/ Jahr		
	N	P	K
Milchkuh mit 5.000 kg Milch	27	5	8
Milchkuh mit 7.000 kg Milch	38	7	11
Mastrind mit 150 kg Lebendgewicht	4	0,9	0,3
Mastrind mit 600 kg Lebendgewicht	16	3,4	1,2

Tabelle 28: *Nährstoffexport von N, P und K pro Jahr über die Milch oder Lebendtier-Verkäufe* *(errechnet aus Richtwerten der GfE 2001)*

welche eine Milchproduktion ohne Kraftfutterzukauf betreiben. Vor allem die Phosphorgehalte sind im Auge zu behalten. Werden pro Jahr 600–800 kg Kraftfutter zugekauft sowie eine bedarfsgerechte Mineralstoffergänzung umgesetzt, ist die Phosphorbilanz am Betrieb ausgeglichen. Betriebe ohne einen Zukauf zehren langfristig von den Reserven im Boden.

In der Geilstelle herrscht üppiger Bewuchs, aber neben der Geilstelle kann kaum Gras, sondern hauptsächlich Weißklee beobachtet werden. Dies deutet darauf hin, dass die Düngung auf der Weidefläche verbessert werden soll.

Mineralische Düngermittel

Stickstoff

Konventionellen Betrieben steht die Möglichkeit offen, während der Weideperiode eine Düngung mit mineralischen Stickstoffdüngern vorzunehmen. Diese **fördert und stärkt** in erster Linie die wertvollen Weidegräser und **führt zu höheren Erträgen**. Dazu konnte in einer Schweizer Untersuchung (Thomet et al. 2007) ein Mehrertrag auf der Weide von 16 kg TM/ha je eingesetztem kg mineralischen N-Düngers festgestellt werden. Solche Mehrerträge sind aber nur möglich, wenn der entsprechende Weidepflanzenbestand vorhanden ist. Eine zusätzliche mineralische N-Düngung garantiert jedoch nicht automatisch einen höheren Ertrag. Aus Gründen der Ressourceneffizienz sollte daher zuerst ein harmonischer Weidepflanzenbestand aufgebaut werden, der in der Folge durch ein gutes Weidemanagement zuerst mit gut verteilten Kot- und Harnstellen sowie zielgerichtet eingesetzten Wirtschaftsdüngern gedüngt wird. Erst wenn diese Basis hergestellt ist, ist es sinnvoll, über eine mineralische N-Ergänzungsdüngung nachzudenken und so den Flächenertrag noch weiter zu verbessern.

Phosphor

Wie bereits in Tabelle 28 zum Nährstoffexport deutlich wurde, stellt gerade Phosphor einen kritischen Nährstoff dar. Die mineralischen Vorräte im Boden können oft mehrere Tonnen ausmachen, sie sind jedoch **hauptsächlich in den Mineralbestandteilen gebunden**. Daher ist es wichtig, die P-Gehalte langfristig mit regelmäßigen Bodenanalysen im Auge zu behalten, um in der Folge darauf reagieren zu können.

Organisch gebundener Phosphor spielt im Dauergrünland im Gegensatz zum Ackerboden eine sehr viel größere Rolle. Dieser wird jedoch mit der klassischen Bodenanalyse schlecht abgebildet. Damit diese P-Fraktion möglichst gut pflanzenverfügbar ist, muss der **Aktivierung des Humus** großes Augenmerk geschenkt werden. Je aktiver die Bodenlebewesen sind, desto mehr stellen sie den Pflanzen an Phosphor zur Verfügung. Eine gute Indikatorpflanze auf der Weide, die eine ausreichende P-Verfügbarkeit anzeigt, ist der Weißklee. Gerade Leguminosen reagieren nämlich sehr empfindlich auf eine schlechte P-Verfügbarkeit und würden bei Mangelerscheinungen keine hohen Bestandesanteile einnehmen. Dauerweiden, die einen Weißkleeanteil von 20 bis 30 % aufweisen, haben in der Regel kein Problem mit der P-Versorgung. Trotzdem sollten die Entzüge und Rückfuhrmengen über die Jahre beobachtet und dokumentiert werden, damit im Bedarfsfall eine Ergänzung vorgenommen werden kann.

Kalium

Kalium ist **auf mineralischen Böden** in Mitteleuropa **meist ausreichend vorhanden** und die Reserven sind teilweise beträchtlich. Anders sieht die Situation auf Böden aus, die nicht mineralischen Ursprungs sind. Auf entwässerten Anmoor- oder Moorböden sind sowohl K als auch P, die beide aus der Gesteinsverwitterung stammen, kaum vorhanden und eine Ergänzung entsprechend dem Entzug ist notwendig.

Kalk

Kalk ist in erster Linie kein Düngemittel, sondern hat eine wichtige Aufgabe bei der **Strukturverbesserung** der Böden. Standorte, die einen pH-Wert von über 5–5,5 aufweisen, verfügen über ausreichend Calcium und benötigen keine regelmäßige Kalkung. Sinkt der pH-Wert auf der Weide unter die kritische Grenze von 5, so ist eine Ausbringung von Kalk notwendig. Bei einem pH-Wert unter 5 würde die Nährstoffverfügbarkeit für das Bodenleben und die Pflanzen schlechter und der Boden anfälliger für Verdichtungen. Der pH-Wert des Bodens kann einfach und schnell mit einer Bodenanalyse überprüft werden. Eine notwendige Kalkung mit mehligen kohlensauren Kalken (2.000 kg/ha) sollte auf Dauerweiden im Herbst nach dem Weideende durchgeführt werden, da der Kalk so bis zum Weidebeginn im Frühling von den Pflanzen abgewaschen ist.

N-Fixierung durch Weißklee

Bei einem entsprechenden Leguminosenanteil (Weißklee) kann ein hoher Teil der N-Entzüge über die **Stickstofffixierung der Knöllchenbakterien**

Harmonisch zusammengesetzter Weidebestand aus Weißklee und Wiesenrispengras

abgedeckt werden. Bei Weißkleeanteilen von 20 bis 30 % auf Dauerweiden können pro ha und Jahr an die 60–100 kg fixiert werden. Dieser Stickstoff wird aber im jeweiligen Jahr kaum unmittelbar düngerwirksam, da der direkte Stickstofftransfer von den Weißkleewurzeln zur Graspflanze nur in geringen Mengen erfolgt. Der fixierte Stickstoff kommt daher überwiegend erst wieder als Dünger auf die Fläche zurück, wenn der Klee gefressen wurde und dann über die Ausscheidungen der Tiere anfällt. Da Bio-Betriebe keine mineralisch hergestellten N-Dünger einsetzen, besitzen deren Weiden zumeist höhere Weißkleeanteile. Hierbei muss jedoch darauf geachtet werden, dass die Anteile nicht über 30 % ansteigen, da dies ein Zeichen eines schwachen Grasgerüstes wäre. Ein schwächelndes Gräsergerüst verweist immer auch auf eine unausgewogene Düngung. Boden, Pflanzabstand, Düngung und Tier sind im Weidesystem ein untrennbarer Kreislauf. Alle Bereiche müssen in ausreichendem Umfang berücksichtigt und aufeinander abgestimmt werden.

Einsatz von Wirtschaftsdüngern

Als betriebseigene Wirtschaftsdünger können auf Dauerweiden sowohl Gülle als auch Mist eingesetzt werden. Für Biobetriebe stellen diese wertvollen Düngerstoffe die einzige Möglichkeit einer ergänzenden Düngung dar, weshalb es notwendig ist, diese optimal zu lagern und aufzubereiten. Bei der Ausbringung ist darauf zu achten, die Wirtschaftsdünger zu jenem Zeitpunkt einzusetzen, an dem eine optimale Umsetzung durch das Bodenleben gewährleistet ist.

- Die optimalen Ausbringzeitpunkte bei einem **Güllebetrieb** sind **vor Weidebeginn** und dann eine bis zwei Düngungen im Sommer. Optimal eignet sich eine im Verhältnis 1 : 1 mit Wasser verdünnte Gülle, die mit 8–12 m³ je ha ausgebracht wird. Zwischen Gülledüngung und Weidebeginn muss es regnen, da nur so die Gülle gut von den Blättern abgewaschen wird. Im Sommer ist die Düngung auf einer Kurzrasenweide schwieriger als auf der Koppel, da keine Ruhezeiten eingehalten werden. Bei der Kurzrasenweide kann die Weidefläche in zwei oder drei Etappen gedüngt werden. Man beginnt mit der Gülledüngung bei Einsetzen einer Regenperiode und beweidet den gedüngten Teil dann nicht. Bei der nächsten Regenperiode wird der nächste Teil der Kurzrasenweide gedüngt. Im Koppel- und Portionsweidesystem kann gleich nach dem Abtrieb aus einer Koppel mit der Düngung begonnen werden. Hier dauert es im Sommer ohnehin mehrere Wochen, bis man die Koppel wieder bestoßen kann.
- Betriebe, die Festmist zur Verfügung haben, stellen **Mistkompost** bzw. zumindest Rottemist her. Dieser wird mit 10–15 m³ je ha **im Herbst** nach der Beweidung ausgebracht. Über den Winter kann der Kompost oder Rottemist gut in den Boden einwachsen und stört bei der Beweidung im Frühjahr nicht mehr. Für die Ausbringung eignet sich am besten ein Kompoststreuer, der für eine sehr feine Verteilung sorgt. Sollte der Rottemist im Herbst nicht gut auf der Fläche verteilt sein, könnte im Herbst noch eine Fahrt mit der Wiesenegge vorgenommen werden. Dadurch werden Mistklumpen zerteilt und die Düngung der Fläche erfolgt gleichmäßiger. Vor der Beweidung im Frühling oder zum Zeitpunkt des ersten Schnittes wäre es möglich, noch eine Jauche-Düngergabe im Ausmaß von 8–12 m³ durchzuführen.

Gut ausgebrachter und verteilter Mistkompost im Herbst kann über den Winter gut in den Boden einwachsen.

Weide- und Düngermanagement

Grundsätzlich ist zu beachten, dass auf einem Weidebetrieb im Sommer weniger Dünger anfällt. Daher muss die Düngung für die restlichen Schnittflächen gut kalkuliert werden. Die größten Düngermengen fallen bereits auf der Weide über die Tiere an, weshalb ein gutes Weidemanagement gefordert ist,

Gülle muss gut geplant in der Hauptwachstumsphase der Pflanzen auf der Dauerweide ausgebracht werden.

dass für eine optimale Verteilung und damit auch Düngung verantwortlich ist. Die Tiere müssen sich möglichst gleichmäßig auf den Weiden verteilen. Steuernd kann man hier über die Lage der Wasser- und Eintriebsstellen, über Zwischenzäune und die Flächenzuteilung eingreifen. Bei älteren Dauerweiden erfolgt eine gute Düngerverteilung über die Kotstellen, die ähnlich wie Mistkompost über mehrere Jahre eine Düngerwirkung zeigen. Eine jährliche Düngung ist aber auch auf älteren Dauerweiden ratsam, um die Umsetzungsprozesse im Boden aufrechtzuerhalten bzw. anzukurbeln.

Wirtschaftsdünger	TM in %	Gehalte in kg/m³		
		N	P	K
Rottemist	25–40	4,0	1,8	7,6
Mistkompost	35–60	1,9	0,9	3,7
Frischmist	20–25	2,9	1,1	3,5
Jauche	3	3,0	0,1	7,9
Gülle verdünnt	5	1,7	0,4	2,7
Gülle unverdünnt	10	3,4	0,9	5,4

Tabelle 29: *Durchschnittliche Gehalte an N, P und K in Wirtschaftsdüngern aus der Rinderhaltung* *(aus Sachgerechte Düngung, BMLFUW 2006)*

Weidestrategien

Halbtagsweide und Stundenweide

Ganztagsweide

Vollweidehaltung

Ganzjährige Freilandhaltung

Herbstweide

Je nach täglicher Weidedauer und Ergänzungsfütterung können unterschiedliche Weidestrategien am Betrieb umgesetzt werden. Nur eine **betriebs- und standortangepasste Weidestrategie** ist langfristig erfolgsversprechend. Jede Weidestrategie hat individuelle Stärken und Schwächen und muss auf die Betriebsziele abgestimmt werden. Auf die unterschiedlichen Weidestrategien bei Milchkuhhaltung wird im Kapitel „Weide in der Milchkuhfütterung" noch näher eingegangen.

WICHTIG | **Betriebsindividuelle Lösungen finden**

Je mehr weidefähige Flächen zur Verfügung stehen, umso höher kann der Weidegrasanteil an der Jahresration sein.

Bei begrenzter Weidefläche, in Regionen mit hoher Hitze- oder Fliegenbelastung, bei erhöhtem Beobachtungsbedarf, wenn eine gezielte Ergänzungsfütterung und/oder hohe Einzeltierleistungen angestrebt werden, wird üblicherweise auf die Stunden- oder Halbtagsweidehaltung zurückgegriffen.

Halbtagsweide und Stundenweide

Von **Halbtagsweide** spricht man, wenn die Rinder etwa **sieben bis zehn Stunden pro Tag** auf der Weide gehalten werden. Dies erfolgt üblicherweise entweder über den Tag (Tagweide) oder vom Abend bis zum Morgen (Nachtweide). Bei Halbtagsweide nehmen Rinder etwa 30–65 % der Tagesfutter-Trockenmasse über die Weide auf (z. B. Milchkühe 7–11 kg TM/Tag). Da Rinder bei Dunkelheit weniger grasen, ist es bei Nachtweidehaltung wichtig, dass die Tiere nicht zu spät auf die Weide kommen. Bei Nachtweidehaltung wird aber zumeist trotzdem etwas weniger Weidefutter aufgenommen als bei Tagweide.

	Vollweide	Ganztags-weide	Halbtags-weide	Stunden-weide
Bedarf an arrondierten Weideflächen	hoch	hoch	mittel	gering
Ergänzungsfutter zur Weide	sehr gering bzw. keines	ja	ja, bedeutend	ja, sehr bedeutend
Möglicher Weidegrasanteil an der Gesamtjahresration (% der TM)[1]	45–60	30–45	15–30	bis 15
Sehr hohe Einzeltierleistungen in der Praxis	nein[2]	nein	ja/nein	ja
Saisonale Abkalbung	ja	günstig	nicht üblich	nicht üblich
„Low-Input"-Strategie	ja	ja/nein	nein	nein

[1] Realistische Werte für Österreich je nach Klimabedingungen und Umsetzung der Strategie, in Weidegunstlagen Europas +5 bis +15 % möglich
[2] Bei früher Winterabkalbung höhere Leistung möglich

Tabelle 30: *Weidestrategien in der Milchviehhaltung*

Bei **Stundenweide** kommen die Rinder **täglich zwischen zwei und sechs Stunden** auf die Weide. Bei gutem Weidefutterangebot nehmen intensiv weidende Milchkühe etwa 1–2 kg Trockenmasse Weidefutter je Stunde auf.

Bei begrenzter Weidefläche oder wenn hohe Einzeltierleistungen angestrebt werden, wird oft auf Stundenweide gesetzt.

Vor- und Nachteile

Vorteile der Stunden- bzw. Halbtagsweide:

- Kraftfutter (insbesondere Eiweißkraftfutter) kann, im Vergleich zur reinen Stallfütterung mit Futterkonserven, gezielt gespart werden
- Höhere Grundfutterleistung als bei reiner Fütterung mit konserviertem Futter
- Im Vergleich zur Stallhaltung tiergemäßere Haltung und verbesserte Brunsterkennung
- Weniger Weidefläche im Vergleich zur Ganztagsweide erforderlich; leistungsgerechte Fütterung und Einzeltierbeobachtung sind leichter umzusetzen, da die Tiere gezielt zum Fressen auf die Weide kommen
- Schwankungen auf der Weide können durch Ergänzungsfütterung ausgeglichen werden
- Für Jungtiere (unter ½ Jahr) in Kombination mit Unterstand/Stall gut geeignet

Nachteile der Stunden- bzw. Halbtagsweide:

- Durch höhere Futterkosten und unruhigeres Weideverhalten im Vergleich zur Ganztagsweide arbeitsaufwendiger
- Nur auf stallnahen Flächen praktikabel
- Schonende Ergänzungsfütterung (Kraftfutter reduzieren und anpassen!) notwendig
- Schwankende Pansenbedingungen im Tagesverlauf (Wechsel zwischen Weide- bzw. Stallfutter)

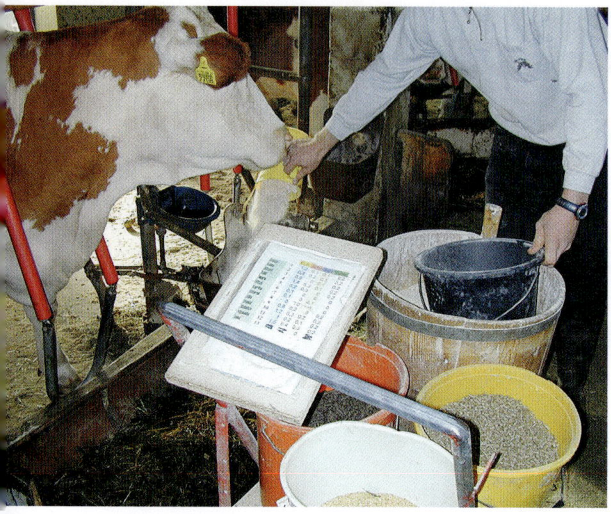

Stundenweide hilft beim Kraftfuttersparen.

Kraftfutter

Mit steigendem Weidefutteranteil an der Tagesration kann bzw. muss der Kraftfuttereinsatz reduziert werden. In der Milchviehhaltung kann vor allem auf die Eiweißergänzung in der Weidezeit verzichtet werden. Bei Halbtags- bzw. Stundenweidehaltung sollte die **tägliche Kraftfuttergabe 5–8 kg** (sinkende Menge je nach Weidefutteranteil) auch bei hoher Tagesmilchleistung **nicht überschreiten**. Je höher der Weidegrasanteil in der Ration ist, desto wichtiger wird bei Einsatz von Kraftfutter, dass dieses **vermehrt langsam abbaubare Komponenten** (Körnermais, Kleien, Trockenschnitzel etc.) enthält. Wenn Klauenrehe vermehrt auftritt, dann weist dies häufig auf zurückliegende Störungen des Pansenstoffwechsels hin. In der Milchviehhaltung ist eine Ergänzung mit eiweißreichen Komponenten erst bei hohen Tagesmilchleistungen (je nach Weide- bzw. Maissilageanteil ab 25–32 kg Milch) notwendig. Ein wichtiges Beurteilungskriterium stellt hier der Harnstoffgehalt der Milch dar. **Bei Milchharnstoffgehalten über 20 mg** ist zur Weide **keine Eiweißergänzung notwendig**. In der Aufzucht, Rindermast und Mutterkuhhaltung kann bei Weidehaltung zumeist vollständig auf eine Ergänzung mit eiweißreichen Komponenten verzichtet werden.

Tipps für Stundenweidebetriebe

Bei Stundenweidehaltung sollten die Rinder vor allem **zum Fressen und nicht zum Liegen auf der Weide** sein! Damit fällt auch der größte Teil des Kotes und Harns im Stall an und die Hitze und Fliegenbelastung für die Tiere sind gering. Da Rinder in den frühen Morgenstunden bzw. den frühen Abendstunden die Hauptfressaktivität zeigen, sollten Milchkühe morgens rasch nach der Melkung für zumindest zwei bis drei Stunden zum Grasen auf die Weide kommen. Bei Dunkelheit, aber auch von 11 bis 15 Uhr wird bei üblicher Weidehaltung wenig gegrast. **Zwei Weidegänge täglich** (morgens und abends) sind aus pansenphysiologischer Sicht günstiger als ein einmaliger Weidegang. Stundenweidebetriebe füttern im Stall die übliche Grundfutterration weiter. Günstig ist, wenn in der Ration auch etwas Heu enthalten ist. Auch Maissilage,

Stundenweide-Kühe sollten möglichst zum Fressen und nicht zum Liegen auf die Weide kommen.

sofern vorhanden, hat bei Stunden- und Halbtagsweide eine gute Ergänzungswirkung. Trotz Ergänzungsfütterung sollten Kühe aber generell **hungrig auf die Weide** getrieben werden – **Ausnahme:** Weidebeginn im Frühjahr bzw. bei Blähgefahr. Gute Ergebnisse (Leistungen, Arbeitszeit!) können bei Stundenweidehaltung auch mit dem Weidesystem „Kurzrasenweide" erzielt werden.

Ganztagsweide

Bei Ganztagsweide bleiben die Tiere praktisch den ganzen Tag auf der Weide (nur Milchkühe kommen zur Melkzeit in den Stall) – die Weidedauer beträgt daher **18 bis 24 Stunden pro Tag**. Bei diesem Verfahren benötigt man pro Tier die größte Weidefläche. Hofferne Flächen werden in der Praxis von Aufzucht- oder Masttieren, Mutterkühen oder trockenstehenden Kühen ganztägig beweidet.

Das **Weidefutter** ist die **Allein- bzw. Hauptfutterart**. Wenn eine Kraftfutterergänzung erfolgt, dann muss die Einsatzmenge pro Teilgabe bzw. pro Tag begrenzt werden. In der Milchviehhaltung sollten bei Ganztagsweide pro Teilgabe nicht mehr als 2 bis 2,5 kg und pro Tag maximal 4–5 kg Kraftfutter gefüttert werden. Höherleistende Tiere weiden auf guten Standorten, das Weidemanagement legt auf eine hohe und gleichbleibende Futterqualität Wert. Mit niedrigleistenden Tieren (Aufzucht, trockenstehende Kühe etc.) können extensive Standorte sehr gut und nachhaltig beweidet werden.

In der Mutterkuhhaltung, Aufzucht und Weidemast dominiert die Ganztagsweide- und Vollweidehaltung.

Bei Ganztagsweidehaltung ist die Fresszeit im Stall begrenzt oder entfällt vollständig. Zur Aufnahme von Mineralstoffen (z. B. Viehsalz, Spurenelemente) reicht die Zeit für die Aufnahme bei begrenzter Stallzeit oft nicht aus. In diesem Fall müssen **Lecksteine** (vor Regen schützen) auf der Weide angeboten werden. Darüber hinaus ist **ständiger Zugang zu sauberem Wasser notwendig**. Betriebe im Berggebiet setzen teilweise auf Ganztagsweidestrategien, wobei die Kühe jedoch in den Nachtstunden (Dunkelheit) in den Stall kommen. Damit fällt ein Teil des Düngers im Stall an, wodurch die ebenen (Liege-)Flächenteile nicht überdüngt werden.

Vor- und Nachteile

Vorteile der Ganztagsweide:

- Geringe bzw. keine Fütterungsarbeiten
- Weniger Stallarbeit
- Weniger Kosten
- Ruhige Weidetiere

Nachteile der Ganztagsweide:

- Viel weidefähige Fläche muss vorhanden sein
- Einzeltierleistung, insbesondere in der Milchviehhaltung (Menge, Inhaltsstoffe), begrenzt
- Schwankungen in der Weidefutterqualität schlagen sich stärker auf Leistung nieder, Weidemanagement sehr wichtig
- Erhöhter Beobachtungsaufwand auf der Weide

Zur Abschätzung des Flächenbedarfs bei Kurzrasenweide bzw. Koppelweide steht Ihnen auf der Website des Bio-Instituts (www.raumberg-gumpenstein.at/weideinfos) ein Excel-Formular zur Verfügung.

Vollweidehaltung

Die Low-Input-Vollweidestrategie versucht, eine **hohe Effizienz durch Minimierung der Produktionskosten** und eingesetzten Produktionsmittel zu erreichen. Die Maximierung des Outputs steht dabei nicht im Vordergrund. Der Einsatz von Maschinen und Geräten, Zukauffutter, Arbeitszeit etc. muss dabei jedoch kurz-, mittel- und langfristig konsequent verringert werden. In der Wiederkäuerfütterung ist das Weidefutter das preiswerteste Futtermittel. Daher versuchen Low-Input-Betriebe durch beste Nutzung der Weide den Anteil an konserviertem Futter und Kraftfutter in der Jahresration so weit wie möglich zu reduzieren.

Eine **nahezu vollständig auf betriebseigenem Grundfutter basierende Milchproduktion** wird angestrebt. Hohe Einzeltierleistungen stehen bewusst nicht im Vordergrund, es wird jedoch eine hohe Flächenproduktivität und Umwandlungseffizienz des Grünlandfutters in Milch angestrebt. In typischen Weideregionen wird auch der Laktationsverlauf bestmöglich an die Vegetationsperiode angepasst (saisonale Milchproduktion). Die wirtschaftlichen Ergebnisse der Milchproduktion in den „Vollweide-Regionen" Neuseeland, Australien und Irland zeigen, dass diese Produktionsform bei konsequenter Umsetzung sehr konkurrenzfähig sein kann. In den letzten Jahren liefen auch mehrere wissenschaftliche Untersuchungen zur Vollweidehaltung im Voralpen- und Alpengebiet (Schweiz, Österreich, Bayern, Baden-Württemberg). Dabei zeigte sich, dass bei passenden Betriebsgegebenheiten und standortangepasster Umsetzungsstrategie dieses Betriebskonzept auch in unserer Region erfolgversprechend umgesetzt werden kann.

Vollweidebetriebe versuchen durch beste Nutzung der Weide den Anteil an konserviertem Futter und Kraftfutter in der Jahresration so weit wie möglich zu reduzieren.

Regeln für Vollweidebetriebe

- Im Frühling möglichst rasch mit dem Weiden beginnen (große Fläche vorgeben)
- Vor der Hauptwachstumszeit (= ca. drei Wochen vor dem 1. Schnitt) müssen die Kühe und der Pansen auf die Weide umgestellt sein
- In der Hauptvegetationszeit Ganztagsweidehaltung durchführen
- Bei Regenperioden geeignete Weideflächen beweiden und diese möglichst großflächig vorgeben. Eventuell vorübergehend Weidezeit verkürzen – Weidegras bleibt aber Hauptfutter!
- Zumindest 0,3–0,6 ha Weidefläche pro Kuh
- Eine geblockte Abkalbung anstreben
- Hohe Einzeltierleistung steht nicht im Vordergrund
- Hohe Effizienz durch beste Weidenutzung und konsequente Kosten- und Arbeitszeitminimierung
- Keine trockenstehenden Kühe auf hochwertige Talweiden treiben
- Eine gute Flächenleistung erreicht man, wenn mit der Weide eher „geizig" umgegangen wird
- Auf arbeitssparende Weidesysteme, die zum Betrieb und zum Bestand passen, setzen
- Das hohe Potenzial der Weide wirklich ausschöpfen
- Eine bisher schnittgenutzte Wiese muss langsam in eine Weide übergeführt werden (Weidegräseranteil fördern, eventuell Übersaat/Nachsaat etc.)

- Kühe und Weidepflanzen besser kennenlernen (Weidemanagement ist mehr, als die Kühe aus dem Stall zu lassen)
- Die Umstellung gezielt durchführen
- Auf Euterpflege und Eutergesundheit besonderes Augenmerk legen
- Hoher Weidegrasanteil und Kraftfutter passen nicht zusammen
- Wer im Stall viel beifüttert, ist auf der Weide ineffizient (Weideverdrängung und Verhaltensänderung)
- Die Kühe müssen immer Zugang zu sauberem Wasser haben (mehrere Tränkestellen von Vorteil)
- Langfristig auf weidetauglichere Genetik setzen (kleinere Kühe etc.)

Vollweidebetrieb in Frankreich – im Sommer ist der Stall leer. Der Stufenbetrieb „Tal-/Berg-/Almweide" hat einen fahrbaren Melkstand.

Betriebsangepasstes Management

Bei Vollweidehaltung steht die Weide im Mittelpunkt. Das gesamte Betriebsmanagement wird dabei bestmöglich auf die Weidezuwachskurve und Weidequalität abgestimmt. Bei optimalem Weidemanagement kann **mit minimalem Aufwand eine sehr hohe und konstante Grünfutterqualität** von 6 bis 7 MJ NEL/kg TM erreicht werden. Entscheidend für eine hohe Weidefutterqualität sind ein passender Pflanzenbestand und die standortangepasste Weideführung. Je nach Betriebssituation kann auf Koppel-, Kurzrasen- oder Portionsweidehaltung zurückgegriffen werden.

Vollweidebetriebe setzen ein ausgeklügeltes Low-Input-Weide- und Betriebsmanagement um. Wichtig ist dabei die Ausrichtung der Betriebsführung auf die natürlichen Standortbedingungen. Die Kühe sollen vor allem dann Milch geben, wenn preiswertes Weidefutter wächst. Das Herdenmanagement wird grundsätzlich so abgestimmt, dass die Kühe im bzw. bis Ende des Winters (je nach Betriebssituation von November bis April) abkalben. Im Winter stehen die Kühe folglich trocken, was auch den Bedarf an konserviertem Grundfutter bester Qualität reduziert. Auch die Jungkälber gehen bereits im ersten Sommer auf eine Kälberweide. Zusätzlich sind im Sommer alle Kühe trächtig und stehen nicht trocken. Wie die österreichischen Erfahrungen in einem vom Bio-Institut der HBLFA Raumberg-Gumpenstein geleiteten Forschungsprojekt mit Praxisbetrieben zeigen, kann eine enge Blockabkalbung mit vier- bis sechswöchigen Melkferien jedoch nicht auf jedem Betrieb umgesetzt bzw. angestrebt werden.

Ganzjährige Freilandhaltung

Die ganzjährige Freilandhaltung zählt zu den **extensivsten Haltungsformen** von Nutztieren. Während die Ganzjahresfreilandhaltung in den günstigeren Klimaten (Weidegunststandorte in Australien, Neuseeland, Amerika) eine lange Tradition besitzt, stellt diese Rinderhaltungsform in unseren Regionen eine große Herausforderung dar (Pötsch 2007). Freilandhaltung wird vorwiegend mit dafür geeigneten Robustrassen bzw. mit Aufzuchttieren im 2. Lebensjahr oder auch in der Mutterkuhhaltung sowie in der

Ochsen- und Kalbinnenmast umgesetzt. Insbesondere in klimatisch rauen Lagen (niederschlags-, schneereiche und windige Regionen) werden dabei oft „Mischkonzepte" angewandt. Den Tieren werden hier zusätzlich zu den Freilandflächen – insbesondere in den Wintermonaten – auch einfache kostengünstige überdachte Bereiche (Futtertisch mit frostsicheren Wasserstellen, eingestreute Liegebereiche) angeboten, wobei ein Teil der anfallenden Ausscheidungen gezielt gesammelt werden kann.

In Irland werden Untersuchungen zur ganzjährigen Freilandhaltung ohne Überdachung durchgeführt. Dabei befinden sich die Rinder in den Wintermonaten in einem Bereich, in dem Hackschnitzel auf Schotter aufgebracht wurden. Das Regenwasser und die Ausscheidungen werden über Drainagerohre, welche darunter auf einer undurchlässigen Lehmschicht verlegt wurden, in eine Güllegrube abgeleitet.

Von ganzjähriger Freilandhaltung im engeren Sinn spricht man dann, wenn sich die Tiere **vorwiegend über das Weidefutter ernähren**. In klimatisch ungünstigen Regionen dominiert daher in den Wintermonaten die „Pferchhaltung" – dabei erfolgt die Futterversorgung vorwiegend oder nahezu ausschließlich von außerhalb der betreffenden Flächen. Je höher dabei der Tierbesatz wird, desto größer werden die Herausforderungen hinsichtlich umweltrelevanter Problembereiche und Sicherung

Rindermast bei ganzjähriger Freilandhaltung in Irland – Hackschnitzelliegebereich für die Wintermonate

Ergänzungsfütterung bei Freilandhaltung

einer tiergemäßen Haltung. Die ganzjährige Freilandhaltung erfordert jedenfalls ein besonderes Management und eine geeignete Technik, um dieses System tier- und umweltgerecht zu gestalten.

Gesetzliche Bestimmungen

Hinsichtlich Boden-, Wasser-, Umwelt- und Tierschutz bzw. behördlicher Genehmigungspflichten der Freilandhaltung bestehen **national und regional unterschiedliche gesetzliche Bestimmungen**. Darüber hinaus sind auch **europäische Normen**, deren Einhaltung auch die Basis für Förderprogramme darstellt, einzuhalten. Auskünfte zu den aktuellen gesetzlichen Bestimmungen sind bei den landwirtschaftlichen Beratungsorganisationen (Kammern) bzw. den jeweils zuständigen Behörden zu erhalten. Die KTBL-Schrift 409 (2002) gibt den Stand des Wissens in den Bereichen Tiergerechtheit und Umweltverträglichkeit wieder und beschreibt den rechtlichen Rahmen in Deutschland.

Umweltrelevante Anforderungen

Nach Pötsch (2007) müssen die folgenden umweltrelevanten Aspekte bei Freilandhaltung berücksichtigt werden. Zur Vermeidung von Nährstoffimbalancen muss ein hoher vegetationsbedeckter Flächenanteil angestrebt werden. Dadurch kann einerseits der externe Zufutterbedarf reduziert und andererseits das Risiko für Nährstoffauswaschungen verringert werden. Wie auch bei sachgerechter Weidehaltung muss eine flächenbezogene Abstimmung des Tierbesatzes erfolgen. Fressplätze, Liegeflächen und Unterstände sollten planbefestigt ausgeführt werden und eine sachgerechte Sammlung der Ausscheidungen ermöglichen.

Wenn keine Planbefestigung im Bereich **Fressplätze**, **Liegefläche** und **Unterstände** erfolgt, dann dürfen sich diese nur auf jenen Flächenbereichen befinden, die folgende **Kriterien** erfüllen:

- Gut tragfähige, möglichst flache, nicht sandige Böden ohne Staunässe mit mittleren Abständen zwischen Grundwasserspiegel und der Geländekante von mehr als 1 m
- Mindestens 25 m Abstand zu Oberflächengewässern und Entwässerungsgräben
- Keine Gefahr eines Abfließens von Sickersäften aus Düngerlagerungs- und Liegebereichen in Gewässer
- Regelmäßiger Wechsel der Fress- und Tränkeplätze mit anschließender Begrünung

Bei Ganzjahresfreilandhaltung müssen darüber hinaus auch **Randzonenregelungen** – zum Schutz von Fließgewässern und Seen – (je nach Flächengröße, Neigung und Gewässertyp zumindest 3–20 m Abstand) eingehalten werden.

In rauen Lagen benötigen die Tiere jedenfalls einen trockenen, windgeschützten und weichen Liegebereich.

Tierschutzaspekte und Managementtipps

Der folgende Abschnitt fasst Management-Empfehlungen von Wassmuth (2007) zur Freilandhaltung zusammen. Weitere Tierhaltungsempfehlungen zur Ganzjahresfreilandhaltung finden sich in der Beratungsbroschüre (NMfELF, 2000) und der KTBL-Schrift 409 (2002).

- Auch bei Freilandhaltung müssen Bereiche vorhanden sein, welche **allen Tieren** der Herde **gleichzeitig Schutz** vor extremen Witterungseinflüssen, wie starker Hitze, Regen, Schneefall, gewährleisten können. Dazu zählen zum Beispiel Waldränder, Hecken, Bäume bzw. Verschläge, Sonnensegel, Strohballen und Dächer. Im Winter benötigen Rinder jedenfalls eine trockene, weiche und windgeschützte Liegefläche.
- Den Rindern muss ständig **ausreichend Futter** in geeigneter Qualität sowie **sauberes Wasser** zur Verfügung stehen. Vor allem bei kalter Witterung steigt die Futteraufnahme bedeutend an! Es darf kein gefrorenes Futter gefüttert werden – dies ist vor allem bei Fütterung feuchter Silagen zu beachten. Das Ergänzungsfutter sollte nach Möglichkeit auf der Fläche gelagert werden, damit auch bei ungünstiger Bodenbeschaffenheit beigefüttert werden kann. Auf Ackerstandorten kann auch das Anbieten von „Winterfutter am Halm" interessant sein. Dazu werden beispielsweise wintergrüne Raygräser oder Rohrschwingel angesät.
- Bei ganzjähriger Freilandhaltung sind die **Rinder darauf vorzubereiten** bzw. es muss ihnen Zeit zur Anpassung gegeben werden. Eine Eingruppierung neuer Tiere bei extremen Witterungsbedingungen ist daher zu vermeiden. Dies trifft auch auf hochträchtige Tiere sowie auf erkrankte Tiere zu. Rinder mit Erkrankungen des Bewegungsapparats wechseln nur eingeschränkt zwischen Futterplatz und Liegebereich, wodurch die Kältetoleranz leidet. Günstig ist es, wenn bereits die Jungrinderaufzucht bei Freilandbedingungen erfolgte.
- Freilandrinder dürfen nicht mit zu geringer **Körperkondition** in die Winterfütterungsperiode gehen.

- **Herbst- und Winterabkalbungen** sind in der Regel zu **vermeiden**, da Neugeborene und junge Kälber eine geringere Kältetoleranz zeigen. Wenn Tiere in dieser Jahreszeit kalben, ist jedenfalls ein dreiseitig geschlossener, zugluftfreier und eingestreuter, trockener Bereich zu empfehlen. Darüber hinaus sind Robustrassen bzw. Muttertiere mit gutem Mutterinstinkt geeigneter.
- Offener Boden und morastige Bereiche erhöhen nicht nur das Nährstoffauswaschungsrisiko, sondern sind auch aus Tierschutzgründen (Risiko für Klauenerkrankungen etc.) problematisch.
- Eine **tägliche Kontrolle** der Herde sowie der Haltungsbedingungen durch eine fachkundige Person ist notwendig. Fang- und Fixiereinrichtungen ermöglichen darüber hinaus gezielte Einzeltierkontrollen und Behandlungen. Dem Tier-Mensch-Kontakt kommt bei Freilandhaltung besondere Bedeutung zu. Im Kapitel „Tiergesundheit" wird auf weitere diesbezüglich relevante Fragen eingegangen.

Herbstweide

Im Herbst wird traditionell in vielen Betrieben auf die Weide gesetzt. Die Rinder grasen den Restaufwuchs der Wiesen vor dem Wintereinbruch ab, einige Betriebe teilen auch Feldfutterflächen und Zwischenfrüchte zu. Damit diese Futterperiode erfolgreich verläuft, sollten einige Punkte beachtet werden.

Weidesystem

Im Herbst sind die **Weideflächen besonders trittempfindlich**. Hier werden oft davor ausschließlich schnittgenutzte Flächen beweidet. Gerade diese Flächen sind aufgrund des obergrasbetonten Pflanzenbestandes zumeist sehr lückig. Darüber hinaus ist der Boden durch die Taubildung und das feuchtere Wetter deutlich nasser und verformbarer. Damit unter diesen Bedingungen keine nachhaltigen Schäden an der Wiesennarbe entstehen, müssen die Weidetiere möglichst gleichmäßig auf einer größeren Fläche verteilt werden. Die weitverbreitete Portionsweide ist gerade im Herbst nicht zu empfehlen! Hier ist die **Standweide** wesentlich günstiger, da sich die Tiere nicht nur großflächiger verteilen, sondern auch ruhiger verhalten. Wichtig dabei ist jedoch, dass die Rinder in nicht zu hohe Grasbestände kommen (Ziel unter 10 cm). Ideal wäre eine rasche Bestoßung schon einige Tage nach der Schnittnutzung!

Blährisiko

Unabhängig vom Weidesystem muss im Herbst das erhöhte Blährisiko beachtet werden. In der Praxis treten Blähungen im Herbst vor allem dann auf, wenn kleereiche Bestände beweidet werden. Das sind häufig Flächen, die davor als Feldfutter genutzt wurden, oder Schnittflächen mit gräserarmem Bestand. Darüber hinaus treten Probleme auch dann auf, wenn Rinder unvorbereitet von der Stallfütterung auf Herbstweidefutter umgestellt werden. Ein weiteres Risiko stellt die Beweidung von reifigem (frostigem) Futter bzw. von intensiv gedüngten Zwischenfruchtflächen durch hungrige Tiere dar. Durch hastiges Fressen kann es hier sehr rasch zu einer schaumigen Gärung kommen. Auch wenn Streuobstwiesen beweidet werden, kann es durch Fallobst entweder zu Schlundverstopfungen oder durch hohe Obstaufnahme ebenfalls zu Fehlgärungen und schaumiger Pansenblähung kommen. Wenn Rinder nicht ganztägig auf der Weide gehalten werden, sollten sie im Herbst nicht hungrig auf die Weiden kommen. Hier bewährt sich die Fütterung von gutem Heu im Stall vor dem Austrieb.

TIPPS Blähungen vorbeugen

Reifiges Futter ist für Dauerweidetiere weniger problematisch als für Stallrinder, die morgens hungrig auf die Weide stürmen. Daher sollte an Morgenfrosttagen der **Austrieb erst nach dem Auflösen des Reifs** erfolgen.

Kleereiche Bestände oder Zwischenfrüchte sollten ebenfalls **nur mit angefütterten Rin-**

dern und nur über eine begrenzte Zeitdauer und unter besonderer Beobachtung beweidet werden. Bei Kleebeständen sicherheitshalber mit der Beweidung bereits beginnen, solange der Aufwuchs noch sehr niedrig ist. Bei bereits zu hoch aufgewachsenen Beständen ist eine Schnittnutzung und anschließende Einbeziehung in die Weidefläche anzuraten.

Problematische Pflanzenbestände sollten in kleinen Mengen **portioniert** zugeteilt werden.

Wenn neue **Blährisiko-Koppeln mit Milchkühen bestoßen** werden, dann sollte dies nach Möglichkeit **ein bis zwei Stunden vor der Melkung** erfolgen. In diesem Fall kommen die Kühe dann vor der kritischen Phase von der Weide und können auch beobachtet werden.

Fallobst weitestgehend entfernen oder Problemflächen auszäunen.

Geblähte Tiere sollten möglichst rasch von den Problemflächen kommen und bei schaumiger Gärung **oberflächenentspannende Mittel** (Öle, Glycerine, Spezialpräparate etc.) erhalten. Diese werden über eine Pansenschlundsonde (oder stabilen Schlauch) durch den Landwirt oder den rasch beigezogenen Tierarzt eingegeben. Durch die Schlundsonde sollte dann auch das Blähgas entweichen. Nur als letzte Möglichkeit bleibt das Einstechen eines Trokars oder eines spitzen Messers in den Pansen (Mitte der linken Hungergrube in Richtung rechtes Ellbogengelenk).

Nässe, Schnee und Wind

Wenn extreme Witterungsbedingungen auftreten, sollte nicht nur zur Schonung der Flächen, sondern auch der Rinder auf Weidehaltung generell bzw. auf Weidehaltung ohne Unterstand und eingestreute Liegeflächen verzichtet werden. Rinder meiden bei ungünstiger Witterung vermehrt den direkten Kontakt mit kaltem Boden und liegen dadurch kürzer. Generell wird bei Milchkühen auch im Herbst die Verwendung eines Euterpflegemittels empfohlen.

Beifütterung

Die Futterqualität intensiv nutzbarer Weidestandorte ist auch im Frühherbst noch gut. Das **Weidefutter** weist aber eine **geringe Strukturwirksamkeit** auf und der **Eiweißgehalt ist hoch**. Eine Ergänzung mit Heu, Silage oder qualitativ gutem Futterstroh (extensive Produktionsverfahren) ist im Spätherbst zu empfehlen und verbessert auch die Futterumstellung auf die Winterration. Maissilage ist ein sehr gutes Ergänzungsfutter zur Herbstweide im Hochleistungsbetrieb. Bei der Fütterung von Kraftfutter muss sowohl auf die im Vergleich zur Stallperiode geringere Zuteilungsmenge und als auch auf die unterschiedliche Zusammensetzung geachtet werden. Der Eiweißgehalt im Kraftfutter kann reduziert werden und es sollten pansenschonendere Komponenten wie Mais, Kleien, Trockenschnitzel etc. in das Kraftfutter eingemischt werden. Eine gezielte Viehsalzergänzung (z. B. 2–4 dag bei Kühen) ist ebenfalls wichtig. Grundsätzlich gilt: **je langsamer die Rationsumstellungen** bei Rindern erfolgen, **umso weniger Probleme** treten bei Futterwechsel auf.

Herbstweide und Ertrag im Folgejahr

Die Herbstweide auf Wiesen und Weiden kann aus pflanzenbaulicher Sicht empfohlen werden, wenn

- die Witterungsbedingungen und das Weidemanagement zu keinen starken Trittschäden führen und wenn
- der Pflanzenbestand nicht zu tief abgegrast in den Winter geht, da vor allem Horstgräser sehr stark leiden, da sie oberirdisch Reservestoffe einlagern.

Aber auch bei Weißklee und ausläufertreibenden Gräsern besteht ein Zusammenhang zwischen Herbstblattfläche und Frühjahrsentwicklung. Aus Schweizer Versuchsergebnissen kann abgeleitet werden, dass der Pflanzenbestand mit einer durchschnittlichen Höhe von etwa 8–10 cm bei Zollstabmessung bzw. 6–8 cm bei Messung mit der Plastikdeckelmethode in den Winter gehen sollte (Lobsiger et al. 2007). Bei einer tieferen Beweidung oder Schnittnutzung wurden im Folgejahr überproportionale Ertragseinbußen festgestellt. Vor allem auf Flächen, die im Frühjahr zeitig genutzt werden sollen (z. B. Weidestartflächen), ist deshalb ein rechtzeitiges Weideende erforderlich.

Auch bei einer Herbstweidepflege durch Nachmahd oder Mulchen muss der oben beschriebene Zusammenhang zwischen Aufwuchshöhe im Herbst und Frühjahrsertrag berücksichtigt werden. Düngermaßnahmen sollten grundsätzlich im Herbst so früh wie möglich erfolgen, da zu späte Düngung die Nährstoffausnutzung deutlich verschlechtert. Auf Dauerweideflächen kann eventuell ein Wiesenabschleppen sinnvoll sein. Dadurch werden Kotfladen der abgelaufenen Weidesaison zerteilt und können über den Winter wieder gut einwachsen. Im Frühjahr wird aufgrund des angestrebten frühen Weidebeginns auf Weiden nach Möglichkeit auf das Wiesenabschleppen (Verschmutzung) verzichtet.

Einige Betriebe führen im Spätherbst auf lückigen Beständen eine „Schlafsaat-Übersaat" mit Einzelkomponenten oder Mischungen (5–10 kg/ha) durch. Das Saatgut wird von den weidenden Rindern angedrückt, soll aber erst im kommenden Frühjahr keimen. Dabei nutzt man die Frühjahrsfeuchtigkeit und die geringere Beschattung (Konkurrenzdruck geringer) aus, ist aber auch empfindlicher hinsichtlich Spätfröste.

Im Herbst sind der Pflanzenbestand und Boden trittempfindlich – hier ist die Standweide günstiger als die Portionsweide.

Verhalten und Futteraufnahme der Weidetiere

Wenn man das Verhalten der Tiere (Fortbewegung, Körperpflege, Futteraufnahme, Liege- und Sozial- sowie Fortpflanzungsverhalten) als Maßstab für die Bewertung der „Tiergemäßheit" eines Haltungssystems heranzieht, dann sind die Vorteile eines gut geführten Weidesystems für die Tiere unumstritten (Bartussek 1999).

Tierschutzrelevante Probleme können insbesondere dann auftreten, wenn kein entsprechendes Betriebs- und Weidemanagement gegeben ist. Weiderinder benötigen Schutzmöglichkeiten bei extremer Witterung, müssen ständigen Zutritt zu sauberem Wasser haben, benötigen eine bedarfsangepasste Futterration und müssen ihr artgemäßes Verhalten (weicher ebener und trockener Liegebereich, Scheuermöglichkeiten, ausreichende Grasaufwuchshöhe etc.) entsprechend ausleben können. Darüber hinaus muss möglichen Weideerkrankungen (Blähungen, Parasitenbelastungen, Weidetetanie etc.) vorgebeugt werden.

Im Vergleich zur Stallhaltung sind die täglich zurückgelegten Wegstrecken bei Weidehaltung deutlich länger (ca. 1–6 km bei Weidekühen). Die Tiere sind nicht nur beim Weideauf- und -eintrieb, sondern vor allem auch bei der Futteraufnahme und -suche ständig in Bewegung. Es können bei Weidehaltung aber auch dynamischere Elemente (schnelles Gehen, Traben etc.) deutlich häufiger beobachtet werden. Dies ist vor allem darauf zurückzuführen, dass Weideflächen zumeist rutschsicher sind. Agonistisches Verhalten (Auseinandersetzungen, Aggressionsverhalten) ist bei festgelegter Rangordnung auf der Weide seltener anzutreffen als in Laufställen. Zu Weidebeginn im Frühjahr ist zu beachten, dass hier Rinder an den ersten Tagen eine besonders hohe Aktivität und auch Rang-

Bei Weidehaltung tritt im Vergleich zum Stall zumeist eine stärkere Verhaltenssynchronität auf.

Rinder ruhen gewöhnlich im Liegen – sie suchen dazu weiche und ebene Weidestellen auf.

ordnungskämpfe zeigen. Große und gut gesicherte Weideflächen sind notwendig. Rinder, die noch keine Weideerfahrungen haben, benötigen einige Tage bis Wochen, bis das Weideverhalten gleichaltrigen Tieren mit Weideerfahrungen entspricht.

Rinder ruhen gewöhnlich im Liegen (acht bis zehn Stunden pro Tag), bei Weidehaltung tritt diesbezüglich zumeist eine stärkere Synchronität als im Stall auf. Sie suchen sich dazu auf der Weide einen geeigneten Platz, wobei ein möglichst weicher, trockener Untergrund auf einer ebenen Fläche bevorzugt ausgewählt wird. In steilen Hängen können Rinder nicht abliegen, sodass aus Tierschutzgründen entsprechende Liegebereiche notwendig sind. Die Rangordnung in der Herde bestimmt den Liegeplatz ebenfalls mit. Rinder setzen nach dem Aufstehen oft Kot und/oder Harn ab, sodass die Liegebereiche immer gut „gedüngt" sind. Diese Bereiche sollten daher nicht zusätzlich gedüngt werden. Weiters ist es hilfreich, wenn Liegestellen im Weidemanagement besonderes berücksichtigt werden (z. B. vorübergehend auszäunen).

Für die Weideführung und die Rationsgestaltung ist das Verständnis des Weidefutteraufnahmeverhaltens von Rindern von zentraler Bedeutung. Daher wird im Folgenden darauf ausführlich eingegangen.

Weidefutteraufnahmeverhalten

Aus dem Weideverhalten der Rinder können wertvolle Informationen abgeleitet werden. So werden die tageszeitliche Verteilung der Futteraufnahme und die jeweilige Fressdauer auf der Weide in hohem Ausmaß von Umwelt- und Weidemanagementfaktoren bestimmt. Zusätzlich beeinflussen auch vom Tier abhängige (endogene) Faktoren das Fressverhalten. Zu den **Tierfaktoren** zählen beispielsweise die Leistungshöhe und damit der Nährstoffbedarf, die Füllung des Verdauungstraktes, die notwendige Wiederkautätigkeit, aber auch die bei der Verdauung anfallenden Stoffwechselprodukte. Zu den wesentlichen **Umwelteinflüssen** zählen die Futterqualität, das Weidemanagement, die Zusammensetzung der Gesamtration, die Witterung und die Tageslänge.

Weiderhythmus

Weidende Rinder fressen im Allgemeinen innerhalb von 24 Stunden in **drei bis fünf Perioden**. Bei Milchkühen tritt die Hauptfressaktivität (s. Abb. 50) am frühen Morgen bzw. nach der Frühmelkung und am späten Nachmittag bzw. nach der Abendmelkung

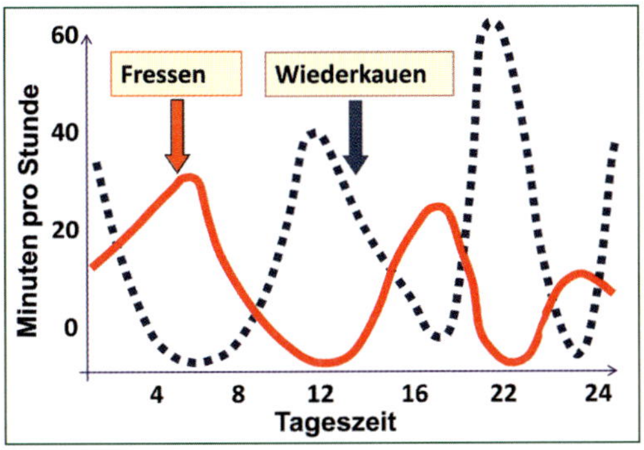

Abbildung 50: *Hauptfressaktivität liegt auf der Weide in den Morgen- und Abendstunden* *(weidende Ochsen, nach McDowell 1972)*

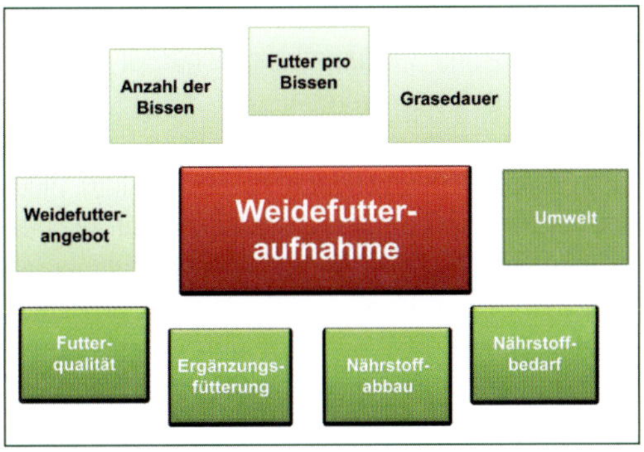

Abbildung 51: *Einflussfaktoren auf die Weidefutteraufnahme*

auf. In den Nachtstunden ist die Fressaktivität eingeschränkter, wobei zumeist eine kurze Fressperiode um Mitternacht beobachtet werden kann. Die restliche Zeit wird für die Futtersuche, das Wiederkauen und andere Aktivitäten wie Ausruhen, Trinken, Koten, Harnen usw. aufgewendet. Bei Kurzrasenweidehaltung mit geringer Futteraufwuchshöhe sind Hauptfressperioden etwas weniger stark ausgeprägt als bei hohem Futterangebot.

Temperatur und direkte Sonnenbestrahlung

Wiederkäuer, insbesondere Hochleistungstiere, fühlen sich bei sehr hohen Umgebungstemperaturen und direkter Sonnenbestrahlung nicht wohl. Die

Das Weidesystem, die Ergänzungsfütterung, das Wetter, die Leistung und die Tageszeit beeinflussen das Weideverhalten.

Umgebungstemperaturen beeinflussen das Weideverhalten daher entscheidend. An heißen Tagen geht die Weidefutteraufnahme in den Stunden mit der höchsten Temperatur (z. B. 11 bis 15 Uhr) deutlich zurück (s. Abb. 52). Wenn die Tiere die Fressaktivität aufgrund des Weidemanagements verlagern können, wird in den Morgen- und Abendstunden vermehrt Futter aufgenommen. An heißen Tagen ist es wichtig, dass die Tiere rechtzeitig in den Morgen- und Abendstunden auf die Weide kommen und in Hitzephasen Schattenplätze (Witterungsschutz) aufsuchen können!

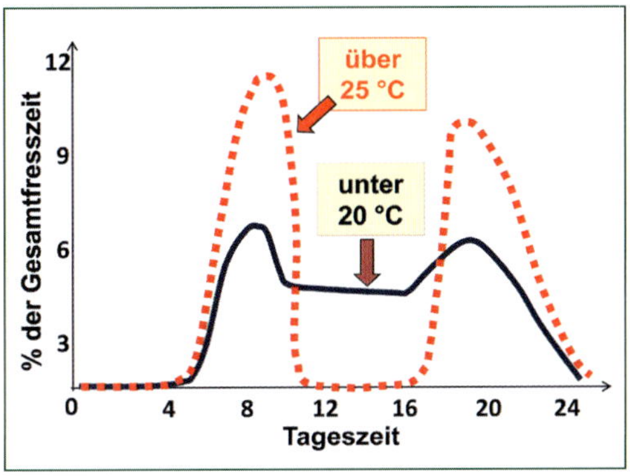

Abbildung 52: *An heißen Tagen geht in den Mittagsstunden die Futteraufnahme auf der Weide zurück.* *(weidende Milchkühe, nach McDowell 1972)*

Rinder benötigen an heißen Tagen Schattenplätze.

Je nach Leistungsniveau und Umweltbedingungen kann in unseren Breiten ab Temperaturen von **25 bis 28 °C** von beginnendem **Hitzestress** bei Rindern ausgegangen werden. Bei höheren Temperaturen erhöht sich die Atemfrequenz, die innere Körpertemperatur nimmt zu, Futteraufnahme und Milchleistung gehen zurück, die Stoffwechselbelastung steigt und die Abwehrkräfte (z. B. Eutergesundheit) werden reduziert. Die Tiere benötigen an heißen Tagen Schattenplätze, ständig zugängliche Wasserversorgung und eventuell Sprinkleranlagen.

Tageslänge und Helligkeit

Neben der Temperatur ist Helligkeit und damit indirekt auch die Tageslänge entscheidend für die Weidefutteraufnahme. Prinzipiell kann bei weidenden Rindern in den Morgendämmerungsstunden bzw. bei Sonnenaufgang bis etwa 10 Uhr eine intensive Fressphase beobachtet werden. In den Abendstunden geht die Fressaktivität nach Sonnenuntergang mit eintretender Dunkelheit deutlich zurück.

Der Weideaustrieb sollte daher zeitlich so gewählt werden, dass die Tiere ihre Phasen der Hauptfressaktivität auf der Weide optimal nutzen können. Dies bedeutet beispielsweise, dass Milchkühe nach der Morgen- und Abendmelkung möglichst rasch auf die Weide gelassen werden.

Wie ein Weideversuch an der HBLFA Raumberg-Gumpenstein (Steinwidder et al. 2001) zeigte, muss bei Nachtweidehaltung im Vergleich zur Tagweidehaltung bei gleicher Weideaufenthaltsdauer mit einer geringeren Weidefutteraufnahme gerechnet werden. Bei einem Weidefutteranteil von 50 % am Grundfutter lag im Versuch die Weidefutteraufnahme bei Nachtweide um 17 % unter derjenigen bei

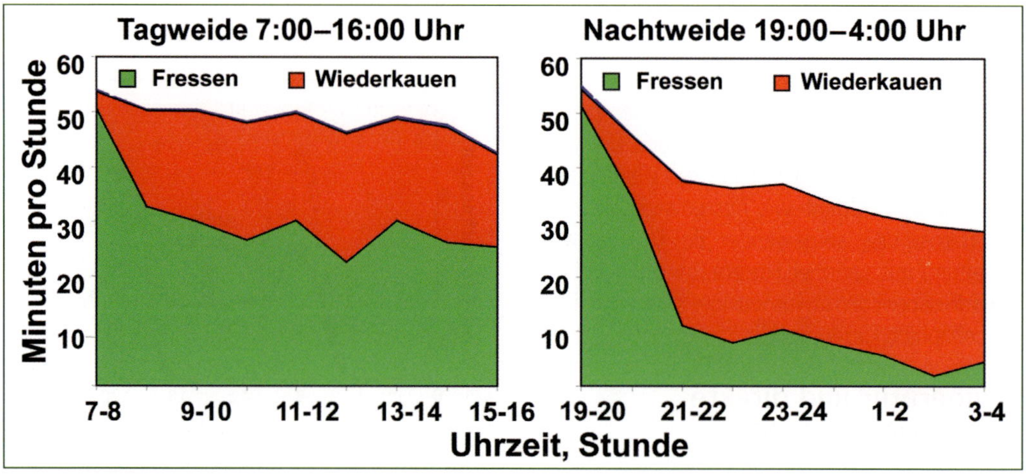

Abbildung 53: *Im Vergleich zur Tagweidehaltung ist bei Nachtweide die Fressaktivität (in Minuten pro Stunde) und damit die Futteraufnahme geringer.* (Steinwidder et al. 2001)

Tagweide. Dadurch ging bei einem Kraftfuttereinsatz von 4,3 kg TM auch die Grundfutteraufnahme von 14,5 auf 13,5 kg zurück (s. Abb. 53).

Wind und Regen

Kühle Temperaturen beeinflussen das Weideverhalten nicht negativ. Wenn jedoch Wind in Kombination mit Regenfällen auftritt, muss an diesen Tagen mit einem Rückgang der Weidefutteraufnahme gerechnet werden. Im Gegensatz zu leichten Niederschlägen verringern heftige Regenschauer ebenfalls die Fressaktivität und die Futteraufnahme. In diesem Fall kommt es häufig zu einer Verlagerung der Fressphasen in die regenärmeren Stunden.

Feuchtes Futter

Der Trockenmassegehalt des Grünfutters kann die Futteraufnahme beeinflussen. Wenn der Trockenmassegehalt des Grünfutters deutlich unter etwa 18 % abfällt, kann es zu einem Rückgang der Futteraufnahme kommen. In Versuchen wurde mit Wasser besprühtes Grünfutter in geringeren Mengen aufgenommen als unbesprühtes Grünfutter. Dieser Effekt wurde auf geringere Zerkleinerung des Futters bei der Fress-Kautätigkeit durch vorzeitiges Abschlucken zurückgeführt, wodurch sich die Wiederkauzeit in der Folge auf Kosten der Fressaktivität verlängerte. Die Aufnahme von feuchtem Weidefutter verringert die zusätzliche Tränkewasseraufnahme.

Regenwetterperioden

Bei Regenwetter kann die Futteraufnahme auf der Weide zurückgehen und kann es zu Trittschäden kommen. In dieser Situation sollte das Weidemanagement angepasst werden. Auf keinen Fall sollte die Ration kurzfristig umgestellt werden – Grünfutter muss in der Ration bleiben, da Wiederkäuer (Pansen) möglichst gleichbleibende Rationen benötigen.

Folgende Möglichkeiten ergeben sich bei Regenperioden:

- **Weidedauer verkürzen:** Um die Grasnarbenbelastung zu reduzieren, werden die Tiere nur in den aktiven Fressstunden auf der Weide gehalten. Eine Umstellung von der Ganztags- oder Halbtagsweidehaltung auf die Stundenweide ist anzustreben.
- **Größere Flächen mit sandig-steinigem Untergrund bevorzugen:** Tiefgründige schwere Böden sollten bei Schlechtwetter nach Möglichkeit nicht beweidet werden. Durch deutliche Erhöhung der Flächenvorgabe (größere Koppel mit geringerer Futterhöhe) kann die Trittbelastung im Gegensatz zur Portionsweidehaltung etwas verringert werden. Weiden mit sandigem/steinigem Untergrund sind zu bevorzugen.
- **Steilflächen meiden:** Die größten Narbenschäden treten auf Steilflächen auf. Diese dürfen daher bei Regenwetter nicht beweidet werden.
- **Grünfütterung im Stall:** Wenn es technisch und arbeitswirtschaftlich möglich ist, kann mit einer Grünfuttervorlage im Stall Abhilfe geschaffen werden. Das Grünfutter hat jedoch einen geringeren Trockenmassegehalt als konserviertes Futter – es muss daher mehrmals täglich Futter nachgeschoben werden und jedes Tier benötigt einen eigenen Fressplatz.

Futterqualität und Futterangebot

Neben den Nährstoffansprüchen des Tieres und den oben beschriebenen Einflussfaktoren hängt die tägliche Grasedauer auch wesentlich von der Weidefutterqualität, der Bestandeszusammensetzung und dem Futterangebot ab. Untersuchungen mit hochleistenden Milchkühen auf der Weide zeigen, dass die tägliche Fresszeit (Bissanzahl und Futter pro Bissen) die Grünfutteraufnahme limitieren kann (s. Tab. 31). Rinder benötigen nämlich zum einen Zeit zum Wiederkauen und zum anderen Phasen ohne Kauaktivität.

Pro Tag wurden in Schweizer Untersuchungen (Schori et al. 2012) mit Vollweidekühen beispielsweise ca. 75.000 Fress-Wiederkauschläge pro Kuh gemessen. Die Kühe wendeten knapp zehn Stunden zum Fressen und acht Stunden zum Wiederkauen auf, die Ruhezeit lag bei sechs Stunden. Ausdehnung bzw. Verschiebung der Fressaktivität bei geringem Futterangebot bzw. bei geringer Futterqualität ist daher vor allem bei höheren Leistungsansprüchen

So nicht! Die Weide wird viel zu spät bestoßen und der Tierbesatz passt nicht.

Vollweide-Milchkühe erreichen pro Tag eine sehr hohe Anzahl an Kau- und Wiederkauschlägen.

nur eingeschränkt möglich. Die Zeit, die Kühe zur Futterselektion und Futtersuche aufwenden müssen, verringert vorwiegend die Liege- und Wiederkauaktivität.

Grünfutter wird von Rindern büschelweise aufgenommen, die Pflanzen werden von der sehr beweglichen Zunge umschlungen und in das Maul gezogen. Dort wird der Bissen von den Schneidezähnen gegen die Kauplatte gepresst und mit einem Kopfschwung abgerissen. Während des Grasens geht die Kuh langsam vorwärts. Der Kopf wird regelmäßig von einer auf die andere Seite bewegt und beschreibt

	HF-Schweiz	HF-Neuseeland	Signifikanz-Niveau
Fressbissen/Tag	37.469	33.005	***
Fresskauschläge/Tag	6.077	8.480	***
Fressbissen + Fresskauschläge/Tag	43.546	41.484	*
Fressbissen/Minute	65	58	***
Fresskauschläge/Minute	11	14	**
Fressbissenmenge, mg TM	438	431	
Wiederkauschläge/Tag	31.600	34.089	**
Wiederkauboli/Tag	556	577	
Wiederkauschläge/Bolus	59	60	

Tabelle 31: *Weidefutteraufnahmeverhalten von Vollweidekühen (HF-Kühe Schweiz bzw. HF-Neuseeland) (Schori et al. 2012)*

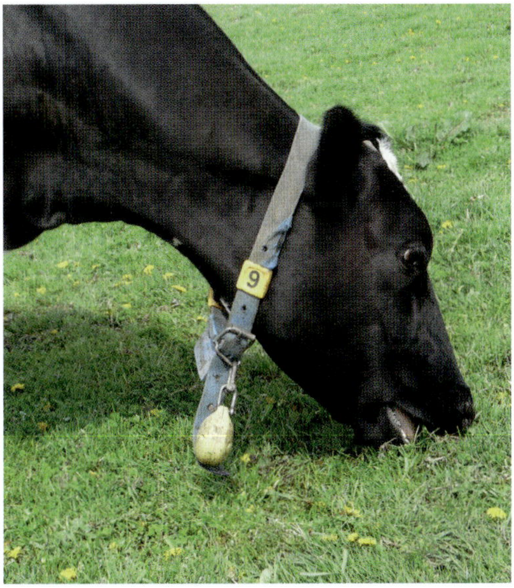

Die Aufwuchshöhe und die Futterdichte beeinflussen die Weidefutteraufnahme pro Bissen.

dabei einen Kreisbogen von ca. 60–90°. Unter einer Aufwuchshöhe von ca. 4 cm geht die Grünfutteraufnahme von Rindern zurück. Rinder können aus anatomischen Gründen Gras unter einer Aufwuchshöhe von ca. 1,5–3 cm nicht mehr abbeißen. Rinder, die in eine neue Koppel getrieben werden, grasen diese in „Horizonten" ab – zu Beginn werden die wertvollsten oberen Pflanzenteile (Blätter) gefressen und erst zuletzt die Stängel und Stoppeln.

Futtermenge pro Bissen

Kühe können die Bissanzahl pro Tag bzw. innerhalb einer Weideperiode nur begrenzt erhöhen. Im Gegensatz zur Stallfütterung muss dieser Effekt bei Weidehaltung beachtet werden, da die Futtertrockenmassemenge pro Bissen auf der Weide generell stärker begrenzt ist. Weniger Futter pro Bissen kann mit einer geringeren Weidefutteraufnahme einhergehen. Je höher die angestrebte Einzeltierleistung, desto wichtiger wird daher eine hohe Futterdichte und Futteraufnahme pro Bissen (Abb. 54, 55, 56 und 57).

Wenn das Futterangebot hinsichtlich Qualität oder Menge gering ist, dann können im Wesentlichen zwei Effekte getrennt oder auch in Kombination eintreten.

- Bei **geringer Qualität** erhöht sich der Zeitaufwand für die Futtersuche und -selektion. Dadurch verringert sich die effektive Fresszeit und in der Folge die Futteraufnahme. Dabei spielen sowohl das Vegetationsstadium, die Pflanzenzusammensetzung, die Einheitlichkeit des Bestandes als auch die Schmackhaftigkeit (Geruch, Düngung etc.) eine wichtige Rolle.
- Wenn der **Weideaufwuchs** auf der Fläche (Bestandesdichte und/oder Höhe) **gering** ist, sinkt die Futtermenge pro Bissen. Dies bedeutet, dass die Tiere wegen der begrenzten Bissfrequenz und Bissenzahl nicht so viele Bissen durchführen können, wie aufgrund ihres Nährstoffbedarfs nötig wären! Typische Beispiele dafür können Herbst- oder Alm- und Hutweiden sowie zu kurz geführte Kurzrasenweiden sein.

WICHTIG **Weidebestand**

Lückige Bestände, geringe Weidefutterreste, zu geringe Weideaufwuchshöhen sowie nicht schmackhafte Bestände verringern die Futteraufnahme pro Bissen und/oder die Bissfrequenz.

Ein dichter Pflanzenbestand mit wertvollen Weidegräsern und Klee führt zu einer hohen Futteraufnahme.

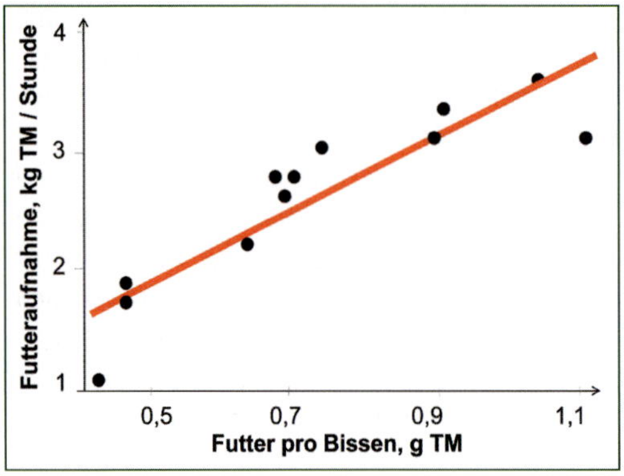

Abbildung 54: *Zusammenhang zwischen Weidefutteraufnahme pro Bissen und Weidefutteraufnahme pro Stunde* *(nach Cushnahan et al. 1996)*

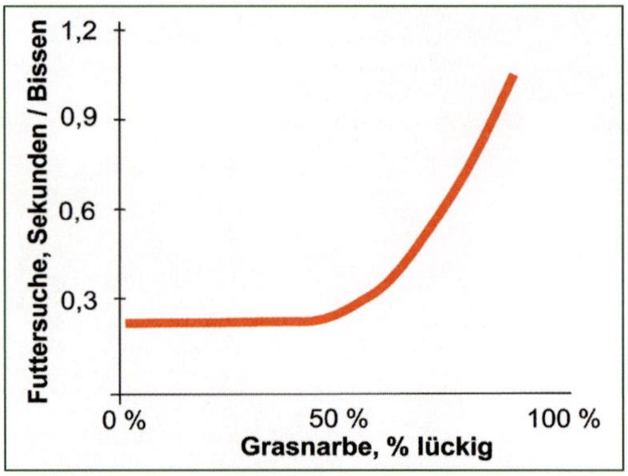

Abbildung 55: *Lückige Pflanzenbestände können die Futteraufnahme reduzieren – die Bissfrequenz und die Futtermenge pro Bissen sinken dadurch.* *(nach Woodward 1997)*

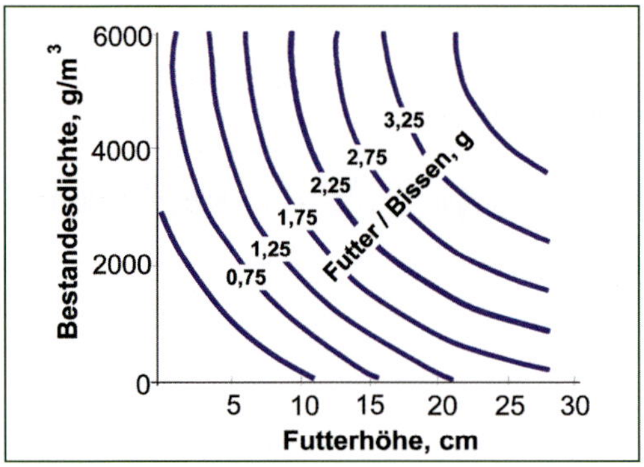

Abbildung 56: *Die Futterdichte und die Aufwuchshöhe beeinflussen die Weidefutteraufnahme pro Bissen.* *(nach Laca et al. 1992)*

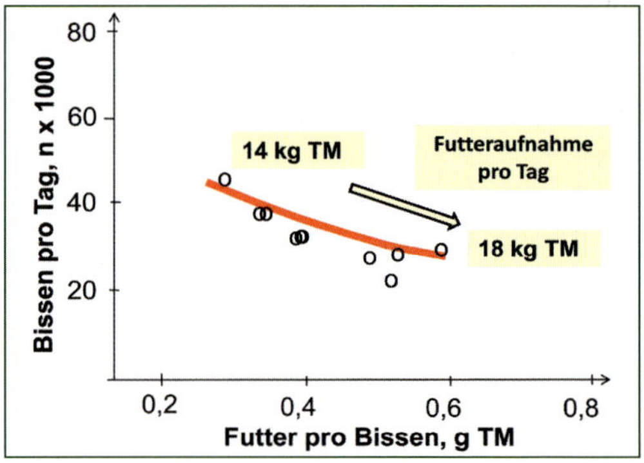

Abbildung 57: *Zusammenhang zwischen Weidefutteraufnahme pro Bissen und Weidefutteraufnahme pro Tag* *(nach Rook et al. 1994)*

Futterselektion bei Weidehaltung

Auf der Weide besteht für Rinder die Möglichkeit der Futterselektion. Das Ausmaß der Selektion von Futter wird vom Futterangebot (Menge pro Flächeneinheit), der Qualität und Zusammensetzung des Ausgangsbestandes und von der zur Verfügung stehenden effektiven Fresszeit bestimmt.

Wenn die Grünfutteraufnahme von der Bissfrequenz und der Futtermenge pro Bissen bzw. der Fresszeit nicht begrenzt wird, dann werden von den Tieren hochverdauliche schmackhafte Pflanzen und Pflanzenteile (Blätter) bevorzugt aufgenommen. Da diese Pflanzenteile eine höhere Verdaulichkeit aufweisen, nimmt die Weidefutteraufnahme pro Tier mit steigendem Futterangebot zu. Ein hohes Weidefutterangebot mit entsprechenden Futterresten nach der Beweidung erhöht daher zumeist die Einzeltier-Futteraufnahme. Dabei kann es jedoch, wie im Kapitel „Flächenleistung kontra Einzeltierleistung" bereits ausgeführt wurde, zu einer deutlichen Abnahme der Flächenproduktivität kommen. Die Futterverluste können dabei überproportional zunehmen, da viele Blätter ungenutzt absterben, viele tote Pflanzenteile auf der Fläche verbleiben

Wenn im Stall eine Ergänzungsfütterung erfolgt, geht die Weideaktivität zurück – die Kühe warten frühzeitig auf den Stalleintrieb.

und es durch die Beschattung zu einer weniger guten Ausnutzung der Sonnenenergie kommt.

Leader-Follower-Grazing

Wenn bei Ganztagsweidehaltung eine hohe Einzeltierleistung und eine hohe Flächenproduktivität anstrebt werden, dann müssen Weidesysteme wie das „Leader-Follower-Grazing" umgesetzt werden, bei denen höherleistende Tiere „vorausgrasen" und dabei die schmackhaftesten Weidepflanzenteile selektieren können. Das stängelreichere Restfutter wird in den Folgetagen von niedrigerleistenden Tieren verwertet, wie im Kapitel „Koppelweide" schon beschrieben wurde.

Kleeanteil und Ergänzungsfütterung im Stall

Im Vergleich zu reinen Grasbeständen erhöht ein Kleeanteil im Grünfutter die Futteraufnahme. Ein Kleeanteil von etwa 20–30 % sollte daher auf den Weideflächen angestrebt werden. Der Kräuteranteil auf Weiden sollte unter 20 % liegen. Ausgewogene Pflanzenbestände mit möglichst einheitlichem Vegetationsverlauf (Abreife und Nutzungsstabilität) sind anzustreben.

Die Weidefutteraufnahme ist im Vergleich zur Stallfutteraufnahme für die Tiere aufwendiger. Wenn im Stall zunehmend Ergänzungsfutter vorgelegt wird, dann geht die Weideaktivität überproportional zurück. Eine hohe Weideflächeneffizienz wird daher nur dann erreicht, wenn der Ergänzungsfutteranteil im Stall begrenzt ist. Rinder sind hinsichtlich Futteraufnahme nicht nur „bequem", sondern auch „Gewohnheitstiere". Weiters ist zu berücksichtigen, dass zu Weidebeginn eine hohe Weidefutteraufnahme erst nach etwa zwei bis drei Weidewochen erreicht wird.

Unerwünschte Pflanzen

Es sind mehr als 200 Pflanzenarten bekannt, welche bei landwirtschaftlichen Nutztieren Vergiftungserscheinungen hervorrufen können. Bei gleichzeitiger Erkrankung mehrerer Tiere, insbesondere auf der Weide, ist immer eine mögliche Pflanzenvergiftung in Betracht zu ziehen. Rinder, die auf der Weide ausreichende Selektionsmöglichkeiten haben, meiden in der Regel schädliche Pflanzen. Trotzdem soll vor dem Weidebeginn die Weide auf etwaige Giftpflanzen oder „Milchverpester" überprüft werden. Dies trifft vor allem auf extensiv genutzte Flächen zu.

Düngung

Rinder haben ein sehr sensibles Geruchsempfinden, Weideflächen dürfen daher unmittelbar vor der Beweidung nicht mit Mist oder Gülle gedüngt werden. Bis zur neuerlichen Beweidung sollten nach der Düngung entsprechende Niederschläge fallen.

Bei Weidehaltung wird gut verdünnte Gülle bei Regenwetter ausgebracht – danach wird die Fläche vorübergehend nicht beweidet.

Weidefutteraufnahme abschätzen

Im Vergleich zur Futteraufnahmeabschätzung bei Stallhaltungssystemen liegen zur Weidehaltung nur begrenzt allgemein anwendbare Futteraufnahmemodelle vor. Darüber hinaus muss mit größeren Abweichungen der Schätzwerte gerechnet werden. Dies ist vor allem darauf zurückzuführen, dass neben der mechanischen und physiologischen Sättigung (Füllung des Verdauungstraktes, Nährstoffbedarf) auch das Weidemanagement (Futterangebot, Weidedauer, Pflanzenbestand, Weidesystem, Umwelteinflüsse etc.) und die Restriktionen, welche sich aus dem Weidefutteraufnahmeverhalten ergeben (z. B. begrenzte Futtermenge pro Bissen, Bissenanzahl pro Tag etc.), die tatsächliche Weidefutteraufnahme wesentlich mit beeinflussen. Zudem führen methodische Unterschiede in der Erhebung von wichtigen Einflussparametern (beispielsweise Weidefutterangebot ab Boden, Weidefutterangebot ab 3 cm, Futterdichte usw.) sowie die Kosten und Schwierigkeiten bei der Messung der tatsächlichen Weidefutteraufnahme (z. B. Futterselektion) zu besonderen Herausforderungen für Versuchsansteller.

Weidehaltung erfordert jedoch im Jahresverlauf viele kurz- und mittelfristige Weidemanagemententscheidungen, um den Futtervorrat, die Versorgung der Tiere sowie die Weidefutterverwertung bestmöglich zu steuern. Dies wird durch eine möglichst genaue Abschätzung der (aktuellen) Weidefutteraufnahme erleichtert. Aus diesem Grund wurden in den letzten Jahrzehnten, insbesondere in Weideregionen, Weidemodelle entwickelt. Teilweise wurden dazu Futteraufnahme-Modelle aus Stallhaltungssystemen adaptiert, wobei hier vor allem das „Weideangebot", „die begrenzte Gesamtfutteraufnahme" und eine stärkere „Grundfutterverdrängung durch Kraftfutter" mit steigendem Weideanteil an der Tagesration zusätzlich Berücksichtigung fanden.

Versuche zur Weidefutteraufnahme sind sehr aufwendig.

Das Weidemanagement und das Weidefutteraufnahmeverhalten beeinflussen die Futteraufnahme sehr stark.

Weidemanagement-Tools

In den letzten Jahren wurden darüber hinaus vermehrt Weidemanagement-Tools entwickelt, welche **komplexe Weidefutteraufnahme- und Weideleistungsabschätzungen** (Milchleistung, LM, BCS etc.) ermöglichen (sollen). In einer Übersichtsarbeit untersuchten Delagarde und O'Donovan (2005) die Genauigkeit von empirischen und mechanistischen Modellen an Versuchsdaten. Dabei zeigte sich, dass die unterschiedlichen Ansätze zur Berücksichtigung der Weidebedingungen und des Weidefutterangebots zu einer bedeutenden Variabilität der Ergebnisse, insbesondere bei untypischen Weidesituationen, führten. Mit komplexen Modellen ist es jedoch unter üblichen (häufig anzutreffenden) Weidebedingungen bereits möglich, an die Genauigkeit von Stallfutteraufnahmeschätzgleichungen (mittlerer Vorhersagefehler 10–20 %) heranzukommen. Diese Modelle erfordern jedoch neben Tierparametern (Maximal-Milchleistung, Lebendgewicht, BCS, Laktationstag, Alter) auch Angaben zum Pflanzenbestand (z. B. Leguminosenanteil, Verdaulichkeit, Strukturkohlenhydrate), zum Futterangebot (z. B. Weidedichte, Futtermenge) sowie zur Ergänzungsfütterung (Kraftfuttermenge und -zusammensetzung, Grundfutterergänzung). Es werden Ergebnisse zur Weidefutteraufnahme und teilweise auch zur Milchleistung und zur BSC- und Lebendgewichtsentwicklung geliefert.

Das e-cow-Modell

Im Folgenden wird beispielhaft der Aufbau des im Jahr 2012 publizierten und im Netz kostenlos verfügbaren „e-cow"-Modells (http://e-cow.net) zur Abschätzung der Weide- und Gesamtfutteraufnahme, der Milchleistung sowie des Lebendgewichts von Milchkühen dargestellt (Baudracco et al. 2012).

Aufgrund der Rasse (HF-USA bzw. HF-Neuseeland) sowie weiterer Tierdaten (Laktation, maximales Milchleistungspotenzial, Laktationsdauer etc.) werden das Milchleistungspotenzial und der Energiebedarf abgeschätzt. In Folge wird in drei Rechenschritten jeweils eine potenziell mögliche Weidefutteraufnahme (WFA) abgeschätzt (1. WFA entsprechend dem Energiebedarf; 2. WFA entsprechend der Füllungskapazität des Verdauungstraktes; 3. WFA entsprechend der maximal möglichen Weidefutteraufnahme aus Versuchen) und der erstbegrenzende Faktor für die weiteren Rechenschritte herangezogen. Aus dem Weidefutterangebot (WA) und der potenziellen Weidefutteraufnahme (PWFA) wird eine „Weideeffizienz" errechnet. Die Weide-

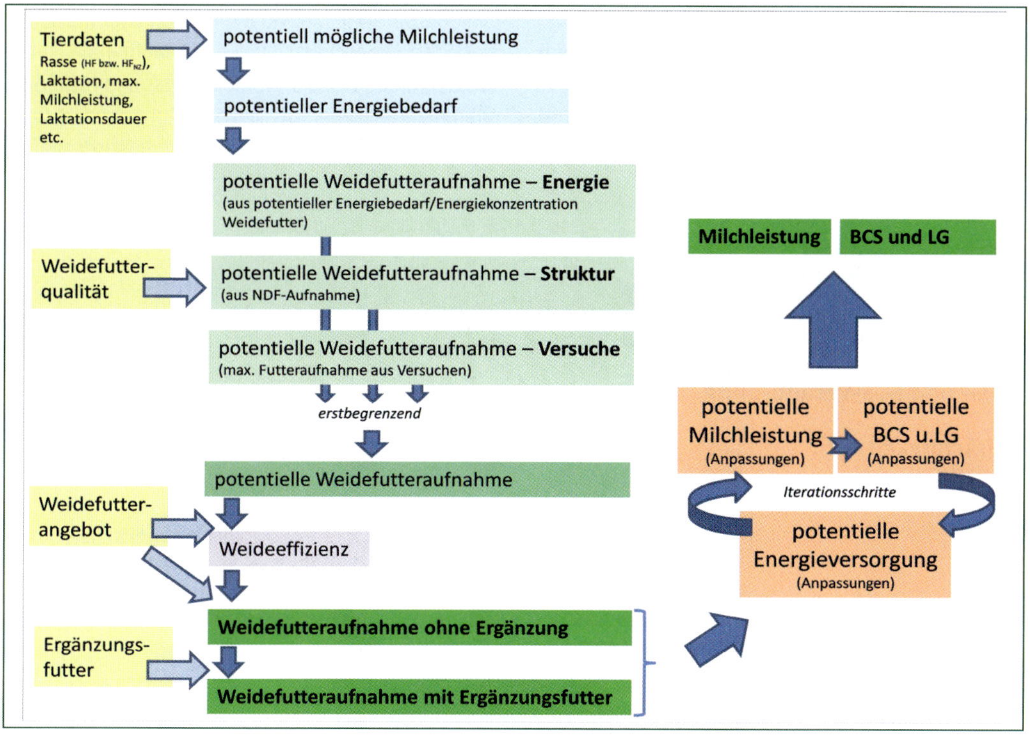

Abbildung 58: „e-cow"-Modellansatz zur Abschätzung der Weidefutteraufnahme, Milchleistung, BCS und Lebendgewicht (Baudracco et al. 2012)

Auf der Weide sind „fleißig grasende Rinder" notwendig.

futteraufnahme ohne Ergänzungsfütterung wird mithilfe des Weidefutterangebots und der Weideeffizienz errechnet. Bei Ergänzungsfütterung wird nun unter Berücksichtigung von Weidefutterverdrängungsraten die Weidefutteraufnahme berechnet. In Iterationsschritten werden in weiterer Folge die Milchleistungs- sowie BCS- und Lebendgewichtsdaten entsprechend der Energieversorgung angepasst und daraus dann die „tatsächliche" zu erwartende Milchleistung, die Körperkondition sowie das Lebendgewicht errechnet (Baudracco et al. 2012).

Wie Tabelle 32 zeigt, muss jedoch (noch) mit entsprechenden Abweichungen der Schätzwerte von den tatsächlichen (gemessenen) Werten gerechnet werden, obwohl die Versuchsdaten zur Evaluierung auch in die Erstellung des Modelles mit einflossen. Zukünftig werden komplexe Modelle, die derzeit vor allem in der Lehre und Beratung (Modellierung, Simulierung von Effekten) eingesetzt werden, noch an Genauigkeit gewinnen.

Richtwerte zur Weidefutteraufnahme

In der Weidemanagementpraxis wird die aktuelle Weidefutteraufnahme häufig indirekt über den Energiebedarf abgeschätzt. Die Energieaufnahme ist bei Weidehaltung zumeist der leistungs- und futteraufnahmelimitierende Faktor. Vom Energiebedarf wird die Energieaufnahme über Ergänzungsfuttermittel

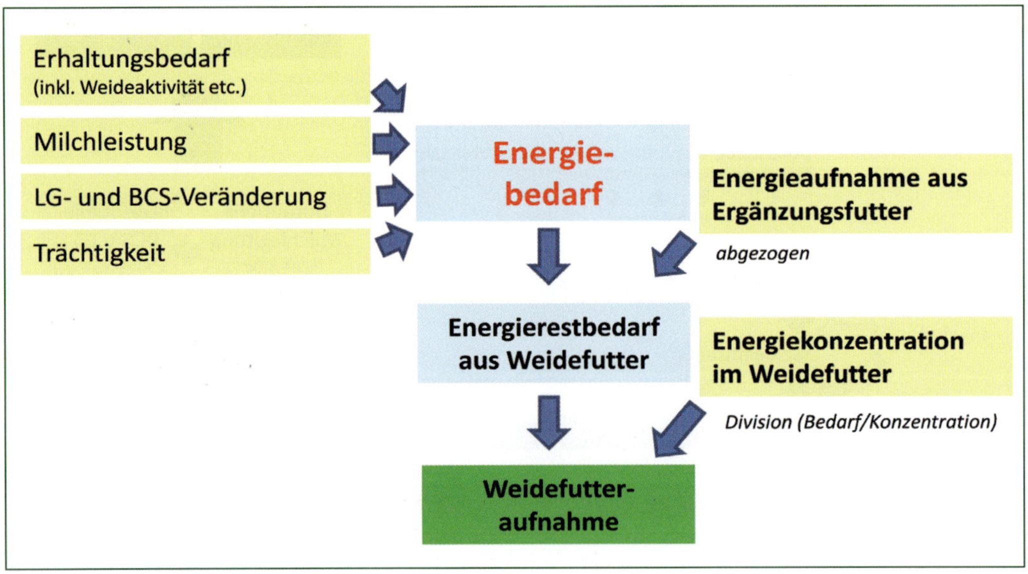

Abbildung 59: *Abschätzung der Weidefutteraufnahme über den Energiebedarf*

	Rasse	gemessen (Versuch)	errechnet (e-cow)	Dif. kg	Korrelation (Pearson)	rel. Fehler
Weidefutteraufnahme,	HF-USA	13,7	14,6	0,9	0,87	9,1
kg TM	HF-NZ	13,0	13,4	0,4	0,83	9,8
Milchleistung,	HF-USA	19,9	22,9	3,0	0,85	15,4
kg	HF-NZ	18,0	17,4	–0,6	0,87	18,0
LG-Veränderung,	HF-USA	0,08	0,17	0,09	0,64	k. A.
kg/Tag	HF-NZ	0,11	0,21	0,10	0,69	k. A.

Tabelle 32: *Vergleich zwischen gemessenen und geschätzten Daten* (Baudracco et al. 2012)

abgezogen und der Restenergiebedarf mit der jeweiligen Energiekonzentration des Weidefutters dividiert (s. Abb. 59).

Fresszeit, Bissfrequenz und Futter pro Bissen

Bei hochleistenden Tieren muss hinsichtlich Weidefutteraufnahme berücksichtigt werden, dass bei (Ganztags-)Weidehaltung die Futteraufnahme nicht nur über die Energiebedarfsdeckung und die Verdauungstraktfüllung, sondern auch aufgrund des Weidefutteraufnahmeverhaltens limitiert sein kann. Bei Stallhaltung können Kühe bei üblicher Fütterungstechnik „aus dem Vollen" schöpfen. Im Gegensatz dazu erfordert die Weidefutteraufnahme deutlich mehr Zeit und Aktivität. Sowohl die täglich limitierte Bissfrequenz, die begrenzte Futtermenge pro Bissen als auch die effektiv zur Verfügung stehende tägliche Fresszeit und das Weidefutterangebot können die Weidefutteraufnahme daher einschränken. Bei Ganztagsweidehaltung ohne größere Ergänzungsfütterung können bei Milchkühen hohe Einzeltierfutteraufnahmen und Leistungen daher nicht bzw. nur eingeschränkt erreicht werden (s. Beispiel in Tab. 33, Kolver u. Muller 1998).

	Weide[1]	TMR
Nährstoffgehalt (Grünfutter bzw. TMR) je kg TM		
Trockenmasse	17,0 %	58,2 %
Rohprotein	25,1 %	19,1 %
NDF	43,2 %	30,7 %
ADF	22,8 %	19,0 %
NFC	19,3 %	28,8 %
Energiekonzentration je kg TM	6,9 MJ NEL	6,8 MJ NEL
Futteraufnahme	19,0 kg TM	23,4 kg TM
Milchleistung	29,6 kg	44,1 kg
FCM	28,3 kg	40,5 kg
Fett	3,72 %	3,48 %
Eiweiß	2,61 %	2,80 %
Milchleistung vor Versuch	46,3 kg	
Milchleistung Übergangsperiode (2 Wo.)[1]	35,4 kg	45,4 kg

[1] Zu beachten: Weidegruppe wurde von TMR- auf Weidefütterung in zwei Wochen (Übergangsperiode) umgestellt

Tabelle 33: *Vergleich von Weidegrün- und TMR-Fütterung bei Hochleistungskühen* (Kolver u. Muller 1998)

Weidefutter-Aufnahmegrenzen

Bei alleiniger Weidefütterung kann je nach Leistungsniveau, Qualität und tolerierten Futterresten bei **Milchkühen** im Durchschnitt eine Aufnahme von 15–18 kg TM pro Tag bzw. ein Maximum von etwa 19 kg TM erreicht werden. Mayne und Peyraud (1996) berichten von maximalen Grasfutteraufnahmen auf der Weide von 19–20 kg TM. Diese Weidefutter-Aufnahmegrenzen schränken daher die Nährstoffversorgung und die Einzeltierleistung ein. Es wurde im vorliegenden Buch bereits mehrfach darauf hingewiesen, dass darüber hinaus bei Ganztagsweidehaltung zwischen hoher Einzeltierleistung (bzw. hoher Einzeltierfutteraufnahme) und der Weidenutzungseffizienz (bzw. Flächenleistung) ein negativer Zusammenhang besteht (s. Abb. 25). Diese beiden Zusammenhänge (begrenzte Weidefutteraufnahme; abnehmende Weidefuttereffizienz) sind wesentliche Gründe dafür, dass die Zucht auf sehr hohe Einzeltierleistungen (Tagesmilchleistungen) bei Ganztags- und Vollweidehaltung nicht sinnvoll ist.

In der **Aufzucht** und **Mast** steigt die Weidefutteraufnahme je nach Lebendgewicht, Futterqualität und Leistung ohne Ergänzungsfütterung von etwa 3–5,5 kg auf 9–10,5 kg an. In der **Mutterkuhhaltung** sind Weidefutteraufnahmen zwischen 12 und 16 kg TM realistisch.

Nutzungsart	kg LG	Weidefutter (kg TM)
Milchkühe	400–700	16 (14–19)
Mutterkühe	500–700	14 (12–16)
Jungrinder	100–200	3,0–5,5
	200–300	5,5–7,5
	300–400	7,5–9,0
	400–500	9,0–10,0
	500–600	9,5–10,5

***Tabelle 34:** Richtwerte zur Weidefutteraufnahme bei Vollweidehaltung*

FILL-Weideschieber

Mithilfe des FILL-Weideschiebers kann für Milchkühe der optimale Weide- bzw. Ergänzungsfutteranteil an der Ration für ein angestrebtes Milchleistungspotenzial der Herde abgeschätzt werden. Dazu wer-

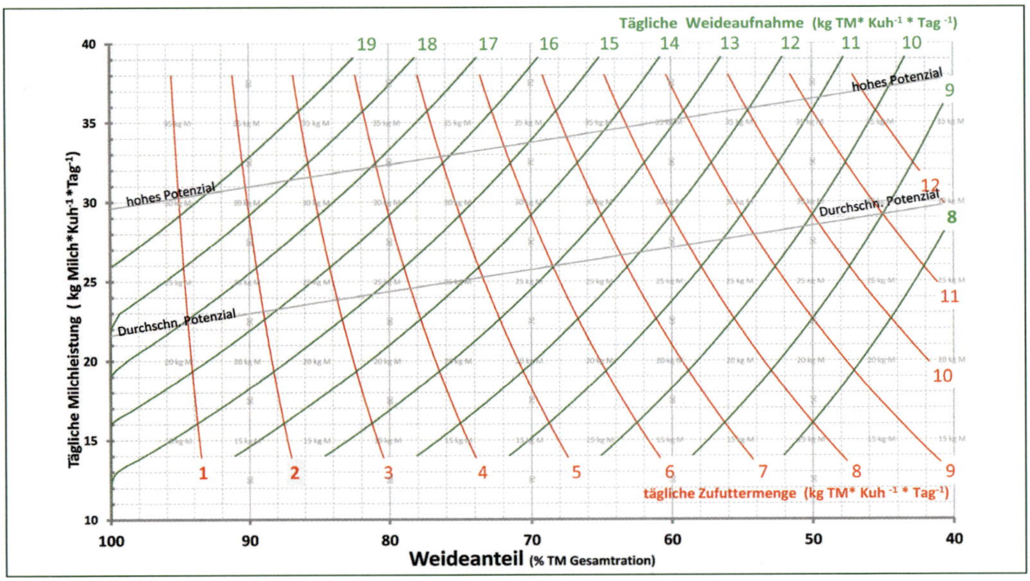

***Abbildung 60:** FILL-Weideschieber zur Abschätzung des optimalen Weide- und Ergänzungsfutteranteils bei Milchkühen*

den die Ausgangsgrößen „Milchleistung pro Tag" bzw. die „Ergänzungsfütterungsmenge in kg TM/Kuh" benötigt. Der FILL-Weideschieber wurde von Dr. Kohnen auf Basis von Literaturdaten entwickelt. (Weitere Informationen über die E-Mail-Adresse henri.kohnen@education.lu)

Nährstoffbedarf von Weidetieren

In der Fütterung von Rindern wird durch eine optimale Kombination der Futterkomponenten eine wiederkäuergemäße und bedarfsangepasste Nährstoffversorgung angestrebt. Rinder sollten immer bis zur „mechanischen" Sättigung gefüttert werden. Die Nährstoffversorgung sollte daher im Wesentlichen über die Konzentration der Nährstoffe und damit über die Rationszusammensetzung gesteuert werden. Die Verdaulichkeit, der Energie- und Nähstoffgehalt sowie die hygienische Qualität des Futters beeinflussen neben der Rationszusammensetzung und dem Fütterungsmanagement die Futteraufnahme und damit die Nährstoffversorgung. Im Folgenden wird ein Überblick über den Nährstoffbedarf von Rindern gegeben, ausführliche Angaben können bei Steinwidder und Wurm (2005) nachgelesen werden.

Energie

Die Beurteilung des Nährstoffbedarfs von Tieren unterschiedlicher Produktionsrichtungen (Milch, Mast etc.) erfolgt mit verschiedenen Energiemaßstäben. Da sich die Verdauungsvorgänge, aber auch die Umsetzungsverluste im Stoffwechsel zwischen den Produktionsrichtungen unterscheiden, ist ein „Vermischen" unterschiedlicher Bewertungsmaßstäbe nicht möglich.

Energiebewertung

In der **Rindermast** und **Rinderaufzucht** wird zur Bewertung des Energiebedarfs eines Tieres bzw. des Energiegehalts des Futters auf die **Umsetzbare Energie** (ME) in MJ (Megajoule) zurückgegriffen. Die Umsetzbare Energie berücksichtigt die Energieverluste über Gärgase, Harn und Kot. Im Gegensatz zu den Kühen wird hier nicht mit einem Netto-Energie-Maßstab gerechnet, da die Verwertung der Energie für die Erhaltung und den Energieansatz in sehr unterschiedlichem Ausmaß von der Energiedichte der Ration beeinflusst wird.

In der Fütterung von **Milchkühen** und **Mutterkühen** erfolgt die Bewertung des Energiebedarfs bzw. des Energiegehalts eines Futtermittels über die **Netto-Energie-Laktation** (NEL) in MJ (Megajoule). Die Netto-Energie-Laktation entspricht jener Energiemenge im Futter, welche dem Tier tatsächlich zur Milchbildung zur Verfügung steht. Im NEL-System werden auch die Stoffwechselverluste (thermische Verluste) berücksichtigt.

Starke Weide- und Bewegungsaktivitäten führen zu einer Erhöhung des Energie-Erhaltungsbedarfs.

Energiebedarf

Der Energiebedarf setzt sich aus dem Bedarf für die Erhaltung und für die Leistung zusammen. Der **Erhaltungsbedarf** dient zur Funktionserhaltung lebenswichtiger Organe und zur Sicherung der Leistungsbereitschaft. Dazu zählen beispielsweise der Energiebedarf für die Verdauung, die Nährstoffaufnahme, den Nährstoffumsatz, die Leistung zur Aufrechterhaltung der Gesundheit und der Wärmeregulation sowie die bei Stallhaltung übliche Bewegungsleistung. Der Erhaltungsbedarf nimmt mit steigendem Lebendgewicht zu. Sehr hohe bzw. sehr niedrige Umgebungstemperaturen und starke Weide- und Bewegungsaktivitäten führen zu einer Erhöhung des Erhaltungsbedarfs. Bei Weidekühen, die bei Weidehaltung zweimal täglich eine ebene Strecke von 0,5 km zum Melken zurücklegen müssen (2 km/Tag) und 60 % der Tagesration aus der Weide aufnehmen, erhöht sich der Erhaltungsbedarf um etwa 12 % (+ 5 % für Gehen zur Melkung und + 7 % für Weideaktivität). Entsprechend den NRC-Empfehlungen (NRC 2001) ist der Erhaltungsbedarf von Weidemilchkühen um 10–50 % (flache Weiden nahe am Melkbereich bzw. hügeliges Gelände und weite Triebwegstrecken) zu erhöhen. Wenn in der Fütterung ein deutlicher Stickstoffüberschuss im Pansen vorliegt, dann steigt der Energiebedarf für den N-Umbau und die N-Ausscheidung ebenfalls an. In einer US-Vergleichsuntersuchung bei TMR bzw. Weidehaltung mit hochleistenden Milchkühen wurde für die N-Ausscheidungen in der Weidegruppe ein erhöhter Energiebedarf entsprechend 1,8 kg Milch (ca. 15 % erhöhter Erhaltungsbedarf) und für die erhöhte Bewegungsaktivität entsprechend 3,7 kg Milch (ca. 30 % erhöhter Erhaltungsbedarf) kalkuliert (Kolver und Muller 1998). Der **Leistungsbedarf** entspricht jener Energiemenge, die zur Bildung von Milch, für Zuwachs und für Wachstum des ungeborenen Kalbes (Fötus) aufgewendet werden muss.

Milchkühe und Mutterkühe

In der Fütterung von Kühen muss der Energiebedarf für Erhaltung, Milchleistung, Zuwachs und am Ende der Trächtigkeit auch für das Kalb im Uterus gedeckt werden. Der Zuwachs kann positiv (Lebendgewichtszunahme) oder auch negativ (Abnahme) sein. Diese vielen Faktoren erklären daher auch die sich im **Laufe einer Säugeperiode** deutlich **ändernden Anforderungen an die Energieversorgung**. Die Körpersubstanz, vor allem das Fett, ist ein gewisser „Nährstoffpuffer". Eine langfristige und starke energetische Unterversorgung verringert jedoch einerseits die Milchleistung und belastet andererseits auch den Stoffwechsel und damit die Gesundheit der

Lebendgewicht kg	Erhaltungsbedarf MJ NEL/Tag	relativ zu 700 kg LG %	Futterbedarf für Erhaltung kg TM (bei 6,0 MJ NEL/kg TM)
500	31,0	78	5,2
700	39,9	100	6,6
900	48,1	121	8,0

Tabelle 35: *Erhaltungsbedarf von Milchkühen in Abhängigkeit vom Lebendgewicht (GfE 2001)*

Fett, %	3,7	3,7	3,7	4,0	4,0	4,0	4,3	4,3	4,3
Eiweiß, %	2,9	3,2	3,5	2,9	3,2	3,5	2,9	3,2	3,5
15 kg Milch	45,0	45,9	46,9	46,6	47,6	48,5	48,3	49,2	50,2
35 kg Milch	104,9	107,1	109,3	108,8	111,0	113,2	112,7	114,9	117,1

Tabelle 36: *Leistungsbedarf (MJ NEL/Tag) zur Milchbildung in Abhängigkeit von Tagesmilchmenge sowie Eiweiß- und Fettgehalt der Milch (nach GfE 2001)*

Je höher der tägliche Fettansatz bei Mastrindern ist, desto höher ist auch der Energiebedarf.

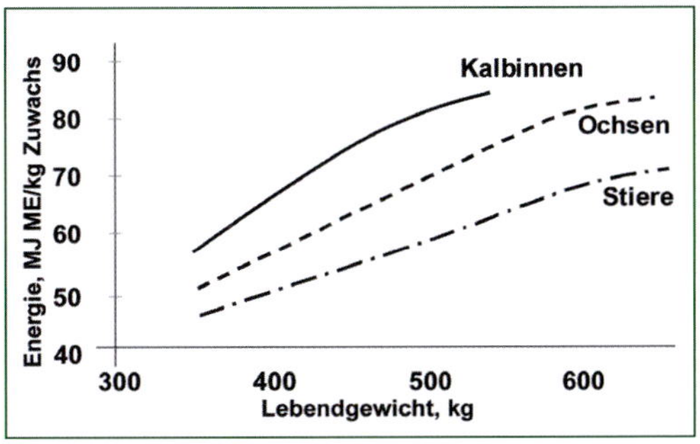

Abbildung 61: *Energiebedarf in MJ ME von Fleckvieh-Kalbinnen, -Ochsen und -Stieren je kg Zuwachs (1.000 g Tageszunahmen)* *(nach GfE 1995)*

Tiere. Eine deutliche energetische Überversorgung führt zur Verfettung. Daraus können sich in der Folge auch negative Auswirkungen für das Tier und das Kalb (Abkalbeverlauf, Stoffwechselbelastung, Gesundheit und Fruchtbarkeit) ergeben.

Rindermast

In der Rindermast hängt der Leistungsbedarf direkt mit dem täglichen Nährstoffansatz zusammen. Die Tageszunahmen sind diesbezüglich relativ ungenau, da der tägliche Zuwachs unterschiedlichen Fett-, Protein- oder Wasseransatzmengen entsprechen kann. Daraus ergeben sich auch die teilweise **beachtlichen Rassen-, Linien- und Geschlechtseinflüsse auf den Energiebedarf**, d. h., bei gleichen täglichen Zunahmen und gleichem Lebendgewicht kann sich der Leistungsbedarf deutlich unterscheiden.

Jene Tiere, die mehr Fett pro kg Zuwachs ansetzen, benötigen auch mehr Energie pro kg Zuwachs. Weibliche Tiere setzen im Vergleich zu Ochsen und insbesondere Stieren bei deutlich niedrigerem Lebendgewicht bereits hohe Fettmengen an. Daraus resultiert der **höhere Energiebedarf weiblicher Tiere pro kg Zuwachs**. Zusätzlich wird die maximale Futteraufnahme von Kalbinnen bereits bei geringerem Lebendgewicht (physiologische Sättigung) erreicht. Dies erklärt die geringeren Tageszunahmen und die frühere Schlachtreife weiblicher Tiere im Vergleich zu Ochsen und vor allem Stieren. Zu Mastbeginn wird anteilsmäßig mehr Muskelgewebe angesetzt als zu Mastende. Unabhängig vom Erhaltungsbedarf muss daher zu Mastbeginn pro kg Zuwachs weniger Energie aufgewendet werden als zu Mastende.

Besonderheiten zur Energiebedarfsdeckung bei Weidehaltung

Wie im Kapitel „Weidefutter" ausgeführt wurde, weist Weidegras bei guter Weideführung eine hohe Qualität auf. Rinder nehmen zuckerreiche Futterkomponenten sehr gerne auf, durch den Einbau von Weidefutter in die Ration kann damit die Grundfutteraufnahme erhöht und können die Futterkosten verringert werden.

Aufgrund der **hohen Qualität** und **relativ geringen Strukturwirksamkeit** von Weidefutter darf eine Kraftfutterergänzung nur sehr schonend und eingeschränkt erfolgen. Pansenübersäuerungen sind ansonsten unvermeidbar! Auch aus ökonomischer Sicht ist ein hoher Kraftfuttereinsatz zusätzlich zur Weide zu hinterfragen, da dieser zu einer hohen Verdrängung des preiswerten Weidefutters aus der Ration führt. Auf extensiven Standorten ist die Futterqualität allerdings begrenzt bzw. müssen die

Rinder vermehrt Zeit für die Futterselektion und Futtersuche aufwenden.

Vor allem bei Ganztagsweidehaltung kann die tägliche Fresszeit (Bissanzahl und Futter pro Bissen) die Grünfutteraufnahme und damit die Energieversorgung limitieren. Rinder benötigen nämlich Zeit zum Wiederkauen und es sind auch Phasen ohne Kauaktivität notwendig. Lückige Bestände, geringe Weidefutterreste, zu geringe Weideaufwuchshöhen sowie nicht schmackhafte Bestände verringern die Futteraufnahme pro Bissen und/oder die Bissfrequenz und damit die Weidefutteraufnahme.

Wie im Kapitel „Flächenleistung kontra Einzeltierleistung" bereits ausgeführt wurde, kann bei Weidehaltung eine hohe Flächenproduktivität (kg Milch pro ha bzw. kg Fleischzuwachs/ha) nicht mit hoher Einzeltierleistung (kg Milch/Tier u. Tag bzw. g Tageszunahmen/Tier u. Tag) erreicht werden. Wenn eine hohe Einzeltierleistung angestrebt wird, dann nehmen die Weidefutterverluste zu bzw. erhöht sich der Ergänzungsfutteranteil an der Tagesration, was wiederum die Weidefutteraufnahmeaktivität einschränkt und dadurch die Weidefutternutzung reduziert. Eine Ausnahme davon stellen „Leader-Follower"-Weidestrategien dar.

Bei Vollweidehaltung und konsequenter Nutzung des Weidepotenzials mit Milchkühen sind **Grundfutterleistungen von etwa 20–25 kg Milch pro Tag** aus der Weide erreichbar. In der Mast von **Kalbinnen und Ochsen** sind **Tageszunahmen über 1.000 g** und in der Mutterkuhhaltung sind bei **Jungrindern Tageszunahmen über 1.150 g** möglich.

Eiweiß

Die Eiweißversorgung (Proteinversorgung) ist für alle Lebewesen von ausschlaggebender Bedeutung. Dabei spielt die **Eiweißqualität** (Aminosäurenzusammensetzung) eine entscheidende Rolle. Die meisten Lebewesen sind auf die direkte Zufuhr von lebensnotwendigen Eiweißbausteinen, den Aminosäuren, über die Nahrung angewiesen. Im Gegensatz dazu können Wiederkäuer mithilfe der im Pansen lebenden Mikroorganismen hochwertiges Eiweiß aus dem Futterprotein, aber auch aus Eiweißvorstufen, wie zum Beispiel Ammoniak und Stickstoff, aufbauen. Die Aminosäurenzusammensetzung des im Pansen gebildeten **Mikrobenproteins** weist eine sehr hohe Qualität auf – sie entspricht in hohem Ausmaß dem Bedarf des Tieres.

Zusätzlich zum Mikrobenprotein steht dem Tier im Dünndarm auch das im Pansen von den Mikroben nicht abgebaute **Futterrohprotein** zur Verfügung. Die tatsächliche Verdaulichkeit des im Pansen nicht abgebauten Rohproteins wird wesentlich vom Aminosäurenanteil, von der Bindungsform und der technologischen Behandlung des Futters beeinflusst.

Da sich zur **Proteinbewertung** international noch keine einheitlichen Normen durchgesetzt haben, bestehen bei den Bedarfs- bzw. Versorgungsnormen zwischen den Ländern Unterschiede. Dies betrifft sowohl die Bewertung und Feststellung der Pansenbeständigkeit des Proteins als auch die Höhe der Mikrobenproteinbildung, die angenommene Menge an im Pansen rezirkulierbarem Stickstoff, den Anteil an Aminosäuren am Stickstoffangebot im Dünndarm, die Absorbierbarkeit der Aminosäuren und ihre Verwertbarkeit im Stoffwechsel. Je nach System werden diese Verwertungsverluste dem Bedarf aufgeschlagen bzw. dem Angebot abgezogen. Aus diesem Grund dürfen unterschiedliche Angaben verschiedener Proteinbewertungssysteme nicht vermischt werden. Im folgenden Abschnitt wird

Forschungsergebnisse zeigen, dass Weidefutter eiweißreich ist und gerne gefressen wird.

	Abkürzung (Quelle)	weitere Anwender	Modellansatz
Frankreich	PDI (INRA)	modif.: Schweiz, Italien, Osteuropa	statisch
Niederlande	DVE (CVB)	modif.: Belgien	statisch
Großbritannien	MP (AFRC)	modif.: Australien, Kroatien	dynamisch
USA	AP (NRC)	Amerika (teilw. Europa)	statisch
	CNCPS (Cornell UNI)	Universitäten, teilweise Praxis	dynamisch und komplex
Deutschland	nXP (GfE)	Österreich	statisch

Tabelle 37: *Beispiele für Systeme zur Bewertung der Proteinversorgung*

die Proteinbewertung entsprechend den deutschen Normen (GfE 2001) dargestellt.

In allen modernen Proteinbewertungssystemen für hochleistende Rinder wird das Angebot an **mikrobiellem Protein** und an **nicht im Pansen abgebautem Protein** (pansenbeständigem Protein, UDP) im Dünndarm dem Bedarf der Tiere gegenübergestellt.

In der Milchviehfütterung, bei der ein hoher Proteinbedarf des Tieres besteht, werden komplexe Eiweißbewertungssysteme zur Beurteilung der Versorgung der Kuh verwendet. In der Rindermast und auch in der Mutterkuhhaltung kann jedoch üblicherweise auch mit alleiniger Berücksichtigung des Rohprotein- und Energiegehalts der Ration eine Versorgungsbeurteilung erfolgen.

Eiweißbildung durch Pansenmikroben

Da im Pansen beachtliche Stoffumwandlungsprozesse ablaufen, entsprechen Menge und Zusammensetzung des gefütterten Eiweißes nicht dem Eiweiß, das in den Dünndarm gelangt und dort vom Tier aufgenommen werden kann. Die Mikroorganismen im Pansen können sowohl das Eiweiß im Futter als auch andere im Futter vorhandene Stickstoffquellen (z. B. Harnstoff) verwerten. Ein großer Teil dieser über das Futter zugeführten Verbindungen wird im Pansen überwiegend zu Ammoniak abgebaut. Wenn im Pansen ausreichend Energie für die Mikroben vorhanden ist, vermehren sich diese sehr stark und bauen dadurch aus dem Ammoniak wieder Eiweiß (Mikrobeneiweiß) auf. Dieses **Mikrobeneiweiß** gelangt in den Dünndarm und stellt dort die **wesentlichste Eiweißquelle** für den Wiederkäuer dar. Je höher die Energieversorgung über das Futter ist, desto besser kann der im Pansen anfallende Ammoniak verwertet werden. Die Energieversorgung ist daher auch für eine gute Eiweißversorgung von entscheidender Bedeutung! Die mittlere Mikrobeneiweißbildung beträgt ca. 10 g je MJ Umsetzbare Energie.

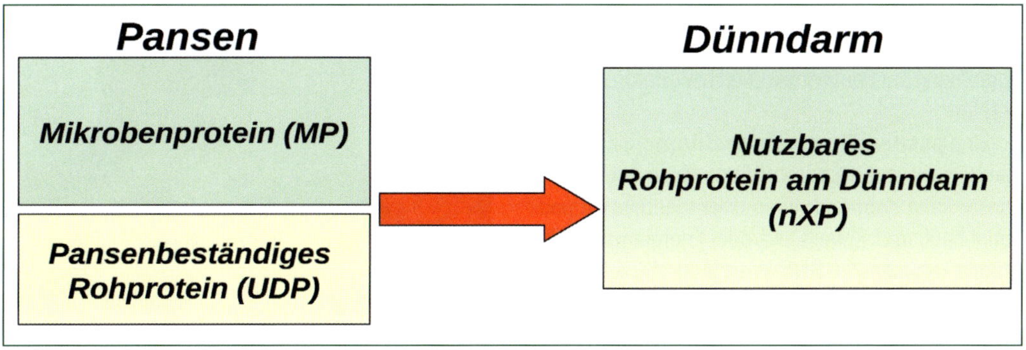

Abbildung 62: *Eiweißbedarfsdeckung bei Rindern*

Pansenbeständiges Futtereiweiß (UDP)

Neben dem von Mikroben gebildeten Eiweiß stellt das von den Pansenmikroben nicht abgebaute Futtereiweiß eine weitere Eiweißquelle für das Tier im Dünndarm dar. In Abhängigkeit von der Pflanzenart und von der technologischen Behandlung (Erhitzung, Trocknung, chemischer Schutz usw.) kann das Futtereiweiß von den Mikroben im Pansen in unterschiedlicher Höhe abgebaut werden. Eine hohe Eiweißabbaubarkeit (ca. 85 %) im Pansen weisen zum Beispiel Grünlandfuttermittel, Ackerbohnen und Erbsen und eine relativ geringe Abbaurate weisen Soja- und Rapsprodukte (ca. 70 %) sowie Biertreber (55 %) und getrocknete Schlempen auf. Durch gezielte Auswahl der Futtermittel kann daher die Eiweißabbaurate im Pansen beeinflusst werden.

Der Anteil an UDP am gesamten Eiweißangebot im Dünndarm liegt in einer Milchviehration in Abhängigkeit von den eingesetzten Futtermitteln zwischen 10 und 35 %. Dieser geringe Anteil bedeutet, dass die Eiweißversorgung großteils über Mikrobeneiweiß erfolgt. Wenn Rationen mit hohen Anteilen an UDP gefüttert werden, dann spielt auch der Gehalt an Aminosäuren am Futter- bzw. UDP-Protein eine zunehmend wichtigere Rolle.

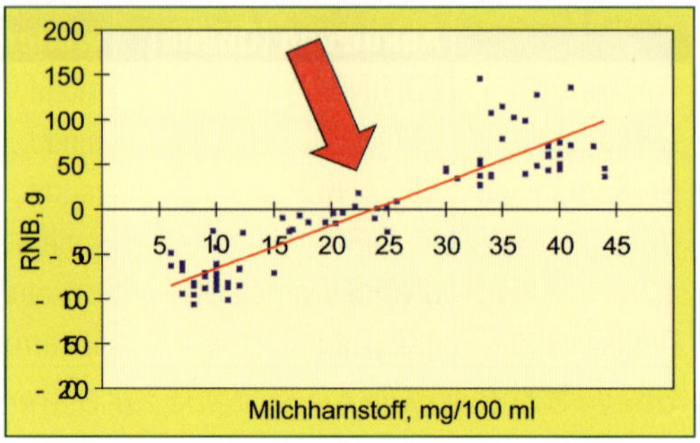

***Abbildung 63:** Zusammenhang zwischen Ruminaler N-Bilanz und Milchharnstoffgehalt* (Steinwidder et al. 1999)

Stickstoffbilanz im Pansen und Milchharnstoffgehalt

Die Pansenstickstoffbilanz (= Ruminale N-Bilanz oder RNB) ist in der Rationsberechnung eine Maßzahl dafür, ob das Verhältnis von Energie zu Stickstoff (Rohprotein) im Pansen ausgeglichen ist. In der Milchviehfütterung ist der Milchharnstoffgehalt ein wertvolles Hilfsmittel zur Beurteilung der N-Versorgung der Pansenmikroben bzw. der Ruminalen N-Bilanz.

Eine **positive Ruminale N-Bilanz** (RNB) ist ein Hinweis für einen Stickstoffüberschuss im Pansen. Dieser kann aufgrund eines Überangebots an pansenabbaubarem Eiweiß und/oder Energiemangel zustande kommen. Ein RNB-Wert über +50 bis +100 g in der Gesamttagesration sollte nicht überschritten werden, da dadurch der Stoffwechsel zunehmend belastet wird. Untersuchungen bei Stallhaltung zeigen, dass eine deutlich positive RNB (hoher Milchharnstoffgehalt) zum Zeitpunkt der Belegung zu schlechteren Fruchtbarkeitsergebnissen führen kann. Obwohl diese Ergebnisse bei Vollweidehaltung nicht bestätigt wurden, sollte der Milchharnstoffgehalt im Belegezeitraum nicht wesentlich über 35 mg/100 ml Milch liegen.

Eine **negative RNB** ist ein Hinweis für einen (möglichen) Stickstoffmangel (Rohproteinmangel) im Pansen. Es muss allerdings berücksichtigt werden, dass bei zu geringem Angebot an Stickstoffquellen das Tier ein wenig gegensteuern kann. Eine leicht negative RNB kann also ausgeglichen werden. In

Die Milchinhaltsstoffe geben Auskunft über die Fütterung.

diesen Fällen geht die Stickstoffausscheidung über den Harn zurück und der Rückfluss an Stickstoff über den Speichel und die Pansenwand in den Pansen nimmt zu. Durch diesen Kreislauf können bis zu etwa 25 % des Stickstoffbedarfes der Mikroben gedeckt werden und die Effizienz der Stickstoff-Nutzung steigt. Wenn der Milchharnstoffgehalt unter 10 bis 15 mg/100 ml Milch liegt, dann weist dies jedoch auf eine N-Unterversorgung mit möglichen Leistungseinbußen hin.

nXP-Bedarf von Milchkühen

Der Bedarf der Kühe an nutzbarem Rohprotein muss über das Futter weitestgehend gedeckt werden können. Kühe haben nur geringe Proteinreserven – es können maximal 100–200 kg Milch aus den Reserven gebildet werden. Ein Mangel in der nXP-Versorgung verringert daher den Milcheiweißgehalt. Ein Überschuss an nXP stellt demgegenüber für die Kuh kein Problem dar.

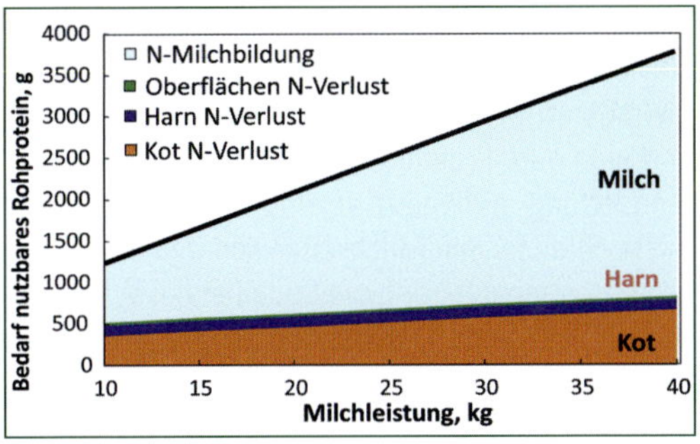

Abbildung 64: *Bedarf an nutzbarem Rohprotein am Dünndarm in Abhängigkeit von der Milchleistung* (GfE 2001)

Rohproteinbedarf in der Rindermast und Aufzucht

In der Rindermast, der Mutterkuhhaltung und Aufzucht können in der Fütterung, aufgrund des geringeren nXP-Bedarfs der Tiere, weniger komplexe Proteinbewertungssysteme verwendet werden. Üblicherweise reicht hier die Berücksichtigung des Rohprotein- und Energiegehalts der Ration in der Rationsgestaltung aus.

In der **Rindermast** ist zu Mastbeginn ein Rohprotein-/Energie-Verhältnis (g Rohprotein/MJ Umsetzbare Energie) über 14–16 erforderlich. Junge Mastrinder haben einen hohen Eiweißansatz und daher auch einen entsprechend hohen Rohproteinbedarf. Zusätzlich kann hier das Mikrobenprotein den Eiweißbedarf des Rindes nicht vollständig decken. Mit 200 kg Lebendgewicht ist daher je kg Trockenmasse eine Rohproteinkonzentration von 17–19 % in der Trockenmasse der Gesamtration notwendig. Zu Mastmitte ergibt sich eine notwendige Eiweißkonzentration von 13,5–14,5 % und zu Mastende von 11,5–12,5 % je kg Trockenmasse. Zu Mastende kann das Rohprotein-/Energie-Verhältnis auf 10–11 sinken. Da die Mikrobenproteinbildung wesentlich von der Energieversorgung abhängt, muss bei schlechter Energieversorgung mit einem höheren Eiweißbedarf gerechnet werden. Umgekehrt kann das Eiweißangebot bei guter Energieversorgung etwas reduziert werden – dabei muss jedoch ausreichend Stickstoff für die Pansenmikroben vorhanden sein (mindestens 10–11 % Rohprotein bzw. 8–9 % pansenabbaubares Rohproten je kg TM).

Der Eiweißbedarf von **Aufzuchtkalbinnen** nimmt bezogen auf 1 kg Futter mit zunehmendem Alter ab. Bei 150 kg Lebendgewicht ist ein Rohproteingehalt von 14–15 % je kg Trockenmasse erforderlich. Das nutzbare Rohprotein muss ebenfalls diese Konzentration erreichen. Die Stickstoffbilanz im Pansen darf nicht negativ sein. Grundfutter aus Grünlandprodukten hat üblicherweise einen geringeren Gehalt an nutzbarem Rohprotein als an Rohprotein. Dadurch ist bei geringer Kraftfutterergänzung eine höhere Rohproteinkonzentration notwendig. In diesem Fall muss das Ergänzungskraftfutter bis zu 17 % Rohprotein enthalten. Ansonsten reicht bei guter Grundfutterqualität ohne Maissilage ein Kraftfutter mit einem Rohproteingehalt von 15 % aus. Ab einem Lebendgewicht von 300 kg hat sich die Versorgung am Bedarf der Pansenmikroben zu orientieren. Eine Ergänzung mit rohproteinreichem Kraftfutter ist üblicherweise nicht mehr notwendig, da eine Rohproteinkonzentration von 11–12 % je kg Futtertrockenmasse ausreicht. In den letzten Wochen vor der Abkalbung sollte der Rohproteingehalt im Bereich von 13–15 % liegen.

In der **Mutterkuhhaltung** wird als Energiemaßstab die Netto-Energie-Laktation verwendet. Hier ist ein Rohprotein-/Energie-Verhältnis (g Rohprotein/MJ Netto-Energie-Laktation) in der Gesamtration von etwa 20 erforderlich. Eine Ration mit einem Energiegehalt von 5,5 MJ NEL je kg TM sollte daher mindestens 11–12 % Rohprotein enthalten. Wenn das Rohprotein-/Energie-Verhältnis 30 : 1 (g RP/MJ NEL) überschreitet, muss vermehrt Energie für die N-Ausscheidung aufgewendet werden. Es kann zu einer Stoffwechselbelastung kommen und die Verbleiberate kann sinken.

Besonderheiten zur Eiweißbedarfsdeckung bei Weidehaltung

Je nach Vegetationsstadium und Pflanzenzusammensetzung schwankt der Rohproteingehalt im Weidefutter zwischen 14 und 24 %. Bei guter Weidefutterqualität liegt der Rohproteingehalt mit 18–22 % auf hohem Niveau. Eiweißreiche Futterkomponenten werden von Rindern gerne gefressen. Mit steigendem Weidegrasanteil an der Tagesration sinkt der Eiweißergänzungsbedarf bzw. ist bei Ganztags- und Vollweidehaltung üblicherweise keine Eiweißergänzung notwendig.

Die **Rohproteinabbaubarkeit** im Pansen ist **im Weidefutter mit etwa 15–25 % hoch**, wodurch auch die N-Versorgung der Pansenmikroben hoch ist. Bei Ganztags- und Vollweidehaltung wird im Vegetationsverlauf das Rohprotein-/Energie-Verhältnis weiter und es kommt dadurch im Pansen zu einem N-Überschuss. Dies zeigt sich in der Milchviehhaltung in erhöhten Milchharnstoffgehalten (über 35 mg/100 ml), welche – je nach Pflanzenbestand – ab etwa Anfang Juli auftreten. Dadurch kann die Verbleiberate der Kühe in diesen Monaten reduziert sein. Dies erklärt auch, warum bei der Vollweidestrategie in den Sommermonaten auf eine Belegung bewusst verzichtet wird.

Eiweißreiche Komponenten dürfen – wenn überhaupt erforderlich – nur bei hohen Leistungen (oder geringem Rohproteingehalt der Weide) eingesetzt werden. Da durch Grünfutter schon hohe N-Mengen im Pansen freigesetzt werden, sollte das Eiweißkraftfutter eine hohe Pansenstabilität (UDP) und eine gute Proteinqualität (Aminosäurenzusammensetzung) aufweisen (s. Tab. 38). In Versuchen mit hochleistenden Milchkühen konnten bei Einsatz schwerer abbaubarer Eiweißquellen bei Weidehaltung mit Ergänzungsfütterung teilweise positive Effekte festgestellt werden.

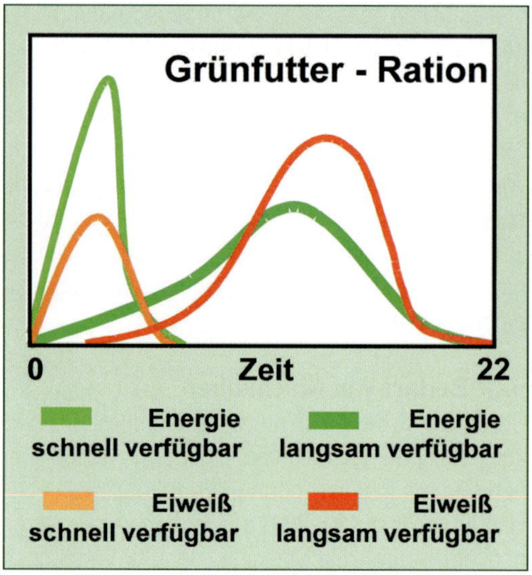

Abbildung 65: *Abbaugeschwindigkeit von Energie (Kohlenhydraten) und Eiweiß (Rohprotein) im Pansen (schematisch)*

Struktur und wiederkäuergemäße Ration

Durch ausreichende Strukturversorgung werden das Wiederkauen, die Speichelbildung, die Schichtung des Panseninhalts und damit auch optimale Pansenverhältnisse sichergestellt. Zur Beurteilung der Strukturversorgung werden in der Literatur unterschiedliche Parameter beschrieben. Dazu zählen die Gehalte an Rohfaser, strukturierter Rohfaser, NDF, ADF oder auch der Strukturwert. Diese Parameter beschreiben den Gehalt an Zellwandbestandteilen bzw. die Strukturwirkung im Pansen. Zusätzlich wird zur Beurteilung der Wiederkäuergerechtheit einer

Eiweißreiche Kraftfuttermittel[1]	Eigenschaften	Anteil in %
Erbse, Ackerbohne, Lupine	mittlerer Rohproteingehalt hoher Rohproteinabbau im Pansen hoher Energie- und Stärkegehalt mittlerer Stärkeabbau im Pansen	bis 20
Rapsextraktionsschrot[1] und -kuchen	hoher Rohproteingehalt mittlerer bis geringer Rohproteinabbau im Pansen, mittlerer Energiegehalt, keine Stärke, mittlerer Zuckergehalt hoher Gehalt an Strukturkohlenhydraten	bis 50 max. 1,5 kg FM
Sonnenblumen-extraktionsschrot[1] und -kuchen	hoher Rohproteingehalt mittlerer bis geringer Rohproteinabbau im Pansen, relativ geringer Energiegehalt keine Stärke, mittlerer Zuckergehalt, hoher Gehalt an Strukturkohlenhydraten	bis 50
Sojaextraktionsschrot[1] und -kuchen	hoher Rohproteingehalt mittlerer Rohproteinabbau im Pansen, hoher Energiegehalt mittlerer Zuckergehalt	bis 100
Getreideschlempe (getrocknet)	mittlerer Rohproteingehalt geringer Rohproteinabbau im Pansen, mittlerer Energiegehalt, mittlerer Gehalt an Strukturkohlenhydraten	bis 50
Biertrebersilage	mittlerer Rohproteingehalt geringer Rohproteinabbau im Pansen, geringer Energie- und Stärkegehalt, hoher Gehalt an Strukturkohlenhydraten hoher Wassergehalt	max. 5 kg FM

[1] In der Biologischen Landwirtschaft ist der Einsatz von Extraktionsschroten aufgrund der Verwendung von Lösungsmitteln bei der Ölgewinnung nicht erlaubt!

***Tabelle 38:** Komponenten im Eiweißkraftfutter zur Weide*

Ration aber auch der Rationsanteil an Stärke, Zucker, abbaubarer Stärke oder NFC bzw. die Partikellänge herangezogen.

WICHTIG **Futteraufnahme**

Bei der Beurteilung von Rationskriterien bzw. von Grenzwerten muss immer das Leistungs- und Futteraufnahmeniveau der Tiere berücksichtigt werden. Beispielsweise wirkt ein 25-%-Rationsanteil an schnell fermentierbaren Kohlenhydraten bei einer Futteraufnahme von 24 kg TM deutlich pansenbelastender als bei 16 kg TM-Aufnahme, da sich die Tagesmengen mit 6 bzw. 4 kg wesentlich unterscheiden. Darüber hinaus muss auch das Fress- und Wiederkauverhalten berücksichtigt werden. Eine über den Tag möglichst gleichmäßige Verteilung der Aktivitäten sowie kleine Futteraufnahmeportionen (z. B. bei Kurzrasenweide) sind günstiger.

Eine ausgewogene Versorgung mit Grundfutter bzw. Struktur ist entscheidend. Kraftfutter verringert die Kautätigkeit und führt praktisch nicht zum Wiederkauen. Je höher daher der Kraftfutteranteil in der Ration wird, desto geringer wird die Speichelpro-

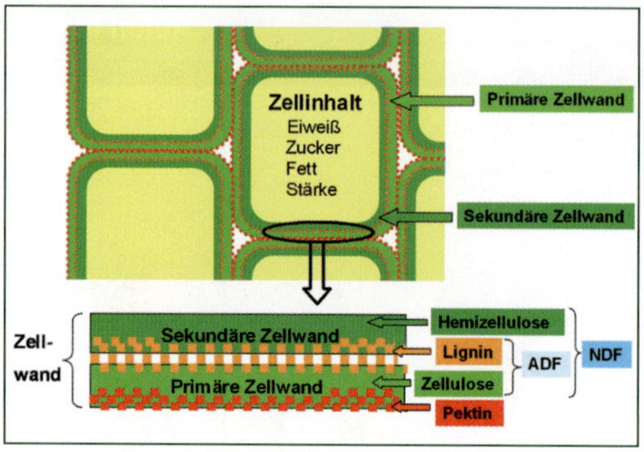

***Abbildung 66:** Schematische Darstellung der pflanzlichen Zelle* (nach Nultsch 2001)

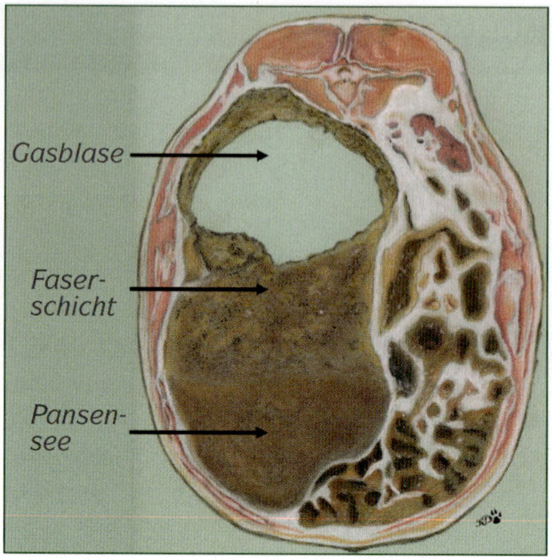

***Abbildung 67:** Schichtung im Pansen*

duktion bei steigender Säurenproduktion und desto größer wird folglich das Risiko für Störungen im Pansen.

Pansen-pH-Wert

Bei ausgewogener Fütterung liegt der pH-Wert im Pansen **im leicht sauren Bereich bei 6,8–6,2**. Der Wert schwankt im Tagesverlauf. Zum Beispiel werden bei Morgen- und Abendfütterung vier bis fünf Stunden nach Fütterungsbeginn die niedrigsten pH-Werte im Pansen erreicht.

Die negative Wirkung eines zu niedrigen pH-Wertes auf den Pansenstoffwechsel hängt vom Ausmaß und der Dauer der Übersäuerung sowie den kurzfristigen tageszeitlichen Schwankungen ab. Kritisch sind länger andauernde Pansen-pH-Werte von unter 6,2 bzw. Phasen, in denen der Pansen-pH-Wert unter 5,8 abfällt. Die Folgen eines zu tiefen pH-Wertes sind für den Pansenstoffwechsel und die Kuh beträchtlich, denn es leiden sowohl Verdaulichkeit und Leistung darunter als auch Gesundheit (Stoffwechsel, Klauen, Pansen etc.) und in der Folge die Fruchtbarkeit.

Strukturversorgung und Pansenschichtung

Der Panseninhalt ist schichtförmig aus dem **Pansensee** (flüssig), der **Faserschicht** (grobe feste Pansenmatte) und der **Gasblase** aufgebaut. Liegt zu wenig Strukturfutter vor oder erfolgt ein zu rascher Futterwechsel, dann wird die Faserschicht nicht optimal aufgebaut, wodurch es in der Folge zu Pansen-, Futteraufnahme- und Verdauungsstörungen kommt. Eine gute Fütterungstechnik kann den Aufbau der Faserschicht unterstützen. Nach Futterumstellungen oder auch Phasen mit eingeschränkter Futterversorgung ist zunächst eine faserreiche Fütterung, etwa mit bestem Heu, vorzuziehen. Kurz geschnittenes Grundfutter (theoretische Schnittlänge unter 1 cm) trägt nur mehr wenig zur Bildung der notwendigen Faserschicht bei.

Beim Wiederkauen wird viel Speichel gebildet – dieser puffert den pH-Wert im Pansen.

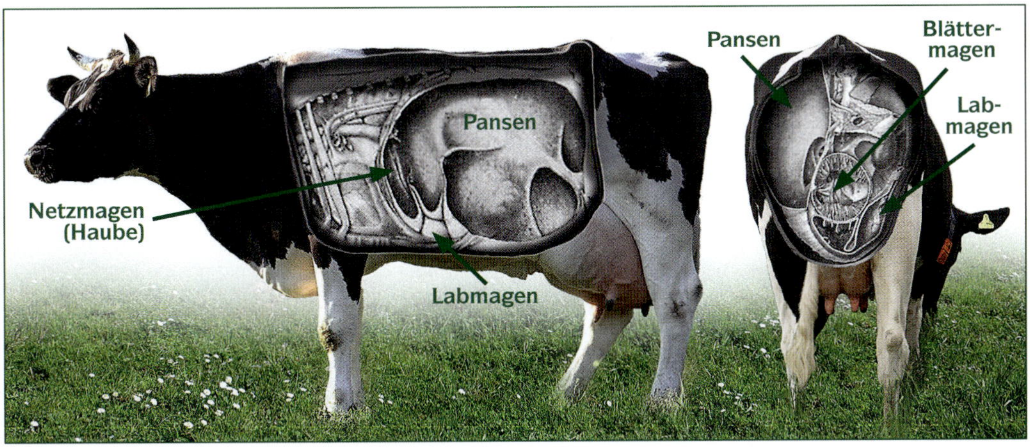

Abbildung 68: *Vormagen und Labmagen des Rindes (verändert nach Spranger 2002)*

Was ist Struktur?

Die Strukturwirkung von Futter wird von der physikalischen Eigenschaft und der chemischen Zusammensetzung bestimmt.

- Der größte Teil des Futters besteht aus Kohlenhydraten. Von diesen weisen hochverdauliche Zellinhaltsstoffe wie Zucker, Stärke und Pentosane praktisch keine Strukturwirksamkeit auf.
- Nur die Kohlenhydrate der Zellwände wie Zellulose, Lignin und teilweise Hemizellulose führen, bei ausreichender Futterlänge, zum Wiederkauen.

Strukturkohlenhydrate

Kohlenhydrate aus Zellwänden sind pansenphysiologisch unbedingt notwendig. Sie werden auch als Strukturkohlenhydrate bezeichnet. Diese setzen sich im Wesentlichen aus Zellulose, Hemizellulose und Lignin zusammen.

Zellulose ist besonders in jungen Pflanzen ein wichtiger Baustoff der Pflanzenzellenaußenwand. Mit fortschreitendem Alter wird an der Innenwand der Zelle als weitere Stützschicht **Hemizellulose** gebildet. Zellulose und Hemizellulose werden vom Wiederkäuer mithilfe der Pansenmikroben verdaut. **Lignin** ist die in den pflanzlichen Zellwänden vorhandene Verholzungssubstanz. Chemisch gesehen ist Lignin kein Kohlenhydrat. Es bildet sich mit zunehmender Reife der Pflanzen als Kittsubstanz zwischen Zellulose und Hemizellulose aus. Lignin kann nicht verdaut werden. Je höher sein Anteil ist, desto geringer wird die Verdaulichkeit von Zellulose und Hemizellulose. Die **Pektine** (Vielfachzucker) befinden sich je nach Pflanzenart und Vegetationsstadium in unterschiedlicher Menge vorwiegend im Bereich der primären Zellwand. Die Pektine sind nicht strukturwirksam, sie werden zur Energieversorgung herangezogen.

Die Abbaugeschwindigkeit der Strukturkohlenhydrate im Pansen ist im Vergleich zu Stärke und Zucker wesentlich langsamer. Futtermittel mit einem hohen Gehalt an Strukturkohlenhydraten werden daher von Wiederkäuern auch in größeren Mengen gut vertragen. Sie bewirken nach der Fütterung keinen raschen pH-Wert-Abfall, da sie im Pansen langsam, vorwiegend zu Essig-, aber auch in geringerem Ausmaß zu Butter- und Propionsäure abgebaut werden. Besonders stärke- und zuckerreiche Futtermittel müssen mit Futtermitteln mit einem hohen Gehalt an Strukturkohlenhydraten (NDF) kombiniert werden. Zu den NDF-reichen Futtermitteln zählen beispielsweise Grundfutter, alle Kleien, Trockenschnitzel, Sonnenblumenkuchen, Schlempen und Biertreber.

Kohlenhydrate in den Zellen

Zu diesen Kohlenhydraten zählen im Wesentlichen Zucker und Stärke. Diese Inhaltsstoffe tragen, wie auch die zwischen den Zellen eingelagerten Pektine, wesentlich zur Energieversorgung bei.

Zucker zählt zu den leicht löslichen Nährstoffen und ist sehr energiereich. Er wird bereits im Pansen von den Mikroben sehr rasch und vollständig umgesetzt. Vorwiegend wird im Pansen daraus Propionsäure und in geringerer Menge auch Milchsäure gebildet. Die Propionsäure spielt eine zentrale Rolle im Energiestoffwechsel. Zu den zuckerreichen Futtermitteln zählen Weide- und Grünfutter, unter Dach getrocknetes Heu, Melasse, melassierte Trockenschnitzel, Malzkeime, Obsttrester, Extraktionsschrote und Kleien. Zuckerreiche Futtermittel sind süß und werden daher gerne gefressen. Zu große Mengen an Zucker, auch im Grundfutter, können aber zu Übersäuerungen im Pansen führen. Prinzipiell weisen junge Pflanzen einen höheren Zuckergehalt auf. Weide- und Grünfutter enthält je nach Zusammensetzung und Nutzungszeitpunkt 40–180 g Zucker je kg TM. Kühle Nächte erhöhen im Vergleich zu warmen Nächten den Zuckergehalt und verringern die Strukturkohlenhydratbildung. Grassilagen enthalten aufgrund der Vergärung nur mehr 10–100 g Zucker. Je nach Qualität und Konservierungsverfahren sind im Heu Gehalte von 40 bis etwa 160 g Zucker je kg TM möglich. In Maissilagen ist der Zuckergehalt sehr gering (bis 15 g/kg TM).

Stärke zählt zu den bedeutendsten Energiequellen im Futter. Alle Getreidearten, Mais, aber auch die Leguminosen Ackerbohne und Erbse enthalten hohe Stärkemengen. Grünlandfutter enthält praktisch keine Stärke. Stärke wird im Pansen vorwiegend zu Propionsäure abgebaut. Die Abbaubarkeit der Stärke wird jedoch wesentlich von der chemischen Struktur und der Behandlung der Futtermittel beeinflusst. So hat beispielsweise die Stärke von getrocknetem Mais eine geringe Quellfähigkeit im Pansen. Sie wird daher langsam abgebaut. Besonders bei großen Kraftfuttermengen ist das von Bedeutung, da es dadurch nicht so rasch zu Pansenübersäuerungen kommen kann. Je stärker die Futtermittel zerkleinert werden, desto größer wird die Oberfläche und umso rascher erfolgt der Abbau. Kraftfuttermittel dürfen deshalb nicht zu fein geschrotet werden. Die Siebgröße sollte bei den Getreidearten Gerste, Weizen, Roggen und Triticale 5–6 mm und bei Körnermais 4 mm betragen.

Die Auswirkungen von Hitzebehandlungen sind nicht einheitlich. Je nach Verfahren und Kraftfutterart kann sich die Abbaurate erhöhen, aber auch verringern. Durch die Silierung wird der Stärkeabbau im Pansen erhöht. Unabhängig von der Stärkeabbaubarkeit ist die Einsatzmenge von Stärke jedoch zu begrenzen, damit das Risiko einer Übersäuerung des Pansens verringert wird. Auch einer begrenzten Stärkeverdauung im Dünndarm (max. etwa 1,5 kg pro Tag) wird damit Rechnung getragen. Der Stärkegehalt von Maissilagen liegt je nach Reifestadium und Kornanteil bei 100–300 g/kg TM.

Die Summe aller Nicht-Strukturkohlenhydrate kann rechnerisch als NFC bezeichnet werden (NFC g/kg TM = 1.000 – NDF – Rohasche – Rohprotein – Rohfett).

Physikalische Struktur

Wiederkäuer brauchen Futter mit einer bestimmten Partikellänge. Nur dadurch wird eine optimale Wiederkautätigkeit, Speichelbildung und Pansenverdauung erreicht. Vor allem Grundfutterkomponenten verfügen über entsprechende Mengen an physikalisch strukturwirksamen Inhaltsstoffen. Prinzipiell geht mit abnehmender Futterteilchenlänge und sinkendem Trockenmassegehalt die Strukturwirksamkeit zurück. Bei hohen Kraftfutteranteilen und niedrigem TM-Gehalt des Grundfutters wird bei sehr kurz gehäckselten Silagen die Grenze der Wiederkäuergerechtheit prinzipiell rascher erreicht. Bei Grundfuttermitteln sind Effekte der Partikellänge auf die Strukturwirksamkeit des Futters erst bei Unterschreitung einer mittleren Partikellänge von etwa 1 cm zu erwarten. Zur Ausbildung der notwendigen Faserschicht im Pansen sind jedoch mehr als 15–20 % des Grundfutters mit einer tatsächlichen Partikellänge über 2 cm (besser 4–5 cm) erforderlich. Entscheidend ist die Partikellängenverteilung im Futtertrog bzw. im tatsächlich gefressenen Futter. Eine einfache Methode der Bewertung der physikalischen Struktur von

	Maissilage	Grassilage	TMR
Obersieb (über 1,9 cm)	mind. 2–4 %[1] (10–15 % mit Corn Cracker)	mind. 15–25 %	mind. 6–10 %
Mittelsieb (unter 1,9 cm bis 0,8 cm)	40–50 %	30–40 %	30–50 %
Untersieb (unter 0,8 cm)	bis 50 %	bis 50 %	bis 60 %

[1] Diese geringen Anteile sind nur möglich, wenn zusätzlich noch Grassilage oder Heu angeboten werden.

Tabelle 39: Empfohlene Partikellängen für Grundfuttermittel und TMR

Totalmischrationen (TMR) ist die Schüttelbox. Bei Totalmischrationen sollten sich nach dem Schüttelvorgang im Obersieb (> 1,9 mm) zumindest 6–10 % des Futters befinden. Futterreste im Barren müssen anteilsmäßig berücksichtigt werden! Auf dem Mittelsieb (theoretisch 1,9–0,8 cm) sollten 30–50 % und am Siebboden (theoretisch < 0,8 cm) maximal 40–60 % des Futters verbleiben. Diese Angaben für TMR stellen sicherlich den Grenzbereich dar.

Belgische Untersuchungen bestätigen, dass Heu und Grassilagen einen höheren Strukturwert als Maissilagen aufweisen. Bei Einsatz von Grünmehl, Gras- oder Maiscobs und Luzernepellets ist die Verarbeitung entscheidend für die Strukturwirksamkeit. Eine zu starke Zerkleinerung der Futterpartikel ist ungünstig. Beim Einsatz von Futtermischwägen ist eine Vermusung des Grundfutters unbedingt zu vermeiden. Kraftfuttermittel weisen praktisch keine bzw. nur eine sehr geringe physikalische Strukturwirksamkeit auf. Dies gilt sowohl für gemahlenes, gequetschtes als auch pelletiertes Futter. Unterschiede hinsichtlich der Wirkung im Pansen ergeben sich daher bei den Kraftfutterkomponenten fast ausschließlich aufgrund der Nährstoffzusammensetzung und der Abbaugeschwindigkeit.

Futteraufnahme und Rationswechsel

Wiederkäuer bzw. die Mikroorganismen des Pansens benötigen etwa drei bis fünf Wochen, bis sie sich bei Rationsänderungen vollständig angepasst haben. Daher müssen Rationswechsel in der Rinderfütterung immer langsam bzw. gleitend durchgeführt werden. Eine über den Tag möglichst gleichmäßige Futteraufnahme und Rationszusammensetzung gewinnt mit steigender Leistung bzw. konzentrierteren Rationen in der Wiederkäuerfütterung an Bedeutung.

Bewertung einer wiederkäuergerechten Ration

Die Komplexität der Wiederkautätigkeit, Speichelbildung und Pansenfermentation erfordert die Berücksichtigung von Nährstoffen, der physikalischen Struktur und managementbedingten Faktoren in der Rationsgestaltung. Die EDV-unterstützte Rationsbe-

Futteranalysen und Rationsberechnungen unterstützen die Fütterungsplanung.

rechnung stellt hinsichtlich der Nährstoffaufnahme eine große Hilfe in der Rationsoptimierung dar. Die weiteren Einflussfaktoren (Fütterungstechnik etc.) müssen jedoch unbedingt betriebsindividuell beurteilt und in der Rationsgestaltung berücksichtigt werden.

Zucker- und Stärkegrenzwerte

Es müssen die absoluten Mengen in der Tagesration bzw. je kg Futter beachtet werden. Zusätzlich muss auch bei der Stärke eine Unterscheidung zwischen pansenabbaubarer und pansenbeständiger Stärke getroffen werden. Die Summe der Nicht-Strukturkohlenhydrate (NFC) gibt ebenfalls einen guten Überblick über die Rationsverhältnisse. Eine hohe mikrobielle Effizienz und damit eine optimale Nährstoffumsetzung im Pansen sowie eine hohe Futteraufnahme erfordern bestimmte Zielwerte an Zucker und Stärke. Damit es zu keinen gesundheitlichen Belastungen kommt, dürfen Grenzwerte nicht überschritten werden.

Um den physikalischen Strukturwert abschätzen zu können, ist die Beurteilung der NDF-Aufnahme aus dem Grundfutter und der Gesamtration notwendig. Ein weiterer wichtiger Kennwert sind die ADF- und Rohfaserkonzentration in der Gesamtration. Für die Versorgung mit Strukturkohlenhydraten liegen sehr unterschiedliche Empfehlungen vor. Einen Einfluss darauf haben die Grundfutterzusammensetzung, die Leistungshöhe, das Laktationsstadium, die Fütterungstechnik und das Management.

Mit der Schüttelbox kann der Anteil der faserigen Bestandteile überprüft werden.

Strukturwert

In einer umfangreichen belgischen Studie wurde über zehn Jahre der Strukturwert von Futtermitteln (Grundfutter und Kraftfutter) untersucht. Der Bedarf an Strukturwert wird entsprechend der Milchleistung, der Laktationsanzahl, dem angestrebten Milchfettgehalt und der Kraftfutterfütterungsfrequenz errechnet. Die „Durchschnittsration" soll einen Strukturwert von mindestens 1,2 (1,1) aufweisen. Bei Unterschreitung des Strukturwertes ist mit einem deutlichen Abfall von Futteraufnahme und Milchleistung zu rechnen. Zudem ist die Pansenacidosegefahr erhöht und es treten vermehrt Stoffwechselstörungen und Klauenprobleme auf.

Berechnung Strukturwert von Grundfutter

Grassilage: SW = –0,20 + 0,0125 x g Rohfaser (je kg TM)

Heu: SW = (–0,20 + 0,0125 x g Rohfaser) x 1,06

Maissilage: SW = –0,10 + 0,0090 x g Rohfaser

Häcksellänge = 6 mm (Korrektur, wenn kürzere o. längere Häcksellänge je 1 mm ± 2 % von SW

Stroh: SW = 4,30

Grünfutter:*
Frühjahr SW = (–0,20 + 0,0125 x g Rohfaser) x 0,7
Herbst SW = (–0,20 + 0,0125 x g Rohfaser) x 0,9

* modifiziert nach De Brabander et al. 1999

Richtwerte zur Versorgung mit Kohlenhydraten und Struktur

Die Zielgrößen orientieren sich an der Optimierung der Nährstoffumsetzung im Vormagen, um eine hohe Effizienz der mikrobiellen Eiweißsynthese und eine hohe Futteraufnahme zu erreichen. Gestaffelt sind die Richtwerte daher nach Leistungsphasen und Leistungshöhen. Die angegebenen Werte gelten für ein optimales Fütterungsmanagement (TMR etc.).

		Grenzwerte je kg TM		Tagesmengen kg (bei 22 kg TM-Aufn.)	
		min.	max.	min.	max.
ADF[1]	g/kg TM	180		4,0	
NDF[1]	g/kg TM	280		6,2	
NDF Grundfutter	g/kg TM	180		4,0	
Rohfaser	g/kg TM	160		3,5	
NFC	g/kg TM		340–380		7,5–8,4
Zucker[2]	g/kg TM		75		1,7
Zucker + abbaubare Stärke	g/kg TM		225–250		5,0–5,5
beständige Stärke	g/kg TM		60		1,7
Strukturwert	SW	1,2 (1,1)			

[1] Im 1. Laktationsmonat muss der Anteil an Strukturkohlenhydraten höher und der Anteil an Nicht-Strukturkohlenhydraten geringer sein.
[2] Im Einzelfall kann der Zuckergehalt auch überschritten werden – höhere Anteile an NDF und ADF bzw. keine Überschreitung des Grenzwertes von Zucker + abbaubarer Stärke sowie gleitende Futterumstellungen und gleichmäßige Futteraufnahme sind dann erforderlich.

Tabelle 40: *Grenzwerte zur Kohlenhydratversorgung von Milchkühen bei hoher Leistung und sehr gutem Fütterungsmanagement (adaptiert nach DLG 2001)*

Falls dieses nicht optimal ist, werden die Grenzwerte früher überschritten.

Strukturversorgung und wiederkäuergemäße Fütterung bei Weidehaltung

Rationen mit hohem Weidefutteranteil zeichnen sich in der Regel durch einen für Grundfuttermittel relativ geringen Strukturkohlenhydratanteil (Rohfaser, NDF, ADF) und eine eingeschränktere Strukturwirksamkeit aus. Zusätzlich enthält junges Weidefutter einen hohen Zuckergehalt, der im Pansen rasch abgebaut wird. Junges Grünfutter ist energie- und eiweißreich und enthält keine nennenswerten Stärkemengen.

In Tabelle 41 sind Rationskriterien zur Beurteilung der Strukturversorgung bzw. der wiederkäuergemäßen Fütterung den Gehalten in Vollweiderationen ohne zusätzliche Grund- und Kraftfutterergänzungsfütterung gegenübergestellt. Dabei zeigt sich, dass bei entsprechendem Management, mit Ausnahme des Zuckergehaltes, alle oben ausgeführten Mindestkriterien erreicht werden. Eine Überschreitung des Zuckergehaltsgrenzwertes ist deswegen pansenphysiologisch vertretbar, da höhere Anteile an NDF und ADF in der Ration gegeben sind und vor allem auch keine Überschreitung des Grenzwertes von Zucker + abbaubarer Stärke vorliegt. Gleitende Futterumstellungen und eine gleichmäßige Weidefutteraufnahme über den Tag müssen trotzdem erreicht werden.

In Tabelle 42 ist eine Ration dargestellt, in der das Weidefutter mit 4 kg Gerste (23 % Rationsanteil) ergänzt wurde. In diesem Fall ist die Aufnahme an Strukturkohlenhydraten etwas geringer, zusätzlich zum Zuckergrenzwert wird auch der Grenzwert an pansenabbaubarer Stärke + Zucker bereits nahezu erreicht. Diese Ration befindet sich daher jedenfalls pansenphysiologisch im Grenzbereich.

Zur Sicherung einer wiederkäuergemäßen Fütterung müssen bei Weidehaltung die im folgenden Abschnitt angeführten Punkte beachtet werden.

Langsamer Weidebeginn

Wiederkäuer bzw. die Mikroorganismen des Pansens benötigen etwa drei bis fünf Wochen, um sich an Rationsänderungen vollständig anzupassen. Daher müssen Rationswechsel in der Rinderfütterung im-

		Richtwerte je kg TM	nur Weidefutter je kg TM	relativ %
NEL	MJ/kg TM		6,4	
XF	g/kg TM	min. 160	217	136
NDF	g/kg TM	min. 280	435	155
NDF aus Grundf.	g/kg TM	min. 180	435	242
ADF	g/kg TM	min. 180	258	143
Strukturwert		min. 1,2	1,8	150
NFC	g/kg TM	max. 340 (380)	225	66
Zucker[1]	g/kg TM	max. 75	120	160[1]
Zucker + abbaubare Stärke	g/kg TM	max. 225 (250)	122	54

[1] Im Einzelfall kann der Zuckergehalt überschritten werden – höhere Anteile an NDF und ADF bzw. keine Überschreitung des Grenzwertes von Zucker + abbaubarer Stärke sowie gleitende Futterumstellungen und gleichmäßige Futteraufnahme sind dann erforderlich.

Tabelle 41: Rationskriterien bei alleiniger Weidefutteraufnahme

		Richtwerte je kg TM	14 kg Weide + 4 kg Gerste je kg TM	relativ %
NEL	MJ/kg TM		6,8	
XF	g/kg TM	min. 160	180	113
NDF	g/kg TM	min. 280	383	137
NDF aus Grundf.	g/kg TM	min. 180	338	188
ADF	g/kg TM	min. 180	215	120
Strukturwert		min. 1,2	1,4	116
NFC	g/kg TM	max. 340 (380)	317	93
Zucker[1]	g/kg TM	max. 75	97	130[1]
Zucker + abbaubare Stärke	g/kg TM	max. 225 (250)	212	94

[1] Im Einzelfall kann der Zuckergehalt überschritten werden – höhere Anteile an NDF und ADF bzw. keine Überschreitung des Grenzwertes von Zucker + abbaubarer Stärke sowie gleitende Futterumstellungen und gleichmäßige Futteraufnahme sind dann erforderlich.

Tabelle 42: Rationskriterien bei Kombination von Weide mit 23 % Gerste (Futteraufnahme: 14 kg TM Weide + 4 kg TM Gerste)

mer langsam bzw. gleitend durchgeführt werden. Dies gilt auch für die Weidehaltung. Ein zeitiger Weideaustrieb im Frühjahr mit langsamer Steigerung des Weidefutteranteils (z. B. eine Woche Stundenweide, eine bis zwei Wochen Halbtagsweide und danach erst Ganztagsweide) und gleichzeitig kontinuierlich sinkender Kraftfuttereinsatz kommen dieser Anforderung entgegen.

Gleichmäßige Weidefutteraufnahme

Weideverfahren, welche eine über den Tag gleichmäßige Weide- und Ergänzungsfutteraufnahme fördern, sind anzustreben. Im Vergleich zur Portions- und Koppelweidehaltung grasen Rinder bei Kurzrasenweide gleichmäßiger und nehmen pro Bissen weniger Futter auf. Dies trägt bei höherleistenden Tieren zur Stabilisierung des Pansenstoff-

Je höher der Weideanteil in der Ration ist, desto weniger Kraftfutter muss bzw. darf ergänzt werden.

wechsels bei. Bei Stundenweide ist es günstiger, wenn Rinder morgens und abends auf die Weide kommen. Betriebe, die junges Grünfutter im Stall füttern, müssen die raschere Futteraufnahme und kurzfristig schnellere Erreichung pansenphysiologischer Grenzen beachten.

Kraftfutter nur schonend einsetzen

Bei einer etwaigen Kraftfutterergänzung zu Weidefutter müssen die geringe Strukturwirksamkeit, der hohe Zuckergehalt von Weidefutter, aber auch die hohe Grundfutterverdrängung durch Kraftfutter unbedingt berücksichtigt werden – zu Grünfutter darf daher nur sehr wenig Kraftfutter gefüttert werden. Wenn zur Weide Kraftfutter eingesetzt wird, dann muss dieses auf das Weidefutter und dessen Anteil in der Ration abgestimmt werden. Je höher der Weide- oder Grünfutteranteil in der Ration ist und je höher die Qualität dieses Futters ist, desto weniger Kraftfutter darf ergänzt werden! Wird Kraftfutter angeboten, dann muss dieses die Energie im Pansen langsam (aber ausreichend) freisetzen. Pansenschonende Komponenten, die geringe Zucker- und langsam abbaubare Stärkegehalte aufweisen (z. B. Mais), sind erforderlich.

Die Kraftfuttermengen müssen bei Weidefütterung im Gegensatz zur strukturreichen Stallfütterung reduziert werden. Zudem hat Kraftfutter bei Weidehaltung einen größeren Grundfutterverdrängungseffekt bzw. geringeren Milchleistungssteigerungseffekt. Je kg Kraftfutterzulage stieg in vielen Versuchen die Milchleistung der Kühe in Abhängigkeit vom Leistungsniveau, der Weidefutterqualität und dem Weidefutterangebot nur zwischen 0,3 und 1,3 kg. Eine schonende Kraftfutterergänzung ist in der Vollweidezeit nur dann angebracht, wenn die Milchleistung der Kühe über 25–28 kg liegt. Bei Vollweidehaltung wird in den Sommermonaten üblicherweise kein bzw. nur sehr wenig Kraftfutter ergänzt, um das preiswerte Weidefutter optimal verwerten zu können.

Wenn Kraftfutter bei Ganztagsweidehaltung eingesetzt wird, dann muss beachtet werden, dass die pansenphysiologischen Grenzen bei Milchkühen schon ab etwa 4–5 kg Kraftfutter erreicht werden. Es ist dabei auch zu beachten, dass Kraftfutter bei Weidehaltung zumeist nur bei der Melkung gefüttert werden kann (relativ große Menge pro Teilgabe und schwankender pH-Wert im Pansen!).

Ergänzungsfütterung im Stall beeinflusst das Weideverhalten.

Energiereiche Kraftfuttermittel	Eigenschaften	Anteil in %
Getreide[1]: Gerste, Hafer, Roggen, Triticale, Weizen	hoher Energie- und Stärkegehalt rascher Stärkeabbau im Pansen niedriger Rohproteingehalt hoher Rohproteinabbau im Pansen	max. 40–60
Mais	hoher Energie- und Stärkegehalt langsamer Stärkeabbau im Pansen niedriger Rohproteingehalt geringer Rohproteinabbau im Pansen	20–40
Futtermehle (ohne Kleien)	mittlerer bis hoher Energie- und Stärkegehalt mittlerer Zuckergehalt mittlerer Rohproteingehalt hoher Rohproteinabbau im Pansen	bis 15
Kleien	geringer Energie- und Stärkegehalt, mittlerer Zuckergehalt hoher Gehalt an Strukturkohlenhydraten, mittlerer Rohproteingehalt mittlerer Rohproteinabbau im Pansen	bis 15
Trockenschnitzel	mittlerer Energiegehalt, keine Stärke, mittlerer Zuckergehalt hoher Gehalt an Strukturkohlenhydraten, niedriger Rohproteingehalt geringer Rohproteinabbau im Pansen	bis 25

[1] Getreide: Die in der Tabelle empfohlenen Einsatzgrenzen gelten nur bei Kombination mehrerer Getreidearten: Hafer (mittlerer Energie- und Stärkegehalt): Einsatz unter 20 %; Roggen (Geschmacksbeeinträchtigung): Einsatz unter 30 %; Weizen und/oder Triticale (stärkereich, wenige Gerüstkohlenhydrate): Einsatz unter 50 %.

Tabelle 43: *Kraftfutterkomponenten im Energiekraftfutter*

Bei Ergänzung mit Heu und angewelkter Grassilage bzw. Maissilage (Halbtagsweide und Stundenweide) ist ein höherer Kraftfuttereinsatz möglich. Gutes Weidefutter ermöglicht eine sehr hohe Trockenmasseaufnahme und bietet damit die Chance, viel Milch aus preiswertem Grundfutter zu erzeugen. Für hochleistende Milchkühe (über 35–40 kg Milch) kann die Unterversorgung mit nutzbarem Rohprotein am Dünndarm an beständiger Stärke und ein Überschuss an Stickstoff bzw. Zucker leistungsbegrenzend sein. Dies kann durch eine gezielte Beifütterung (Maissilage, Körnermais, Trockenschnitzel, schwer abbaubare Eiweißquellen) ausgeglichen werden. Bei grünfutterbetonten Rationen (Grünfutteranteil über 50 %) sollten die Kühe trotzdem nicht mehr als 5 bis 7 kg Kraftfutter erhalten. Bei geringerem Grünfutteranteil (30–60 %) können maximal 6–8 kg Kraftfutter eingesetzt werden.

Heu- bzw. Strukturergänzung

Es wurden mehrere Untersuchungen zum Effekt einer Heuergänzung bei Vollweidehaltung von Milchkühen durchgeführt. In diesen Arbeiten wurden keine wesentlichen positiven Effekte auf den Pansenstoffwechsel bei Heuergänzung festgestellt, teilweise ging mit steigendem Heueinsatz die Leistung der Kühe zurück. Wenn größere Mengen an Heu eingesetzt werden, dann muss mit einem Rückgang der Weidefutteraufnahme und einer Verdünnung der Nährstoffkonzentration gerechnet werden, bei einem Heueinsatz von unter 2 kg TM je Kuh und Tag wurde kein Milchleistungsrückgang festgestellt (Bischof u.

Steinwidder 2012). Eine geringe Heuergänzung (bis 2 kg/Tag) verteuert zwar die Fütterung, erhöht jedoch die **Rationsvielfalt** und trägt damit zu höherer **Rationsstabilität** bei. Auf biologisch wirtschaftenden Weidebetrieben wird daher zumeist eine geringe Menge Heu zugefüttert.

Vor allem bei Kurzrasenweidehaltung wird immer wieder eine zu geringe Strukturversorgung diskutiert. Wie bereits ausgeführt, ist bei Verzicht bzw. eingeschränktem Kraftfuttereinsatz und gutem Weidemanagement prinzipiell keine Strukturunterversorgung zu erwarten. Stabilisierend wirkt hier auch die über den Tag relativ gleichmäßige Futteraufnahme in kleinen Portionen. Darüber hinaus nehmen die Rinder immer wieder auch strukturreicheres Futter im Bereich von Geilstellen auf.

Bei Blähgefahr (wüchsige Witterung, frostiges Futter, erwartete hastige Weidefutteraufnahme, hoher Kleeanteil etc.) kann eine Heuergänzung pansenstabilisierend bzw. vorbeugend wirken. In diesen Situationen müssen jedoch zumindest 3 kg Heu vor dem Weideaustrieb pro Kuh und Tag gefüttert werden.

Mineralstoffe

Die ausreichende Versorgung mit Mineralstoffen sichert die vielfältigen Stoffwechselfunktionen des Körpers, das Wachstum und die Fruchtbarkeit. Mängel und Überschüsse in der Versorgung sind aus tiergesundheitlichen, ökologischen und wirtschaftlichen Überlegungen zu vermeiden. Die Mineralstoffe können in Mengenelemente und Spurenelemente aufgeteilt werden.

Mengenelemente

In der Fütterung von Rindern sind Calcium, Phosphor, Magnesium und Natrium von großer Bedeutung. Ein Mangel an Kalium, Schwefel und Chlor ist in der Praxis nicht zu beobachten. Der Bedarf der Tiere wird entscheidend vom Lebendgewicht, vom Laktationsstadium und der Leistung (Zuwachs etc.) beeinflusst.

Die Aufgaben des Calciums (Ca) liegen beispielsweise in der Knochenbildung, der Sicherung der Nervenfunktion und Muskelkontraktion sowie in der Enzymaktivierung. Phosphor (P) ist ebenfalls am Knochenaufbau beteiligt. Zusätzlich ist eine bedarfsgerechte Phosphorversorgung zur Sicherung des Energiestoffwechsels erforderlich. Natrium (Na) ist ein wichtiger Bestandteil von Körperflüssigkeiten und daher für die Nährstoffaufnahme und Ausscheidung bedeutend. Magnesium (Mg) greift entscheidend in die Nervenfunktionen und die Muskelkontraktion ein.

Spurenelemente

In der Rinderfütterung sind bei den Spurenelementen vor allem Mangan, Zink, Kupfer, Jod und Selen von besonderer Bedeutung. Bei diesen Elementen kann in der Fütterung ein Ergänzungsbedarf bestehen. Vor allem als Bestandteile von Enzymen bzw. als Hilfsstoffe (Aktivatoren) erfüllen Spurenelemente vielfältige Aufgaben im tierischen Organismus. Hohe Mangangehalte (Mn) weisen das Skelett, die Leber und die Nieren auf. Manganmangel kann zu vermindertem Zuwachs, zu schlechter Skelettausbildung und herabgesetzter Fruchtbarkeit führen. Zink (Zn) greift im Stoffwechsel als Enzymaktivator wesentlich in die Zellteilung ein. Bei Rindern kann sich starker Zinkmangel an Hautschäden (Euter, Hinterbeine) zeigen. Kupfermangel (Cu) führt vor allem zu einer Verschlechterung der Pigmentierung und Struktur von Haaren. Es kommt bei Cu-Mangel auch zu Störungen des Nervensystems und des Skelettes. Eine Ursache für das Auftreten von lebensschwachen Kälbern kann Selenmangel (Se) darstellen. Jod (J) greift über das Schilddrüsenhormon in den Energiehaushalt der Rinder ein.

Versorgungsempfehlungen

Eine bedarfsgerechte Mineralstoffversorgung setzt die Kenntnis des Gehaltes an Mineralstoffen in den Futtermitteln voraus. Ohne diese Kenntnis können in der Mineralstoffversorgung lediglich Kompromisse eingegangen werden. Dazu sind **regelmäßige Nähr- und Mineralstoffanalysen** der Grundfuttermittel notwendig. Die Kraftfutterkomponenten weisen relativ konstante Mineralstoffgehalte auf. Diese können daher bei der Rationsberechnung aus Tabellenwerken entnommen werden. Bei Grünlandfutter weisen Gräser üblicherweise geringere Ca- und Mg-Gehalte als Leguminosen und Kräuter auf. Mit zunehmendem Strukturkohlenhydratgehalt gehen die Gehalte an Mengen- und Spurenelementen zurück.

Die in der Literatur angegebenen Versorgungsempfehlungen mit Mineralstoffen beinhalten üblicherweise „Sicherheitszuschläge". Diese Zuschläge sollen eine Unterversorgung mit Mineralstoffen aufgrund möglicher Schwankungen in der Verwertbarkeit der Mineralstoffe bzw. Mängel in der Abschätzung des Bedarfs der Tiere und des Angebots im Futter verhindern.

Die Mineralstoffergänzung kann über das Einmischen der Mineralstoffträger in das Kraftfutter oder individuelles Zuteilen (Streuen über das Grundfutter, Lockfutter im Melkstand, Transponder etc.) erfolgen. Dabei können auch Mischungen von handelsüblichen Mineralstoffmischungen, Futterkalk und Viehsalz eingesetzt werden. Das freie Anbieten von Mineralstoffen in Mineralstoffschüsseln gewährleistet nicht in jedem Fall eine bedarfsgerechte Versorgung, da die freie Aufnahme der Tiere nur sehr bedingt dem tatsächlichen Bedarf entspricht. Vor allem wenn Viehsalz pulverförmig zur freien Aufnahme angeboten wird, kann dies zu einer stoffwechselbelastenden Überversorgung bei Einzeltieren führen!

Natrium muss bei Weidehaltung jedenfalls ergänzt werden.

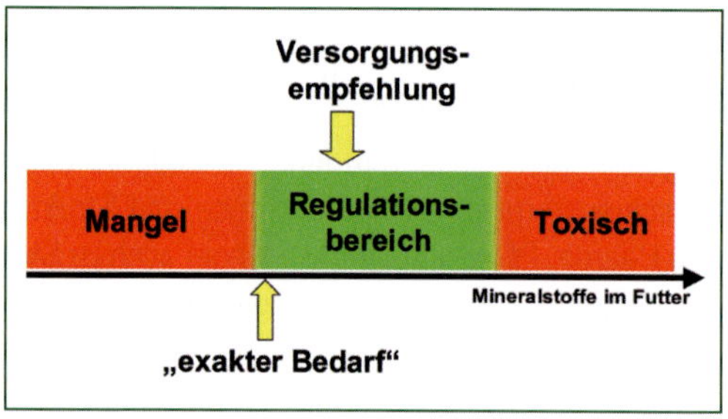

***Abbildung 69:** Bedarf an Mineralstoffen und Versorgungsempfehlungen (schematisch)*

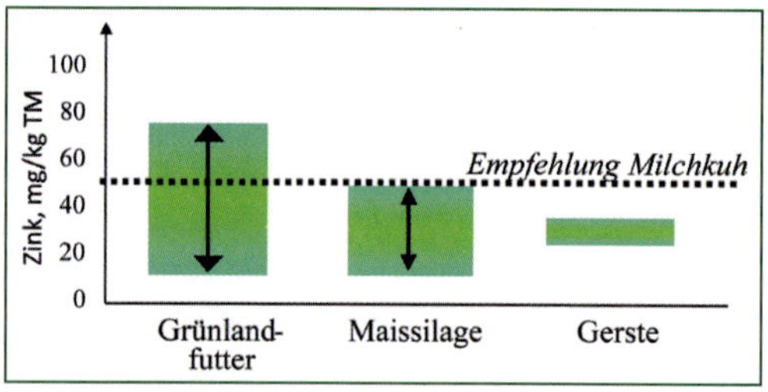

***Abbildung 70:** Grundfutter weist große Schwankungen im Mineralstoffgehalt auf (Beispiel Zink).*

		Kühe	Rindermast
Mangan (Mn)	mg/kg TM	50	40
Zink (Zn)	mg/kg TM	50	40
Kupfer (Cu)	mg/kg TM	10	8–10
Selen (Se)	mg/kg TM	0,2	0,1–0,15

***Tabelle 44a:** Empfehlungen zur Spurenelementkonzentration in Rationen von Kühen und Mastrindern in mg/kg Trockenmasse* (GfE 2001; GfE 1995)

Milchkühe

In der Milchviehfütterung ist bei reinen Grünlandrationen zumeist nur eine geringe bzw. erst bei hohen Milchleistungen eine Calciumergänzung erforderlich. Im Gegensatz dazu kann bei der Phosphorversorgung, vor allem bei Einsatz von Grünlandfutter im fortgeschrittenen Vegetationsstadium, ohne Ergänzung ein Mangel auftreten. Bei Weidehaltung kann es im Frühling und Herbst bei raschem Futterwechsel bzw. Strukturmangel zu einer schlechten Magnesiumabsorption aus dem Pansen kommen. In diesen Fällen sind daher Sicherheitszuschläge in der Mag-

		Trocken-stehend	10 kg Milch	20 kg Milch	30 kg Milch	40 kg Milch
Calcium	g/Tag	34	50	82	115	146
Phosphor	g/Tag	22	32	51	71	90
Magnesium	g/Tag	16	18	25	32	34
Natrium	g/Tag	10	14	21	28	35

Tabelle 44b: *Empfehlungen zur Mengenelementversorgung von Kühen (GfE 2001)*

Mineralstoff	Versorgungsempfehlung Milchkühe			Gehaltsbereich				
	40 kg Milch	10 kg Milch	Trocken-stehend	Grünland-futter	Mais-silage	Gersten-stroh	Gerste	Voll-milch
Calcium, g/kg TM	6,4	4,1	3,2	5–10	2–2,5	4,5–5,0	0,8	8,6
Phosphor, g/kg TM	4,0	2,6	2,1	2–4	2–2,3	0,6–1,0	3,9	7,2
Magnesium, g/kg TM	1,6	1,5	1,5	2–3	1,3–1,5	0,8–1,0	1,3	0,9
Natrium, g/kg TM	1,5	1,2	1,0	0,2–0,5	unter 0,1	3,5–3,9	0,32	3,2
Kupfer, mg/kg TM	10	10	10	5–10	4–5	4–6	6,1	1
Mangan, mg/kg TM	50	50	50	40–100	25–30	70–90	18	1
Selen, mg/kg TM	0,20	0,20	0,20	0,05–0,30	0,15–0,20	k. A.	0,17	0,3
Zink, mg/kg TM	50	50	50	20–50	20–25	40–50	32	41

Tabelle 45: *Mineralstoffversorgungsempfehlungen für Milchkühe und Angebot in ausgewählten Futtermitteln je kg Trockenmasse (nach DLG 1973; GfE 2001)*

nesiumversorgung zu empfehlen. Bei Natrium ist in Mitteleuropa in jedem Fall eine Ergänzung (z. B. jodiertes Viehsalz) der Ration erforderlich. Bei Einsatz von Maissilagen muss berücksichtigt werden, dass diese deutlich ärmer an Calcium (2–2,5 g) sind. Der Phosphorgehalt liegt bei etwa 2–2,3 g/kg TM. Auch bei Magnesium (1,4 g) und Natrium (unter 0,1 g) haben Maissilagen geringe Gehaltswerte, sodass eine entsprechend höhere Ergänzung erforderlich ist. Der Kaliumbedarf von Kühen wird in der Praxis in jedem Fall über das Futter gedeckt, bei intensiver Bewirtschaftung kann es zu einer Überversorgung kommen (über 30 g K/kg TM). Dadurch kann unter anderem die Magnesium- und Natriumverwertbarkeit herabgesetzt werden.

Das Grünlandfutter weist in den Gehalten an Spurenelementen eine große Bandbreite auf. Für eine ausreichende Spurenelementversorgung, besonders mit Selen, Zink und Kupfer, ist der Einsatz einer handelsüblichen Mineralstoffmischung (zumindest 30–50 g pro Kuh und Tag) notwendig.

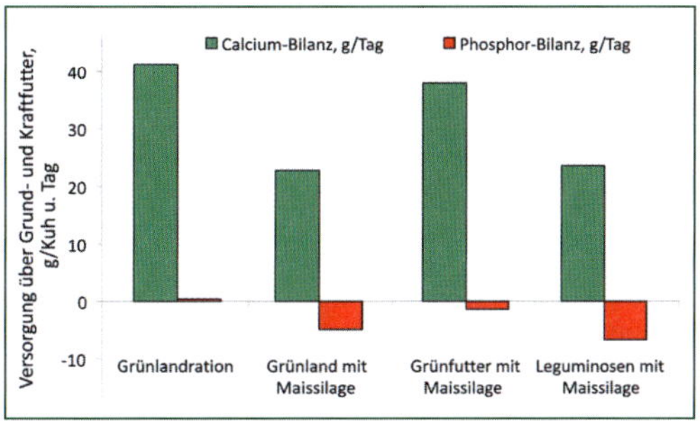

Abbildung 71: *Bilanz an Calcium und Phosphor in der Gesamtration bei versch. Rationstypen und einer Milchleistung von 25 kg ohne zusätzliche Mineralstoffergänzung (Grundfutterqualität gut) (nach Gruber u. Wiedner 1994)*

Der Jodbedarf kann über Minerallecksteine gedeckt werden.

Letztendlich entscheidet nicht allein das Grundfutter, sondern auch das Kraftfutter über die Mineralstoffversorgung. Somit kann eine exakte Mineralstoffergänzung erst auf der Grundlage einer Gesamtbilanz erfolgen.

Mutterkühe und Rindermast

In der **Mutterkuhhaltung** ist bei reinen Grünlandrationen zumeist nur eine geringe bzw. keine Calciumergänzung erforderlich. Im Gegensatz dazu kann es bei der Phosphorversorgung beim Einsatz von Grünlandfutter im fortgeschrittenen Vegetationsstadium bzw. bei Strohfütterung ohne Ergänzung zu einem Mangel kommen. Bei Natrium ist in jedem Fall eine Ergänzung über Viehsalz erforderlich. Beim Einsatz von Maissilagen muss berücksichtigt werden, dass diese deutlich ärmer an Calcium (2–2,5 g) sind. Der Phosphorgehalt liegt bei etwa 2–2,3 g. Auch bei Magnesium (1,4 g) und Natrium (unter 0,1 g) haben Maissilagen geringere Gehaltswerte, sodass eine entsprechend höhere Ergänzung erforderlich ist. Das Grünlandfutter weist, was den Gehalt an Spurenelementen betrifft, eine große Bandbreite auf. Für eine ausreichende Spurenelementversorgung, besonders mit Selen, Zink und Kupfer, ist der Einsatz von 20–50 g einer handelsüblichen Mineralstoffmischung notwendig.

Im Gegensatz zu den Kühen besteht bei den **Jungrindern** immer ein Ergänzungsbedarf an Calcium. Zu Mastbeginn sind beispielsweise etwa 15–20 g Ca zusätzlich zur Milch sowie zum Grund- und Kraftfutter erforderlich. Da der Natriumgehalt der Mutterkuhmilch relativ hoch ist, ist zu Mastbeginn keine zusätzliche Ergänzung mit Viehsalz erforderlich. Ab ca. 250 kg Lebendgewicht muss Natrium geringfügig beigefüttert werden (Ergänzungsbedarf: 1–2 g pro Tag).

In der **Rindermast** ist ebenfalls eine Ergänzung mit Calcium, aber auch mit Natrium erforderlich. Zu Mastbeginn besteht der höchste Ca-Ergänzungsbedarf. Bei Phosphor besteht zumeist kein bzw. nur ein geringer zusätzlicher Bedarf. Die Versorgung mit

Die Mineralstoffe sollten auf der Weide vor Regen geschützt werden.

Spurenelementen sollte über eine Grundergänzung mit einer handelsüblichen Mineralstoffmischung gedeckt werden. Daher sollte die Mineralstoffmischung auch spurenelementbetont sein.

Mineralstoffversorgung bei Weidehaltung

Der Weidepflanzenbestand und die Weidefutterqualität beeinflussen den Mineralstoffgehalt im Futter. In Weidefutter ist der **Mengen- und Spurenelementgehalt** aufgrund des höheren Blattanteils **zumeist höher** als in den jeweiligen Futterkonserven. Weidefutter ist reich an Calcium und junges Weidefutter enthält auch hohe Mengen an Phosphor und Kalium. Je höher der Weidefutteranteil an der Tagesration ist, desto geringer ist der Calciumergänzungsbedarf. Eine hohe Kaliumaufnahme kann jedoch die Verwertbarkeit von Natrium und Magnesium reduzieren und damit den Ergänzungsbedarf erhöhen. Auch nicht ausbalancierte Mineralstoffaufnahmen bzw. Verdauungsstörungen (rascher Futterwechsel, Pansenübersäuerungen durch zu viel Kraftfutter oder hastiges Fressen, verschmutztes Futter, starker Durchfall) können zu Mineralstoff-Aufnahmestörungen (z. B. Magnesium) führen. Für die Haltung trockenstehender Kühe sind Weidegunststandorte nicht geeignet – hier werden die Tiere mit Calcium und Kalium überversorgt, was das Milchfieberrisiko erhöht.

Im Winter erfolgt die Mineralstoffversorgung oft über Kraftfutter, Lecksteine, Transponderanlagen oder über Mineralstoffmischungen, die über das Grundfutter gestreut werden. Diese Zuteilungsmöglichkeiten fallen insbesondere bei Ganztagsweide zum Teil weg. Im Vollweideprojekt der HBLFA Raumberg-Gumpenstein (Steinwidder et al. 2010a) zeigte sich, dass teilweise den Weidetieren in der Weidesaison auch die Zeit im Stall fehlt, um ausreichend Mineralstoffkomponenten (z. B. Natrium über Viehsalz) aufzunehmen.

- In Abhängigkeit vom Mineralstoffgehalt der Gesamtration kann eine Ergänzung mit Phosphor und Magnesium (eventuell Calcium bei geringem Weideanteil), notwendig sein. Zu Weidebeginn sind magnesiumreiche Mineralstoffmischungen zu empfehlen.
- Zur Sicherung der Natriumversorgung sind bei Ganztagsweidehaltung von Milchkühen Salzlecksteine im Stall und auch auf den Weiden anzubringen.
- Erfahrungsgemäß reicht auch der Selengehalt im Futter in manchen Grünlandgebieten nicht zur Bedarfsdeckung aus. Insbesondere auf feuchten Standorten mit geringem pH-Wert und/oder auf humusreichen (Moor-)Böden weist das Grünlandfutter geringe Selengehalte auf. Vor allem in Mutterkuhbetrieben sollte daher der Selengehalt im Mineralfutter mindestens 30–50 mg je kg betragen, besonders wichtig ist eine ausreichende Selenversorgung in den letzten beiden Trächtigkeitsmonaten.
- In der Milchviehhaltung kann die gezielte Mineralstoffergänzung – zusätzlich zu Lecksteinen – über eine kleine Gabe einer Mischung aus Kraftfutter + Mineralstoffmischung z. B. am Futtertisch oder im Melkstand erfolgen. In Weideregionen werden Mineralstoffe oft auch über Wasserringleitungen zugeteilt.
- In der Weiderindermast kann eine Ergänzung ebenfalls mit Lecksteinen, Mineralstoffschüsseln oder Mischungen aus Kraftfutter und Mineralstoffmischungen erfolgen.
- In der Trockenstehzeit sind intensive Weiden für Milchkühe nicht geeignet. Neben dem Verfettungsrisiko besteht auch die Gefahr einer deutlichen Mineralstoff-Fehlversorgung. Junges Weidefutter weist hohe Calcium- und Kaliumgehalte auf, dies erhöht in der Folge das Milchfieberrisiko!

Vitamine

Vitamine sind organische Verbindungen, die in kleinsten Mengen lebensnotwendig sind. Je nach Tierart und Fütterungssituation ist eine Ergänzung der Ration mit Vitaminen erforderlich. Vitamine können aus ernährungsphysiologischer Sicht in fettlösliche und wasserlösliche unterteilt werden.

Wasserlösliche Vitamine

Die wasserlöslichen Vitamine werden bei Wiederkäuern **in der Regel vollständig von den Pansenmikroben synthetisiert** – eine Ergänzung ist daher bei Tieren mit voll funktionsfähigem Pansen nicht erforderlich. Zu den wasserlöslichen Vitaminen zählen **Vitamin C** und die **B-Vitamine** (Thiamin, Riboflavin, Pyridoxin, Niacin, Biotin, Pantothensäure, Folsäure, Cobalamin). Da in der Kälberaufzucht die mikrobielle Vitaminbildung eingeschränkt ist, wird hier auch eine Ergänzung mit den wasserlöslichen Vitaminen (über Kälbermineralstoffmischungen, Milchaustauscher) durchgeführt. Bei gestörten Pansenverhältnissen, kraftfutterbetonten Rationen oder hygienisch nicht einwandfreiem Futter kann es auch bei ausgewachsenen Wiederkäuern zu Mangelsymptomen in der Versorgung mit wasserlöslichen Vitaminen kommen.

Fettlösliche Vitamine

Zu den fettlöslichen Vitaminen zählen Vitamin A (ß-Karotin), Vitamin D, Vitamin E und Vitamin K. Eine Ergänzung mit den Vitaminen A, D und E kann bei Wiederkäuern notwendig sein.

Vitamin A kommt ausschließlich in Futtermitteln tierischer Herkunft vor – diese werden in der Rinderfütterung nicht eingesetzt. Von Bedeutung für die Versorgung ist daher das ß-Karotin, welches eine Vorstufe von Vitamin A ist. Karotinreich sind vor allem Grünfuttermittel. Wenig Karotin enthalten Maissilagen. In Zuckerrüben bzw. deren Verarbeitungs-

Hier erfolgt im Weidemelkstand zweimal täglich eine gezielte Ergänzungsfütterung.

produkten, aber auch in Biertreber, Schlempe und Trester ist praktisch kein Karotin enthalten. Durch die Konservierung und auch bei langer Lagerung geht der Karotingehalt im Grundfutter zurück. Vitamin A ist für die Zellteilung und das Wachstum erforderlich. Es wird auch als „Epithelschutzvitamin" bezeichnet, da es die Schleimhautbildung unterstützt. Vitamin A und die Vorstufe ß-Karotin sind auch im Fruchtbarkeitsgeschehen von Bedeutung. In der Milchviehfütterung besteht bei reinen Grünfutterrationen kein Vitamin-A- bzw. Karotinergänzungsbedarf. Wenn konserviertes Grundfutter eingesetzt wird, kann je nach Rationszusammensetzung eine Ergänzung der Grundration mit 5.000–20.000 IE (Internationalen Einheiten) je 100 kg Lebendgewicht erforderlich sein. Unabhängig von der Vitamin-A-Versorgung kann in der Milchviehfütterung in der Winterfütterungsperiode bei Einsatz von großen Mengen an lange gelagertem Grundfutter, überständigem Heu oder Maissilage ein Karotinergänzungsbedarf (100–150 mg ß-Karotin/Tier und Tag) bestehen.

Die **Vitamin-D-Wirkung** besteht in erster Linie in der Beeinflussung des Calcium- und Phosphorstoffwechsels. Weidegang sorgt in der Regel für eine optimale Vitamin-D-Versorgung. In der Winterfütterungsperiode wird in der Milchviehfütterung eine tägliche Ergänzung der Ration mit 1.000 IE Vitamin D pro 100 kg Lebendgewicht empfohlen.

Die Funktion des **Vitamins E** (Tocopherol) bezieht sich im Stoffwechsel vor allem auf den Schutz der Zellwände vor „radikalen" Substanzen. Vitamin E und Selen wirken im Stoffwechsel zusammen – teilweise können sie sich auch ergänzen. Vitamin-E-Mangel kann zu Fruchtbarkeitsstörungen und auch zu Muskelschäden führen. Junges Grünfutter ist reich an Tocopherol. Bei der Konservierung und Lagerung von Grundfutter treten Vitamin-E-Verluste auf. Getreide enthält wenig und Maissilage, Hackfrüchte sowie alle Extraktionsschrote beinhalten nur sehr wenig Vitamin E. Es wird daher vor allem in der Winterfütterung eine Ergänzung der Ration mit 100 IE Vitamin E empfohlen. Teilweise werden in der Literatur bei höheren Gaben positive Wirkungen auf die Eutergesundheit und Immunfunktion beschrieben. Die **K-Vitamine** sind für die Blutgerinnung notwendig. Ein Mangel wurde in der Praxis nur bei Geflügel beschrieben.

In der Rinderfütterung erfolgt die Vitaminergänzung üblicherweise über die Verabreichung einer vitaminisierten Mineralstoffmischung.

Vitaminversorgung bei Weidehaltung

Über das Weidefutter wird üblicherweise eine sehr gute Versorgung mit Vitaminen erreicht, sodass mit steigendem Weidefutteranteil der Ergänzungsbedarf sinkt bzw. keine Ergänzung notwendig ist.

Weide in Aufzucht, Mast und Milchkuhhaltung

Aufgrund des unterschiedlichen Nährstoffanspruches von Milchkühen, Mutterkühen, Mast- und Aufzuchtrindern sowie differenzierter Weidestrategien wird im Folgenden auf die Besonderheit in der jeweiligen Weidehaltung eingegangen.

Weide in der Milchkuhfütterung

Weidehaltung trockenstehender Kühe

Der hohe Kuhkomfort und die Bewegungsmöglichkeiten sind günstig für trockenstehende Weidekühe. Hinsichtlich Weidefutterqualität und Nährstoffversorgung in der Trockenstehzeit gibt es jedoch gewisse Herausforderungen.

Zu **Beginn der Trockenstehzeit** sinkt der Nährstoffbedarf deutlich, die Futteraufnahme verändert sich jedoch mit dem Trockenstellen nicht wesentlich. Kühe fressen am Beginn der Trockenstehzeit sehr hohe Futtermengen, was auf guten Weiden zu einer deutlichen energetischen Überversorgung und Verfettung führen kann. Nur wenn die Kühe stark abgemolken trockengestellt werden, ist der Einsatz energiereicherer Rationen zu Beginn der Trockenstehzeit anzuraten.

Eine Grundvoraussetzung für eine gezielte Fütterung ist die Trennung von trockenstehenden und laktierenden Kühen. Für trockenstehende Kühe sind insbesondere extensive Weiden geeignet. Bei Verfettungsrisiko kann eine begrenzte Weidedauer und entsprechende Ergänzungsfütterung mit strukturreichem Heu notwendig sein. Die Energiekonzentration sollte im Bereich von 5 MJ NEL/kg TM liegen, auf eine ausreichende Pansenfüllung ist auch hier zu achten.

Die **letzten Wochen vor der Abkalbung** zählen im Laktationsverlauf zu den wichtigsten Phasen. Es muss den Kühen in diesem Abschnitt daher besondere Aufmerksamkeit gewidmet werden. In den letzten Tagen der Trächtigkeit kommt es zu bedeutenden hormonellen Umstellungen. Zusätzlich wird das Fassungsvermögen des Verdauungstraktes der Kuh durch das wachsende, ungeborene Kalb ständig verringert. Im Durchschnitt geht die Futteraufnahme in den letzten zwei Wochen vor der Abkalbung um etwa 25–30 % zurück. Dies entspricht einem Futteraufnahmerückgang von 2–4 kg Trockenmasse. Aus diesem Grund verfetten Kühe unmittelbar vor der Abkalbung üblicherweise nicht mehr. Vielmehr ist eine ausreichende Versorgung mit Nährstoffen in diesem Abschnitt wichtig, damit es nicht vor der Abkalbung zu einem unerwünschten Körperfettabbau kommt.

Bei Kühen muss spätestens **zwei Wochen vor der Abkalbung** die Ration allmählich umgestellt werden (Vorbereitungs- oder Transitfütterung). Bei Kalbinnen sollte diese Umstellung bereits früher (etwa sechs Wochen vor der Geburt) stattfinden. Die Transit(grundfutter)ration sollte in ihrer Zusammensetzung im Wesentlichen der für laktierende Kühe entsprechen. Damit wird verhindert, dass mit der Abkalbung auch eine radikale Futterumstellung zusammenfällt. Sowohl das Tier als auch die Pansenmikroben (Mikrobenzusammensetzung) benötigen mindestens zwei bis drei Wochen, um sich an eine neue Futtersituation vollständig anzupassen.

Für trockenstehende Kühe sind extensive Weiden besser geeignet als intensive Weiden.

Eine optimale Vorbereitungsfütterung ist bei vollständiger Weidehaltung schwierig.

Eine optimale Vorbereitungsfütterung ist jedoch bei vollständiger Weidehaltung schwierig, da insbesondere der Mineralstoffgehalt von Weidefutter zu gesundheitlichen Problemen führen kann. Besonderes Interesse kommt dabei der Calciumversorgung in den letzten zwei bis drei Trächtigkeitswochen zu. Bei hoher Versorgung mit Calcium steigt das Risiko für das Auftreten von „Milchfieber“ an. In den letzten Trockenstehwochen muss die Ca-Versorgung daher soweit wie möglich eingeschränkt werden. Weitere Faktoren, die zu Milchfieber führen können, sind Kationenüberschuss (Kalium, Natrium), eine unzureichende Schwefelzufuhr und ein Rohproteinüberschuss. Aufgrund dieser Faktoren kann nur eine begrenzte Weidefütterung in der Transitperiode empfohlen werden. Bei Kühen, die anfällig für Milchfieber sind (Veranlagung, hohe Leistung, ältere Kühe etc.), ist einen Tag vor der Abkalbung eine Verabreichung von flüssigem Ca-reichem Mineralfutter oder von Calcium-Boli zu empfehlen. Eine gezielte Vitamin-D-Injektion in den letzten sieben Tagen vor der Abkalbung senkt ebenfalls das Milchfieberrisiko.

Ergänzungsfütterung bei laktierenden Kühen

In der Milchviehhaltung finden wir in der Vegetationsperiode unterschiedliche Weidestrategien vor. Dazu zählen die Stundenweide, Halbtagsweide, Ganztagsweide und die Vollweide. Mit steigender Weidedauer erhöht sich dabei der Weideflächenbedarf und verringert sich der Ergänzungsfutteranteil (s. Tab. 46). Betriebe, die auf Ganztags- und Vollweidehaltung setzen, können Kosten sparen, gleichzeitig ist aber auch die Einzeltierleistung limitiert.

Gutes Weidefutter ermöglicht eine sehr hohe Trockenmasseaufnahme und bietet damit die Chance, viel Milch aus preiswertem Grundfutter zu erzeugen. Der Anteil an Weidefutter am Grundfutter kann in der Vegetationsperiode je nach Betriebssituation zwischen 20 und 100 % der Grundfutteraufnahme betragen. Wenn am Betrieb die Weidefläche begrenzt ist bzw. wenn Wert auf hohe Einzeltierleistung gelegt wird, dann greifen Milchviehbetriebe häufig auf Stunden- und Halbtagsweide zurück. Auch in Weidesituationen mit vorübergehendem Weidefuttermangel (z. B. Trockenheit) spielt die Ergänzungsfütterung eine beachtliche Rolle. Bei hochleistenden Milchkühen können die Unterversorgung mit nutzbarem Rohprotein am Dünndarm, an beständiger Stärke und ein Überschuss an Stickstoff bzw. Zucker leistungsbegrenzend sein.

WICHTIG **Weide-Tierleistung**

Bei hohem Weidefutteranteil kann eine ausgeglichene Ration durch eine gezielte Beifütterung bis Milchleistungen von etwa 35 kg erreicht werden.

Bei Milchleistungen, die darüber hinausgehen, ist eine den Versorgungsempfehlungen entsprechende Fütterung in der Praxis nur bei Reduktion des Weidefutteranteils (begrenzte Weidezeit z. B. durch Halbtags- und Stundenweide) erreichbar.

Ergänzungsfütterung und Weideverhalten

Grundsätzlich muss beachtet werden, dass Rinder Gewohnheitstiere sind. Es braucht daher zu Weidebeginn im Frühjahr nicht nur für den Pansen, sondern auch für die Tiere selbst eine **langsame Weidegewöhnung**. Die Weidefutteraufnahme erfordert darüber hinaus auch eine hohe Fressaktivität der Tiere. Da die Futteraufnahme im Stall für die Tiere üblicherweise bequemer ist, werden die Weidefressaktivität und damit die Weidefutteraufnahme

	Vollweide	Ganztagsweide	Halbtagsweide	Stundenweide
Bedarf an arrondierten Weideflächen	hoch	hoch	mittel	gering
Saisonale Abkalbung (ohne oder mit Melkpause)	ja	nein	nein	nein
Ergänzungsfutter zur Weide	sehr gering bzw. keines	ja (relativ hoch)	ja	ja
Möglicher Weidegrasanteil an Gesamtjahresration (% der T)[1]	45–65	30–45	15–30	5–15
Sehr hohe Einzeltierleistungen in Praxis	nein[2]	nein/ja	ja/nein	ja
„Low-Input"-Strategie	ja	ja/nein	nein	nein

[1] realistische Werte für Österreich je nach Klimabedingungen und Umsetzung der Strategie
[2] bei früher Winterabkalbung höhere Leistung möglich

Tabelle 46: *Weidestrategien im Vergleich*

Die Weidefressaktivität und damit die Weidefutteraufnahme werden wesentlich von der Ergänzungsfütterung beeinflusst.

wesentlich von der Ergänzungsfütterung mit beeinflusst. Bei gefülltem Futtertisch beenden die Kühe rascher das Grasen und gehen zeitiger in den Stall bzw. warten ungeduldig an der Weideeintriebsstelle auf den Stalleinlass.

Kraftfutterergänzung bei Weidehaltung

Je höher der Weidefutteranteil an der Tagesration ist, **desto weniger Kraftfutter** darf aus pansenphysiologischen Gründen gefüttert werden. Versuchsergebnisse dazu zeigen auch, dass die Verdrängung von Weidefutter durch Kraftfutter sehr hoch ist, wodurch die Kraftfuttereffizienz sinkt.

Pries et al. (2004) untersuchten dazu in Nordrhein-Westfalen bei Halbtagsweide von Milchkühen die Ergänzungswirkung von Kraftfutter in der Weidesaison. Im Gegensatz zur Stallfütterungsperiode zeigte die Erhöhung der Kraftfuttermenge von 4,2 kg TM/Tag auf 5,7 kg TM/Tag keinen signifikanten Einfluss auf die Milchleistung, die errechnete Weidefutteraufnahme ging jedoch von 5,5 auf 3,5 kg TM/Tier und Tag deutlich zurück (s. Tab. 47). Diese Ergebnisse stimmen auch mit früheren Weideversuchen aus dem Haus Riswick überein, bei denen Kraftfuttergaben über 6 kg/Tag zur Weide ebenfalls ohne Mehrleistungen blieben (Pries et al. 2004).

Bei Ganztagsweide- und Vollweidehaltung liegt die Kraftfuttereffizienz (kg Milchleistungsanstieg/kg Kraftfuttererhöhung) im Durchschnitt zwischen 1,2 und 0,5 kg auf niedrigem Niveau. In den USA wurde dazu ein Versuch durchgeführt (s. Tab. 48), in dessen Rahmen je die Hälfte der Milchkühe ein hohes bzw. geringes Weideangebot (25 bzw. 40 kg TM/Tier u. Tag) hatte und jeweils wenig bzw. viel Kraftfutter ergänzt wurde (Bargo et al. 2002). Dabei lag die Grundfutterverdrängung durch das Kraftfutter je nach Weideangebot bei 0,3 bzw. 0,6 kg TM und die Milchleistungssteigerung pro kg zugelegtem Kraftfutter bei 1,0 bzw. 0,7 kg. Zu beachten ist auch der deutliche Rückgang des Milchfettgehaltes bei hoher Kraftfutterversorgung (über 8 kg/Tag), was auf Überschüsse an schnellfermentierbaren Kohlenhydraten bzw. auf Strukturmangel hinweist. Bei hoher Kraftfutterversorgung wurde ein tieferer pH-Wert im Pansen, ein Rückgang der Weidefutter- und Gerüstsubstanzverdaulichkeit sowie der Grasedauer festgestellt.

Bei Ganztagsweide- und Vollweidehaltung liegt die Kraftfuttereffizienz auf niedrigem Niveau.

	Kontrollgruppe	Versuchsgruppe (KF+)
Grundfutteraufnahme, kg TM	10,4	9,7
errechnete Weidefutteraufnahme, kg TM	5,5	3,5
Kraftfutter, kg TM	4,2	5,7
Milchmenge, kg/Tag	28,0	28,2
ECM-Menge, kg/Tag	28,3	27,4
Fett, %	4,19	3,85
Eiweiß, %	3,19	3,24
Milchharnstoff, mg/100 ml	25	26

Tabelle 47: *Futteraufnahme und Milchleistung bei unterschiedlicher Kraftfutterzuteilung und Halbtagsweide* (*Pries et al. 2004*)

Pries und Verhoeven (2013) prüften über zwei Vegetationsperioden Kraftfutter-Zufütterungsstrategien zur Vollweidehaltung (s. Tab. 49). Im ersten Versuchsjahr (2010) erhielten die Kraftfutter-Versuchskühe zusätzlich zur Kurzrasenweide täglich 4 kg Milchleistungsfutter. Die Beifütterung erbrachte eine Erhöhung der ECM-Leistung um knapp 2 kg je Tier und Tag, wobei lediglich in den ersten 150 Laktationstagen ein positiver Effekt gegeben war. Im zweiten Versuchsjahr (2011) wurde in der Versuchsgruppe eine tierindividuelle KF-Zuteilung über einer Milchleistung von 25 kg durchgeführt. Auch diese Variante führte nur zu einer minimalen Milchleistungssteigerung (0,3 kg ECM).

Wenn man internationale Studien zusammenfasst, dann wird die Kraftfuttereffizienz und Weidefutterverdrängung bei Weidekühen vom Weidefutterangebot (Menge und Qualität), dem Weidefutteranteil an der Tagesration, dem Milchleistungsniveau der Tiere, der Kraftfutterzuteilung (Menge, Menge/Teilgaben, Kraftfutterzusammensetzung), pansenphysiologischen Veränderungen und Weideverhaltensänderungen entscheidend beeinflusst. Je mehr der in Abbildung 72 angeführten Faktoren jeweils gleichgerichtet zutreffen, desto höher bzw. geringer ist die zu erwartende Milchleistungssteigerung durch Kraftfutter.

	Weideangebot gering			Weideangebot hoch			P-Werte		
	KF gering	KF hoch	Dif.	KF gering	KF hoch	Dif.	KF	Weide	KF x Weide
Kraftfutter, kg TM	0,8	8,6	7,8	0,7	8,7	8	< 0,01	0,56	0,36
Futteraufnahme, kg TM	18,3	24,1	5,8	21,2	24,8	3,6	< 0,01	< 0,01	0,01
Milch, kg	19,1	29,7	10,6	22,2	29,9	7,7	< 0,01	0,04	0,03
FCM, kg	20,3	28,4	8,1	23,3	28,9	5,6	< 0,01	0,05	0,05
Fett, %	3,82	3,29	–0,53	3,79	3,32	–0,47	< 0,01	0,96	0,53
Eiweiß, %	2,98	3,08	0,10	2,93	3,11	0,18	< 0,01	0,71	0,27
GF-Verdrängung, kg/kg		–0,3			–0,6				
KF-Effizienz, kg FCM/kg KF		1,0			0,7				

Tabelle 48: *Einfluss des Weidefutterangebots und des Kraftfutterniveaus auf Milchleistung, Weidefutterverdrängung und Kraftfuttereffizienz* (*Bargo et al. 2002*)

Versuchsjahr	2010 Weide	2010 Weide + 4 kg KF	2011 Weide	2011 Weide + KF über 25 kg Milch
Milchmenge, kg	24,1	25,8	24,1	24,8
ECM, kg	23,5	25,5	23,9	24,2
Fett, %	3,93	4,03	4,04	3,90
Eiweiß, %	3,19	3,26	3,24	3,21
Harnstoff, mg/100 ml	36	34	33	33
Zellzahl x 1000	107	143	192	158

Tabelle 49: *Milchleistung bei unterschiedlicher Kraftfutterzuteilung zur Vollweide*
(Pries u. Verhoeven 2013)

Kraftfuttereffizienz (kg Milch/kg Kraftfutter) **Weidefutterverdrängung durch Kraftfutter**	**unter 1,0** **hoch**	**1,0 - 1,5** **geringer**
Milchleistungspotential	gering	hoch
Weidefutterangebot (Menge, Qualität)	hoch	gering
Energieversorgung – über/unter Bedarf	über	unter
Weidefutteranteil an Ration	hoch	gering
Kraftfuttermenge (pro Tag und/oder pro Teilgabe)	hoch	gering
Pansenwirkung Kraftfutter (Strukturkohlenhydr. hoch etc.)	aggressiv	schonend
Futterwechsel	rasch	schonend

Abbildung 72: *Einflussfaktoren auf die Kraftfuttereffizienz und Weidefutterverdrängung durch Kraftfutter bei Weidehaltung*

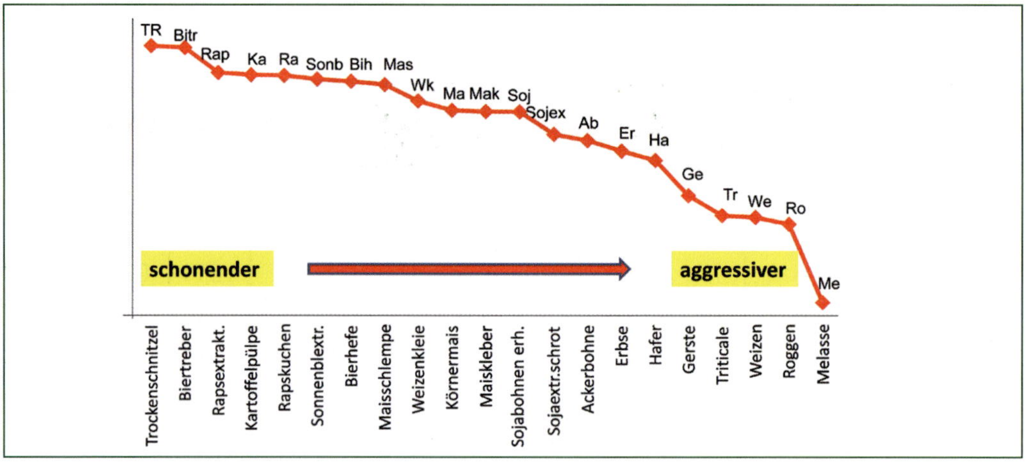

Abbildung 73: *Wirkung von Kraftfutterkomponenten im Pansen – je geringer der Abstand zur Basislinie, desto aggressiver wirkt die Kraftfutterkomponente im Pansen.*
(nach De Brabander et al. 1999)

WICHTIG | **Maximaler Kraftfuttereinsatz***

Stundenweide	max. 6–8 kg FM/Kuh
Halbtagsweide	max. 5–7 kg FM/Kuh
Ganztagsweide	max. 4–5 kg FM/Kuh
Vollweide	max. 2–4 kg FM/Kuh

* Hinweis: Diese angeführten Kraftfuttermengen sind aus pansenphysiologischer Sicht Richtwerte für maximale Tagesmengen – diese müssen daher nicht notwendig und sinnvoll sein!

Die Wirkung der Heu- und Grassilageergänzungsfütterung wird oft überschätzt.

TMR-Versuch

Welches Potenzial die Weide auch auf intensiven TMR-Betrieben haben kann, zeigen die Ergebnisse eines Versuchs mit hochleistenden HF-Kühen in den USA (s. Tab. 50). Dafür wurden vier Fütterungsgruppen mit jeweils 30 Kühen im Frühling bzw. Herbst untersucht. Die Kontrollgruppe erhielt eine intensive TMR, welche sich zu 40 % der Trockenmasse aus Luzerne- und Maissilage und zu 60 % aus Kraftfutter und Mineralstoffen zusammensetzte. Die Weideversuchsgruppen 1 bis 3 hatten zusätzlich zur TMR im Stall in steigendem Ausmaß (15 %, 30 % bzw. 45 % Weideanteil an der Tagesration) Zugang zu guter Weide. Wie die Ergebnisse zeigen, halbierte sich der Kraftfuttereinsatz der TMR-Kontrollgruppe von 14–15 kg TM auf etwas mehr als 7 kg in der 45-%-Weidegruppe. Mit steigendem Weideanteil ging zwar auch die Milchleistung leicht zurück, jedoch in deutlich geringerem Ausmaß, als der Bedarf an Kraftfutter bzw. TMR sank. Vor allem bei hohen Kraftfutterkosten nimmt daher das Interesse am Einbau von Weide, auch in intensiven Betrieben, wieder zu. Darüber hinaus zeigte sich auch in dieser Untersuchung, dass durch Weide die Versorgung der Kühe mit wertvollen Fettsäuren verbessert werden kann und auch die ernährungsphysiologische Qualität des Milchfetts zunimmt.

Je besser das Weidefutterangebot, desto geringer ist die Kraftfutterwirkung.

Maissilage verringert den Eiweißüberschuss und beeinflusst die Kotkonsistenz positiv.

	TMR	15 % Weide + TMR	30 % Weide + TMR	45 % Weide + TMR
Frühling				
TMR-Aufnahme, kg TM	24,9	18,2	15,4	12,6
davon Kraftfutter in TMR, kg TM	14,3	10,5	8,9	7,2
Milchleistung, kg/Tag	36,6	36,7	31,9	32,7
Eiweiß, %	2,84	2,84	2,91	2,86
Fett, %	3,31	3,50	3,50	3,68
Omega-3-Fettsäuren, g/100 g Ges. FM	0,37	0,52	0,49	0,57
Herbst				
TMR-Aufnahme, kg TM	25,8	17,3	14,7	12,4
davon Kraftfutter in TMR, kg TM	14,8	9,9	8,5	7,1
Milchleistung, kg/Tag	34,1	33,2	30,0	32,9
Eiweiß, %	2,94	2,92	3,12	2,84
Fett, %	3,63	3,76	4,07	3,89
Omega-3-Fettsäuren, g/100 g Ges. FM	0,26	0,43	0,43	0,49

Tabelle 50: Einfluss steigender Weideanteile zu einer Total-Mischration auf Kraftfutterbedarf, Milchleistung und Milchfettqualität (Vibart et al. 2008)

Grundfutterergänzung bei Weidehaltung

Maissilage zeigt bei Weidehaltung aufgrund des Nährstoffgehaltes (Verringerung des Eiweißüberschusses, Erhöhung der Energieversorgung, günstigere Kotkonsistenz) eine gute Ergänzungswirkung. Die eingeschränkten Silageentnahmemengen im Sommer als auch die mit Maissilage verbundenen erhöhten Futterkosten schränken den Einsatz in der Praxis jedoch oft ein.

Wenn **Grassilagen** zur Weide eingesetzt werden, dann zeigt häufig der erste Aufwuchs eine bessere Ergänzungswirkung als die Folgeaufwüchse. Auch hier kann es in den Sommermonaten bei zu geringer Silageentnahme zu Nacherwärmungen kommen, weshalb viele Betriebe dann auf Silageballen zurückgreifen. Die Lagerung von Silageballen – als Reserve zur Überbrückung von Weidefuttermangelsituationen bei Vollweidehaltung – kann zusätzlich zu Heureserven empfohlen werden.

Zur **Heuergänzung** bei Weidehaltung liegen mehrere Untersuchungen, insbesondere bei Ganztagsweide (Vollweide), vor. In den überwiegenden Fällen wurde hier Heu deswegen getestet, um die Strukturversorgung zu erhöhen, das Blährisiko zu mindern bzw. die Kotkonsistenz oder den Fettgehalt zu beeinflussen. Graf et al. (2003, 2004) untersuchten in der Schweiz die Heuergänzung zur Weide bzw. zu Grünfutter. Die Heubeifütterung (Abend) zur Weide hatte keinen positiven Effekt auf den pH-Wert – die Heugruppe zeigte in der Weidezeit sogar geringere pH-Werte. Auch bei Heuergänzung zu Grünfutter im Stall wurden keine wesentlichen Veränderungen festgestellt, wobei die Autoren bei Heugaben jedenfalls eine möglichst gleichmäßige tageszeitliche Zufütterung empfehlen. Münger (2003) schließt aus eigenen Versuchsergebnissen, dass die Wirkung der Heuzufütterung meist überschätzt wird, denn einerseits ist das Problem des Strukturmangels im Gras über weite Teile der Weidesaison nicht gegeben und andererseits müsste Heu, wenn es zugefüttert wird, möglichst „synchron" verzehrt werden. Bei Vollweidehaltung muss aufgrund des Fettsäurenmusters im Weidegras mit geringeren Milchfettgehalten gerechnet werden, sodass eine Heuergänzung hier keine wesentlichen Einflüsse zeigt. Der Milchfettgehalt ist bei grünfutterbetonter Fütterung auch kein geeigneter Indikator zur Beurteilung der Strukturversorgung (Münger 2003).

In Untersuchungen von Häusler et al. (2008) an der HBLFA Raumberg-Gumpenstein ging bei Heuergänzung im Ausmaß von 4–3,5 kg TM/Tag in der Vollweidesaison die Milchleistung durch die geringere Weidefutteraufnahme und Rationsverdünnung signifikant zurück. Demgegenüber stellten Bischof und Steinwidder (2012) bei einer Heuergänzung von 2 kg pro Kuh und Tag noch keine negativen Auswirkungen auf die Milchleistung fest.

Wenn man die Ergebnisse von Vollweidestudien zur Heuergänzung zusammenfasst, dann muss bei einem **täglichen Heueinsatz von mehr als ca. 2 kg bei Vollweidehaltung** mit einem **Rückgang der Weidefutteraufnahme** und **verringerter Leistung** gerechnet werden. Wenn eine Heuergänzung zur Minderung des Blährisikos vorübergehend eingesetzt wird, dann sind dafür jedoch deutlich höhere Mengen erforderlich. Eine geringe Heuergänzung (1–2 kg/Tag) verteuert zwar die Fütterung, erhöht jedoch die Rationsvielfalt und trägt damit zu höherer Rationsstabilität bei. Auf biologisch wirtschaftenden Weidebetrieben wird daher zumeist eine geringe Menge an Heu gefüttert.

Rationsbeispiel für Hochleistungskühe

In Tabelle 51 sind Rationsvorschläge von Pries (2004) für Hochleistungskühe mit 35 kg Milchleistung bei einem Weidefutteranteil von 45–50 % der TM-Aufnahme angeführt. Es wurde dabei Wert auf „pansenschonende" Kraftfutterkomponenten gelegt. Bei Vergleich der Rationstypen „Grassilage" und „Maissilage" fällt auf, dass bei Maissilageergänzung der N-Überschuss verringert werden kann.

Ration	Grassilage	Maissilage
Milchleistung, kg/Tag	35	35
Weide Frühjahr, kg FM	65	65
Grassilage, kg FM	12	-
Maissilage, kg FM	-	12
Trockenschnitzel, kg FM	3	3
Milchleistungsfutter*, kg FM	5	5
Trockenmasse-Aufnahme, kg TM/Tag	22,0	21,7
Milch aus Energieaufnahme, kg	35	35
Milch aus nXP-Aufnahme, kg	35	35
RNB, g/Tag	+70	+20
Rohfaser, g/kg TM	186	173
Strukturwert	1,5	1,3
unbest. Stärke + Zucker, g/kg TM	180	200
beständige Stärke	30	50

* Milchleistungsfutter (180 g nXP, 7,0 MJ NEL, –4 g RNB, 120 g beständige Stärke): hoher Körnermaisanteil und hoher Anteil an Eiweißquellen mit geringer Pansenabbaubarkeit (UDP hoch)

***Tabelle 51:** Rationsbeispiel für hochleistende Milchkühe bei Halbtagsweide* (Pries 2004)

Stundenweide

Betriebe, die **wenig arrondierte Weideflächen** haben bzw. eine **hohe Einzeltierleistung** anstreben, können das Weidepotenzial mit Stundenweide nutzen. Damit können vor allem die Grundfutterleistung erhöht und Kraftfutter gespart werden. Bei Stundenweide kommen die Kühe nach der Melkung etwa zwei bis drei Stunden bzw. vier bis sechs Stunden pro Tag auf die Weide. Günstig wäre, wenn die Kühe sowohl am Vormittag als auch am frühen Abend Weidefutter aufnehmen könnten. In der Praxis finden wir aber auch Betriebe, die den Zugang zur Weide nur einmal täglich ermöglichen.

Zum Fressen auf die Weide

Bei Stundenweidehaltung sollten die Rinder vor allem zum Fressen auf der Weide sein. Damit fällt auch der größte Teil des Kotes und Harns im Stall an und die Hitze und Fliegenbelastung der Tiere ist gering. Da Rinder in den frühen Morgenstunden bzw.

Bei Stundenweidehaltung sollten die Rinder vor allem zum Fressen auf der Weide sein.

den frühen Abendstunden die Hauptfressaktivität zeigen, sollten Milchkühe morgens rasch nach der Melkung zum Grasen auf die Weide kommen. Zwischen 11 und 15 Uhr und bei Dunkelheit wird bei üblicher Weidehaltung wenig gegrast, in dieser Zeit liegen die Rinder vermehrt und setzen danach viel Kot und Harn auf der relativ kleinen Weidefläche ab.

Stundenweidebetriebe treiben die Kühe nach dem Melken noch nicht (!) gesättigt auf die Weide. Erst nach dem Austrieb wird im Stall frisch eingefüttert. Die Kühe wissen dies und kommen dann sehr verlässlich ab etwa 10 Uhr wieder in den Stall zurück bzw. warten an der Eintriebsstelle. Im Stall nehmen sie dann das Ergänzungsfutter auf bzw. liegen nieder. Etwas schwieriger ist der „freie Kuhverkehr" am Abend. Hier kann es nämlich sein, dass die Kühe nicht freiwillig in den Stall kommen, sondern das Liegen auf der Weide bevorzugen. Wenn dies nicht gewünscht ist, dann hilft nur der Eintrieb. Wenn die Kühe nach dem Melken ausreichend Zeit und Platz zur Wasseraufnahme hatten, muss bei Stundenweide und freiem Stallzutritt nicht unbedingt eine Wasserstelle auf der Weide errichtet werden.

Kraftfutter sparen

Stundenweidebetriebe füttern im Stall die übliche Grundfutterration weiter. Günstig ist eine Ergänzung des Weidefutters mit Heu. Eine sehr gute Ergänzungswirkung hat bei höherleistenden Tieren auch Maissilage.

Mit steigendem Weidefutteranteil in der Tagesration muss der Kraftfuttereinsatz jedenfalls begrenzt bzw. reduziert werden. Da Weidegras sehr eiweißreich ist, kann in der Weidezeit teures Eiweißkraftfutter gespart werden. Bei Stundenweidehaltung sollte die tägliche Kraftfuttergabe 6–8 kg (sinkende Menge je nach Weidefutteranteil) auch bei hoher Tagesmilchleistung nicht überschreiten. Pro Teilgabe sollten maximal 2–2,5 kg Kraftfutter vorgelegt werden. Je höher der Weidegrasanteil in der Ration ist, desto wichtiger wird bei Einsatz von Kraftfutter, dass dieses vermehrt langsam abbaubare Komponenten (Körnermais, Kleien, Trockenschnitzel etc.) enthält.

Betriebe, die wenig arrondierte Weideflächen haben bzw. eine hohe Einzeltierleistung anstreben, können das Weidepotenzial über die Stundenweide nutzen und damit Kraftfutter sparen.

	Stundenweide[1]	Stallhaltung[2]
Weidetage	168	-
Milchleistung, kg/Tag	22,5	18,8
ECM, kg/Tag	22,3	18,4
Fett, %	4,08	4,13
Eiweiß, %	3,16	2,90
Zellzahl, n x 1.000	142	217
Milchharnstoff, mg	31	17
Kraftfutteraufwand, g/kg Milch	132	155
Proteinkraftfutter, g/kg Milch	0	2,1
Milch in Weideperiode von 8 Versuchskühen, kg ECM	30.236	24.401

[1] Weidegruppe: 2–4 kg Heu und Grassilage zur freien Aufnahme im Stall, Kraftfutter ab 16 kg Milch (0,44 kg TM/kg Mehrmilchleistung), kein Eiweißkraftfutter; 6 Weidestunden/Tag (Morgen bis Mittag) auf Kurzrasenweide
[2] Stallgruppe: 4 kg Heu und Grassilage zur freien Aufnahme, Kraftfutter ab 15 kg Milch (0,5 kg TM/kg Milchmehrleistung) und Proteinkraftfutter ab 19 kg Milch

***Tabelle 52:** Stundenweide (Kurzrasenweide) und Stallhaltung von Milchkühen im Vergleich* *(Häusler et al. 2011)*

Eine Ergänzung mit eiweißreichen Komponenten ist erst bei hohen Tagesmilchleistungen (je nach Weide- bzw. Maissilageanteil ab 30–35 kg Milch) notwendig. Ein wichtiges Beurteilungskriterium stellt hier der Harnstoffgehalt der Milch dar. Bei Milchharnstoffgehalten über 25–30 mg/100 ml sollte keine Eiweißergänzung erfolgen bzw. sollten nur Eiweißfuttermittel mit geringer Pansenabbaubarkeit eingesetzt werden.

Weidesysteme

Bei Stundenweide nutzen immer mehr Betriebe die arbeitssparende **Kurzrasenweidehaltung**. Es ist hier aber auch die Koppel- und Portionsweidehaltung möglich. Da sich bei Stundenweidehaltung relativ viele Tiere auf der Fläche aufhalten, ist ein einmal jährlicher Pflegeschnitt günstig, weshalb eine vorübergehende Ersatzfläche notwendig wird. Bei Stunden-Kurzrasenweidehaltung benötigt man in der Hauptwachstumsphase (Mai bis Juli) für zehn Milchkühe beispielsweise etwa 0,8–1 ha, im zeitigen Frühling und ab Ende Juli sollte eine größere Fläche (über 1,5 ha/zehn Kühe) zur Verfügung stehen.

Bei der **Umtriebsweidehaltung** wird die Weidefläche in variable bzw. fixe Koppeln unterteilt. Jede Koppel wird von den Stundenweidetieren während einer relativ kurzen Besatzzeit von ein bis vier Tagen beweidet. Die abgeweideten Koppeln (Restaufwuchshöhe 4–5 cm) werden nach einer Ruhephase bei einer neuerlichen Weidefutteraufwuchshöhe von 8–15 cm wieder bestoßen. Dazwischen wird die Weidefläche konsequent nicht beweidet (= Ruhephase). Im Vergleich zur Kurzrasenweide ist die Koppelweide zumeist etwas ertragreicher, aber andererseits arbeits- und materialintensiver. Für Milchkühe sind bei viertägigem Besatz und

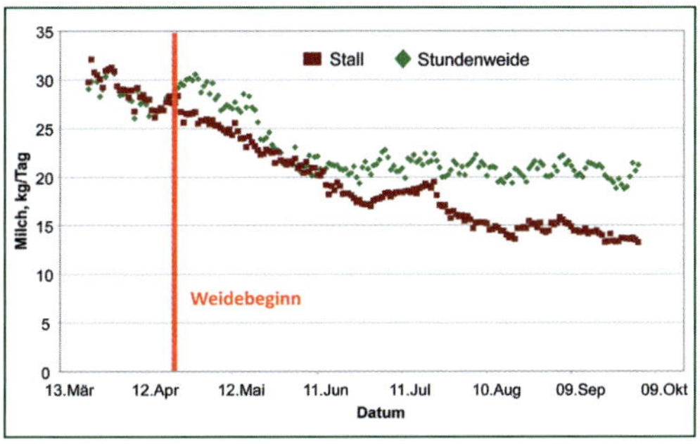

***Abbildung 74:** Milchleistungsverlauf – Stundenweide und Stallhaltung von Milchkühen im Vergleich* *(Häusler et al. 2011)*

Stundenweidehaltung zumindest sechs bis acht Koppeln mit einer Größe von ca. 0,2 ha pro zehn Kühe erforderlich.

Bei **Portionsweidehaltung** ist der Aufwand an Arbeitszeit und Material hoch. Bei jedem Auftrieb wird den Tieren innerhalb des Schlages zur bisherigen Weidefläche eine neue zusätzliche Weidefläche angeboten. Die Portionsweidehaltung ist bei uns weitverbreitet, wird aber oft sehr schlecht umgesetzt. Die Folgen haben auch dazu geführt, dass die Weidehaltung über viele Jahre an Bedeutung verloren hat. Auch bei Portionsweide sollte die Aufwuchshöhe des Grases bei etwa 15 cm liegen! Bei Regenperioden sollte aufgrund der Trittschäden nach Möglichkeit auf Portionsweide verzichtet werden. Wichtig wäre auch, dass abgeweidete Fläche nach spätestens vier Tagen nicht mehr überweidet/betreten werden.

An den Pansen und die Klauen denken

Rationsumstellungen müssen in der Wiederkäuerfütterung aufgrund der Vormagenverdauung **langsam** erfolgen. Ansonsten kann es zu Verdauungsstörungen, schlechterer Futter- und Nährstoffversorgung und Durchfällen kommen. Zu Weidebeginn im Frühling sollte **zeitig mit dem Weiden begonnen** und die Weidedauer bzw. die Weidefutteraufnahme pro Tag kontinuierlich erhöht werden. Bei **Regenperioden** sollte auch bei Stundenweidehaltung nicht auf Weide- bzw. Grünfütterung verzichtet werden. Hier kann entweder die tägliche Weidedauer vorübergehend reduziert oder Grünfutter im Stall vorgelegt werden. Rinder bevorzugen trockene weiche Triebwege zu den Weiden (z. B. Rollierung + Hackschnitzelauflage). Auch die Weideeintriebsstellen sollten nach Möglichkeit trittfest und trocken sein (z. B. Rollierung + begrünte dünne Humusschicht).

WICHTIG Tipps für die Stundenweide

Bei Stundenweide kann der **Kraftfuttereinsatz** im Vergleich zur üblichen Winterfütterung um 2–3 kg ohne Leistungseinbußen reduziert werden. Es kann vor allem teures Eiweißkraftfutter gespart werden.

Die Kühe sollten vor allem **zum Fressen auf der Weide** sein. Damit fällt auch der größte Teil des Kotes und Harns im Stall an und die Hitze und Fliegenbelastung sind für die Tiere geringer. In den Mittagsstunden und bei Dunkelheit sollten die Kühe nach Möglichkeit im Stall gehalten werden. Optimal ist, wenn Laufstalltiere in den Tagesstunden zwischen Stall und Weide frei wählen können.

Ein **Weidegang zweimal täglich** (morgens bzw. nachmittags/abends) ist aus pansenphysiologischer Sicht günstiger als ein einmaliger, auch wenn das nicht immer umgesetzt werden kann.

Koppel-, Portions- oder Kurzrasenweide sind bei Stundenweide möglich.

Aus pansenphysiologischer Sicht sollte in den letzten zwei bis drei Stunden **vor dem Weideaustrieb nicht zu viel Kraftfutter** gefüttert werden. Damit fällt der durch den Zuckergehalt des Weidefutters bedingte rasch einsetzende pH-Abfall auf der Weide nicht mit dem pH-Abfall des Kraftfutterabbaus zusammen.

Bei **Kurzrasenweidehaltung** verhalten sich die Kühe auch bei eingeschränkter Weidezeit sehr ruhig. Die Kurzrasenweidehaltung ist arbeitsextensiv und liefert auch eine gleichbleibende Futterqualität, weshalb sich Stundenweidebetriebe zunehmend für dieses System entscheiden. Prinzipiell kann aber auch auf die Koppel- oder Portionsweide zurückgegriffen werden.

Im Frühling darf auch bei Stundenweidehaltung der **Weidebeginn nicht „verschlafen"** werden.

Dauerweideflächen sind bei einem entsprechend dichten Pflanzenbestand sehr trittfest. Bei langen **Regenperioden** (bzw. wenn Mähflächen beweidet werden) kann es jedoch auch hier zu Trittschäden kommen. Eine Verkürzung der Weidedauer und der Verzicht auf Portionsweidehaltung sind in diesen Regenphasen anzuraten. Grünfutter oder Weidefutter sollte nach Möglichkeit auch in diesen Phasen in der Ration bleiben.

Rinder bevorzugen **trockene weiche Triebwege** zu den Weiden.

In der Praxis führen Betriebe mit Stundenweidehaltung zumeist auch einen **Pflegeschnitt** (Nachmahd) pro Jahr durch. In diesem Fall sollte eine entsprechende Ruhephase eingeplant werden, wobei gleichzeitig eine Düngung erfolgen könnte.

Da **Rinder Gewohnheitstiere** sind, sollten die Betriebs- und Weideabläufe in der Vegetationsperiode nicht ständig geändert werden.

Rationsbeispiele zur Stundenweide

Im folgenden Abschnitt werden Beispiele zu unterschiedlichen Rationen bei Stundenweidehaltung gegeben. Der unterstellte Nährstoff- und Energiegehalt der Futtermittel ist in Tabelle 53 angeführt. Das energiereiche Kraftfutter setzt sich dabei aus 30 % Mais, je 10 % Trockenschnitzel und Weizenkleie sowie 50 % Getreide (Gerste) zusammen. Das Eiweißkraftfutter weist eine Rohproteinkonzentration von 34 % bzw. eine nXP-Konzentration von 23 % je kg TM auf. Als Obergrenze wurde eine maximale Kraftfuttermenge von 8 kg unterstellt. In den Berechnungen wurden ein Lebendgewicht der Kühe von 650 kg sowie ein Milchfettgehalt von 4,3–4,1 % und ein Milcheiweißgehalt von 3,1–3,3 % angenommen. Der Erhaltungsbedarf wurde zur Abdeckung der zusätzlichen Weideaktivität um 10 % erhöht. Eiweißkraftfutter wurde nur dann eingesetzt, wenn die RNB pro Tag unter 80 lag. Die Mineralstoffversorgung wurde bei der Berechnung nicht berücksichtigt. Eine bedarfsgerechte Versorgung mit Mineralfutter ist erforderlich.

	TM g	NEL MJ	XP g	nXP g	RNB g	XF g	NDF g	ADF g	ADL g	NFC g	Stärke g	Zucker g
Heu	901	5,85	131	128	0	246	479	283	30	270	0	75
Grassilage	350	5,95	153	128	3	259	462	308	33	249	0	20
Maissilage	286	6,40	84	131	–8	191	420	216	21	432	291	10
Weide	165	6,38	206	137	11	192	427	261	38	231	0	100
Energie-Kraftfutter	880	7,93	117	161	–6	68	239	87	15	583	525	23
Eiweiß-Kraftfutter	880	7,95	341	229	18	114	403	149	37	110	118	60

__Tabelle 53:__ Nährstoff- und Energiegehalt der Futtermittel (je kg TM)

Stundenweideration mit Heu

Die Grundfutterration setzt sich aus 64 % Heu und 36 % Weide in der Trockenmasse zusammen. Es wurde eine hohe Grundfutteraufnahme von 15,2 kg TM unterstellt, dafür ist ein optimales Weide- und Fütterungsmanagement erforderlich. Wie die Ergebnisse zeigen, kann bei einer Kraftfuttergabe von 7,2 kg Frischmasse eine Milchleistung von 35 kg erreicht werden. Ein Eiweißergänzungsbedarf (nXP) ergibt sich erst bei Milchleistungen ab ca. 33 kg.

FM kg	Futtermittel	TM, kg
11	Heu (5,85 MJ NEL, 13 % XP)	9,7
33	Weide (6,38 MJ NEL, 21 % XP)	5,5
	Summe	**15,2**

Tabelle 54: Grundfutterration

	Milch, kg/Tag			
	20	25	30	35[1]
Energie-Kraftfutter, kg FM	2,2	4,5	6,8	7,0
Eiweiß-Kraftfutter, kg FM	0,0	0,0	0,0	0,2
Milch aus Energie, kg/Tag	20	25	30	35
Milch aus nXP, kg/Tag	23	28	32	35
RNB, g/Tag	53	40	28	30
Rohfaser, g/kg TM	209	193	181	180
NDF, g/kg TM	436	414	398	396
ADF, g/Tag	254	236	222	220
NFC, g/Tag	292	324	348	348
Zucker, g/kg TM	77	71	67	66
Zucker + abb. Stärke, g/kg TM	121	154	178	180
beständige Stärke, g/kg TM	14	27	37	38

[1] Bei einer Milchleistung von 35 kg Milch wird eine Energiemobilisation aus den Körperreserven von 15 MJ NEL und eine nXP-Unterversorgung von 150 g pro Tag unterstellt.

Tabelle 55: Kraftfutterzuteilung und Nährstoffbilanz der Gesamtration

Stundenweideration mit Grassilage und Heu

Die Grundfutterration setzt sich aus 13 % Heu, 50 % Grassilage und 37 % Weide in der Trockenmasse zusammen. Bei einer Grundfutteraufnahme von 15 kg Trockenmasse und einer Beschränkung der Kraftfuttermenge auf 7,2 kg Frischmasse kann eine Milchleistung von etwa 35 kg erreicht werden. Es liegt eine positive Ruminale N-Bilanz vor, ein Eiweißergänzungsbedarf (nXP) ergibt sich erst bei Milchleistungen ab ca. 33 kg.

FM kg	Futtermittel	TM, kg
2	Heu (5,85 MJ NEL, 13 % XP)	2,0
21	Grassilage (5,95 MJ NEL, 15 % XP)	7,5
33	Weide (6,38 MJ NEL, 21 % XP)	5,5
	Summe	**15,0**

Tabelle 56: Grundfutterration

	Milch, kg/Tag			
	20	25	30	35[1]
Energie-Kraftfutter, kg FM	2,3	4,5	6,9	6,9
Eiweiß-Kraftfutter, kg FM	0,0	0,0	0,0	0,3
Milch aus Energie, kg/Tag	20	25	30	35
Milch aus nXP, kg/Tag	23	27	32	35
RNB, g/Tag	74	61	48	53
Rohfaser, g/kg TM	213	198	185	184
NDF, g/kg TM	426	406	390	390
ADF, g/Tag	264	245	229	228
NFC, g/Tag	285	317	343	340
Zucker, g/kg TM	53	50	47	47
Zucker + abb. Stärke, g/kg TM	99	133	161	161
beständige Stärke, g/kg TM	15	27	38	37

[1] Bei einer Milchleistung von 35 kg Milch wird eine Energiemobilisation aus den Körperreserven von 15 MJ NEL und eine nXP-Unterversorgung von 150 g pro Tag unterstellt.

Tabelle 57: Kraftfutterzuteilung und Nährstoffbilanz der Gesamtration

Stundenweideration mit Maissilage und Heu
Die Grundfutterration setzt sich aus 26 % Heu, 37 % Maissilage und 37 % Weide in der Trockenmasse zusammen. Bei einer Grundfutteraufnahme von 15 kg TM und Beschränkung der Kraftfuttermenge auf 7 kg Frischmasse kann eine Milchleistung von etwa 35 kg erreicht werden. Die RNB ist aufgrund des hohen Maissilageanteils im ausgeglichenen Bereich (RNB ± 10 g/Tag). Ab etwa 32 kg Milch ergibt sich ein nXP-Ergänzungsbedarf. Bei hoher Kraftfuttergabe liegt die Ration jedoch hinsichtlich Struktur- und Kohlenhydratversorgung bereits pansenphysiologisch im Grenzbereich (Rohfaser, ADF, Stärke).

FM kg	Futtermittel	TM, kg
4	Heu (5,85 MJ NEL, 13 % XP)	4,0
16	Maissilage (6,4 MJ NEL, 8 % XP)	5,5
33	Weide (6,38 MJ NEL, 21 % XP)	5,5
	Summe	**15,0**

Tabelle 58: Grundfutterration

	Milch, kg/Tag			
	20	25	30	35[1]
Energie-Kraftfutter, kg FM	1,9	4,3	6,5	6,5
Eiweiß-Kraftfutter, kg FM	0,0	0,0	0,0	0,5
Milch aus Energie, kg/Tag	20	25	30	35
Milch aus nXP, kg/Tag	23	27	31	35
RNB, g/Tag	11	–3	–14	–6
Rohfaser, g/kg TM	192	178	168	167
NDF, g/kg TM	418	398	383	384
ADF, g/Tag	234	217	205	204
NFC, g/Tag	342	369	389	383
Zucker, g/kg TM	57	53	50	50
Zucker + abb. Stärke, g/kg TM	162	190	211	210
beständige Stärke, g/kg T	44	54	61	60

[1] Bei einer Milchleistung von 35 kg Milch wird eine Energiemobilisation aus den Körperreserven von 15 MJ NEL und eine nXP-Unterversorgung von 150 g pro Tag unterstellt.

Tabelle 59: Kraftfutterzuteilung und Nährstoffbilanz der Gesamtration

Halbtagsweide

Von Halbtagsweide spricht man, wenn die Rinder etwa **sieben bis zehn Stunden pro Tag auf der Weide** gehalten werden. Dies erfolgt üblicherweise zwischen den Melkzeiten – entweder über den Tag (Tagweide) oder von der Abend- bis zur Morgenmelkung (Nachtweide).

Bei Halbtagsweide nehmen Rinder je nach Ergänzungsfutterqualität und -menge etwa 40–65 % der Tagesfutter-Trockenmasseaufnahme über die Weide auf (z. B. Milchkühe 6–11,5 kg TM/Tag). Da Rinder bei Dunkelheit weniger grasen, ist es bei **Nachtweidehaltung** wichtig, dass die Tiere am Frühabend nicht zu spät auf die Weide kommen. Bei Nachtweidehaltung wird im Vergleich zur Tagweide aber zumeist etwas weniger Weidefutter gefressen (s. Abb. 53 auf S. 122 u. Tab. 60) und der Harn- und Kotabsatz auf der Weide sind höher. Betriebe in hügeligem Gelände bevorzugen die **Tagweidehaltung**. In Regionen mit Fliegenbelastungen bzw. in Hitzephasen kann die Nachtweidehaltung jedoch günstiger sein.

	Tagweide	Nachtweide
Grünfutter, kg TM	7,7[a]	6,5[b]
Heu, kg TM	3,01	3,38[a]
Maissilage, kg TM	3,71	3,66
Kraftfutter, kg TM	4,22	4,31
Milch, kg	21,4	21,6
ECM, kg	21,4	21,5

[ab] Unterschiedliche Hochbuchstaben weisen auf gesicherte Unterschiede zwischen Tag- und Nachtweide hin

Tabelle 60: Tag- und Nachtweidehaltung im Vergleich (Steinwidder et al. 2001)

Grundsätzlich gelten auch bei Halbtagsweidehaltung die gleichen Zusammenhänge und Managementanforderungen wie bei Stundenweidehaltung. Im Vergleich zur Stundenweidehaltung ist das **Blährisiko**

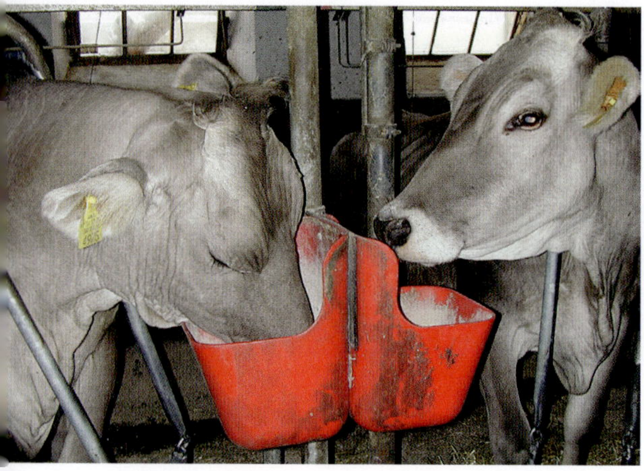

In den letzten Stunden vor dem Weideaustrieb sollten Milchkühe nur begrenzt Kraftfutter erhalten.

Bei Halbtagsweide nehmen Rinder etwa 45–65 % der Trockenmasse auf der Weide auf.

bei Halbtagsweide etwas erhöht, zudem sind die tageszeitlichen Schwankungen im Pansen (pH-Wert, N-Abbau) zumeist etwas stärker ausgeprägt.

Auch bei Halbtagsweide kann der Kraftfuttereinsatz im Vergleich zur Winterfütterungsration bei gleichbleibender Milchleistung um 2–3 kg reduziert werden und die **maximale Kraftfuttereinsatzmenge** muss bei hochleistenden Kühen begrenzt werden (max. 5–7 kg FM/Tag). Auf eine pansenschonende Kraftfutterzusammensetzung und Verabreichung ist zu achten. Aus pansenphysiologischer Sicht sollte in den letzten **zwei bis drei Stunden vor dem Weideaustrieb nicht zu viel Kraftfutter** gefüttert werden, damit der durch den Zuckergehalt des Weidefutters bedingte rasch einsetzende pH-Abfall auf der Weide nicht mit dem pH-Abfall des Kraftfutterabbaus zusammenfällt. Bei Halbtagsweidehaltung muss bereits mit längeren Liegephasen der Kühe auf der Weide gerechnet werden. Daher ist es wichtig, dass die Kühe – und die **Ausscheidungen** – sich möglichst gut auf der Weide verteilen. In hügeligem Gelände ist die Kurzrasenweidehaltung daher weniger gut geeignet.

Rationsbeispiele zur Halbtagsweide

Im folgenden Abschnitt werden Beispiele zu unterschiedlichen Rationen bei Halbtagsweidehaltung gegeben (8,5 kg TM-Aufnahme aus Weide). Der unterstellte Nährstoff- und Energiegehalt der Futtermittel ist in Tabelle 53 angeführt. Das energiereiche Kraftfutter setzt sich dabei aus 30 % Mais, je 10 % Trockenschnitzel und Weizenkleie sowie 50 % Getreide (Gerste) zusammen. Das Eiweißkraftfutter weist eine Rohproteinkonzentration von 34 % bzw. nXP-Konzentration von 23 % je kg TM auf. Als Obergrenze wurde eine maximale Kraftfuttermenge von 7 kg FM unterstellt. Es wird von einem Lebendgewicht der Kühe von 650 kg sowie einem Milchfettgehalt von 4,3–4,1 % und einem Milcheiweißgehalt von 3,1–3,3 % ausgegangen. Der Erhaltungsbedarf wurde zur Abdeckung der zusätzlichen Weideaktivität um 15 % erhöht. Eiweißkraftfutter wurde nur dann eingesetzt, wenn die RNB pro Tag unter 80 lag (s. Maissilage-Rationsbeispiel). Die Mineralstoffversorgung wurde bei der Berechnung nicht berücksichtigt. Eine bedarfsgerechte Versorgung mit Mineralfutter ist jedoch erforderlich.

Halbtagsweideration mit Heu

Die Grundfutterration setzt sich aus 45 % Heu und 55 % Weide in der Trockenmasse zusammen. Es wurde eine hohe Grundfutteraufnahme von 15,5 kg TM unterstellt, wofür ein optimales Weide- und Fütterungsmanagement erforderlich ist. Wie die

Ergebnisse zeigen, kann bei einer Beschränkung der Kraftfuttermenge auf 7 kg Frischmasse eine Milchleistung von etwa 35 kg erreicht werden. Ein Eiweißergänzungsbedarf (nXP) ergibt sich erst bei Milchleistungen über 35 kg.

FM kg	Futtermittel	TM, kg
8	Heu (5,85 MJ NEL, 13 % XP)	7,0
52	Weide (6,38 MJ NEL, 21 % XP)	8,5
	Summe	**15,5**

Tabelle 61: *Grundfutterration*

	Milch, kg/Tag			
	20	25	30	35[1]
Energie-Kraftfutter, kg FM	1,9	4,3	6,6	7,0
Eiweiß-Kraftfutter, kg FM	0,0	0,0	0,0	0,0
Milch aus Energie, kg/Tag	20	25	30	35
Milch aus nXP, kg/Tag	24	28	32	35
RNB, g/Tag	87	73	61	58
Rohfaser, g/kg TM	201	187	176	174
NDF, g/kg TM	429	409	393	390
ADF, g/Tag	253	235	221	219
NFC, g/Tag	282	315	340	344
Zucker, g/kg TM	82	76	71	70
Zucker + abb. Stärke, g/kg TM	121	153	178	183
beständige Stärke, g/kg TM	13	26	35	37

[1] Bei einer Milchleistung von 35 kg Milch wird eine Energiemobilisation aus den Körperreserven von 15 MJ NEL und eine nXP-Unterversorgung von 150 g pro Tag unterstellt.

Tabelle 62: *Kraftfutterzuteilung und Nährstoffbilanz der Gesamtration*

Halbtagsweideration mit Grassilage und Heu

Die Grundfutterration setzt sich aus 10 % Heu, 35 % Grassilage und 55 % Weide in der Trockenmasse zusammen. Bei einer Grundfutteraufnahme von 15,3 kg Trockenmasse und einer Beschränkung der Kraftfuttermenge auf 7 kg Frischmasse kann eine Milchleistung von etwa 35 kg erreicht werden. Es liegt eine positive Ruminale N-Bilanz vor, ein Eiweißergänzungsbedarf (nXP) ergibt sich bei Milchleistungen über 35 kg.

FM kg	Futtermittel	TM, kg
2	Heu (5,85 MJ NEL, 13 % XP)	1,5
15	Grassilage (5,95 MJ NEL, 15 % XP)	5,3
52	Weide (6,38 MJ NEL, 21 % XP)	8,5
	Summe	**15,3**

Tabelle 63: *Grundfutterration*

	Milch, kg/Tag			
	20	25	30	35[1]
Energie-Kraftfutter, kg FM	2,0	4,4	6,7	7,0
Eiweiß-Kraftfutter, kg FM	0,0	0,0	0,0	0,0
Milch aus Energie, kg/Tag	20	25	30	35
Milch aus nXP, kg/Tag	24	28	32	35
RNB, g/Tag	101	87	75	73
Rohfaser, g/kg TM	204	189	178	176
NDF, g/kg TM	422	402	387	385
ADF, g/Tag	259	240	226	224
NFC, g/Tag	277	311	336	340
Zucker, g/kg TM	65	60	57	56
Zucker + abb. Stärke, g/kg TM	106	140	167	170
beständige Stärke, g/kg TM	14	26	36	37

[1] Bei einer Milchleistung von 35 kg Milch wird eine Energiemobilisation aus den Körperreserven von 15 MJ NEL und eine nXP-Unterversorgung von 150 g pro Tag unterstellt.

Tabelle 64: *Kraftfutterzuteilung und Nährstoffbilanz der Gesamtration*

Halbtagsweideration mit Maissilage und Heu

Die Grundfutterration setzt sich aus 23 % Heu, 22 % Maissilage und 55 % Weide in der Trockenmasse zusammen. Bei einer Grundfutteraufnahme von 15,3 kg TM und einer Beschränkung der Kraftfuttermenge auf 6,9 kg Frischmasse kann eine Milchleistung von etwa 35 kg erreicht werden. Die RNB liegt aufgrund des Maissilageanteils im Bereich von +60 bis +30 g/Tag, ab etwa 33 kg Milch ergibt sich ein rechnerischer nXP-Ergänzungsbedarf. Bei hoher Kraftfuttergabe liegt die Ration jedoch hinsichtlich Struktur- und Kohlenhydratversorgung bereits pansenphysiologisch im Grenzbereich (Rohfaser, ADF, Stärke).

FM kg	Futtermittel	TM, kg
4	Heu (5,85 MJ NEL, 13 % XP)	3,5
9	Maissilage (6,4 MJ NEL, 8 % XP)	3,3
52	Weide (6,38 MJ NEL, 21 % XP)	8,5
	Summe	**15,3**

Tabelle 65: Grundfutterration

	Milch, kg/Tag			
	20	25	30	35[1]
Energie-Kraftfutter, kg FM	1,8	4,2	6,6	6,6
Eiweiß-Kraftfutter, kg FM	0,0	0,0	0,0	0,3
Milch aus Energie, kg/Tag	20	25	30	35
Milch aus nXP, kg/Tag	24	28	32	35
RNB, g/Tag	61	47	34	40
Rohfaser, g/kg TM	191	177	167	166
NDF, g/kg TM	418	399	383	383
ADF, g/Tag	240	223	210	209
NFC, g/Tag	312	342	366	362
Zucker, g/kg TM	70	65	61	61
Zucker + abb. Stärke, g/kg TM	149	179	203	202
beständige Stärke, g/kg TM	27	39	48	47

[1] Bei einer Milchleistung von 35 kg Milch wird eine Energiemobilisation aus den Körperreserven von 15 MJ NEL und eine nXP-Unterversorgung von 150 g pro Tag unterstellt.

Tabelle 66: Kraftfutterzuteilung und Nährstoffbilanz der Gesamtration

Vollweide und Ganztagsweide

Bei **Ganztagsweidehaltung** sind die Milchkühe mit Ausnahme des Melkzeitraums praktisch ganztägig für 18 bis 22 Stunden auf der Weide. Das Weidefutter ist die Allein- bzw. Hauptfutterart (60–100 % des Grundfutters). Im Stall erfolgt keine bzw. eine begrenzte Ergänzungsfütterung mit Grund- und Kraftfutter. Eine zusätzliche Mineralstoffversorgung ist jedenfalls erforderlich. Höherleistende Tiere weiden auf guten Standorten, das Weidemanagement legt auf eine hohe und gleichbleibende Futterqualität besonderen Wert. Mit niedrigleistenden Tieren können extensive Standorte sehr gut und nachhaltig beweidet werden. Betriebe, die eine kontinuierliche Abkalbung über das Jahr praktizieren, müssen bei Ganztagsweidehaltung jedoch mit Nachteilen rechnen bzw. im Management durch entsprechende Ergänzungsfütterung darauf reagieren.

WICHTIG Ganztagsweide

Vor allem bei **Abkalbungen** in der Weidezeit ist eine Vorbereitungsfütterung bzw. Ergänzungsfütterung zu Laktationsbeginn schwierig umsetzbar bzw. nicht möglich. Dies führt oft dazu, dass die gesamte Herde im Stall Beifutter erhält, wodurch das Weideverhalten wesentlich verändert wird.

Da bei Ganztagsweidehaltung in den Monaten Juli bis September ein deutlicher **Eiweißüberschuss** in der Ration besteht (Milchharnstoffgehalt zumeist über 35 mg/100 ml), kann es in dieser Phase auch zu verschlechterten Verbleiberaten kommen.

Weiters ist zu beachten, dass **trockenstehende Kühe nicht gemeinsam mit den laktierenden Kühen** auf den qualitativ hochwertigen Weiden gehalten werden können (Verfettung, Abkalbeprobleme, Stoffwechselstörungen).

Vollweidebetriebe gehen über die Ganztagsweidehaltung hinaus. Sie versuchen die Abkalbesaison so zu blocken, dass in der Hauptwachstumszeit keine Kühe trockenstehen und die Belegesaison vor dem

Bei Ganztagsweide und Vollweide steht die Weide im Mittelpunkt.

Hochsommer (Milchharnstoffgehalte > 35 mg) abgeschlossen ist. Darüber hinaus setzen sie am Betrieb eine **„Low-Cost"-Strategie** um. Bei Vollweidehaltung steht jedenfalls die Weide im Mittelpunkt und die Maximierung des Outputs ist nicht wichtigstes Ziel. Es wird jedoch eine hohe Flächenproduktivität und Umwandlungseffizienz des Grünlandfutters in Milch angestrebt. Der Einsatz von Maschinen und Geräten, Zukauffutter, Arbeitszeit etc. muss dabei kurz-, mittel- und langfristig konsequent verringert werden. In der Wiederkäuerfütterung ist das Weidefutter das preiswerteste Futtermittel. Daher versuchen „Low-Input"-Betriebe durch **beste Nutzung der Weide** den Anteil an konserviertem Futter und Kraftfutter in der Jahresration so weit wie möglich zu reduzieren. Das gesamte Betriebsmanagement (z. B. saisonale Abkalbung) wird daher bestmöglich auf die Weidezuwachskurve und Weidequalität abgestimmt. Entscheidend für eine hohe Weidefutterqualität sind ein passender Pflanzenbestand und die standortangepasste Weideführung. Je nach Betriebssituation kann auf Koppel-, Kurzrasen- oder Portionsweidehaltung zurückgegriffen werden. Bei konsequenter Nutzung des Weidepotenzials können Grundfutterleistungen

Vollweidebetriebe mit geblockter saisonaler Abkalbung streben eine Melkpause an.

Auch in Mitteleuropa hat die Vollweidehaltung bei passenden Betriebsbedingungen ein hohes Potenzial.

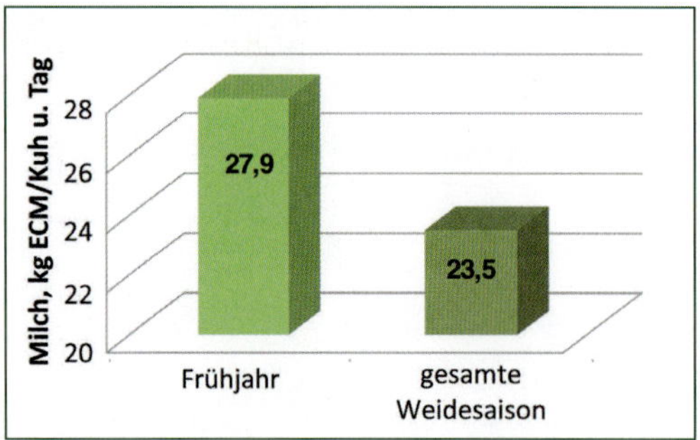

Abbildung 75: *Milchleistung (kg ECM/Kuh u. Tag) aus der Weide im Frühjahr (April bis Juni) und während der gesamten Weidesaison (April bis Oktober) am Ökobetrieb Haus Riswick im Jahr 2010 in Deutschland* *(Berendonk 2011)*

von etwa **20–25 kg Milch pro Tag aus der Weide** erreicht werden. Weidemilchleistungen von 26–30 kg können nur vorübergehend und unter besten Weidebedingungen ausgefüttert werden.

Zu beachten ist, dass **junges Weidegras** nicht nur **energie-**, sondern auch **zuckerreich** ist und eine **geringe Strukturwirksamkeit** aufweist. Daher schließt Vollweidefütterung eine hohe Kraftfutterergänzung aus pansenphysiologischer Sicht aus. Bereits bei täglichen Kraftfuttermengen über 3–4 kg kann es zu Verdauungsstörungen kommen. Zusätzlich ist zu berücksichtigen, dass jedes kg Kraftfutter auch sehr viel preiswertes Weidefutter aus der Ration verdrängt. Rinder passen ihr Verhalten stark an die Fütterungs-, Klima- und Tageslängenbedingungen an und sind zudem Gewohnheits- und Herdentiere. Wenn beispielsweise im Stall Futter guter Qualität angeboten wird, geht die **Weideaktivität** zurück und die Kühe warten (auch nicht ausgefüttert!) an der Eintriebsstelle, wodurch in Folge die Weideflächenproduktivität sinkt.

Die **wirtschaftlichen Ergebnisse** der Milchproduktion in den „Vollweide-Regionen" Neuseeland, Australien und Irland zeigen, dass diese Produktionsform bei konsequenter Umsetzung sehr konkurrenzfähig sein kann. In den letzten Jahren liefen auch mehrere wissenschaftliche Untersuchungen zur Vollweidehaltung im Voralpen- und Alpengebiet (Schweiz, Österreich, Bayern, Baden-Württemberg). Dabei zeigte sich, dass dieses Betriebskonzept bei passenden Betriebsgegebenheiten und standortangepasster Umsetzungsstrategie auch in unserer Region erfolgversprechend umgesetzt werden kann.

WICHTIG | **Tipps zur Ganztags- & Vollweide**

Eine hohe Weideaktivität und Weidefutteraufnahme können mit größeren Ergänzungsfütterungsmengen nicht erreicht werden!

Die **Kraftfuttereffizienz** ist **bei Weidehaltung gering**, die Weidefutterverdrängung durch Kraftfutter hoch. Je kg Kraftfutterzulage stieg in vielen Versuchen die Milchleistung der Kühe in Abhängigkeit vom Leistungsniveau, der Weidefutterqualität und dem Weidefutterangebot nur zwischen 0,5 und 1,2 kg. Eine Kraftfutterergänzung ist in der Vollweidezeit nur dann eventuell sinnvoll, wenn die Milchleistung der Kühe über 25–28 kg liegt bzw. wenn die Belegesaison noch nicht abgeschlossen ist. Das eiweißarme Energiekraftfutter sollte pansenschonende Komponenten (Körnermais, Kleien, Trockenschnitzel) enthalten.

Auch bei größeren Mengen an **Grundfutter**, welches im Stall gefüttert wird, geht die Weidefutteraufnahme zurück. Beispielsweise verringerte sich in einem Versuch an der HBLFA Raumberg-Gumpenstein (Häusler et al. 2008) die Milchleistung von Vollweidekühen um knapp 1.000 kg pro Kuh, wenn in der Weidezeit zusätzlich 450 kg Heu gefüttert wurde. Bei Heuzulagen von unter 2 kg pro Tag konnte in einem weiteren Versuch jedoch noch kein Leistungsrückgang festgestellt werden.

Maissilage hätte prinzipiell eine gute Ergänzungswirkung zur Vollweide, ist jedoch zumeist in der Vegetationsperiode auf den Vollweidebetrieben nicht vorhanden bzw. nur sehr schwer zu lagern (Nacherwärmung – kleine Entnahmemengen) oder entsprechend teuer.

Bei langen **Regenperioden** (bzw. großer Hitze ohne Schattenplätze auf der Weide) sollten die Kühe möglichst früh am Morgen und Abend (= Hauptfresszeiten) auf den Weiden sein. Zur

Entlastung der Weiden (bzw. Kühe) können die Tiere in der restlichen Zeit (Mittag bzw. Nacht) vorübergehend eingestallt werden.

In **Trockenperioden** (geringes Weidefutterangebot) ist eine Ergänzung mit Grassilage(ballen) oder Heu je nach Bedarf notwendig.

Durch den Anbau von **Zwischenfrüchten** und gezielter Zuteilung (Portionierung) kann im Herbst die Weidesaison verlängert werden.

Im Winter erfolgt die **Mineralstoffversorgung** oft über Kraftfutter, Lecksteine oder über Mineralstoffmischungen, die über das Grundfutter gestreut werden. Diese Zuteilungsmöglichkeiten fallen bei Vollweide zum Teil weg. Teilweise fehlt den Kühen in der Weidesaison auch die Zeit im Stall, um ausreichend Mineralstoffkomponenten aufzunehmen. Zur Sicherung der Natriumversorgung sind Salzlecksteine im Stall und auch auf den Weiden anzubringen. Insbesondere zu Weidebeginn sind magnesiumreiche Mineralstoffmischungen zu empfehlen. Häufig erfolgt die gezielte Mineralstoffergänzung über eine kleine Gabe einer Mischung aus Kraftfutter + Mineralstoffmischung am Futtertisch oder im Melkstand.

Futterwechsel müssen immer langsam durchgeführt werden. Saubere Triebwege und Eintriebsstellen sind wichtig. Ansonsten kommt es zu Durchfällen. Es sind Weidesysteme umzusetzen, die nach Möglichkeit ein hastiges Fressen (Blährisiko!) und unruhiges Verhalten (Trittschäden!) vermeiden.

Wassermangel oder verschmutztes Wasser führen zu einer schlechteren Futteraufnahme, erhöhen den Stress der Tiere und belasten den Stoffwechsel sowie die Tiergesundheit. Der tägliche Trinkwasserbedarf von Milchkühen liegt je nach Klimabedingungen zwischen 30 und 180 l. Auf den Weiden sollte eine Wasserstelle innerhalb von 50–150 m erreichbar sein. Sehr wichtig ist eine ausreichende Anzahl von Tränken (zumindest zwei) bzw. eine entsprechende Länge des Troges mit einem hohen Wasserzufluss. Leicht zu reinigende Tränken (nicht zu großes Volumen) sind zu empfehlen.

Bei **Temperaturen über 25–30 °C** geht die Weidefutteraufnahme zurück und kann es ohne Schattenplätze (Stall, Bäume etc.) zu Hitzestress kommen. In diesen Perioden ist es wichtig, dass die Tiere rasch nach der Melkung bereits auf die Weiden kommen.

Rationsbeispiele zur Ganztagsweidehaltung

Der unterstellte Nährstoff- und Energiegehalt der Futtermittel ist in Tabelle 53 angeführt. Das energiereiche Kraftfutter setzt sich dabei aus 30 % Mais, je 10 % Trockenschnitzel und Weizenkleie sowie 50 % Getreide (Gerste) zusammen. Als Obergrenze wurde bei Ganztagsweide eine maximale Kraftfuttermenge von 4,5 kg unterstellt. In den Berechnungen wurden ein Lebendgewicht der Kühe von 650 kg sowie ein Milchfettgehalt von 4,3–4,1 % und ein Milcheiweißgehalt von 3,1–3,3 % angenommen. Der Erhaltungsbedarf wurde zur Abdeckung der zusätzlichen Weideaktivität um 20 % erhöht. Eiweißkraftfutter wurde nicht eingesetzt, da die RNB

Bei Ganztagsweide erhalten die Kühe im Stall noch Ergänzungsfutter, wodurch die Weideaktivität sinkt.

pro Tag über 80 lag. Die Mineralstoffversorgung wurde bei der Berechnung nicht berücksichtigt, eine bedarfsgerechte Versorgung mit Mineralfutter ist jedenfalls erforderlich.

Ganztagsweideration mit Heu

Die Grundfutterration setzt sich aus 15 % Heu und 85 % Weide in der Trockenmasse zusammen. Es wurde eine hohe Grundfutteraufnahme von 16,5 kg TM unterstellt, wofür ein optimales Weide- und Fütterungsmanagement erforderlich ist. Wie die Ergebnisse in Tabelle 68 zeigen, kann bei einer Beschränkung der Kraftfuttermenge auf 4,5 kg Frischmasse eine Milchleistung von etwa 29 kg ohne Körperreservenabbau erreicht werden. Die Ruminale N-Bilanz (RNB) ist deutlich positiv.

FM kg	Futtermittel	TM, kg
3	Heu (5,85 MJ NEL, 13 % XP)	2,5
88	Weide (6,38 MJ NEL, 21 % XP)	14,0
	Summe	**16,5**

Tabelle 67: Grundfutterration

Ganztagsweideration mit Grassilage und Heu

Die Grundfutterration setzt sich aus 10 % Heu, 15 % Grassilage und 75 % Weide in der Trockenmasse zusammen. Bei einer Grundfutteraufnahme von 16,5 kg Trockenmasse und einer Beschränkung der Kraftfuttermenge auf 4,5 kg Frischmasse kann eine Milchleistung von etwa 29 kg ohne Körperreservenabbau erreicht werden, die RNB ist deutlich positiv (s. Tab. 69).

	Milch, kg/Tag			
	20	25	30	35[1]
Energie-Kraftfutter, kg FM	0,3	2,8	4,5	4,5
Eiweiß-Kraftfutter, kg FM	0,0	0,0	0,0	0,0
Milch aus Energie, kg/Tag	20	25	29	34
Milch aus nXP, kg/Tag	23	28	31	33
RNB, g/Tag	154	140	131	131
Rohfaser, g/kg TM	198	183	174	174
NDF, g/kg TM	431	409	396	396
ADF, g/Tag	261	241	230	230
NFC, g/Tag	243	283	305	305
Zucker, g/kg TM	95	87	82	82
Zucker + abb. Stärke, g/kg TM	97	104	107	107
beständige Stärke, g/kg TM	7	52	77	77

[1] Bei einer Milchleistung von 35 kg Milch wird eine Energiemobilisation aus den Körperreserven von 15 MJ NEL und eine nXP-Unterversorgung von 150 g pro Tag unterstellt.

Tabelle 68: Kraftfutterzuteilung und Nährstoffbilanz der Gesamtration

	Milch, kg/Tag			
	20	25	30	35[1]
Energie-Kraftfutter, kg FM	0,5	2,7	4,5	4,5
Eiweiß-Kraftfutter, kg FM	0,0	0,0	0,0	0,0
Milch aus Energie, kg/Tag	20	25	29	34
Milch aus nXP, kg/Tag	23	27	31	33
RNB, g/Tag	144	132	122	122
Rohfaser, g/kg TM	204	189	180	180
NDF, g/kg TM	432	412	398	398
ADF, g/Tag	266	247	234	234
NFC, g/Tag	246	281	305	305
Zucker, g/kg TM	84	78	73	73
Zucker + abb. Stärke, g/kg TM	93	128	150	150
beständige Stärke, g/kg TM	3	17	25	25

[1] Bei einer Milchleistung von 35 kg Milch wird eine Energiemobilisation aus den Körperreserven von 15 MJ NEL und eine nXP-Unterversorgung von 150 g pro Tag unterstellt.

Tabelle 69: Kraftfutterzuteilung und Nährstoffbilanz der Gesamtration

FM kg	Futtermittel	TM, kg
2	Heu (5,85 MJ NEL, 13 % XP)	1,5
7	Grassilage (5,95 MJ NEL, 15 % XP)	2,5
76	Weide (6,38 MJ NEL, 21 % XP)	12,5
	Summe	**16,5**

Tabelle 70: Grundfutterration

FM kg	Futtermittel	TM, kg
2	Heu (5,85 MJ NEL, 13 % XP)	1,5
7	Maissilage (6,4 MJ NEL, 8 % XP)	2,5
76	Weide (6,38 MJ NEL, 21 % XP)	12,5
	Summe	**16,5**

Tabelle 72: Grundfutterration

Ganztagsweideration mit Maissilage und Heu

Die Grundfutterration setzt sich aus 10 % Heu, 15 % Maissilage und 75 % Weide in der Trockenmasse zusammen. Bei einer hohen Grundfutteraufnahme von 16,5 kg TM (s. Tab. 72) und Beschränkung der Kraftfuttermenge auf 4,5 kg Frischmasse kann eine Milchleistung von etwa 29 kg ohne Körperreservenabbau erreicht werden. Im Vergleich zu den Ganztagsweiderationen mit Heu bzw. Grassilage liegt die RNB etwas günstiger, jedoch immer noch im deutlich positiven Bereich (s. Tab. 71).

	Milch, kg/Tag			
	20	**25**	**30**	**35[1]**
Energie-Kraftfutter, kg FM	0,2	2,5	4,5	4,5
Eiweiß-Kraftfutter, kg FM	0,0	0,0	0,0	0,0
Milch aus Energie, kg/Tag	20	25	29	34
Milch aus nXP, kg/Tag	23	27	31	33
RNB, g/Tag	119	106	95	95
Rohfaser, g/kg TM	195	182	172	172
NDF, g/kg TM	428	408	393	393
ADF, g/Tag	254	236	223	223
NFC, g/Tag	269	303	327	327
Zucker, g/kg TM	83	77	72	72
Zucker + abb. Stärke, g/kg TM	127	158	181	181
beständige Stärke, g/kg TM	7	20	29	29

[1] Bei einer Milchleistung von 35 kg Milch wird eine Energiemobilisation aus den Körperreserven von 15 MJ NEL und eine nXP-Unterversorgung von 150 g pro Tag unterstellt.

Tabelle 71: Kraftfutterzuteilung und Nährstoffbilanz der Gesamtration

Im Frühjahr kann von einer hohen Weidefutterqualität ausgegangen werden.

Bei Vollweidehaltung ist eine Versorgung mit Mineralfutter auch auf der Weide notwendig.

Rationsbeispiele zur Vollweidehaltung

Der unterstellte Nährstoff- und Energiegehalt der Futtermittel ist in Tabelle 75 angeführt. Im **Frühling** wurde von einer hohen Weidefutterqualität und Weidefutteraufnahme ausgegangen (6,7 MJ NEL bzw. 17,5 kg TM/Tag). Demgegenüber wurde im **Sommer** eine Weidefutterqualität von 6,3 MJ NEL/kg TM und eine Trockenmasseaufnahme von 16,5 kg unterstellt. Das energiereiche Kraftfutter setzt sich aus 30 % Mais, je 10 % Trockenschnitzel und Weizenkleie sowie 50 % Getreide (Gerste) zusammen. Als Obergrenze wurde eine maximale Kraftfuttermenge von 3 kg FM angesetzt. Es wurde von einem Lebendgewicht der Kühe von 650 kg sowie einem Milchfettgehalt von 4,3–4,1 % und einem Milcheiweißgehalt von 3,1–3,3 % ausgegangen. Der Erhaltungsbedarf wurde zur Abdeckung der zusätzlichen Weideaktivität um 20 % erhöht. Eiweißkraftfutter wurde nicht eingesetzt, da die RNB pro Tag über 80 lag. Die Mineralstoffversorgung wurde bei der Berechnung nicht berücksichtigt. Eine bedarfsgerechte Versorgung mit Mineralfutter ist jedoch erforderlich.

FM kg	Futtermittel	TM, kg
	Frühjahr	
106	Weide (6,71 MJ NEL, 19 % XP)	17,5
	Sommer	
100	Weide (6,38 MJ NEL, 21 % XP)	16,5

Tabelle 73: *Vollweidegrundfutterration im Frühjahr bzw. Sommer*

Wie die Ergebnisse in Tabelle 74 zeigen, kann im **Frühjahr** bei einer Beschränkung der Kraftfuttermenge auf 3 kg Frischmasse und hoher Weidefutteraufnahme eine Milchleistung von etwa 30 kg er-

	Milch, kg/Tag			
	20	25	30	35[1]
Energie-Kraftfutter, kg FM	0,0	0,8	3,0	3,0
Eiweiß-Kraftfutter, kg FM	0,0	0,0	0,0	0,0
Milch aus Energie, kg/Tag	23	25	30	35
Milch aus nXP, kg/Tag	25	27	30	33
RNB, g/Tag	151	147	135	135
Rohfaser, g/kg TM	185	180	170	170
NDF, g/kg TM	421	414	398	398
ADF, g/Tag	254	248	233	233
NFC, g/Tag	239	252	283	283
Zucker, g/kg TM	115	111	103	103
Zucker + abb. Stärke, g/kg TM	115	127	154	154
beständige Stärke, g/kg TM	0	5	17	17

[1] Bei einer Milchleistung von 35 kg Milch wird eine Energiemobilisation aus den Körperreserven von 15 MJ NEL und eine nXP-Unterversorgung von 150 g pro Tag unterstellt.

Tabelle 74: *Kraftfutterzuteilung und Nährstoffbilanz der Gesamtration im Frühjahr*

	TM g	NEL MJ	XP g	nXP g	RNB g	XF g	NDF g	ADF g	ADL g	NFC g	Stärke g	Zucker g
Heu	901	5,85	131	128	0	246	479	283	30	270	0	75
Grassilage	350	5,95	153	128	3	259	462	308	33	249	0	20
Maissilage	286	6,40	84	131	–8	191	420	216	21	432	291	10
Weide Frühling	165	6,72	193	139	9	185	421	254	35	239	0	115
Weide Sommer	165	6,38	206	137	11	192	427	261	38	231	0	100
Energie-Kraftfutter	880	7,93	117	161	–6	68	239	87	15	583	525	23

Tabelle 75: *Nährstoff- und Energiegehalt der Futtermittel (je kg TM)*

reicht werden. Ohne Kraftfutterergänzung und unter Berücksichtigung eines Körpersubstanzabbaus im Ausmaß von 5–15 MJ NEL/Tag sind Milchleistungen aus der Weide von etwa 24–27 kg möglich.

Bei **durchschnittlicher Weidefutterqualität** und einer Weidefutteraufnahme von 16,5 kg TM sowie 3 kg Kraftfutterergänzung sind ohne Körpersubstanzmobilisation etwa 26 kg rechnerisch erreichbar (s. Tab. 76). Ohne Kraftfutterergänzung und unter Berücksichtigung eines Körpersubstanzabbaus im Ausmaß von 5–15 MJ NEL/Tag sind hier Milchleistungen aus der Weide von etwa 20–23 kg möglich.

Eine zum Standort und zur Vollweidestrategie passende Genetik muss eingesetzt werden.

	Milch, kg/Tag			
	20	25	30	35[1]
Energie-Kraftfutter, kg FM	0,2	2,4	3,0	3,0
Eiweiß-Kraftfutter, kg FM	0,0	0,0	0,0	0,0
Milch aus Energie, kg/Tag	20	25	26	31
Milch aus nXP, kg/Tag	23	27	28	30
RNB, g/Tag	181	169	166	166
Rohfaser, g/kg TM	191	178	175	175
NDF, g/kg TM	424	405	401	401
ADF, g/Tag	259	241	237	237
NFC, g/Tag	236	271	279	279
Zucker, g/kg TM	99	91	90	90
Zucker + abb. Stärke, g/kg TM	104	136	143	143
beständige Stärke, g/kg TM	2	15	18	18

[1] Bei einer Milchleistung von 35 kg Milch wird eine Energiemobilisation aus den Körperreserven von 15 MJ NEL und eine nXP-Unterversorgung von 150 g pro Tag unterstellt.

***Tabelle 76:** Kraftfutterzuteilung und Nährstoffbilanz der Gesamtration im Sommer*

Bei geblockter Abkalbung kommen innerhalb kurzer Zeit viele Kälber zur Welt.

Strategien bei Vollweidehaltung

Vollweide mit Melkpause

Eine Melkpause kann dann erreicht werden, wenn alle Kühe des Betriebes innerhalb von neun bis elf Wochen zur Abkalbung kommen. Bei **streng geblockter Abkalbung** kann üblicherweise der höchste Weidegrasanteil an der Jahresration erzielt werden und es fällt eine hohe Milchleistung auch mit der höchsten Weidefutterqualität im Frühling zusammen. Der geblockte und saisonale Arbeitsablauf reduziert darüber hinaus den jährlichen Arbeitszeitbedarf. Alle Kühe befinden sich über den Großteil des Jahres in einem vergleichbaren Laktations- und Fütterungsstadium und die Laktationskurve ist sehr gut auf das Weidefutter abgestimmt. In der Vegetationszeit (Zeit mit dem preiswertesten Futter) stehen keine Tiere trocken, demgegenüber führt die Trockenstehzeit im Winter zu einem geringeren Futterbedarf, insbesondere an hochwertigem konservierten und damit teurem Futter. In jenen Phasen, in denen bei den Kühen der Milchharnstoffgehalt aufgrund des im Vegetationsverlauf zunehmenden Eiweißüberschusses im Futter ansteigt (ab Ende Juni), sind die Kühe bereits trächtig. Da über zumindest sechs Monate keine Milchkälber am Betrieb sind, nimmt das Risiko von Kälbererkrankungen (Infektionsketten) ab. Bereits im ersten Sommer kommen die Nachzuchtkälber nach Möglichkeit auf eine Kälberweide. Hier sollte in einem Unterstand eine Ergänzungsfütterung möglich sein.

Dieses streng saisonale System braucht jedoch beste Fruchtbarkeitsergebnisse, da ansonsten die Kosten für die Bestandesergänzung sehr stark ansteigen. Eine passende Weidegenetik (keine extrem scharfen und hochleistenden Tiere) sowie zumindest vorübergehend ein Stier bei der Herde kann in der zweiten Hälfte der Belegesaison empfohlen werden. Der Brunstbeobachtung muss jedenfalls größtes Augenmerk geschenkt werden.

Selbst bei besten Fruchtbarkeitsergebnissen muss mit einem **jährlichen Abgang von bis zu 10 %** der Kühe aufgrund des Hinausfallens aus dem zeitlich begrenzten „Belege- bzw. Abkalbefensters" (geringe Verbleiberate bei Einzeltieren, unvermeidbare Fruchtabgänge etc.) gerechnet werden. Im Herdenschnitt ist die Laktationsdauer in Betrieben mit Melkpause verkürzt (unter 305 Tage im Schnitt der Herde), da spätabkalbende Kühe früher trockengestellt werden. Der Eutergesundheit muss großes Augenmerk geschenkt werden. Im Herbst sind nämlich alle Kühe spätlaktierend, sodass ein Mischmilcheffekt (Qualitätszuschläge) entfällt. Es ist auch zu bedenken, dass in diesem Zeitraum im Normalfall keine männlichen Kälber am Betrieb sind. Für die Kälberaufzucht müssen auch die entsprechenden kostengünstigen räumlichen Möglichkeiten geschaffen werden. Bei eigener Bestandesergänzung ist ein mittleres Erstabkalbealter von 24 (bzw. 36) Monaten erforderlich. Bei Laufstallhaltung ist in der Abkalbezeit eine variable Gruppenbildungsmöglichkeit anzustreben, da die Anzahl der laktierenden Kühe kontinuierlich steigt.

Zusätzlich muss der jahreszeitlich **uneinheitlichere Milchanfall** berücksichtigt werden. Wichtige Fragen in diesem Zusammenhang sind:

- Reicht die Milchtankgröße aus?
- Wie sieht es mit der Mindestfüllmenge für das Funktionieren der Milchkühlung aus?
- Wie wirkt sich die saisonale Milchproduktion auf Wintermilchzuschläge, die Milchinhaltsstoffe und eine eventuelle Milchverarbeitung am Betrieb bzw. die Direktvermarktung aus?

Bei streng geblockter Abkalbung ist auch der im Jahresverlauf **unterschiedlich hohe Arbeitszeitbedarf** zu berücksichtigen. Von Beginn der Abkalbesaison bis zur Umstellung auf Ganztagsweidehaltung muss mit der jahreszeitlich höchsten Arbeitszeitbelastung gerechnet werden. Demgegenüber geht der Arbeitszeitbedarf von Mai bis zum Beginn der nächsten Abkalbezeit deutlich zurück.

In Regionen mit traditionell hohen Weideanteilen (z. B. Irland oder Neuseeland) werden die Abkalbungen der Herde überwiegend kurz vor bzw. zu Vegetationsbeginn konzentriert. Dadurch können die Kühe in diesen Grünlandgunstlagen mit langen Vegetationsperioden (neun bis elf Monate) und kurzen Wintern während der Laktation fast ausschließlich mit Weidefutter versorgt werden. Die Jahresration besteht bis zu 90 % aus Weidegras. Im Vergleich dazu ist in Mitteleuropa und im Berggebiet die Vegetationszeit kürzer, und es bestehen auch Unterschiede in Bezug auf die Zuchtausrichtung und das Milchleistungspotenzial der verwendeten Kühe. In welche Monate **die neun- bis elfwöchige geblockte Abkalbezeit** in unseren Regionen gelegt wird, hängt wesentlich von den Betriebszielen ab (Steinwidder et al. 2011, Horn et al. 2014).

Betrieben mit Hochleistungskühen bzw. Betrieben, die eine höhere Einzeltierleistung anstreben, kann eine **Winterabkalbung** (z. B. Ende November bis Ende Jänner) empfohlen werden. Die Tiere können in diesem Fall im Stall in den ersten zwei bis vier Laktationsmonaten gut ausgefüttert werden und kommen dann mit einer Milchleistung von etwa 20–25 kg auf die Weide, was etwa dem Weidepotenzial entspricht. Der Weideaustrieb in diesem Zeitraum führt zumeist zu einem leichten Milchleistungsanstieg („2. Laktationsspitze"). Die Milchkühe sind bei gewünschter Winterabkalbung jedoch noch bei Stallhaltung zu belegen. Wenn in der Region häufig Sommertrockenheit auftritt, ist ein früher Abkalbetermin günstiger – eine mögliche Futterknappheit bereitet hier weniger Probleme, da das Milchleistungsniveau der Kühe bereits geringer ist. Darüber hinaus fällt im Herbst das Weideende mit dem Trockenstellen zusammen. Auch bei kurzer Vegetationsdauer (Berggebiet) wird zumeist die Winterabkalbung sinnvoller sein. Auch in Bayern wurden diesbezüglich positive Ergebnisse festgestellt (Steinberger et al. 2012).

Bei **Spätwinter- bis Frühjahrsabkalbung** (Ende Jänner bis Ende März) kann demgegenüber ein höherer Weidegrasanteil und ein geringerer Kraftfutterbedarf erreicht werden. Darüber hinaus kommen hier die Kälber bei zunehmender Tageslänge zur Welt und der Zeitpunkt der Wiederbelegung fällt in jenen (natürlichen) Zeitraum, in dem durchschnittlich die höchsten Verbleiberaten erzielt werden. Hochleistungstiere können hier jedoch bei Frühjahrsabkalbung und konsequenter Vollweidehaltung zu Weidebeginn nicht ausgefüttert werden. Dies kann bei diesen Tieren den Stoffwechsel belasten und zu schlechteren Fruchtbarkeitsergebnissen und steileren Laktationskurven führen. In **Weidegunstlagen der Schweiz** wird üblicherweise die Frühjahrsabkalbung mit Erfolg umgesetzt (Blättler et al. 2004, Durgiai et al. 2004, Kohler et al. 2004, Thomet et al. 2004).

Wenn man sich entschließt, eine enge Blockabkalbung umzusetzen, kommt dem **Fruchtbarkeitsmanagement** eine große Bedeutung zu. In der Umstellungsphase ist mit einer im Durchschnitt verlängerten Zwischenkalbezeit und Laktationsdauer zu rechnen. Auch die Milchleistung der Kühe bzw.

Bei Winterabkalbung werden die Kühe zu Laktationsbeginn im Stall gut ausgefüttert und kommen dann mit einer Milchleistung von ca. 25 kg auf die Frühjahrsweide.

Eine Sommerabkalbung kann bei Vollweide nicht empfohlen werden.

		Winterabkalbung	Spätwinter- bis Frühjahrsabkalbung
Abkalbezeit	Monate ca.	Ende November bis Ende Jänner	Ende Jänner bis Ende März
Haupttrockenstehzeit	Monat ca.	November	Jänner
Weidegrasanteil[1]	% v. Jahresration	35–55	45–65
Kraftfutter[1]	kg/Kuh u. Jahr	500–1.000	200–500
Milchleistung[1]	kg/Kuh	5.500–7.500	4.000–6.500
Kuhtypen		Auch für übliche Rassen geeignet	„Weidegenetik" günstig

[1] Realistische Werte in Österreich (Bereich je nach Region, Vollweidestrategie, Rasse etc.)

***Tabelle 77:** Abkalbestrategien im Vergleich*

des Betriebes kann dadurch im Umstellungsjahr sinken (5–15 %). Wenn der Tierbestand deutlich ausgeweitet oder der Kraftfuttereinsatz am Betrieb stark reduziert wird, kann möglicherweise das gegenwärtige Grundfutterangebot trotz effizienter Nutzung nicht ausreichen.

Ein **„Vorholen" des Abkalbetermins** bei Kühen, die sich am Ende des angesetzten Belegefensters befinden, kann nicht erwartet werden. Kühe, die nach dem Ende der angesetzten Belegezeit zur Brunst kommen, werden konsequent bis zum Beginn der nächsten Belegezeit nicht mehr belegt bzw. gedeckt. Es bereitet üblicherweise keine Probleme, diese Tiere in das System einzugliedern, da die Kühe regelmäßig brünstig und dann auch rasch trächtig werden.

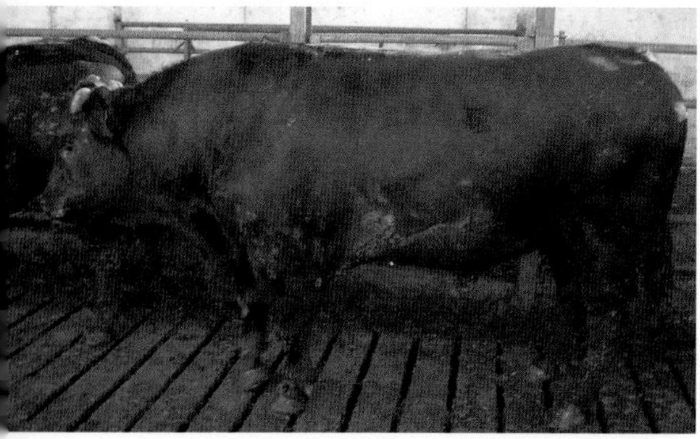

Ein Stier bei der Herde erhöht üblicherweise die Brunsterkennungsrate – er stellt aber auch eine potenzielle Gefahrenquelle dar.

TIPP | **Einstieg Vollweide**

In der Umstellungsphase sollte eher ein **früher Abkalbetermin** angestrebt werden. Kühe, die relativ spät zur Belegung anstehen – auch wenn sie sich theoretisch noch im Belegefenster befinden – sollten bewusst nicht mehr belegt werden. Damit hat man in den ersten Folgejahren weniger Druck und die nötige Zeit zum Sammeln von Erfahrung.

Wenn ein Stier bei der Herde gehalten wird, ist zu beachten, dass einige Kühe bereits sehr früh trächtig werden können und in der Folge möglicherweise im Folgejahr zu früh kalben.

WICHTIG | **Terminbeispiel**

Der Betriebsleiter strebt langfristig eine Abkalbezeit von 1. Jänner bis spätestens 15. März an. Damit ergibt sich ein Belegefenster von 22. März bis 1. Juni. Im ersten Umstellungsjahr könnten der Belegebeginn und das Belegeende jedoch bewusst um drei bis vier Wochen nach vor gezogen werden (Belegefenster 1. Umstellungsjahr: 20. Februar bis 1. Mai). In den Folgejahren sind die gesetzten Termine jedoch sehr konsequent einzuhalten – ansonsten verliert man die Melkpause bzw. hat lange Trockenstehzeiten bei einigen Kühen.

Geblockte Abkalbung ohne Melkpause

Betriebe, die keine enge Blockabkalbung mit Melkpause anstreben, können die abkalbefreie Zeit in die Monate April bis Ende Oktober legen. Trotz verlängerter Abkalbesaison ist damit gewährleistet, dass in der Vegetationszeit mit höchster Weidefutterqualität (bis September) keine Kühe trockenstehen und ab Juni auch keine Belegungen erforderlich sind. Es kalben auch keine Kühe in der Weidezeit ab, was bei Vollweidehaltung aufgrund der begrenzten Ergänzungsfütterungsmöglichkeit Probleme bereiten kann. Üblicherweise leiten bei dieser Abkalbevariante die Kalbinnen bzw. jene Kühe, die „durchgemolken" wurden, die Abkalbesaison im Herbst ein. Die Trockenstehzeit fällt bei einem Großteil der Kühe mit dem Ende der Weidezeit zusammen. Betrieben, die Wert auf eine relativ hohe Einzeltierleistung legen, wird ein nicht zu später Abkalbetermin empfohlen. Bei verlängerter Abkalbesaison ist man hinsichtlich Erstabkalbealter und Remontierung flexibler, benötigt weniger Kälber- und Abkalbeplätze und hat eine kontinuierlichere Milchproduktion. Man verzichtet dabei jedoch auf die Melkpause, einheitliche Futter- und Leistungsgruppen sowie auf die arbeitszeitsparenden konzentrierteren Arbeitsabläufe.

Kontinuierliche Abkalbung über das Jahr

Betriebe, die eine kontinuierliche Abkalbung über das Jahr praktizieren, können das beschriebene **Vollweidekonzept nur eingeschränkt** umsetzen. Das Weidefutter wird hier zumeist weniger effizient verwertet und es muss auch mit höheren Futterkosten (mehr konserviertes Futter und zumeist auch mehr Kraftfutter) gerechnet werden. Bei Abkalbungen in der Weidezeit ist darüber hinaus eine Ergänzungsfütterung zu Laktationsbeginn schwierig umsetzbar. Dies führt oft dazu, dass die gesamte Herde im Stall gefüttert und das Weideverhalten wesentlich verändert wird. Da bei Ganztagsweidehaltung in den Monaten Juli bis September ein relativ hoher Eiweißüberschuss in der Ration besteht (Milchharnstoffgehalt über 35 mg/100 ml), kann es in dieser Phase auch zu verschlechterten Verbleiberaten kommen. Weiters ist zu beachten, dass trockenstehende Kühe nicht gemeinsam mit den laktierenden Kühen auf den qualitativ hochwertigen Weiden gehalten werden können (Verfettung, Abkalbeprobleme, Stoffwechselstörungen).

Management bei Vollweidehaltung

Die Basis für gute Fruchtbarkeitsergebnisse sind wiederkäuergemäße Haltung, eine grundfutterbasierte und bedarfsangepasste Fütterung, optimale Geburts- und Haltungsbedingungen, auf Fitness und Fruchtbarkeit gezüchtete Tiere (Grundfutterlebensleistung) und ein gezieltes Fruchtbarkeitsmanagement. Scharfe, große oder schwere Hochleistungstiere sind für Low-Input-Vollweidebetriebe weniger gut geeignet. Kühe, die verfettet zur Abkalbung kommen oder sich zu Laktationsbeginn stark abmelken, zeigen schlechtere Fruchtbarkeitsergebnisse. Ein Brunstkalender, ausreichend Zeit zur gezielten Brunstbeobachtung sowie ständige Aufzeichnungen darüber sind für Vollweidebetriebe mit geblockter Abkalbung unerlässlich! Ein Stier bei der Herde kann die Fruchtbarkeitsergebnisse verbessern, ersetzt jedoch die Brunstbeobachtung nicht.

Fruchtbarkeitsmanagement

Ein ausgeklügeltes und sehr erfolgreiches Fruchtbarkeitsmanagement ist bei Vollweidebetrieben mit Melkpause notwendig. Ein Hilfsmittel kann das Farbmarkieren am Schwanzansatz (**„tail painting"**) darstellen. Das Programm beginnt 28 Tage vor dem Belegungsstart. Die Schwanzansätze aller Kühe und deckfähigen Kalbinnen werden dabei dick mit beispielsweise **gelber Farbe** (Dispersionsfarbe aus einem Baumarkt in Kunststoffflaschen) bemalt. Die Farbe wird bei einer allfälligen Bespringung abgerieben. Die gelbe Farbe soll bei allen Kühen und Kalbinnen, welche über die nächsten 21 Tage eine Brunst zeigen, durch **grüne Farbe** ersetzt werden. Bis sieben Tage vor dem Belegungsstart ist so ein vollständiger Zyklus durchlaufen und es sind Kühe mit zwei Farben in der Herde: Grün und Gelb. Diejenigen Kühe, die immer noch die gelbe Farbe tragen und keine Brunst gezeigt haben, werden dem Tierarzt zur Kontrolle vorgestellt und bei Bedarf behandelt.

Dies gilt nicht bei Kühen, die relativ spät abgekalbt haben, dort wird noch zugewartet.

Ab Belegungsstart werden alle Kühe und Kalbinnen in Brunst (mit einem deutlichen Duldungsreflex) besamt und mit **Rot** markiert. Am 14. Tag nach dem Belegungsbeginn werden Kühe, die immer noch eine gelbe Farbe tragen, vom Tierarzt neuerlich untersucht. Alle Kühe, die besamt werden, erhalten weiterhin eine rote Farbe. Der Anteil an Kühen mit grüner bzw. gelber Farbe sollte ab jetzt kontinuierlich sinken. Die Farbe am Schwanzansatz zeigt nicht nur, ob eine Kuh besprungen wurde, sondern gibt im Verlauf der Decksaison auch einen guten Herdenüberblick.

Eine etwa zweimonatige Belegeperiode gibt unter der Anwendung des empfohlenen Fruchtbarkeitsmanagements allen Kühen mit regelmäßigem Zyklus dreimal die Gelegenheit, trächtig zu werden. Wenn zwei Monate nach Ende der Decksaison die Quote der nicht trächtigen Tiere bei bzw. unter 10 % liegt, ist die Besamungssaison sehr erfolgreich verlaufen.

TIPP **Brunstbeobachtung entscheidend**

Die beste Brunstbeobachtungszeit ist am Morgen vor dem Melken und abends so spät wie möglich. Hier sollte in der Belegesaison wirklich jede Kuh gezielt beobachtet werden, dafür ist Zeit einzuplanen. Auch wenn eine Kuh brünstig ist, muss die Beobachtung fortgesetzt werden – bei geblockter Abkalbung sind häufig mehrere Kühe gleichzeitig brünstig!

Besamung oder Stier?

Grundsätzlich sind **beide Varianten** bei geblockter Abkalbung **möglich**. Ein Stier bei der Herde erhöht üblicherweise die Brunsterkennungsrate und wirkt sich günstig auf das Herdenverhalten aus. Demgegenüber stellt er aber auch eine potenzielle Gefahrenquelle dar und erhöht den Futter- und Platzbedarf. Teilweise halten Betriebe auch nur im letzten Belegemonat einen Deckstier oder führen ausschließlich eine künstliche Besamung durch.

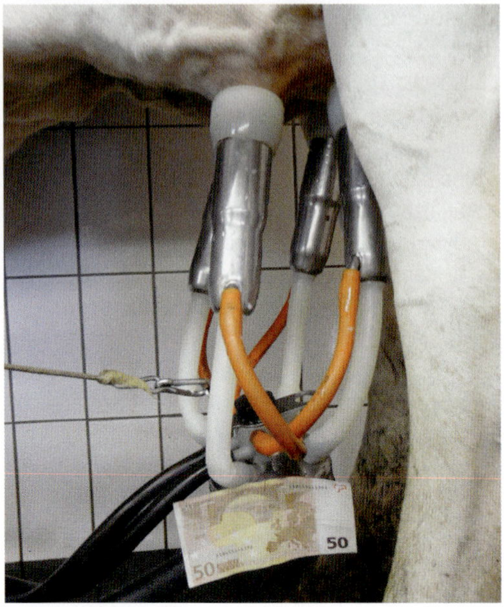

Bei Vollweide fällt die höchste Milchleistung in das Frühjahr.

Vollweidebetriebe mit Melkpause belegen oft ausgesuchte Zuchtkühe nur bei der Erst- und evtl. Zweitbesamung mit Milchviehrassen, da spätgeborene Aufzuchtkälber ansonsten eine verkürzte Wachstumszeit bis zur 1. Abkalbung hätten. Tiere, die zum dritten Mal besamt werden, und Kühe, die nicht für die Nachzucht bestimmt sind, werden hier ausschließlich mit Maststieren gedeckt. Da Kalbinnen schon mit 24 Monaten abkalben, werden diese mit leichtkalbigen Vätern (Angus, Jersey etc.) belegt. Tiere, die am Ende der Decksaison zu belegen sind, werden nicht mit französischen Mastrassen belegt, weil die Trächtigkeiten aus diesen Kreuzungen im Mittel länger dauern als aus Kreuzungen mit Angus- und Jerseystieren.

Betriebe, die die **Remontierungstiere zukaufen**, können aber auch mit Fleischstieren arbeiten. Die Kälber werden dann an Mastbetriebe verkauft. Wenn Zweinutzungsrassen als Milchkühe gehalten werden, dann können trächtige Kühe, die aus dem Abkalbefenster hinausfallen, auch als trächtige Mutterkühe abgesetzt werden.

Milchleistungen im Jahresverlauf

Bei Vollweidehaltung werden sehr hohe Einzeltierleistungen nicht angestrebt bzw. erreicht. Je nach Kuhtyp, Rasse und Fütterung zu Laktationsbeginn sind bei einer geblockten Winterabkalbung Jahresherdenleistungen von 5.500–7.500 kg bzw. bei geblockter Frühlingsabkalbung zwischen 4.000 und 6.500 kg realistisch. Die höchste Milchleistung fällt in die Monate von April bis August.

Der hohe Gehalt an wertvollen ungesättigten Fettsäuren im Weidegras und die geringere Strukturwirksamkeit des Weidegrases reduzieren in der Weideperiode jedoch die Milchfettsynthese. Dadurch liegt der **Milchfettgehalt** in der Vollweidezeit

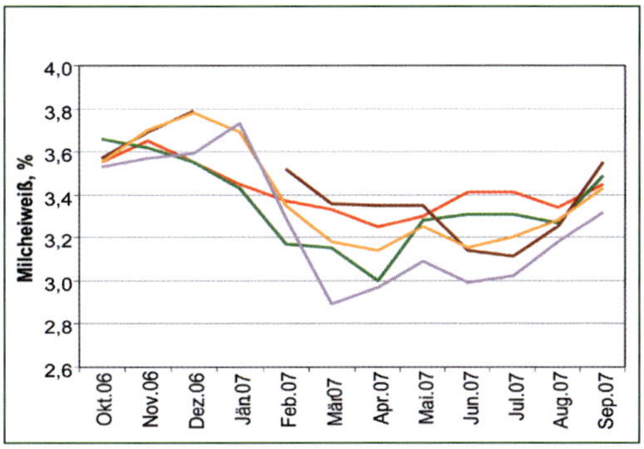

***Abbildung 78:** Milcheiweißgehalt je Durchschnittskuh auf Vollweideumstellungsbetrieben in Österreich* (Steinwidder et al. 2010a)

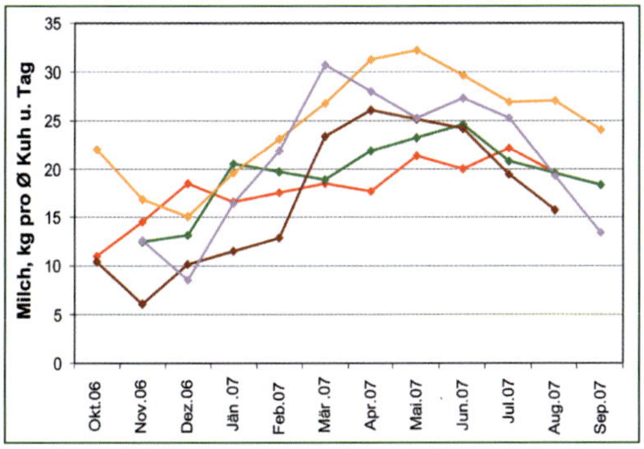

***Abbildung 76:** Milchleistung je Durchschnittskuh auf Vollweideumstellungsbetrieben in Österreich* (Steinwidder et al. 2010a)

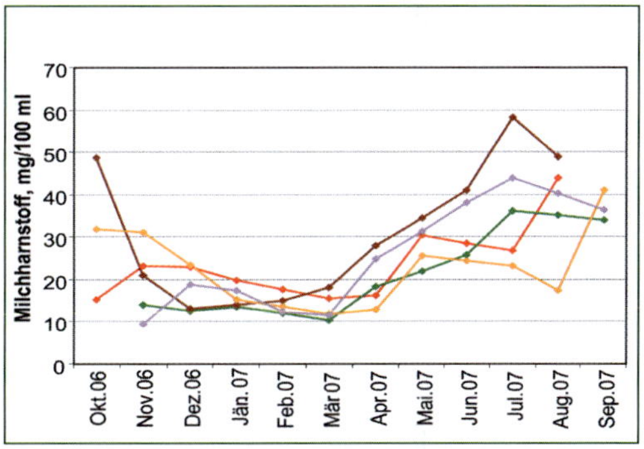

***Abbildung 79:** Milchharnstoffgehalt je Durchschnittskuh auf Vollweideumstellungsbetrieben in Österreich* (Steinwidder et al. 2010a)

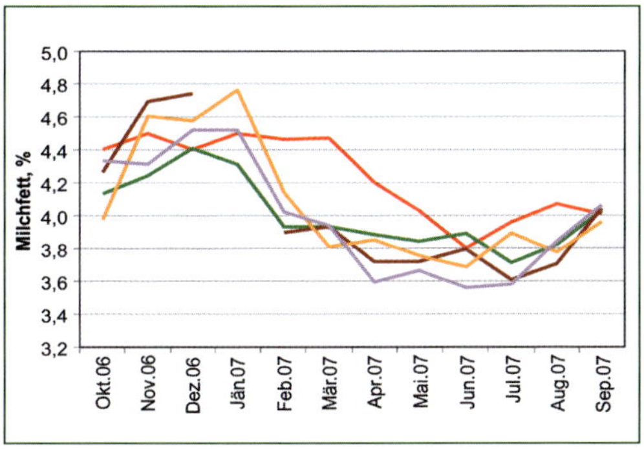

***Abbildung 77:** Milchfettgehalt je Durchschnittskuh auf Vollweideumstellungsbetrieben in Österreich* (Steinwidder et al. 2010a)

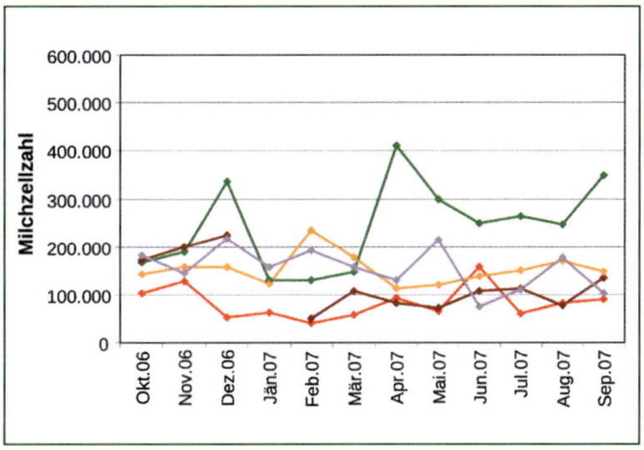

***Abbildung 80:** Milchzellzahl je Durchschnittskuh auf Vollweideumstellungsbetrieben in Österreich* (Steinwidder et al. 2010a)

um 0,2–0,4 % (3,6–4,0 %) tiefer als bei üblicher Stallfütterung.

In der Vollweidephase werden hochleistende Kühe zu Laktationsbeginn zumeist nicht ausgefüttert. Bei Kühen mit höherer Tagesmilchleistung (über 25 kg) muss daher auch mit einem geringeren **Milcheiweißgehalt** in der Weidezeit gerechnet werden (3,0–3,4 %).

Der **Milchharnstoffgehalt** steigt im Vegetationsverlauf je nach Weidepflanzenbestand (z. B. Kleeanteil), Rasse, Ergänzungsfütterung und Leistung ab etwa Mitte Juni auf über 30 mg/100 ml an. Wie bereits ausgeführt, ist es daher sinnvoll, wenn in den Sommermonaten keine Belegungen anstehen und die Tiere bereits trächtig sind.

Entscheidend für den Erhalt der Qualitätszuschläge ist jedenfalls eine gute Eutergesundheit der Herde. Bei Blockabkalbung sind nämlich im Herbst alle Kühe spätlaktierend.

Fütterung im Jahresverlauf

Auch für Vollweidebetriebe gelten in der Winterfütterungsphase die gleichen Grundsätze wie für übliche Milchviehbetriebe. Besondere Beachtung verdient hier jedoch die Weideumstellungsfütterung im Frühling sowie die Fütterung in der Ganztagsweidephase (= Vollweide).

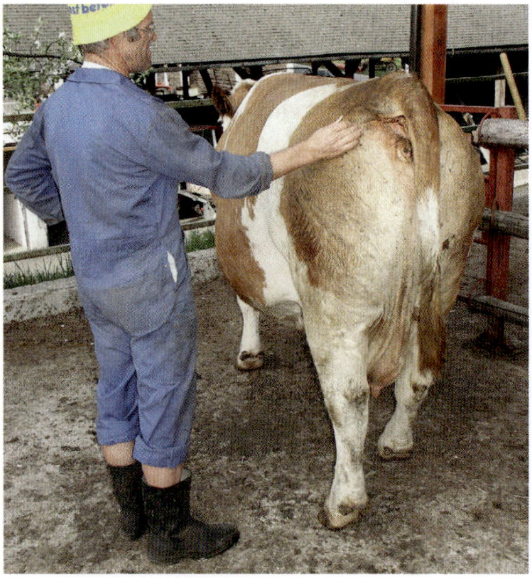

Kühe dürfen keinesfalls fett zur Abkalbung kommen.

Eine hohe Grundfutterqualität ist bei laktierenden Kühen und Masttieren immer notwendig.

Fütterung in der Stallperiode

Bei Vollweidehaltung fällt die **Trockenstehzeit** üblicherweise in die Winterfutterperiode. Die trockenstehenden Kühe sollten getrennt von den laktierenden Kühen aufgestallt werden. Bei normaler Körperkondition genügt in der Trockenstehzeit eine Nährstoffversorgung, die einem theoretischen Milchleistungsniveau von 5–7 kg entspricht. Wenn diesen Kühen ein strukturreiches Grundfutter (Heu; Grassilage/Heu oder Grassilage/Stroh) zur freien Aufnahme angeboten wird, reicht dies zur Nährstoffversorgung aus. Die Kühe sollten in der Trockenstehzeit weder verfetten noch in zu geringer Kondition zur Abkalbung kommen, eine ausreichende Pansenfüllung ist immer notwendig. Zur Natriumergänzung müssen die Kühe etwa 30 g Viehsalz pro Tag aufnehmen können, welches entweder über Lecksteine oder gezielt händisch angeboten werden kann. Je nach Futterkomponenten benötigen die Kühe zusätzlich in dieser Phase bis zu 50 g einer spurenelement- und phosphorreichen Mineralstoffmischung für trockenstehende Kühe. Zur Vorbeugung von Milchfieber sind Milchkühe in den letzten **zwei bis drei Wochen**

vor der Abkalbung möglichst calcium- und kaliumarm, aber phosphorbedarfsdeckend zu füttern. Nach Möglichkeit wird wenig Klee, Luzerne, beste Grassilage, junge Weide und kein mineralisiertes Kraftfutter gefüttert. Zur Mineralstoffversorgung dürfen in den letzten Trockenstehwochen keine calciumreichen Mischungen verwendet werden. Damit sich die Pansenmikroben in dieser Phase bereits auf das Laktationsfutter umstellen können, sollten im letzten Trockenstehabschnitt bereits jene Grundfuttermittel zumindest teilweise in der Ration enthalten sein, welche auch unmittelbar nach der Abkalbung gefüttert werden. Wenn Kraftfutter zu Laktationsbeginn nur in geringen Mengen und auch nur in langsam steigenden Mengen gefüttert wird, dann ist eine Anfütterung mit Kraftfutter vor der Abkalbung nicht sinnvoll. Damit wird zwar die Milchleistung gesteigert, zugleich erhöht sich aber auch das Energieversorgungsdefizit. Die Kühe dürfen nicht verfettet zur Abkalbung kommen!

Zu **Laktationsbeginn** muss höchstes Augenmerk auf eine hohe Grundfutteraufnahme gelegt werden. Eine hohe Grundfutteraufnahme setzt voraus, dass der Futtertisch der laktierenden Kühe nie

Auf bestes Grundfutter muss zu Laktationsbeginn Wert gelegt werden.

Ein frühzeitiger Weidebeginn und ein langsamer Futterwechsel sind notwendig.

leer ist. Das Futter muss daher täglich mehrmals nachgeschoben werden. Vielfältige, aber über längere Zeiträume möglichst konstante Rationen sind notwendig, damit eine stabile Pansenmikrobenpopulation aufgebaut und erhalten werden kann. Ein Heuanteil erhöht die Futteraufnahme. Ein sauberer Futterbarren, optimale Haltungsbedingungen, ein Tier-Fressplatz-Verhältnis von 1 : 1, ein häufiger Tier-Mensch-Kontakt und ausreichend Wasser sind weitere wichtige Erfolgskriterien in der Fütterung.

Das Kraftfutter darf nach der Abkalbung nur langsam gesteigert werden (maximal 0,3 kg/Tag und nicht mehr als 2 kg pro Teilgabe). Eine Viehsalzgabe (zumindest 30 g/Tag) zur Natriumversorgung ist immer notwendig. Die Versorgung mit weiteren Mengen- und Spurenelementen über Mineralstoffmischungen muss sich nach den Rationskomponenten richten. Zumeist sind 30–50 g einer phosphor- und spurenelementbetonten Mischung pro Kuh und Tag erforderlich. Bei grünlandbetonten Rationen ergibt sich nur bei hohen Milchleistungen ein Calciumergänzungsbedarf (Futterkalk). Da bei geblockter Abkalbung im selben Zeitraum mehrere Kühe zur Abkalbung kommen, ist ein höherer Platzbedarf für Abkalbeboxen und die Kälberaufzucht einzuplanen. Weiters ist der in der Abkalbezeit zunehmende Anteil an laktierenden Kühen zu berücksichtigen.

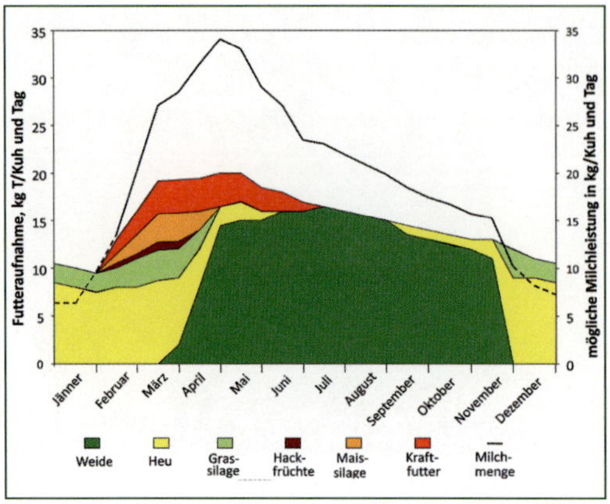

Abbildung 81: *Futteraufnahme (kg TM) und Milchleistung bei Vollweidehaltung (Beispiel Praxisbetriebe Schweiz)*

		Weidefutter
Anzahl	N	353
Trockenmasse	g/kg FM	190
Rohprotein	g/kg TM	215 (± 30)
Rohfett	g/kg TM	27 (± 3)
Rohfaser	g/kg TM	213 (± 27)
N-freie Extrakt-stoffe	g/kg TM	434 (± 35)
Rohasche	g/kg TM	110 (± 26)
NDF	g/kg TM	414 (± 47)
ADF	g/kg TM	254 (± 31)
ADL	g/kg TM	32 (± 7)
Energie	MJ NEL/kg TM	6,32 (± 0,4)

Tabelle 78: *Durchschnittlicher Nährstoff- und Energiegehalt des Weidefutters auf Vollweideumstellungsbetrieben in Österreich (Steinwidder et al. 2010a)*

Fütterung in der Weidephase

Das **Weidefutter** weist bei optimaler Weideführung und Nutzung eine **hohe Verdaulichkeit** auf. Im Vollweideprojekt in Österreich (Steinwidder et al. 2010a, 2010b) wurde auf Praxisbetrieben im Durchschnitt ein Energiegehalt von 6,3 MJ NEL/kg Trockenmasse festgestellt. Insbesondere zu Weidebeginn zeigte sich die höchste Energiekonzentration. Die beachtliche Streuung im Nährstoffgehalt spiegelt deutlich die Pflanzenbestands-, Betriebs-, Boden- und Bewirtschaftungseinflüsse wider. Im Gegensatz zu intensiv genutzten Weideflächen darf die Futterqualität auf Standweiden, Extensivflächen und Almen nicht überbewertet werden. Je nach Pflanzenbestand und Selektionsmöglichkeit durch die Tiere entsprechen die Energie- und Strukturkohlenhydratgehalte etwa dem eines Heus geringer bis mittlerer Qualität. Diese Weiden sind für die Kalbinnenaufzucht sowie für trockenstehende Kühe gut geeignet.

Der **Weidebeginn** ist eine der sensibelsten Fütterungsphasen bei Vollweidehaltung. Die Tiere haben eine hohe Milchleistung und einen dementsprechend hohen Nährstoffbedarf. Zusätzlich ändert sich die Rationszusammensetzung für die Pansenmikroben deutlich und die Kühe müssen sich wieder an das Weiden gewöhnen. Das Weidefutter ist hochverdaulich und verträgt keine hohe Kraftfutterergänzung. Die Kühe stehen in dieser Phase zumeist auch zur Wiederbelegung an.

TIPP **Früher Weidebeginn wichtig!**

Weidebetriebe sollten ihre Flächen etwa zu jenem Zeitpunkt bereits **bestoßen, wenn das „Gras spitzt"** bzw. in der Region die ersten Betriebe mit dem Wiesenabschleppen beginnen.

Die **Kühe gewöhnen sich** in einer Phase an das Weiden, in der der tägliche Futterzuwachs noch nicht sehr hoch ist.

Die **Pansenmikroben** werden langsam auf das Weidefutter umgestellt.

Das **Überweiden** des jungen Pflanzenbestandes fördert die Bestockung und **lenkt den Pflanzenbestand** in eine günstige Richtung. Lückenfüller und unerwünschte Kräuter werden zurückgedrängt, die Trittempfindlichkeit nimmt ab.

In den ersten **zwei bis drei Wochen** ist schrittweise von Stunden- über Tag- auf Ganztagsweidehaltung (= Tag- und Nachtweide) umzustellen.

Mit steigender Weidedauer wird im Stall die Ergänzungsfütterung (Grund- und vor allem Kraftfutter) verringert. Die Verfütterung von Heu ist insbesondere in der Übergangszeit günstig.

Vollweidebetriebe mit Silageeinsatz leeren vor Weidebeginn die Fahrsilos bereits und setzen danach zumeist auf Ballensilagen. Hier ist das Nacherwärmungsrisiko geringer als bei Fahrsilos und die Silage muss auch nicht „mit Gewalt" noch vor dem ersten Erntetermin verfüttert werden. Betriebe, die den Weideaustrieb aufgrund der Verfütterung von Futterresten verschlafen, haben über die gesamte Weideperiode Probleme! Dies ist bedeutend, da bei Umsetzung einer geblockten Abkalbung und gezielten Vollweidehaltung zumeist weniger konserviertes Futter als zuvor benötigt wird!

Etwa **drei bis vier Wochen nach Vegetationsbeginn** setzt die intensivste Wachstumsphase im Grünland mit höchster Futterqualität ein. Zu diesem Zeitpunkt müssen die Pansenmikroorganismen, der Verdauungstrakt und die Tiere (Weideverhalten) daher voll auf die Weide umgestellt sein. Damit wird verhindert, dass das Futter auswächst und in Folge Futterverluste entstehen.

Da Weidegras auch eiweißreich ist, kann mit Weidebeginn die Eiweißergänzung über das **Kraftfutter** reduziert oder ausgesetzt werden. Wenn geringe Mengen an Kraftfutter gefüttert werden, sollte sich dieses nicht nur aus Getreide (Gerste, Weizen, Triticale, Roggen) zusammensetzen. Günstig sind vielmehr Körnermais-, Kleien- und Trockenschnitzelanteile (20–30 % bzw. 10–20 %) im Kraftfutter, da diese Komponenten langsamer im Pansen abgebaut werden. Auf eine ausgewogene und bedarfsgerechte Versorgung mit Viehsalz (20–40 g) sowie mit **Mineralstoffen** (inkl. Spurenelemente) ist zu achten. Stellt man den Mineralstoff- und Spurenelementbedarf dem Gehalt im Weidegras gegenüber, dann ergibt sich immer ein Natrium-Ergänzungsbedarf (Viehsalz). Auch bei Spurenelementen kann es zu einer unter den Empfehlungen liegenden Versorgung kommen. Die Calciumaufnahme reicht üblicherweise für Milchleistungen über 30 kg aus. Zur Vorbeugung

Das Weidefutter ist hochverdaulich und verträgt keine hohe Kraftfutterergänzung.

	Stundenweide →	Tagweide →	Vollweide
Heu, kg	3	3	unter 1,5
Grassilage, kg	freie Aufnahme (Tag und Nacht)	freie Aufnahme (Nacht)	-
Kraftfutter[1], kg	4–6	3–5	0–2[2] (max. 3–4)
Mineralstoffergänzung	30 g Viehsalz + 50 g magnesiumreiche Min.-Mischung	30 g Viehsalz + 50 g magnesiumreiche Min.-Mischung	30 g Viehsalz + 50 g magnesiumreiche Min.-Mischung

[1] Weide ist sehr eiweiß- und zuckerreich. Daher ist kein Eiweißkraftfutter notwendig, zudem sollten pansenschonende Komponenten (Körnermais, Kleien, Trockenschnitzel) verwendet werden.
[2] In der Vollweidezeit sollte Kraftfutter nur dann eingesetzt werden, wenn die Milchleistung über 25–28 kg Milch liegt bzw. wenn die Belegesaison noch nicht beendet ist.

Tabelle 79: *Beispielsration – Veränderungen bei der Umstellung auf Weide*

von Weidetetanie durch Magnesiummangel kann der Einsatz von zumindest 50 g einer magnesiumreichen Mineralstoffmischung, insbesondere zu Weidebeginn, empfohlen werden.

Fütterung in der Vollweidezeit

Vollweidebetriebe sind Weidespezialisten! Eine hohe und möglichst gleichbleibende Weidefutterqualität ohne Futterverluste wird angestrebt (Weidemanagement!). Die Kühe sind ab jetzt nur zur Melkung im Stall und zumindest 20 Stunden (Tag und Nacht) auf der Weide. Nur wenn bei großer Hitze auf der Weide keine Schattenplätze zur Verfügung stehen bzw. wenn es bei langen Regenperioden zu verstärkten Trittschäden kommt, werden die Kühe am Vormittag (ab 11 Uhr) bzw. in der Nacht eingestallt. Günstig ist es, wenn die Tiere bei Hitze – zum Beispiel über Weidetriebwege – selbstständig den Stall aufsuchen können. Das Weidefutter muss jedoch auch an diesen Tagen die Hauptfutterkomponente bleiben – rasche Futterwechsel und eine hohe Ergänzungsfütterung sind zu vermeiden.

Eine **Kraftfutterergänzung** ist in der Vollweidezeit bei guter Weidefutterqualität nur dann sinnvoll, wenn die Milchleistung der Kühe über 25–28 kg liegt bzw. wenn die Belegesaison noch nicht abgeschlossen ist. Das eiweißarme Energiekraftfutter sollte pansenschonende Komponenten (Körnermais, Kleien, Trockenschnitzel) enthalten. Zur Sicherung der Natriumversorgung sind Salzlecksteine im Stall – und nach Möglichkeit auch auf den Weiden – anzubringen. Wie oben bereits ausgeführt, sind insbesondere zu Weidebeginn magnesiumreiche Mineralstoffmischungen zu empfehlen.

Die regelmäßige Aufwuchshöhenmessung unterstützt die Weideführung.

Wassermangel oder verschmutztes Wasser führen zu einer schlechteren Futteraufnahme, erhöhen den Stress der Tiere und belasten den Stoffwechsel und die Tiergesundheit. Der tägliche Trinkwasserbedarf von Weide-Milchkühen liegt je nach Witterung zwischen 30 und 180 l.

Fütterung im Herbst

Im Herbst geht der tägliche Graszuwachs kontinuierlich zurück und die Weideflächen müssen vergrößert werden. Die tägliche Milchleistung der spätlaktierenden Kühe (200. bis 300. Laktationstag) liegt im Bereich von 10–20 kg. Nach frostigen Nächten ist das Futter morgens angefroren (reifig). An diesen Tagen sollten die Kühe nicht zu früh auf die Weiden getrieben werden. Mit der Zufütterung im Stall wird begonnen, sobald die Weidefläche nicht mehr ausreicht bzw. wenn auf Halbtagsweidehaltung umgestellt wird. Mit der **Silagezufütterung** sollte langsam begonnen werden (Geschmacksbeeinflussung der Milch, Pansenumstellung). Günstig ist, wenn das Weideende mit dem Trockenstellen eines Großteils der Kühe zusammenfällt. Im Herbst muss insbesondere auf sonst schnittgenutzten Flächen eine möglichst boden- und grasnarbenschonende Beweidung erfolgen.

Checkliste – Ist Vollweidehaltung eine Option?

Ob die Low-Input-Vollweidehaltung eine sinnvolle Betriebsentwicklungsoption darstellt, hängt von unterschiedlichen Faktoren ab. In Tabelle 80 sind Fragen angeführt, die eine diesbezügliche Entscheidung wesentlich mitbeeinflussen können.

Voraussetzung	Ankreuzen, wenn Ja	Erklärung
Arrondierte Grünlandflächen, die für Weide geeignet wären, sind vorhanden		Zumindest 0,3–0,6 ha/Kuh vorhanden, nicht zu steil, nicht nur tiefgründige Böden
Ausreichend Grundfutterfläche bereits jetzt vorhanden		Wenn der Kraftfuttereinsatz reduziert wird und gleichzeitig die Kuhanzahl ausgeweitet werden sollte (Milchquotenerfüllung), steigt der Grundfutterbedarf
Interesse an der Weidehaltung gegeben		Die Weide steht im Mittelpunkt
Hohe Einzeltierleistung werden nicht angestrebt		Bei Vollweidehaltung ist die Einzeltierleistung stärker begrenzt als bei intensiver Stallfütterung (ev. Ausnahme: Herbst- oder Winterabkalbung)
Kraftfuttereinsatz bereits relativ gering		Bei Vollweidehaltung soll und kann in der Weidezeit kein (bzw. nur wenig) Kraftfutter gefüttert werden
Herkömmliche Milchviehzucht von untergeordneter wirtschaftlicher Bedeutung		Bei Vollweidehaltung sinkt zumeist der Stalldurchschnitt (ev. Ausnahme: Herbst- oder Winterabkalbung)
Fruchtbarkeitsergebnisse und Eutergesundheit auf gutem Niveau		Bei saisonaler Milchproduktion sind gute Fruchtbarkeitsergebnisse und gesunde Euter besonders wichtig
Keine schweren bzw. scharfen Hochleistungskühe am Betrieb		Mittel- bis kleinrahmige Kühe mit hoher Weideaktivität und guten Fruchtbarkeits- und Fitnesswerten bei guter Milchlebensleistung sind mittelfristig notwendig
Kostengünstiger Stall und keine hohe Mechanisierung vorhanden		Das Low-Input-Konzept muss in allen Bereichen konsequent umgesetzt werden
Platz für Kälber und die Abkalbung kann kostengünstig geschaffen werden		Innerhalb eines engen Zeitraumes kommen die Kühe zur Abkalbung, wodurch viele Kälber gleichzeitig am Betrieb sind
Kostengünstige Stallerweiterungen möglich		Bei einem etwaigen Milchleistungsrückgang wird zumeist eine Aufstockung des Kuhbestandes umgesetzt
Saisonale Milchproduktion vorstellbar		Zumindest eine geblockte Abkalbung von November bis März sollte vorstellbar sein
Verschiebungen in der Arbeitszeitbelastung passen zu weiteren Betriebszweigen		Hauptarbeitsbelastung in der Abkalbezeit (geringe Arbeitsbelastung von Juni bis zum Beginn der Abkalbungen)
Das Low-Input-Konzept passt zu den Vorstellungen der Betriebsleiter		Hohe Einzeltierleistungen, eine große Eigenmechanisierung, teure Stallungen, aber auch inkonsequentes Handeln passen nicht zur Vollweide
Die gesamte Familie würde Umstellung mittragen		Die Umstellung auf Vollweide hat große Auswirkungen auf herkömmliche Ergebnisse (Stalldurchschnitt etc.) und Arbeitsabläufe

Tabelle 80: *Vollweidehaltung eine Option am Betrieb? Je mehr Fragen mit Ja beantwortet werden, desto geeigneter ist ein Betrieb für die Vollweidehaltung.*

Weide in der Aufzucht

Kälberaufzucht

In der Kälberaufzucht werden folgende **Ziele** angestrebt:

- Gesunde Kälber durch optimale tiergemäße Haltung und Versorgung
- Entwicklung zum Wiederkäuer durch frühzeitige Förderung der Vormagenfunktion
- Wirtschaftliche Aufzucht (Tränkemenge, Dauer, Arbeitszeit, Verluste etc.)

Neugeborene Kälber weisen keine Immunität gegen Krankheiten auf. Der Darmtrakt von Kälbern ist noch wenig ausgereift. Daher können die Kälber in den ersten Stunden nach der Abkalbung noch Immunglobuline („Impfung" über Kolostralmilch) aufnehmen. Kälber müssen in den ersten drei Lebensstunden etwa 1–2 kg Kolostralmilch aufnehmen. Eine wiederholte Gabe bzw. Aufnahme nach vier bis sechs Stunden ist anzustreben. Den Kälbern muss ein gereinigter, heller und trockener Liegebereich angeboten werden, Zugluft ist zu vermeiden.

Prinzipiell kann in der Kälberaufzucht zwischen der **herkömmlichen Aufzucht** (Milch bis zur ca. 12. Woche) und der **Frühentwöhnungsmethode** (Milch nur bis zur 5. bis 8. Woche) unterschieden werden. Weidebetriebe mit saisonaler Abkalbung greifen in der Kälberaufzucht häufig auf Sauertränkeverfahren (pH-Wert ca. 4,5) mit freier Milchaufnahme in den ersten Lebenswochen zurück. **Ad-libitum-Tränken** werden häufig mit angesäuerter Milch (pH-Wert 5,5) durchgeführt. Darüber hinaus findet man in der Praxis, vor allem auf Bio-Milchviehbetrieben, auch muttergebundene Aufzuchtverfahren vor.

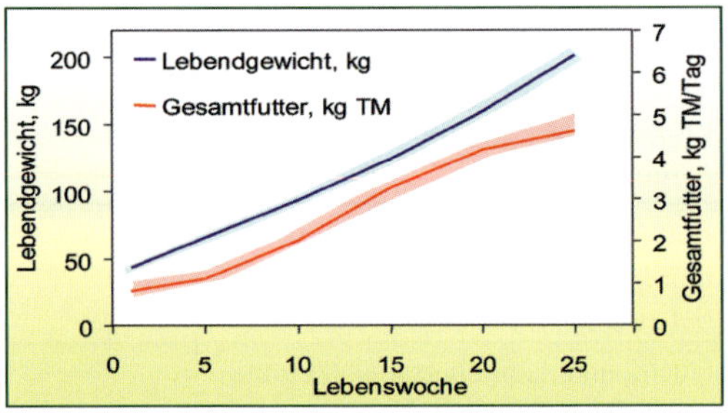

***Abbildung 82:** Lebendgewichtsentwicklung und Futteraufnahme von Aufzuchtkälbern* *(nach Jilg 2003)*

Frühentwöhnung

Bei der Frühentwöhnungsmethode wird die **Milchgabe nach fünf bis acht** (im Schnitt sechs) **Lebenswochen** abgesetzt. Die Milchmenge ist in der

Trockene und saubere Stallbedingungen sind notwendig.

Kälber sollen sich rasch zum Wiederkäuer entwickeln.

Aufzucht eingeschränkt, um rasch eine Aufnahme fester Futtermittel zu erreichen. Mit acht Wochen sollte das Kalb etwa 1 kg Kälberkraftfutter pro Tag aufnehmen. Bis zur 16. Lebenswoche wird das Kälberkraftfutter dann auf maximal 2 kg pro Tag gesteigert. Kraftfutter und Heu müssen sich durch eine hohe Verdaulichkeit sowie hohe Energie- und Eiweißgehalte auszeichnen. Die Frühentwöhnungsmethode ist auf biologisch wirtschaftenden Betrieben nicht erlaubt. Teilweise wird die Frühentwöhnungsmethode auch mit dem Ad-libitum-Tränkeverfahren (in den ersten drei Lebenswochen) kombiniert.

Gruppenhaltung in der Tränkeperiode

<table>
<tr><th>Lebenswoche</th><th>Vollmilch o. MAT l/Tag</th><th>Kälberkraft-futter</th><th>Heu</th><th>Silagen</th><th>frisches Wasser</th></tr>
<tr><td>2</td><td>5–7</td><td colspan="2" rowspan="7">zur freien Aufnahme (2 x täglich frisch)
↓
wenn über 1,5 kg Kraftfutter, dann täglich zuteilen</td><td>-</td><td rowspan="7">zur freien Aufnahme über Selbsttränker oder Eimer (wenn möglich über 12 °C)</td></tr>
<tr><td>3</td><td>5–7</td><td>-</td></tr>
<tr><td>4</td><td>5–7</td><td rowspan="5">zur freien Aufnahme (2 x täglich frisch)</td></tr>
<tr><td>5</td><td>5–7</td></tr>
<tr><td>6</td><td>5–7</td></tr>
<tr><td>7</td><td>4–5</td></tr>
<tr><td>8</td><td>4–0</td></tr>
</table>

***Tabelle 81:** Aufzuchtplan für die Kälberaufzucht nach der Frühentwöhnungsmethode*

Herkömmliche Kälberaufzucht

Auch bei der herkömmlichen Kälberaufzucht darf die tägliche Milchgabe nicht zu hoch sein. Die Milch- bzw. Milchaustauschermenge ist mit 5–8 l pro Tag zu begrenzen. Durch die eingeschränkte tägliche Milchgabe wird die Aufnahme von Kälberkraftfutter und Grundfutter gefördert. Die Kälber werden spätestens **mit 13 Wochen von der Milch abgesetzt**. Im Gegensatz zur Frühentwöhnungsmethode ist bei der herkömmlichen Kälberaufzucht der Einsatz eines etwas eiweißärmeren Kraftfutters möglich. Dieses Verfahren ist daher auch für biologisch wirtschaftende Betriebe leichter durchführbar. Teilweise wird in diesen Betrieben die Tränkeperiode auf 14 Wochen verlängert. Entscheidend dabei ist jedoch, dass in den letzten Tränkewochen nur mehr sehr wenig Milch (2 bis max. 4 l pro Tag) zusätzlich zu bestem Grundfutter und Kraftfutter eingesetzt wird.

Sauertränke-Verfahren

Bei diesen Verfahren erhalten die Kälber nach der Kolostralmilchperiode eine saure oder angesäuerte (kühle) Milchtränke zur ständig freien Aufnahme.

Sauertränkeverfahren werden häufig auf Weidebetrieben eingesetzt.

<table>
<tr><th>Lebenswoche</th><th>Vollmilch o. MAT l/Tag</th><th>Kälberkraft-futter</th><th>Heu</th><th>Silagen</th><th>frisches Wasser</th></tr>
<tr><td>2</td><td>5–7</td><td colspan="2" rowspan="2">zur freien Aufnahme
(2 x täglich frisch)</td><td>-</td><td rowspan="11">zur freien Aufnahme über Selbsttränker oder Eimer (wenn möglich über 12 °C)</td></tr>
<tr><td>3</td><td>5–7</td><td>-</td></tr>
<tr><td>4</td><td>5–7</td><td colspan="2" rowspan="7">↓</td><td rowspan="9">zur freien Aufnahme (2 x täglich frisch)</td></tr>
<tr><td>5</td><td>5–7</td></tr>
<tr><td>6</td><td>5–7</td></tr>
<tr><td>7</td><td>5–7</td></tr>
<tr><td>8</td><td>5–7</td></tr>
<tr><td>9</td><td>4–6</td></tr>
<tr><td>10</td><td>4–5</td></tr>
<tr><td>11</td><td>4–5</td><td colspan="2" rowspan="2">wenn über 1,5 kg Kraftfutter,
dann täglich zuteilen</td></tr>
<tr><td>12</td><td>4–0</td></tr>
</table>

***Tabelle 82:** Aufzuchtplan für die Kälberaufzucht nach der herkömmlichen Aufzuchtmethode*

Buttermilch- oder Sauermilchtränke

Dazu wird in einem sauberen warmen (!) Behälter anteilsmäßig 9,5 l kuhwarme Milch mit 0,5 kg Buttermilch (bzw. Sauermilch) versetzt und gut verrührt. Der Behälter wird in einen möglichst warmen Raum (mind. 20 °C, oder Behälter wird leicht gewärmt) für 24 Stunden gelagert. Von dieser 24 Stunden gesäuerten Milch werden 9 l Milch (90 %) verfüttert. Die Restmenge bleibt im Behälter und wird wiederum mit kuhwarmer Milch auf 10 l aufgefüllt (100 %) und gerührt usw. Nach ein bis zwei Wochen wird die gesamte Sauermilch verfüttert und wie oben beschrieben eine neue „Sauertränke" angesetzt.

WICHTIG Sauberkeit

Bedeutsam ist, dass sauber gearbeitet wird und dass die Tränkemilch gut gesäuert ist, zur Kontrolle auf Fehlsäuerungen (z. B. bei zu kühler Lagerung) wird in der Praxis eine tägliche Verkostung empfohlen. Da Joghurt-Kulturen höhere Temperaturen bevorzugen, greifen Praktiker auf Buttermilch-Milchsäurekulturen (vorwiegend mesophile Bakterien) zurück.

Säuerung mit Säuren

Bei stark **gesäuerter Tränke** erhalten die Kälber nach der Kolostralmilchperiode eine durch Säuerung (zumeist Ameisensäure, Essigsäure, Propionsäure oder Kombinationsprodukte) dickgelegte kalte Milchtränke zur ständig freien Aufnahme. Durch die Säuerung der Milch (pH-Wert auf 4,5) kann die Milch kühl und zur freien Aufnahme verabreicht werden. Bei der Herstellung der Sauertränke wird aus Unfallschutzgründen zuerst eine Verdünnung durchgeführt (Verätzungsgefahr – Handschuhe, Schutzbrillen!). Je nach Vorratsdauer wird die Milch dann mit **unterschiedlichen Mengen an verdünnter Säure** versetzt:

- Jede Mahlzeit frisch: z. B. 10 bis 20 g bzw. ml/kg Milch
- Vorratstränke für einen Tag: 20 g bzw. ml/kg Milch
- Vorratstränke für drei Tage: 30 g bzw. ml verdünnte Ameisensäure/kg Milch

Die Vermischung der Milch mit der Säure muss zumindest zwei bis drei Stunden, oder besser eine Mahlzeit vorher, erfolgen. Das Anrühren und die Verfütterung kann nur in Plastikeimern durchgeführt werden. Ein Eimerdeckel ist zusätzlich notwendig. Aufgrund des tiefen pH-Wertes ist die Milchauf-

Wenn Kälber weiden, dann sind besondere Hygiene- und Parasitenvorbeugemaßnahmen erforderlich.

nahme bei den Kälbern insbesondere bei starker Absäuerung (fallweise) eingeschränkt.

Bei Ad-libitum-Tränkeverfahren, welche in den ersten drei Lebenswochen eine hohe Milchaufnahme anstreben, wird demgegenüber mit **angesäuerter Tränkemilch** (pH ca. 5,5) gearbeitet, in diesem Fall wird eine Einzeltierhaltung empfohlen.

Weide in der Kälberaufzuchtphase

Kälber knabbern bereits in der ersten Lebenswoche an Stängeln, bei Weidehaltung nehmen sie ab der 3. Lebenswoche – je nach Milchgabe – bereits nennenswerte Mengen an Weidefutter auf. Wenn Kälber weiden, dann muss ihnen **immer beste Weidefutterqualität** zur Verfügung gestellt werden. Damit kann auch der Ergänzungsbedarf an Kraftfutter reduziert werden. Zusätzlich zur Milch und Kraftfuttergabe sollte in einem überdachten Bereich auch Kälberheu angeboten werden. Generell ist in der Kälberaufzucht ein geschützter Unterstand zu empfehlen. Wenn Kälber weiden, dann müssen besondere Hygiene- und Parasitenvorbeugemaßnahmen umgesetzt werden (s. „Parasitenvorbeuge-Maßnahmen" im Abschnitt zur „Kalbinnenaufzucht").

Steinberger (2010) berichtet von Vollweidebetrieben in Bayern, die sowohl mit Tieren der Rasse Fleckvieh als auch mit Holstein-Friesian ein Erstabkalbealter von 24 Monaten mit Erfolg erreichen. Auf den Betrieben kommen die Kälber nach dem Milchabsetzen bzw. teilweise noch in der Tränkeperiode auf die Kurzrasenweiden und erzielen hier je nach Alter und Rasse in der ersten Weideperiode tägliche Zunahmen von 620–770 g, wobei nach dem Milchabsetzen, mit Ausnahme der Mineralstoffergänzung, kein Beifutter gegeben wird. Im Spätherbst wird das kompensatorische Wachstum gezielt genutzt, indem die Jungkalbinnen über ca. zwei Monate bestes Grundfutter und Kraftfutter über Mischrationen erhalten.

Kalbinnenaufzucht

Die optimale Aufzucht ist die Voraussetzung für gesunde, leistungsbereite sowie langlebige Kühe. Dazu muss die Aufzuchtintensität an die unterschiedlichen Entwicklungsphasen des Tieres angepasst werden. Das **erste Lebensjahr** ist für den Aufbau einer guten Gesamtkonstitution und die Entwicklung sehr entscheidend.

Jungrinder und Kalbinnen müssen sich gut entwickeln, dürfen aber auf keinen Fall zu fett zur Abkalbung kommen. Ein besonderes Kriterium stellt die Euterbildung dar. Durch zu intensive Fütterung (über etwa 900 g Tageszunahmen) in der Jugendphase (5. Monat bis Geschlechtsreife) kann es zu einer verringerten Drüsengewebebildung im Euter und schlechterer Milchleistung kommen. Die Belegung

Eine gezielte Kalbinnenaufzucht stellt die Basis für eine hohe Grundfutterlebensleistung dar.

Kalbinnen können ampferbelastete Flächen bei intensiver Kurzrasenweide positiv lenken.

muss sich nach Rahmen, Gewicht bzw. Zuchtreife richten. Eine Belegung von unterentwickelten Tieren führt zu kleinen Kühen und vermehrt Schwergeburten. Im Gegensatz dazu ist eine zu späte Belegung zumeist unwirtschaftlich und führt häufig zu verfetteten Tieren mit vielen Folgeproblemen. Besonderes Augenmerk ist auch auf die Vorbeugung bzw. Bekämpfung von Parasiten zu legen.

Das **Erstabkalbealter** liegt beim überwiegenden Anteil der Milchviehbetriebe in Mitteleuropa **zwischen 24 und 32 Monaten**. In Gunstlagen wird zumeist ein frühes (24–27) und im Berggebiet ein späteres (28–32) Erstabkalbealter umgesetzt. Ein hohes Erstabkalbealter (über 32 Monate) ist aus wirtschaftlicher Sicht nur bei kostengünstiger extensiver Aufzuchtfütterung und Haltung sowie langer Nutzungsdauer der Kühe zu empfehlen. Eine Verlängerung der Aufzuchtdauer von 24–26 Monaten auf 34–36 Monate erhöht den Energie- und Futterbedarf in der Aufzucht um mehr als 40 %.

Vollweidebetriebe, die eine saisonale Abkalbung mit Melkpause anstreben und die Kalbinnen am Betrieb aufziehen, müssen ein **Erstabkalbealter von etwa 24 Monaten** erreichen. Dazu sind mittlere tägliche Zunahmen von ca. 800 g (750–850) notwendig. Dabei ist zu beachten, dass dafür in der gesamten Aufzucht gute Bedingungen vorliegen müssen. Mit spätreifen Linien und Rassen sowie bei Alpung ist eine Abkalbung mit 24 Monaten nicht bzw. nur eingeschränkt möglich. Vollweidebetriebe mit Melkpause verwenden üblicherweise für die eigene Nachzucht die in der Abkalbesaison früher geborenen Kälber.

Damit die Kalbinnen in der ersten Laktation eine hohe Futteraufnahme aufweisen, muss das Futter in der Aufzucht immer zur freien Aufnahme angeboten werden. Nur dadurch kann eine optimale Entwicklung der Vormägen sichergestellt werden. Aus diesem Grund kann die Aufzuchtintensität daher praktisch nur über die Energiekonzentration (Futterqualität) gesteuert werden.

Energieversorgung

In den **ersten drei bis fünf Lebensmonaten** ist eine hohe Energie-Konzentration von 11–10 MJ Umsetzbarer Energie (ME) je kg Trockenmasse erforderlich. Dies entspricht etwa 7,0–6,4 MJ NEL/kg TM. Hier ist zumeist eine Ergänzung des Grundfutters wie Heu, Grassilage, Maissilage oder Weide mit etwas Kraftfutter (je nach Grundfutterqualität 1–2,5 kg) erforderlich. **Ab dem fünften Lebensmonat** ist je nach angestrebtem Abkalbealter und notwendigem Abkalbegewicht eine Energiedichte von 10,5–9,7 MJ ME notwendig. Nur bei sehr guter Grundfutterqualität und bestem Fütterungsmanagement ist bei angestrebter früher Abkalbung keine Kraftfutterergänzung erforderlich.

Bei saisonaler Abkalbung mit Melkpause müssen sich die Jungtiere vor allem im ersten Lebensjahr sehr gut entwickeln.

Angestrebtes Abkalbealter	24 Monate	26 Monate	28 Monate
5. Monat bis 1. Brunst			
Tageszunahmen, g	800	700–800	650–750
Energiekonzentration*, MJ ME/kg TM	10,5–10,2	10,4–9,9	10,2–9,7
entspr. MJ NEL/kg TM	6,3–6,1	6,2–5,9	6,1–5,8
1. Brunst bis 3. Trächtigkeitsmonat			
Tageszunahmen, g	850	750–800	700–750
Energiekonzentration*, MJ ME /kg TM	10,2–9,5	9,9–9,3	9,7–9,2
entspr. MJ NEL/kg TM	6,1–5,7	5,9–5,6	5,8–5,5
4. Trächt.-mon. bis 2 Monate vor Abkalbung			
Tageszunahmen, g	800	700–800	650–750
Energiekonzentration*, MJ ME /kg TM	9,5–8,9	9,3–8,9	9,2–8,7
entspr. MJ NEL/kg TM	5,7–5,4	5,6–5,3	5,5–5,1
die letzten 2 Trächtigkeitsmonate			
Tageszunahmen, g	700–800	700–800	700–800
Energiekonzentration*, MJ ME /kg TM	10,2–10,5	10,2–10,5	10,2–10,5
entspr. MJ NEL/kg TM	6,1–6,3	6,1–6,3	6,1–6,3

* höhere Werte bei jüngeren Kalbinnen sowie bei großrahmigen Tieren, die bei der Abkalbung ein höheres Lebendgewicht aufweisen

Tabelle 83: Richtwerte für die Kalbinnenaufzucht (625 kg Lebendgewicht vor der Abkalbung)

Abkalbung, Alter Grundfutterqualität[1]	24 Monate hoch	 gering	28 Monate hoch	 gering
5. Monat bis 1. Brunst				
Tageszunahmen, g	800	nicht	650–700	650–700
Kraftfutter[2], kg FM	2–1	möglich	1,5–0	2–1,5
1. Brunst bis 3. Trächtigkeitsmonat				
Tageszunahmen, g	850	850	700–750	700–750
Kraftfutter[2], kg FM	0,5–0	2–1	0	1–0,5
4. Trächt.-mon. bis 2 Monate vor Abkalbung				
Tageszunahmen, g	750	750	650–700	650–700
Kraftfutter[2], kg FM	0[3]	2–1	0[3]	1–0
die letzten 2 Trächtigkeitsmonate[4]				
Tageszunahmen, g	700–800	700–800	700–800	700–800
Kraftfutter[2], kg FM	Vorbereitungsfütterung in den letzten zwei Monaten; Kraftfutter im letzten Monat steigend auf 0–2,5 kg			

[1] hoch = 9,8 MJ ME/kg TM (5,9 MJ NEL), gering = 8,7 MJ ME (5,2 MJ NEL)
[2] Kraftfutter = 11,5 MJ ME/kg FM (7,0 MJ NEL)
[3] bei gutem Grundfutter besteht Verfettungsgefahr
[4] Betriebe, die mit spätreifen Linien züchten bzw. die erste Laktation als „Trainingslaktation" ansehen und grundfutterbetont füttern, sollten die Kalbinnen keinesfalls zu gut konditioniert zur Abkalbung bringen und diese in den letzten Wochen vor der Abkalbung auch nicht (zu intensiv) anfüttern.

Tabelle 84: Richtwerte für die Kraftfutterergänzung bei unterschiedlicher Grundfutterqualität und angestrebtem Abkalbealter (625 kg Lebendgewicht vor der Abkalbung)

Ab der **Geschlechtsreife** der Tiere reicht üblicherweise eine mittlere Grundfutterqualität aus. Nach dem 3. Trächtigkeitsmonat eignet sich der Einsatz von strukturreichem Grundfutter, Kraftfutter wird nicht mehr benötigt. In den letzten zwei Trächtigkeitsmonaten sollte die Energiekonzentration wieder zunehmen, die Kalbinnen sind auf die Grundfutterration der Kühe umzustellen. Betriebe, die mit spätreifen Linien züchten bzw. die erste Laktation als „Trainingslaktation" ansehen und grundfutterbetont füttern, sollten die Kalbinnen keinesfalls zu gut konditioniert zur Abkalbung bringen und diese in den letzten Wochen vor der Abkalbung auch nicht (zu intensiv) anfüttern.

Eiweißversorgung

Der Eiweißbedarf von Aufzuchtkalbinnen nimmt bezogen auf 1 kg Futter mit zunehmendem Alter ab. Bei 150 kg Lebendgewicht ist ein Rohproteingehalt von 14–16 % je kg Trockenmasse erforderlich. Das nutzbare Rohprotein sollte ebenfalls diese Konzentration erreichen. Bei Weidehaltung ist keine Rohproteinergänzung über das Kraftfutter notwendig. Konserviertes Grundfutter aus Grünlandprodukten hat üblicherweise einen geringeren Gehalt an nutzbarem Rohprotein als an Rohprotein. Dadurch ist bei geringer Kraftfutterergänzung eine höhere Rohproteinkonzentration notwendig. In diesem Fall muss das Ergänzungskraftfutter bis zu 17 % Rohprotein enthalten. Ansonsten reicht bei guter Grundfutterqualität ohne Maissilage ein Kraftfutter mit geringem Rohproteingehalt (13–15 %) aus. Bei geringer Grundfutterqualität bzw. Rationen mit Maissilage muss das Kraftfutter 15–18 % Rohprotein enthalten. Ab einem Lebendgewicht von 300 kg hat sich die Versorgung am Bedarf der Pansenmikroben zu orientieren. Eine Ergänzung mit rohproteinreichem Kraftfutter ist üblicherweise nicht mehr notwendig, da eine Rohproteinkonzentration von 11–12 % je kg Futtertrockenmasse ausreicht. In den letzten Wochen vor der Abkalbung sollte der Rohproteingehalt im Bereich von 13–15 % liegen.

Mineralstoffversorgung

Die bedarfsgerechte Mineralstoffversorgung erfordert die Kenntnis des Gehaltes in den Futtermitteln. Eine zusätzliche Calcium- und Phosphorergänzung über Mineralstoffmischungen ist in den meisten Fällen im ersten Lebensjahr erforderlich (5–10 g Ca, 2–5 g P). Der zusätzliche Natriumbedarf muss in der gesamten Aufzucht über Lecksteine oder zusätzliche Viehsalzgaben (10–20 g/Tag) gedeckt werden. Für eine ausreichende Spurenelementversorgung,

Wechselnde Fütterungsintensitäten in der Aufzucht können vorteilhaft sein.

Gewicht kg	700 g Tageszunahmen MJ ME	g RP	g nXP	g RNB*	800 g Tageszunahmen MJ ME	g RP	g nXP	g RNB*
150	34	480	480	0	36	515	515	0
250	50	565	560	0	53	595	590	0
350	65	735	710	–6	69	785	760	–7
450	80	910	880	–16	86	975	950	–17
550	95	1.085	1.050	–19	103	1.165	1.140	–20

* RNB-Untergrenze (ab 300 kg Gewicht wird davon ausgegangen, dass immer genügend nutzbares Rohprotein am Darm angeflutet wird, wenn im Pansen ausreichend Energie und Stickstoff zur Verfügung stehen)

Tabelle 85: *Empfehlungen zur Energie- und Eiweißversorgung von Aufzuchtrindern (GfE 2001)*

Alter Monate	Gewicht kg	besondere Entwicklungs-phasen	Zunahmen g	TM-Aufnahme kg	ME MJ/kg TM	nXP g/kg TM	Ca g/kg TM	P g/kg TM	Kraftfutter kg FM*	Rohprotein im Kraftfutter %
1–4	bis 160	Pansen, Rahmen	600–800	1,0–3,3	20,0–10,6	150	9,5	4,3	1,5–2,0	16–18
5–6	160–210	Pansen, Rahmen, Euter	800	3,3–4,4	10,3	140	8,7	3,9	1,5–2,0	15–17
7–8	210–255		750	4,4–5,4	10,0	115	6,7	3,3	1,5	12–15
9–11	255–300		750	5,4–6,2	9,7	110	6,0	2,9	1,0	12
12–13	300–350	Rahmen	800	6,2–7,0	9,6	110	5,6	2,8	0,5	12
14–15	350–400		800	7,0–7,8	9,3	110	5,3	2,7	0	
16–17	400–445	Zuchtreife, Rahmen	750	7,8–8,6	9,3	110	4,9	2,7	0	
18–19	445–490	Rahmen	750	8,6–9,4	9,3	110	4,6	2,7	0	
20–21	490–535	Euter, Fötus	750	9,4–10,0	9,3	110	4,4	2,7	0	
22–23	535–580		750	10,0–10,8	9,4	110	4,2	2,6	0–0,5	12
24–26	580–630		800	10,8–11,5	10,2	115	4,1	2,6	0–2,5	15

* bei guter Grundfutterqualität weniger Kraftfutter erforderlich; Betriebe, die mit spätreifen Linien züchten bzw. die erste Laktation als „Trainingslaktation" ansehen und grundfutterbetont füttern, sollten die Kalbinnen keinesfalls zu gut konditioniert zur Abkalbung bringen und diese in den letzten Wochen vor der Abkalbung auch nicht (zu intensiv) anfüttern.

Tabelle 86: *Kalbinnenaufzuchtplan – 26 Monate Abkalbealter (Grundfutter: mittlere Qualität)*

besonders mit Zink, Kupfer und Selen, sind etwa 20–40 g einer Mineralstoffmischung notwendig. Damit wird auch der Vitaminbedarf abgedeckt.

Schwankende Fütterungsintensitäten?

Die Fütterungsbedingungen in der Kalbinnenaufzucht müssen nicht über die gesamte Aufzuchtperiode gleichmäßig verlaufen. Ein **Wechsel zwischen intensiven und extensiven Phasen** kann durchaus positiv sein. In diesem Fall muss jedoch über die gesamte Aufzuchtperiode trotzdem ein gutes Zunahmeniveau vorliegen! In den drei Monaten vor der Belegung sollte jedoch keine Unterversorgung auftreten, da es ansonsten zu schlechteren Fruchtbarkeitsergebnissen kommen kann.

In Tabelle 87 sind Ergebnisse von zwei Aufzuchtversuchen angeführt (Choi et al. 1997, Park et al. 1987). In diesen Untersuchungen wurden die Tiere der Versuchsgruppen mit abwechselnder Fütterungsintensität („**Reizfütterung**") von etwa 150 kg bis zur Abkalbung aufgezogen und mit einer möglichst gleichmäßig aufgezogenen Kontrollgruppe verglichen. Die Tiere der Versuchsgruppe wurden in der Aufzucht jeweils über zwei bis fünf Monate abwechselnd etwa 20–30 % unter und 20–30 % über dem Bedarf gefüttert. In beiden Versuchen wurden durch „Reizfütterung" die Futterverwertung in der Aufzuchtphase und die Euterausbildung (mehr Drüsenzellen, weniger Fettgewebe) verbessert. Die mit „Reizfütterung" aufgezogenen Kühe zeigten in der Laktation eine höhere Milchleistung als die Kontrollgruppe. Gerade für die Weide- und Almhaltung sind diese Ergebnisse von Bedeutung.

Tipps zur Weidehaltung in der Aufzucht

Je nach Weidefutterqualität, -angebot, Aufzuchtphase sowie den Managementbedingungen sind bei Weidehaltung auch ohne Ergänzungsfütterung tägliche Zunahmen zwischen 600 und 1.000 g möglich. Häusler et al. (2008) verglichen mit Fleckvieh-Jungkalbinnen im Gewichtsbereich von 275–375 kg das Koppel- und das Kurzrasenweidesystem ohne Ergänzungsfütterung miteinander. Sie erreichten in dieser Untersuchung hohe tägliche Zunahmen von 923 bzw. 1.013 g. Auf extensiven Standorten (Almen, Hutweiden etc.) werden üblicherweise tägliche Zunahmen zwischen 300 und 650 g erreicht.

	Kurzrasenweide	Koppelweide
Tiere	10	10
Lebendgewicht Beginn, kg[1]	274	276
Lebendgewicht Ende, kg	366	377
Tageszunahmen, g	923	1.013
BCS Ende, Punkte (1–5)	3,1	3,1

[1] Lebensalter Versuchsbeginn 349 bzw. 352 Tage

Tabelle 88: Fleckvieh-Aufzuchtkalbinnen bei Kurzrasenweide- und Koppelweidehaltung (Häusler et al. 2008)

Vor dem 9. Lebensmonat ist eine Weidehaltung in Kombination mit einem geschützten Unterstand zu empfehlen. Hier kann bei Bedarf (z. B. zu geringe Weidefutterqualität oder -angebot) auch eine gezielte Ergänzungsfütterung erfolgen. Im ersten Lebensjahr

	Versuch 1		Versuch 2	
	Kontrolle	„Reizfütterung"	Kontrolle	„Reizfütterung"
Kalbinnen, Anzahl	12	12	10	10
Tageszuwachs, kg	0,66	0,68	0,68	0,98
Lebendgewicht Abkalb., kg	562	568	554	576
Milch, kg erste Laktation	6.765	7.344	6.497	7.137
Milch, kg bis 4. Laktation			7.913	8.714

Tabelle 87: Einfluss der „Reizfütterung" auf verschiedene Leistungsdaten

muss den Jungkalbinnen immer beste Weide angeboten werden. Hinsichtlich des Weidesystems wird zumeist eine Umtriebsweidehaltung mit mindestens drei Koppeln in der Hauptwachstumsphase und sechs bis acht Koppeln im Herbst angewandt. Die Jungrinder bleiben dabei nach Möglichkeit maximal eine Woche auf einer Koppel. In Gunstlagen kann auch die Kurzrasenweidehaltung mit Erfolg umgesetzt werden. Dabei wird eine niedrige Aufwuchshöhe unter 6 cm, gemessen mit der Deckelmethode, angestrebt (Steinberger 2010). Zur Minimierung des Parasitendruckes ist auf Jungrinderweiden eine Mäh-Zwischennutzung als günstig zu beurteilen. Verhoeven et al. (2014) untersuchten 2012 und 2013 im Versuchszentrum Haus Riswick die Eignung der Kurzrasenweide in der Aufzucht. Die Jungrinder kamen dabei mit sechs bis acht Monaten auf die Weide. Im Schnitt beider Jahre waren die Tageszunahmen im Frühjahr mit 982 g je Tier und Tag beachtlich, im Sommer mit 772 und im Herbst mit 692 g reduziert. Die Witterungs- und damit Futterbedingungen beeinflussten dabei die Ergebnisse deutlich. Geringere Zuwächse konnten die Tiere in der Folgeperiode wieder gut ausgleichen. Kotuntersuchungen im Herbst zeigten zwar mittel- bis hochgradige Endoparasitenbelastungen, welche den Tieren aber nicht schadeten. Im Durchschnitt beider Versuchsjahre lagen die Tageszunahmen über 800 g und ließen ein Erstabkalbealter von 24 bis 26 Monaten zu. Ein optimales Weidemanagement mit entsprechender Flächenzuteilung ist jedenfalls notwendig.

In Unterständen kann eine Ergänzungsfütterung erfolgen.

Besondere Beachtung ist vor allem im ersten Lebensjahr der Parasitenvorbeugung bzw. der -kontrolle und gegebenenfalls -behandlung zu schenken.

TIPPS **Endo-Parasiten-Vorbeugemaßnahmen**

Feuchte Standorte nicht beweiden oder großzügig auszäunen

Kein Überbesatz

Frühzeitigen Weidebeginn (mit Ergänzungsfütterung) anstreben

Tränkestellen errichten und Feuchtstellen beseitigen/vermeiden

Jungtiere gemeinsam mit Alttieren (oder Pferden) bei nicht zu hohem Besatz weiden

Rotationsweiden oder Mähweide-Nutzungen anstelle von Standweiden

Regelmäßige **Tierbeobachtung** und Kotprobennahme

Über das Internet steht unter www.weide-parasiten.de ein kostenloser Entscheidungsbaum zur „Parasitenstrategie" zur Verfügung. Detailierte Beschreibungen zu den Parasiten sind im Kapitel „Tiergesundheit" nachzulesen.

Im **zweiten Lebensjahr** reichen in der Kalbinnenaufzucht Energiekonzentrationen zwischen 9,3–9,6 MJ ME (entspricht 5,5–5,8 MJ NEL/kg TM) aus. Intensive Weiden und Weidesysteme können hier zur Verfettung der Tiere (und des Euters) führen. Daher können vor allem extensive Standorte (Hutweiden, Almen etc.) optimal mit Kalbinnen genutzt werden.

Weidesysteme in der Aufzucht

In der Aufzucht wird auf unterschiedliche Weidesysteme zurückgegriffen. Im ersten Lebensjahr setzen Weidebetriebe häufig auf Weidestrategien mit Ergänzungsfütterung. Im zweiten Lebensjahr dominiert die Ganztags- bzw. Vollweidehaltung. Wenn mit Kurzrasenweidesystem gearbeitet wird, dann kann generell eine tiefe Aufwuchshöhe (unter

6 cm gemessen mit der Deckelmethode) empfohlen werden. Bei der Koppelweidehaltung können diese auch bei etwas höherer Wuchshöhe (bis 20 cm) als in der Milchviehhaltung bestoßen und dann tief abgegrast werden. Darüber hinaus könnten Kalbinnen im zweiten Lebensjahr auch unmittelbar nach den Milchkühen Koppeln tief nachgrasen (Leader-Follower-Weide: Milchkühe als „leader" – Kalbinnen als „follower"). Häufig werden Kalbinnen auch auf extensiven Standweiden gehalten. Auch in diesem Fall müssen der Tierbesatz bzw. die Flächengröße im Jahresverlauf an das Wachstum angepasst werden, eine Koppelung und Weidepflege kann empfohlen werden.

Weide in der Rindermast

Weidefutter ist das preiswerteste Grundfutter in der Rinderfütterung! Daher ist die Weidehaltung vor allem in der Mutterkuhhaltung, aber auch in der Ochsen- und herkömmlichen Kalbinnenmast sowie in der Kuhausmast aus wirtschaftlichen Gründen anzustreben. Zusätzlich ist die Weidehaltung tiergemäß und entspricht auch den Anforderungen der Konsumenten an die Rinderhaltung. Bei biologischer Wirtschaftsweise müssen Rinder Zugang zu Weiden haben, wenn es die Betriebsbedingungen erlauben.

Obwohl die Futterkosten auf der Weide gering sind, muss das Weidemanagement bzw. das gesamte Betriebssystem auf die Weidehaltung abgestimmt werden. Extensive Weideflächen bzw. Almen sollten nur von niedrigleistenden Tieren beweidet werden. Säugende Mutterkühe (2. bis 6. Säugemonat), Jungochsen und Mastkalbinnen haben höhere Anforderungen an das Weidefutterangebot und die Weidefutterqualität.

Eine hohe Futter- und Nährstoffaufnahme kann auf der Weide bei ausreichendem Weideangebot in möglichst gleichbleibender und hoher Qualität erreicht werden. **Ausgewogene und dichte Pflanzenbestände** (bis 30 % Leguminosen, 10–20 % Kräuter, über 60 % Gräser) sind anzustreben. Wenn bei Mastrindern die Leistung auf den Weiden bzw. Almen nicht entspricht, dann muss dieser Wachstumsrückstand in der anschließenden Stallperiode durch intensivere Fütterung wieder aufgeholt werden.

Viele Untersuchungen zeigen, dass der Eiweißgehalt der Ration einen positiven Einfluss auf die Futteraufnahme hat. Da Eiweißfuttermittel teuer sind, müssen Grünlandbetriebe die Eiweißversorgung über das Grünlandfutter optimal nutzen. Das Weidefutter ist diesbezüglich der kostengünstigste Eiweiß- und Energielieferant für Rinder und hilft, Kraftfutter zu sparen. Entscheidend für eine hohe Weidefutterqualität sind der Pflanzenbestand

In der Ochsenmast und in der Mutterkuhhaltung ist aus Kostengründen Weidehaltung anzustreben.

und der **Nutzungszeitpunkt**. Bei Umtriebs- bzw. Portionsweide liefern Weidebestände mit einer Aufwuchshöhe zwischen 10 und 15 cm hohe Nährstoffdichten. Bei der intensiven Standweide (Kurzrasenweide) sind durchgehend Aufwuchshöhen von 5–7 cm (gemessen mit der Deckelmethode) notwendig. Dieses arbeitsextensive Weidesystem eignet sich jedoch nur für günstig strukturierte Flächen (einheitlich geneigt oder eben, intensiv nutzbarer Boden und Pflanzenbestand, ausreichend Niederschläge). Weitere wichtige Punkte sind eine über die Weideperiode möglichst konstante Weidefutterqualität, die Wasserversorgung und die Möglichkeit für die Tiere, bei großer Hitze Schattenplätze aufsuchen zu können.

Unter guten Weidebedingungen (Talgebiet Gunstlage) sind pro ha Weide Lebendgewichtszunahmen von über 1.000 kg möglich. Auf Wechselwiesen wurden von Thomet et al. (2000) in der Schweiz 1,2 t Lebendgewichtszuwachs pro ha und Jahr festgestellt, Mayne et al. (2000) berichten von einem LG-Zuwachspotenzial, welches 2 t/ha übersteigt.

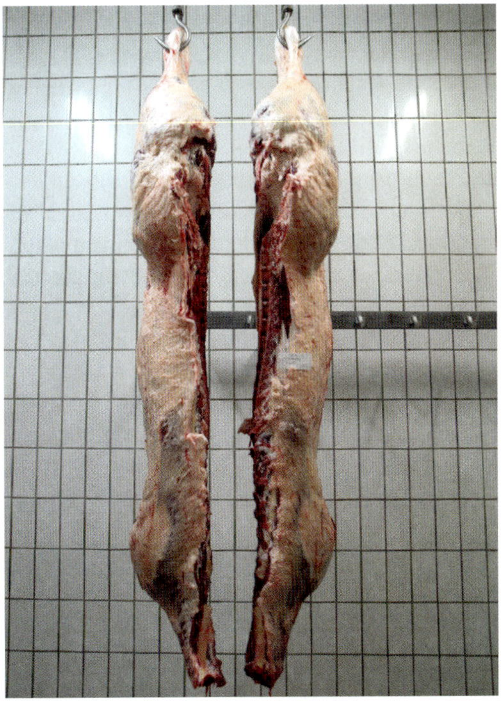

Neben dem Alter der Tiere bei der Schlachtung spielt auch die Fetteinlagerung eine wesentliche Rolle.

Die Verdaulichkeit und der Nährstoffgehalt von **Alm-Grünlandfutter** liegen zumeist auf niedrigem Niveau (4,0–5,5 MJ NEL/kg TM). Nur zu Almweidebeginn sind auf Gunststandorten Energiekonzentrationen im Bereich von 6 MJ NEL erreichbar. Zusätzlich sind der Futterertrag und der tägliche Futterzuwachs begrenzt. Auch darunter kann die Futter- und Nährstoffaufnahme der Rinder leiden, da vermehrt Zeit für die Futtersuche aufgewandt werden muss. Vor allem ab Ende Juli geht die Zuwachsleistung des Futters auf den Almweiden deutlich zurück. Das Weidemanagement muss daher so gestaltet werden, dass der Tierbesatz an den Futterbedarf der Tiere bzw. das Flächenausmaß an den Tierbesatz abgestimmt wird.

TIPP | **Almweidehaltung**

Durch Umtriebsalmhaltung, Reduktion des Tierbesatzes im Spätsommer, gezielte Steuerung der Abkalbungsphase im Mutterkuhbetrieb (z. B. Abkalbung im Oktober – Auftrieb der trockenen Kühe), Beweidung von Hochalmen im Juli – Wanderung talwärts im Spätsommer, rechtzeitigen Herbstabtrieb, Beifütterung von Heu oder Silage nach dem Auftrieb und vor dem Abtrieb können auch bei Alpung gute Leistungen erreicht werden (s. Kapitel „Almweiden").

Ochsen- und Kalbinnenmast

Zusätzliche Informationen zur Ochsen- und Kalbinnenmast im Grünlandgebiet können bei Steinwidder (2012) nachgelesen werden.

Der **Genusswert** von Rindfleisch wird wesentlich von den Merkmalen Zartheit, Saftigkeit, Geschmack und Aroma beeinflusst. Für eine gute Beurteilung der Rindfleischqualität spielt neben dem Alter der Tiere bei der Schlachtung auch die Fetteinlagerung in das Fleisch (Marmorierung) eine wesentliche Rolle. Mit steigender Marmorierung verbessert sich der Geschmack des Fleisches, darü-

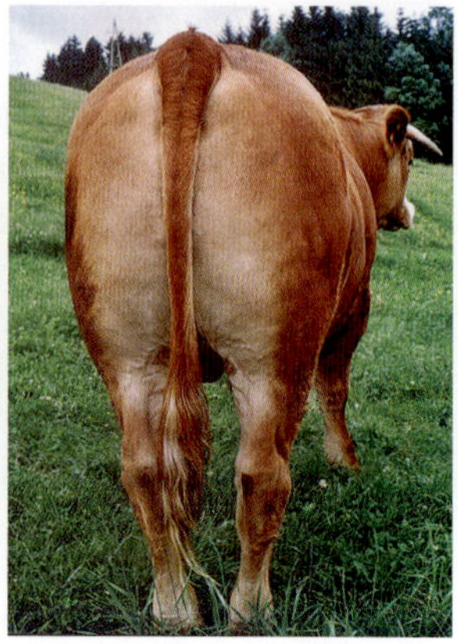

Optimal entwickelter Weidemastochse

ber hinaus wird gleichmäßig und fein marmoriertes Fleisch üblicherweise als zarter, saftiger und heller beurteilt. Vor allem bei Schlachtkühen und auch bei Ochsen und Kalbinnen nimmt mit steigender Fettabdeckung der Schlachtkörper die Marmorierung im Muskelfleisch deutlich zu.

Mit zunehmendem Alter bei der Schlachtung nimmt **der typische Rindfleischgeschmack** zu. In der Stiermast ist bekannt, dass bei Anstieg des Schlachtalters der Gehalt an Bindegewebe (Kollagen) und die Größe der Muskelfasern im Fleisch zunehmen und die Löslichkeit des Bindegewebes bei der Fleischzubereitung zurückgeht, worunter die Zartheit leidet. Bei gutem Ausmastgrad von Kalbinnen und Ochsen dürfte demgegenüber der negative Effekt eines zunehmenden Schlachtalters auf die Zartheit weniger ausgeprägt sein. Jedenfalls sind aber auch in der Ochsen- und Kalbinnenmast für einen hohen Genusswert neben der guten Marmorierung schonende Bedingungen vor und bei der Schlachtung sowie optimale Kühlbedingungen und eine ausreichende Reifung nach der Schlachtung bedeutend. Es muss aber auch die genetische Veranlagung an die Standortbedingungen angepasst sein. Unter extensiven Bedingungen kann beispielsweise mit großrahmigen intensiven Mastrassen keine gute Fleischqualität erzeugt werden.

Prinzipiell gilt:

- Eine bedarfsgerechte (ausreichende) Grundfutterversorgung kann bis zu 20 % Futter einsparen, da bei ausreichender Energieaufnahme und gutem Zuwachs der Energiebedarf für Erhaltung geringer ist (s. Abb. 83 u. Tab. 90).
- Weidehaltung liefert bei passenden Bedingungen das preiswerteste Futter. Eine gute Futterumwandlungseffizienz (Flächenleistung) wird hier bei standortangepasstem Tierbesatz erreicht.
- Je länger die Mastdauer, desto kostengünstiger müssen die Produktionsbedingungen sein (Futter,

	Fütterungs-Intensität		Wechselnde Fütterungs-intensität		Rasse/Kreuzung (Genetik)		Geschlecht		
	hoch	niedrig	ja	nein	frühreif	spätreif	Kalbin	Ochse	Stier
Beginn Fettansatz	früh	spät	spät	früh	früh	spät	sehr früh	früh	spät

Tabelle 89: *Einfluss der Fütterung, der Rasse und des Geschlechts auf den Beginn des Fettansatzes*

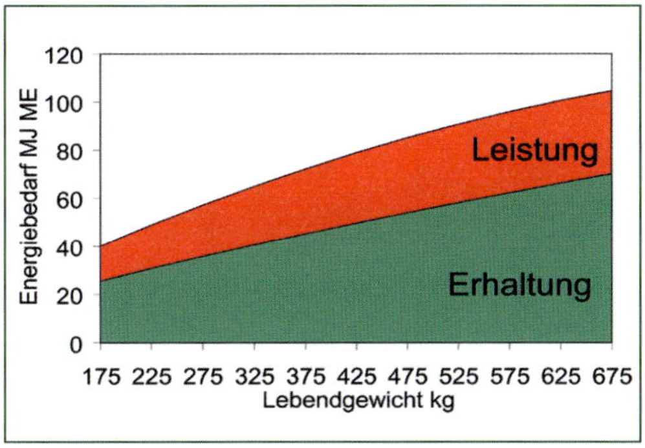

Abbildung 83: *Beispiel für den täglichen Energiebedarf für Erhaltung und Leistung eines Mastochsen bei Tageszunahmen von 800 g (nach GfE 1995)*

Kalbinnen verfetten früher und stärker und liefern daher unter extensiven Bedingungen zumeist besser abgedeckte Schlachtkörper.

Haltung, Arbeitszeit), alternativ können zusätzliche Förderungen (Alm, Extensivierung, Weideprämie, späte Nutzung, gefährdete Haustierrassen etc.) in Anspruch genommen werden.

- Kalbinnen verfetten früher und stärker und liefern daher unter extensiven Bedingungen zumeist besser abgedeckte Schlachtkörper. Sie erreichen den optimalen Ausmastgrad früher (bei geringerem Gewicht) als Ochsen.
- Insbesondere bei üblicher Ochsenmast ist eine Ausmast in den letzten zwei bis vier Monaten notwendig. Bei gut konditionierten Kalbinnen und auch bei Extensivrassen kann darauf verzichtet werden.
- Wenn in der Ausmast extensive Phasen vorliegen, dann muss zumeist eine intensivere und längere Ausmast erfolgen.
- Frühreife Tiere erreichen auch unter extensiveren Bedingungen und bei geringerem Lebendgewicht die Schlachtreife.
- Fleischbetonte, großrahmige Tiere benötigen eine hohe Fütterungsintensität (Marmorierung, Fettabdeckung etc.).

Frühreife Rassen und Linien erreichen auch unter extensiveren Bedingungen und bei geringerem Lebendgewicht die Schlachtreife.

Tageszunahmen	g	750	850	950
Alter Schlachtung	Mon.	28,0	25,0	22,5
Grundfutter	kg TM	5.200	4.500	3.900
Kraftfutter	kg FM	350	400	450
Energie	MJ ME	52.700	48.000	43.600
Energieaufwand je kg Zuwachs	MJ ME/kg Zuwachs	98	89	81
Futteraufwand je kg Zuwachs	kg TM/kg Zuwachs	10,1	9,0	8,0
Futteraufwand je kg Zuwachs	% v. 850 g TZ	112	100	89

Tabelle 90: *Richtwerte zum Futterbedarf von Mastochsen in Abhängigkeit von den erzielten Tageszunahmen (Mast von 150–690 kg Lebendgewicht, GF-Qualität je nach TZ 9,3–9,7 MJ ME/kg TM)*

Rassen bzw. Kreuzungen

Die Kreuzung milchbetonter Muttertiere mit fleischbetonten Rassen bewirkt einen positiven Kreuzungseffekt (Heterosiseffekt). Die Nachkommen liegen in ihrer Leistung über dem Elternmittelwert. Durch die Kreuzung milchbetonter Rassen bzw. von Zweinutzungsrassen mit fleischbetonten Rassen kann beispielsweise eine bessere Schlachtleistung erzielt werden. Welche Rasse bzw. Kreuzung man einsetzt, wird neben dem Angebot auf dem Kälbermarkt und den Absatzchancen auch ganz entscheidend von der **Futtergrundlage** am Betrieb bestimmt.

- Bei Weidehaltung sind Kreuzungen mit frühreifen Stieren optimal (z. B. Fleckvieh x frühreife Limousinlinie). Auch wenn ein geringes Schlachtalter angestrebt wird, greifen Betriebe zumeist auf frühreifere Tiere zurück.
- Bei sehr guten Futterbedingungen (Maissilage, höherer Kraftfuttereinsatz) können mastbetonte großrahmige Tiere erfolgreich eingesetzt werden.

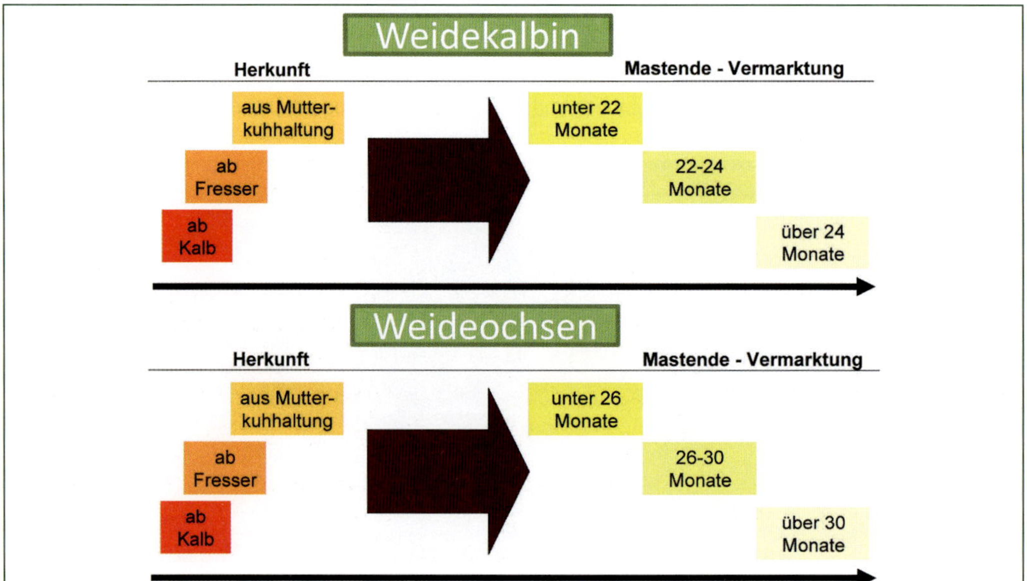

Abbildung 84: *Weide-Kalbinnen- und Ochsenmastverfahren*

Hier ist jedoch zumeist eine intensivere Ausmast notwendig.

- Wenn vorwiegend extensive Bedingungen gegeben sind, dann kann eine gute Schlachtkörper- und Fleischqualität nur mit frühreifen, kleinrahmigeren Tieren (z. B. Angus) erreicht werden. In diesen Fällen müssen aber entsprechende Absatzwege (Direktvermarktung etc.) vorhanden sein.
- Milchbetonte Tiere weisen im Vergleich zu Fleischrassen eine schlechtere Mast- und Schlachtleistung auf. Durch Kreuzung von Milchrassen mit Fleischrassen können die beschriebenen Nachteile in der Mast sehr effizient verringert werden. Dabei muss jedoch berücksichtigt werden, dass jede Fleischrasse ihre individuellen Stärken, aber auch Schwächen aufweist. Innerhalb einer Rasse können sich Linien deutlich hinsichtlich ihrer Eigenschaften unterscheiden (z. B. groß- und kleinrahmige Limousinlinien).

Mastintensität und Mastdauer

Eine sehr extensive Mast mit hohem Schlachtalter (Ochsen über 30 Monate, Kalbinnen über 24 Monate) rentiert sich aufgrund der Zunahme an Erhaltungsfutter und dem damit verschlechterten Futteraufwand nur dann, wenn sehr preiswertes Futter zur Verfügung steht bzw. wenn über die Bewirtschaftung zusätzliche Prämien (Alpung, Weideprämien, Prämien für gefährdete Nutztierrassen etc.) erzielt werden können. Wenn man in den herkömmlichen Vermarktungswegen arbeitet, dann sind **mittlere Tageszunahmen von 750 bis 850 g** erforderlich. Diese Zunahmen können bei Fütterung guter Grundfutterqualitäten und nur moderater Kraftfutterergänzung erreicht werden.

Im ersten Lebensjahr ist eine gute Entwicklung der Mastrinder notwendig.

Fütterung

Mast ab Kalb

Die Kälber sollen sich ohne große Wachstumseinbrüche rasch zum Wiederkäuer entwickeln. Dazu ist die tägliche Milchtränkemenge mit etwa 8 l pro Tag zu begrenzen. Im 3. Lebensmonat kann die Milchmenge schrittweise reduziert werden. Bereits ab der 2. Lebenswoche brauchen die Kälber immer bestes Heu zur freien Aufnahme und sollten auch an einem Kälberkraftfutter „naschen" können. Am Ende des 2. Monats darf das Kraftfutter nur mehr begrenzt vorgelegt werden (max. 1–1,5 kg/Tag). Die Versorgung mit sauberem Wasser ist immer notwendig.

Im ersten Lebensjahr muss den Kalbinnen und Ochsen immer bestes Grundfutter (Grassilage, Heu, Weide) zur freien Aufnahme angeboten werden. In diesem Fall muss zusätzlich nur etwa 1 kg Kraftfutter pro Tag gefüttert werden. Vor dem 9. Lebensmonat kann eine Weidehaltung ohne Beifütterung und geschützten Unterstand nicht empfohlen werden. Am Ende des ersten Lebensjahres kann bei guter Grundfutterqualität bzw. gutem Weidemanagement auf Kraftfutter vollständig verzichtet werden. Um eine ausreichende Spurenelement- und Vitaminversorgung zu erreichen, ist eine tägliche Gabe von 30–50 g einer calcium- und spurenelementbetonten Mineral- und Wirkstoffmischung zu empfehlen. Der Natriumbedarf muss immer über Lecksteine oder zusätzliche Viehsalzgaben per Hand (20 g/Tag) gedeckt werden.

TIPP – Erstes Lebensjahr entscheidend

Im ersten Lebensjahr ist eine **zügige Entwicklung** der Ochsen und Kalbinnen anzustreben.

Rationsbeispiel	ab 4. Monat 1	ab 4. Monat 2	ab 8. Monat 1	ab 8. Monat 2	ab 12. Monat 1	ab 12. Monat 2
Heu/Grassilage (Maissilage)	freie Aufnahme	freie Aufnahme	freie Aufnahme	-	freie Aufnahme	-
Weide	-	teilweise	-	freie Aufnahme	-	freie Aufnahme
Kraftfutter, kg/Tag	1,5 (Kälber–KF)	1,5 (Getreide)	1 (Getreide)	1 (Getreide)	-	-
Mineralstoffmischung, g/Tag[1]	30–50	30–50	30–50	30–50	30–50	30–50
Viehsalz, g/Tag[2]	20	20	20	20	20	20

[1] Wenn ausreichend mineralisiertes Kälberkraftfutter eingesetzt wird, ist keine zusätzliche Ergänzung mit einer Mineralstoffmischung erforderlich
[2] Viehsalzgaben gezielt händisch oder Lecksteine (in gemahlener Form nicht frei anbieten!)

Tabelle 91: *Beispielsrationen (1 bzw. 2) ab dem 4. Lebensmonat (nach Milchabsetzen)*

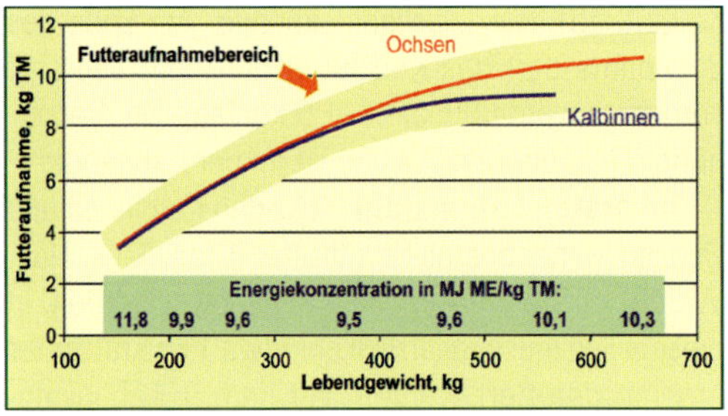

Abbildung 85: *Futteraufnahme von Ochsen und Kalbinnen im Mastverlauf (Tageszunahmen ca. 800–850 g)*

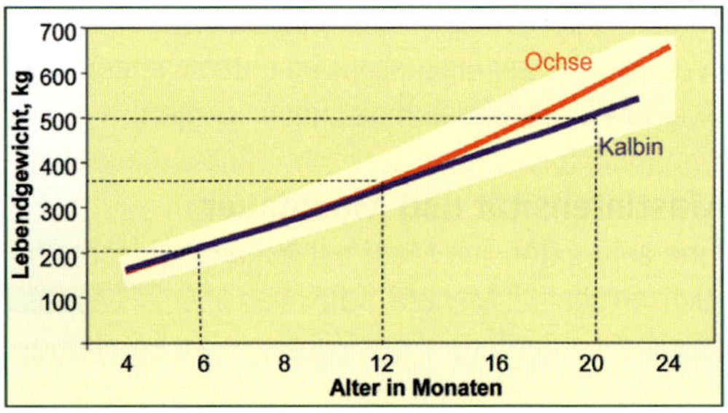

Abbildung 86: *Lebendgewichtsentwicklung von Ochsen und Kalbinnen im Mastverlauf (Tageszunahmen ca. 800–850 g)*

Mast von Mutterkuh-Einstellern

In der Kalbinnen- und Ochsenmast ist die Ausmast von Tieren aus der Mutterkuhhaltung weitverbreitet. Die Einsteller werden dabei mit **sechs bis zehn Monaten** von den Mutterkühen abgesetzt und in die Ausmast überstellt. Da weibliche Tiere bereits ab einem Lebendgewicht von ca. 300 kg trächtig werden können, müssen die weiblichen Einsteller aus Herden ohne deckfähige Stiere kommen. Einsteller stellen hohe Ansprüche an die Haltungsbedingungen, da sie auch in der Jugend große „Bewegungsfreiheit" hatten. Je nach Milch-, Grund- und Kraftfutteraufnahme am Mutterkuhbetrieb kommen die Einsteller mit einem mehr oder weniger gut entwickelten Pansen in die Mast. Um bei der **Umstellung** Leistungseinbrüche zu vermeiden, kann im ersten Monat nach dem Zukauf (= nach dem Absetzen) eine Ergänzung des Grundfutters mit 1–2 kg Kraftfutter empfohlen werden. Nach der Übergangsfütterung kann bei gut entwickelten Einstellern eine extensivere Fütterung ohne Kraftfutter bis etwa drei Monate vor dem Verkaufstermin (= Beginn der Endausmast) erfolgen.

TIPP **Beste Betreuung nach Zukauf**

Einsteller brauchen vor allem in den ersten Wochen nach dem Zukauf beste Betreuung.

Je besser das Weidemanagement ist, desto höhere Zunahmen werden erreicht.

In den letzten zwei bis vier Monaten vor dem Schlachten ist eine gezielte Ausmast zu empfehlen.

Ochsenfütterung im 2. Lebensjahr

Wenn im 2. Lebensjahr eine Alm- oder eine extensive Weidehaltung durchgeführt wird, dann muss jedenfalls im 1. Lebensjahr eine zügige Jugendentwicklung mit mittleren Tageszunahmen von 800 g erreicht worden sein. Im 2. Lebensjahr wird bis zum Beginn der Ausmast üblicherweise kein Kraftfutter ergänzt. Grundfutter muss jedoch immer in ausreichender Menge zur Verfügung stehen. Je besser die Grundfutterqualität und das Weidemanagement im 2. Lebensjahr sind, desto höhere Einzeltierzunahmen werden erreicht und umso weniger Kraftfutter ist in der Ausmast notwendig.

In den letzten **zwei bis vier Monaten vor dem Schlachten** ist eine gezielte Ausmast zu empfehlen. Dadurch kann eine gute Schlachtkörper- und Fleischqualität erreicht werden. Eine Schlachtung der Ochsen unmittelbar von der Alm darf nicht erfolgen. In der Ausmast ist neben gutem Grundfutter zur freien Aufnahme auch die tägliche Fütterung von 1,5–3 kg einer energiereichen Kraftfuttermischung (Getreide) zu empfehlen. Roggen und Triticale werden hier sehr gerne als Kraftfutter verfüttert, da sie zu einer festen Fettkonsistenz und einem weißen Fett führen. Wenn starke Gelbfärbung des Fettes den Produktabsatz erschwert, muss in der Ausmast auf Weidehaltung verzichtet werden. Wenn Maissilage am Betrieb vorhanden ist, dann ist deren Einsatz in der Endmast am sinnvollsten.

***Abbildung 87:** Körperstellen zur subjektiven Beurteilung der Schlachtreife*

Mastkalbinnen – Schlachtalter unter 22 Monaten

Wie in der Ochsenmast kann auch bei Kalbinnen zu Beginn des 2. Lebensjahres auf den Einsatz von Kraftfutter verzichtet werden. Weide- und Almhaltung sind hier durchaus möglich. Eine Ausmast mit bestem Grundfutter und 1–3 kg Kraftfutter ist dann erforderlich, wenn die Körperkondition der Tiere noch nicht entspricht. Sowohl eine zu geringe als auch eine zu starke Fettabdeckung sind zu vermeiden.

TIPP **Körperkondition beurteilen**

Bei Kalbinnen kommen häufiger verfettete bzw. zu magere Tiere zur Schlachtung – **Mastintensität und Mastdauer anpassen**!

Mineralstoffversorgung im 2. Lebensjahr

Um in der Ochsen- und Kalbinnenmast eine ausreichende Mineralstoff- und Vitaminversorgung zu erreichen, ist eine tägliche Gabe von 30–50 g einer calcium- und spurenelementbetonten Mineral- und Wirkstoffmischung zu empfehlen. Der Natriumbedarf muss immer über Lecksteine oder zusätzliche Viehsalzgaben per Hand (20 g/Tag) gedeckt werden.

Weidehaltung in der Ochsen- und Kalbinnenmast

Die Weide liefert bei passenden Betriebsgegebenheiten das **preiswerteste Futtermittel**. Bei guten Weidebedingungen können bei Weidehaltung von Ochsen und Kalbinnen vergleichbare Tageszunahmen wie bei mittelintensiver Stallhaltung erreicht werden. Velik et al. (2013) verglichen dazu beispielsweise Mastkalbinnen bei Kurzrasenweidehaltung mit einer durchgehenden Stallmast auf Basis Grassilage, Maissilage und Kraftfutter. Die Mastkalbinnen (Fleckvieh x Charolais) wurden dabei ab Frühling von 300 kg auf 550 kg gemästet. In beiden Fütterungsgruppen wurden **mittlere Tageszunahmen von über 1.050 g** und vergleichbare Schlachtleistungen erreicht. Bei den Weidekalbinnen schwankten

Intensive Ausmast von Kalbinnen und Ochsen

In der Mast kann die Beweidung extensiver Standorte erst im 2. Lebensjahr empfohlen werden – eine intensive Ausmast im Stall ist dann erforderlich.

Bei guten Weidebedingungen können sehr hohe Tageszunahmen erreicht werden.

jedoch die Tageszunahmen etwas stärker, zudem war die Fettfarbe gelber. Der Gehalt an wertvollen Fettsäuren war tendenziell bei den Weidetieren erhöht.

Weide im ersten Jahr

Versuchsergebnisse zur Weidemast zeigen, dass besonders im ersten Lebensjahr auf ein gutes Management und eine hohe Weidefutterqualität Wert gelegt werden muss. Die Beweidung extensiver Standorte (Alpung, Hutweiden) kann mit jungen Masttieren ohne Beifütterung nicht empfohlen werden. Auf extensive Standweidehaltung sollte im ersten Jahr nach Möglichkeit verzichtet werden. Eine langsame Umstellung auf das Weidefutter und die ständige Versorgung mit frischem Wasser und Salz sind notwendig. Ein Unterstand mit Ergänzungsfütterungsmöglichkeit ist insbesondere bei Jungtieren zu empfehlen. Vor allem im ersten Lebensjahr sind Parasitenvermeidungsstrategien bzw. -belastungen ständig im Auge zu behalten (s. dazu auch Kapitel „Weide in der Aufzucht").

Weide im zweiten Jahr

Im Gegensatz zum ersten Lebensjahr können im zweiten Lebensjahr auch extensive Weiden und Almen genutzt werden. Dabei dürfen jedoch die Verdaulichkeit des Futters und das Angebot nicht überschätzt werden. Üblicherweise werden auf extensiven Standorten Tageszunahmen von 400 bis 650 g erreicht. In der folgenden Stallfütterungsperiode sollten die Tiere geringere Zunahmen wieder kompensieren können. Wenn gute Weidebedingungen gegeben sind, dann können auch im zweiten Lebensjahr bei Vollweidehaltung Tageszunahmen über 900 g erreicht werden! Wenn aufgrund des Carotingehalts starke Gelbfärbung des Fettes den Produktabsatz erschweren sollte, müsste in der Ausmast (in den letzten drei Monaten) auf Weidehaltung verzichtet werden.

Weidesysteme

Hinsichtlich des Weidesystems wird zumeist eine Umtriebsweidehaltung mit mindestens drei bis vier Koppeln in der Hauptwachstumsphase und sechs bis acht Koppeln im Herbst angewandt. In Gunstlagen kann auch eine Kurzrasenweidehaltung betrieben werden (s. dazu Kapitel „Weidesysteme"). Der Parasitenvorbeugung und -beobachtung ist immer besonderes Augenmerk zu schenken (s. Kapitel „Kälberaufzucht" bzw. „Tiergesundheit"). Im ersten Lebensjahr findet man in der Praxis sowohl Stunden-, Halbtags- als auch Ganztagsweidestrategien. Im zweiten Lebensjahr wird vielfach auf Ganztags- bzw. Vollweidehaltung zurückgegriffen.

Sehr gut entwickelter Weideochse auf einer Koppelweide

Mastkalbin auf einer Kurzrasenweide

Mutterkuhhaltung

Ausführliche Informationen zur Mutterkuhhaltung können in einem Fachbuch zur Qualitätsrindermast im Grünland (Steinwidder 2012) nachgelesen werden.

Fütterung der Mutterkühe

In der Fütterung von Mutterkühen ist die **optimale Energieversorgung** einer der wichtigsten Fütterungsfaktoren. Eine gezielte Versorgung und die ständige Anpassung des Energieangebots an den Bedarf bzw. das Leistungsstadium sind anzustreben. Zur Kontrolle der Fütterung kann die Beurteilung der Körperkondition (Fett- und Muskelauflage) der Kühe dienen. Im Vergleich zur Milchviehhaltung können Mutterkühe extensiver gefüttert werden. Die Anforderungen an die Grundfutterqualität sind hinsichtlich Schnittzeitpunkt, Verdaulichkeit und Energiegehalt etwas geringer. Zumindest 50 % des Grundfutters, welches in den ersten Säugemonaten gefüttert wird, muss jedoch eine gute Qualität aufweisen. Trotz extensiver Bedingungen muss eine hohe hygienische Qualität des Futters erreicht werden. Dies setzt neben einer guten Führung des Pflanzenbestandes und sauberer Ernte auch eine optimale Futterkonservierung und Futtervorlage voraus. Eine Fütterung von Kraftfutter an Mutterkühe ist nicht sinnvoll, wirtschaftlich und bei üblichen Fütterungs- und Haltungsbedingungen auch nicht erforderlich!

Die Energieversorgung der Mutterkuh beeinflusst die Milchleistung, die Mastleistung der Jungrinder und die Fruchtbarkeit der Kuh.

Energieversorgung

Deutliche **Unterversorgung mit Energie** verringert die Milchleistung, führt zu schlechter Kälberentwicklung, erhöht das Krankheitsrisiko und belastet den Stoffwechsel. Zudem können negative Auswirkungen auf die Fruchtbarkeit auftreten. Ab dem 2. Säugemonat ist eine gute Energieversorgung notwendig. Bei Mutterkühen mit guter Milchleistung muss mit einer relativ langen energetischen Unterversorgungsperiode (drei bis sechs Monate) gerechnet werden.

Energetische Überversorgung führt zu Verfettung und damit vermehrt zu Schwergeburten, stärkerem Fettabbau zu Beginn der Säugeperiode, vermehrten Stoffwechselproblemen und schlechteren Fruchtbarkeitsergebnissen. Am Ende der Säugeperiode und in der Trockenstehzeit besteht das größte Verfettungsrisiko!

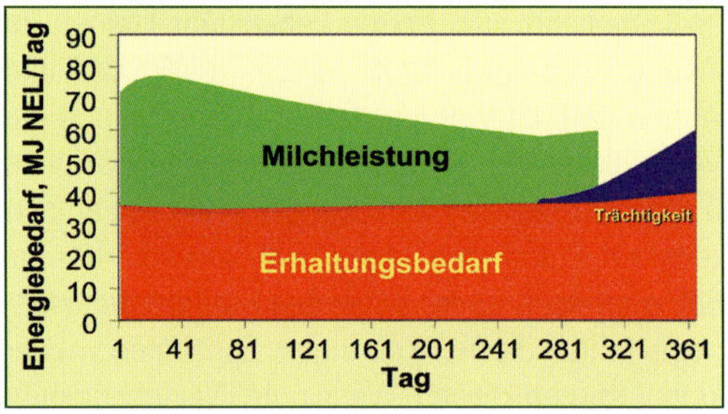

***Abbildung 88:** Energiebedarf im Verlauf der Säuge- und Trächtigkeitsperiode (Milchleistung 3.000 kg, Lebendgewicht 600 kg)*
(Steinwidder 2012)

Im Säugeverlauf ist eine **gestaffelte Energieversorgung** anzustreben. In den ersten Wochen sollten vor allem milchstarke Mutterkühe eher zurückhaltend und erst nach zwei bis drei Säugewochen sehr gut versorgt werden. Am Ende der Säugeperiode und in der Trockenstehzeit ist darauf zu achten, dass die

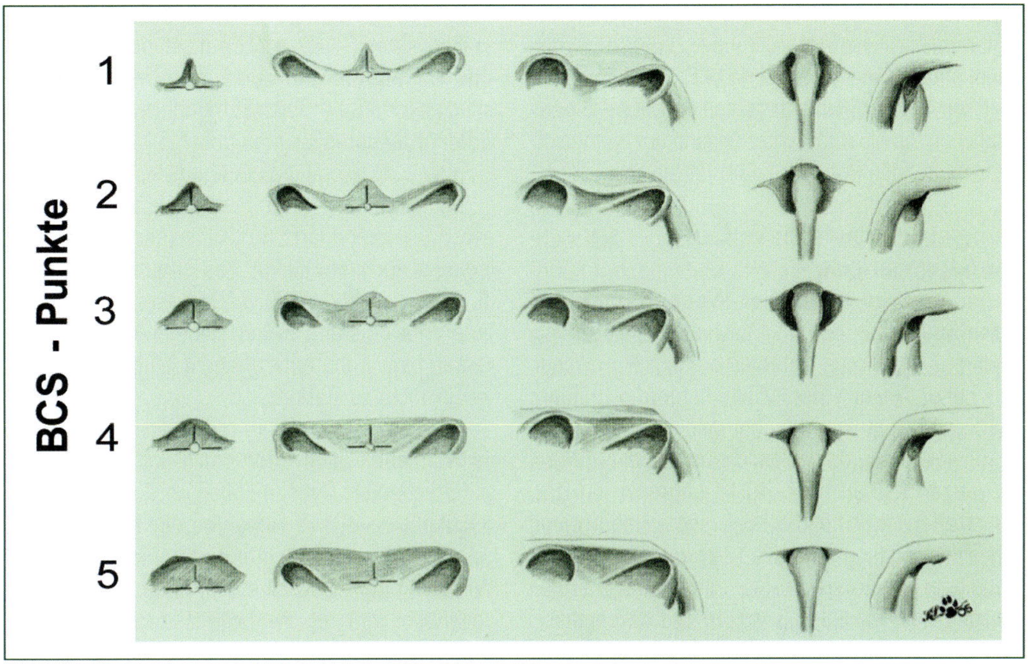

Abbildung 89: Beurteilung von Körperstellen und Körperkonditionspunkte

Tiere nicht verfetten. Trockenstehende Mutterkühe sind getrennt von säugenden Kühen zu halten. Die Beobachtung und die Kontrolle der Körperkondition sind notwendig.

Wiederkäuer sollten grundsätzlich immer **bis zur Sättigung gefüttert** werden. Die Energieversorgung kann daher im Wesentlichen nur über die Nährstoffkonzentration des Futters (Qualität) gesteuert werden. Je höher die Qualität (Verdaulichkeit, Energiegehalt) des Grundfutters ist, desto höher ist auch die Futter- und Nährstoffaufnahme.

In Phasen mit geringem Energiebedarf muss strukturreiches, energiearmes Grundfutter angeboten werden. Bei hohem Energiebedarf muss Wert auf

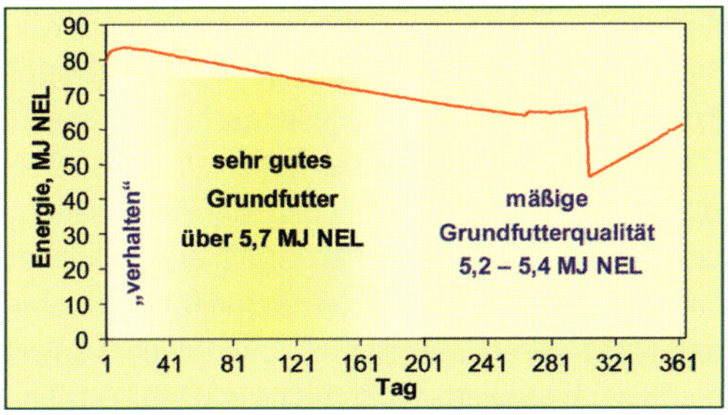

Abbildung 90: Anzustrebende Energieversorgung (Energiebedarf pro Tag bzw. Energiekonzentration pro kg TM) (Steinwidder 2012)

Kurzrasen- und Koppelweidehaltung mit Mutterkühen

gute Grundfutterqualität und ein hohes Angebot gelegt werden. Diese Anforderungen hinsichtlich der Rationsgestaltung gelten sowohl für biologisch als auch konventionell wirtschaftende Betriebe – die zusätzlichen Bio-Qualitätskriterien sind auf biologisch wirtschaftenden Betrieben einzuhalten.

Energieversorgung im Verlauf der Säugeperiode

In den ersten **zwei bis vier Wochen nach der Abkalbung** kann durch zurückhaltende Fütterung (leichte energetische Unterversorgung) ein rascher und hoher Anstieg der Milchleistung verhindert werden. Dies ist vor allem bei milchbetonten Mutterkühen wichtig, da das Milchaufnahmevermögen der jungen Kälber mit 6–10 kg begrenzt ist. Das Nährstoffangebot für die Kühe sollte daher einer Tagesmilchleistung von etwa 10 kg entsprechen. Bei ständigem Futterangebot reicht dafür eine Energiekonzentration von 5,3–5,5 MJ pro kg Trockenmasse aus. Diesen Anforderungen entspricht beispielsweise eine Ration aus 50 % strukturreichem Heu (5,2 MJ NEL/kg TM) und 50 % Grassilage guter Qualität (5,7 MJ NEL/kg TM). Die Phase des verhaltenen Fütterns darf jedoch nicht zu lange andauern! Durch zu hohe und auch zu lange Energieunterversorgung werden vor allem die Milchleistung, die Persistenz, die Gesundheit und auch die Fruchtbarkeit nachhaltig negativ beeinträchtigt. An die verhaltene Fütterung in den ersten Säugewochen muss daher **ab Ende des 1. Säugemonats** eine gute Nährstoffversorgung anschließen! Durch Fütterung von ausreichend Grundfutter guter Qualität (über 5,5 MJ NEL/kg TM) ist eine ausgewogene Versorgung sichergestellt.

Extensive Standorte sind für säugende Mutterkühe nicht gut geeignet.

Bei extensiven Rassen kann aufgrund des geringeren Energiebedarfs der Kühe (geringere Milchleistung) auch die Qualität des Futters geringer sein (5,1–5,5 MJ NEL/kg TM). Im Gegensatz zu Kühen mit guter Milchleistung melken sich Kühe von Extensivrassen bzw. Kühe mit geringem Milchleistungspotenzial nicht so stark ab.

Kraftfutter ist in der Fütterung von Mutterkühen im Normalfall nicht erforderlich und auch unwirtschaftlich. Nur in jenen Fällen, in denen die Mutterkühe eine rasche Abnahme der Körperkondition zeigen (schlechte Grundfutterqualität, extreme Witterung etc.) bzw. eine sehr hohe Milchleistung angestrebt wird (regionale Vermarktungsprogramme, Zwillingskälber, Ammenkuhhaltung, zwei Kälber) und Grundfuttermangel vorliegt, kann Kraftfutter verwendet werden. Auch bei Erstlingskühen kann vereinzelt ein Kraftfuttereinsatz sinnvoll sein. Wenn Mutterkühe trotz ausreichender Fütterung stark abmagern, muss zur Abklärung der Ursache eine Untersuchung der Kühe auf Parasiten (Kotproben etc.) erfolgen.

Ab dem **zweiten bis zum sechsten Säugemonat** sind die Mutterkühe ausreichend mit gutem Grundfutter zu versorgen! Dadurch wird eine hohe Milchleistung und gute Persistenz (flache Milchleistungskurve) erreicht – die Kälber werden sich optimal entwickeln. Zusätzlich können bei guter Nährstoffversorgung die zu Beginn der Säugeperiode abgebauten Körperreserven der Kühe wieder aufgefüllt werden. Die Energiekonzentration der Ration sollte bei etwa 5,5–6,0 MJ NEL je kg TM liegen. Bei Weidehaltung und Alpung von Mutterkühen ist ein ausreichendes Futterangebot (Tierbesatz, Zufütterung) sicherzustellen. Nicht selten werden das Futterangebot sowie die Qualität des Futters auf Almen und Weiden überschätzt – in der Folge magern die Kühe extrem ab, die Milchleistung sinkt, der Kälberzuwachs geht zurück und das Krankheitsrisiko nimmt zu!

Bedarfsgerechte Mineralstoffeigenmischungen aus einer handelsüblichen Mineralstoffmischung, Viehsalz und Futterkalk sind sehr preiswert. Diese Mischungen können in einer Mischmaschine mit Futterkalk und/oder Viehsalz einfach gemischt werden.

Ab dem **sechsten bis siebenten Säugemonat** sollte zunehmend energieärmeres Futter angeboten werden. Dadurch wird eine zu starke Verfettung der Kühe durch Energieüberversorgung verhindert. Die Ration muss besonders in dieser Phase auf die Körperkondition der Kühe abgestimmt sein. Die Kühe dürfen keinesfalls abnehmen, hohe Zunahmen müssen jedoch ebenfalls verhindert werden. Die Energiekonzentration des Futters sollte im Bereich von 5,0–5,4 MJ NEL je kg TM liegen. Wenn die Kühe zu Beginn des letzten Säugedrittels in guter Kondition sind, muss eine weitere Zunahme verhindert werden. Dazu eignet sich der Einsatz von strukturreichem Grundfutter mit mäßigem Energiegehalt (4,6–5,2 MJ NEL/kg TM). Auch bei Extensivrassen bzw. geringer Milchleistung reicht diese Energiekonzentration aus. Mutterkühe, die sich in diesem Abschnitt in einer schlechten Körperkondition befinden, müssen selbstverständlich mit ausreichend gutem Grundfutter gefüttert werden.

Bei der **Abkalbung** dürfen Mutterkühe weder zu schlecht noch zu gut genährt sein. Die Körperkondition muss im Bereich von 3,00–3,50 Punkten liegen. Trockenstehende Kühe sollten immer getrennt von den säugenden Kühen gehalten werden, denn in der Trockenstehzeit reicht eine Energiekonzentration von 4,6–5,2 MJ NEL/kg TM aus! Dies entspricht beispielsweise strukturreichem Heu. Wenn Mutterkühe sehr lange trockenstehen (frühes Absetzen, schlechte Fruchtbarkeit etc.), dann muss, mit Ausnahme der letzten Trächtigkeitswochen, praktisch nur der Erhaltungsbedarf der Kuh gedeckt werden. Damit die

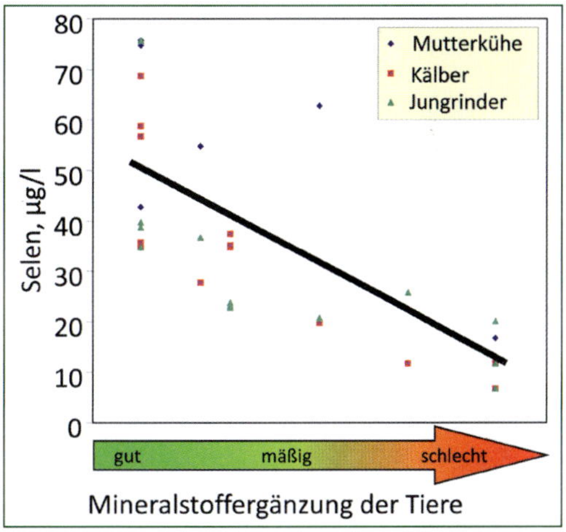

Abbildung 91: *Auf Mutterkuhbetrieben mit mangelnder Mineralstoffergänzung wurden bei Kälbern, Jungrindern und Mutterkühen gehäuft niedrige Blutselengehalte festgestellt.* (Steinwidder, unveröff.)

	Beginn Säugeperiode					Mitte Säugeperiode					Ende Säugeperiode bzw. Trockenstehzeit				Beginn einer langen Trockenstehzeit		
Energieversorgung, Ziele	(2–4 Wochen verhalten) danach gut					gut					mäßig bzw. gering				sehr gering		
Energiekonzentration*, MJ NEL/kg TM	(5,3) 5,5–5,9*					5,4–6,0					4,6–5,2				4,0–4,7		
Körperkondition, Veränderung	Abnahme weniger als 1 Punkt					keine Abnahme mehr; Zunahme max. 1 Punkt					Verfettung verhindern; keine Abnahme				Verfettung verhindern		
Körperkondition, Punktebereich	von 3,25–3,75 auf max. 2,50–3,25					2,50–3,25					3,25–3,75				3,25–3,75		
Rationsbeispiele**	**I***	**II***	**III***	**IV***	**V***	**I**	**II**	**III**	**IV**	**V**	**I**	**II**	**III**	**IV**	**I**	**II**	**III**
Heu mäßig, kg Frischmasse	3	-	-	6	4	4	-	-	6	5	5	11	-	8	4	5	-
Heu gut, kg Frischmasse	-	14	-	-	-	-	13	-	-	-	-	-	-	-	-	-	-
Grassilage, kg Frischmasse (33 % TM)	30	-	-	14	-	28	-	-	17	-	15	-	-	-	6	-	-
Stroh, kg Frischmasse	-	-	-	-	2	-	-	-	-	2	2	1	-	3	4	5	5
Maissilage, kg Frischmasse (33 % TM)	-	-	-	8	20	-	-	-	4	15	-	-	-	5	-	-	-
Weide gut, kg Frischmasse (15 % TM)	-	-	80	-	-	-	-	80	-	-	-	-	-	-	-	-	-
Weide mäßig, kg Frischmasse (15 % TM)	-	-	-	-	-	-	-		-		-	-	70		-	-	30
Mineralstoffmischung, g	30–40	30–40	20–30	30–40	50	30–40	30–40	20–30	30–40	50	30–40	30–40	20–30	50	40–50	40–50	40–50
Viehsalz, g	20–30	20–30	20–30	20–30	20–30	20–30	20–30	20–30	20–30	20–30	20–30	20–30	20–30	20–30	20–30	20–30	20–30

* Bei Extensivrassen (bzw. Tieren mit geringer Milchleistung) reichen geringere Energiekonzentrationen aus

** Energiegehalt je kg TM: Heu mäßig: 5,4 MJ NEL; Heu gut: 5,7 MJ NEL; Grassilage: 5,7 MJ NEL; Maissilage: 6,4 MJ NEL; Stroh: 3,8 MJ NEL; Weide gut > 5,8 MJ NEL; Weide mäßig: 5,5–5,8 MJ NEL

***Tabelle 92:** „Fahrplan" für die optimale Energieversorgung von Mutterkühen*

Die Jungrinder sollten immer bestes Weidefutter fressen können.

Eine gute Milchleistung der Kuh ist wichtig für die Jungrinderentwicklung.

Tiere in diesem Fall nicht extrem stark verfetten, ist eine noch deutlich geringere Energiekonzentration im Futter (4,0–4,7 MJ NEL/kg TM) bzw. auch eine Einschränkung des Futterangebots erforderlich.

Neben der Energieversorgung werden Leistung, Gesundheit und Fruchtbarkeit natürlich auch von der Eiweiß-, Struktur-, Wasser-, Mineralstoff- und Vitaminversorgung beeinflusst. Daneben müssen aber auch das Grünland- und Weidemanagement, die Haltungstechnik, die Gesundheitsvorsorge (z. B. Parasitenbehandlungen), die Beobachtung der Herde, das Fruchtbarkeitsmanagement und die Klauenpflege den Anforderungen der Mutterkühe entsprechen.

Fütterung der Mutterkuh-Jungrinder

Das Jungrind ist das wichtigste „Produkt" in der Mutterkuhhaltung. Daher muss auf eine gute Entwicklung der Kälber besonderer Wert gelegt werden. Unter guten Bedingungen können 300 kg Lebendgewicht mit acht Lebensmonaten oder durchschnittliche Ta-

Teilweise reichen das Grundfutterangebot und die Milch der Kuh nicht aus – in diesem Fall ist eine Kraftfutterbeifütterung zu empfehlen.

Extensivrassen haben einen geringeren Nährstoffbedarf – die Tageszunahmen fallen ebenfalls geringer aus.

geszunahmen über 1,1 kg erreicht werden. Neben optimalen Haltungs- sowie gesunden und tiergerechten Ausmastbedingungen ist eine entsprechende Fütterung der Kuh und des Kalbes erforderlich.

Die **Kuh** ist der **„mobile Kraftfutter- bzw. Tränkeautomat"** der Kälber. Nur wenn die gesunde Mutterkuh ausreichend Milch zur Verfügung stellt, kann sich das Kalb auch optimal entwickeln. Wenn Kälber beispielsweise 12 kg Milch pro Tag aufnehmen, dann entspricht dies einer Energieaufnahme von mehr als 2,5 kg Gerste pro Tag! Bei der Auswahl des Muttertieres (Rasse bzw. Kreuzung) spielt daher auch das Milchleistungspotenzial eine Rolle. Dies ist auch ein Vorteil der „Kreuzungszucht" in der Mutterkuhhaltung. Fleckviehkühe erreichen auch bei extensiven Fütterungsbedingungen eine **gute Milchleistung**. Neben der Genetik beeinflusst jedoch auch die Fütterung die Milchleistung der Kuh. Nur eine optimale Energieversorgung im Anschluss an den 1. Säugemonat führt bei der Mutterkuh zu einer guten Milchleistung und einer hohen Persistenz. Besonders ab der Mitte des 2. Säugemonats bis zum 6. Säugemonat ist eine gute Milchleistung der Kuh anzustreben. Das Kalb hat in dieser Phase ein sehr beschränktes Futteraufnahmevermögen. Bei geringer Milchaufnahme wird daher die Leistung des Kalbes durch zu geringe Nährstoffaufnahme (physikalische Sättigung) begrenzt.

Versorgung des Jungrindes im Verlauf

Im **ersten Lebensmonat** deckt die Milch den Nährstoffbedarf des Kalbes praktisch vollständig. Die erste Milchaufnahme stellt dabei die wichtigste im Leben eines neugeborenen Kalbes dar. Das Kolostrum liefert wertvolle Nährstoffe, aber auch den ersten passiven Krankheitsschutz für das Kalb. Dafür muss das Kolostrum möglichst bald nach der Geburt (innerhalb der ersten drei Stunden) vom Kalb aufgenommen werden. Bei Erstlingskühen oder Mutterkühen mit schlechtem Mutterinstinkt bzw. bei tief sitzenden oder dicken Zitzen ist die Unterstützung des Kalbes durch den Landwirt rasch erforderlich, wobei es auch beachtliche Rassen- und Tierunterschiede gibt.

Ein ständig sauberes Euter (Haltung!), aber auch Fütterungsbedingungen und genetische Veranlagungen, die zu keiner extrem hohen Milchleistung in den ersten Wochen nach der Abkalbung führen, sichern die Kälbergesundheit! Vorbeugemaßnahmen zur Vermeidung von Kälberdurchfällen sowie rasche Maßnahmen bei Durchfallproblemen sind erforderlich (s. dazu Kapitel „Tiergesundheit"). Bereits im ersten Lebensmonat sollten die Kälber im Kälberschlupf bestes Grundfutter und eventuell auch etwas Kraftfutter, vor allem aber auch sauberes Wasser aufnehmen können.

Ab dem **zweiten Lebensmonat** gewinnt die Aufnahme von Grundfutter zusätzlich zur Milch an Bedeutung. Mit sechs Monaten werden bereits 50 % des Nährstoffbedarfs des Kalbes durch das Beifutter (Grundfutter + event. Kraftfutter) gedeckt. Die Qualität des immer zur Verfügung stehenden Grundfutters für die Kälber muss daher sehr hoch sein. Wenn sehr junge Kälber bereits auf der Weide oder auf der Alm gehalten werden, dann ist ein überdachter Kälberbereich günstig. Hier können auch bestes Heu, sauberes Wasser und eventuell Kraftfutter angeboten werden. Ist die Milchleistung des Muttertieres gering bzw. entspricht das Grundfutterangebot im Stall oder auf der Weide nicht, kommt der Beifütterung besondere Bedeutung zu.

Bei **geringer Milchleistung** der Kuh können Jungrinder auch bei relativ hoher Ergänzungsfutteraufnahme nicht jene Nährstoffmengen aufnehmen, die vergleichbare Jungrinder bei guter Milchleistung der Kuh schaffen. Die Tageszunahmen sind bei diesen Jungrindern daher geringer. Um trotz geringer Milchleistung hohe Zunahmen erreichen zu können, müsste die Energiekonzentration des Ergänzungsfutters deutlich höher als 10 MJ ME (= 5,9 MJ NEL) sein. Neben bestem Grundfutter sind dann mindestens 0,5–1 kg Kraftfutter pro Tier und Tag notwendig.

Ab etwa dem **sechsten Säugemonat** wird der überwiegende Teil der Nährstoffe bereits aus dem Ergänzungsfutter gedeckt. Nur eine hohe Grundfutterqualität ermöglicht bei guter Milchleistung der Kuh Tageszunahmen über 1.100 g. Wenn die Fütte-

Gewicht kg LG	Alter Mon.	Zunahmen g/Tag	Futteraufnahme kg TM/Tag	Energiebedarf MJ ME/Tag	Milch kg/Tag	Ergänzungsfutter* kg TM/Tag	Milch Energie-Deckung, %
40–60	1,0	1.000	bis 1,3	25	10,0	0,0	100
60–100	2,0	1.240	1,2–2,0	38	13,9	0,0	99
100–120	2,5	1.200	2,0–2,5	43	15,0	0,3	94
120–150	3,5	1.180	2,5–3,1	49	14,8	0,9	82
150–175	4,0	1.170	3,2–3,8	55	14,3	1,6	70
175–200	5,0	1.170	3,9–4,5	58	13,5	2,2	63
200–225	5,5	1.170	4,6–5,2	61	12,2	2,8	54
225–250	6,0	1.160	5,2–5,8	66	11,0	3,6	45
250–275	7,0	1.140	5,8–6,2	71	9,5	4,5	36
275–300	7,5	1.120	6,2–6,5	74	8,5	5,1	31
300–325	8,5	1.100	6,5–6,8	78	7,5	5,8	26
		Durchschnitt 1.150	*Milch + Ergänzung		Summe 3.000	*10,0 MJ ME/kg TM (= 5,9 MJ NEL)	

Tabelle 93: *Richtzahlen für den Energiebedarf und die Versorgung von Mutterkuhkälbern*
(Steinwidder 2012; nach GFE 1995 für FV-Stiere inkl. 5 % für erhöhten Energie-Erhaltungsbedarf)

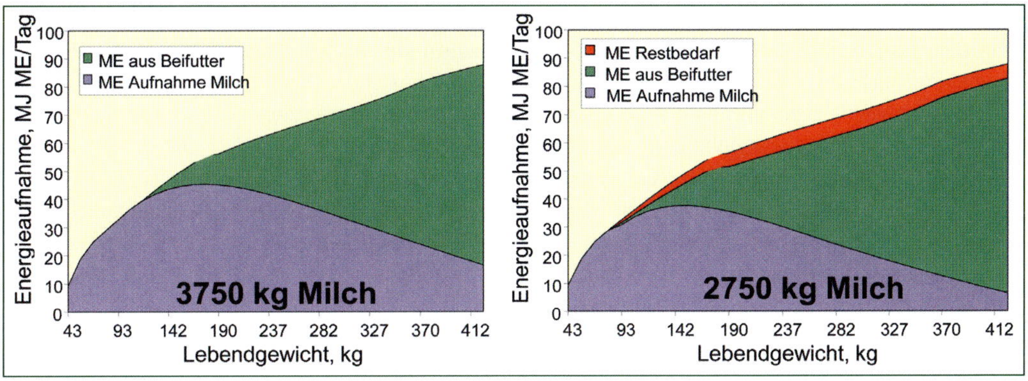

Abbildung 92: *Einfluss der Milchleistung (3.750 bzw. 2.750 kg Milch in zehn Monaten) auf den Energieversorgungsanteil (blau) bzw. den Energie-Restbedarf (rot) von Mutterkuh-Jungrindern*

rungsbedingungen nicht optimal sind, ist eine Ergänzung des Grundfutters mit Kraftfutter zu empfehlen.

Grundfutter für Mutterkuhkälber

Nur **hochverdauliches**, **schmackhaftes**, **rechtzeitig geerntetes Grundfutter** wird von Mutterkuhkälbern in ausreichender Menge aufgenommen. Je besser die Futterqualität ist, desto höhere Futter- und Nährstoffmengen werden von den Jungrindern aufgenommen. Dies ist die Basis für hohe Zunahmen. Dabei muss beachtet werden, dass der Nährstoffgehalt und die Verdaulichkeit des Futters der Mutterkühe für die Kälber zumeist ungenügend sind! Zusätzlich muss das Grundfutter **täglich frisch** und in **ausreichender Menge** vorgelegt werden. Futterreste von 5 %, die täglich auch wieder entfernt werden, sind zur Maximierung der Futteraufnahme erforderlich! Bei Stallhaltung sind ein Kälberschlupf mit einem Tier-/Fressplatz-Verhältnis am Futtertisch kleiner als 2 : 1 und eine jeweilige Fressplatzbreite über 50 cm notwendig. Im Frühling und Herbst ist bei Weide eine langsame Übergangsfütterung notwendig – das Weidefutter sollte mit konserviertem Grundfutter (Heu bester Qualität) ergänzt werden. Auch bei geringem oder überständigem Grünfutterangebot (Alpung, extensive Weide) ist eine Beifütterung erforderlich.

Kraftfutter für Jungrinder

Der Kraftfutterergänzungsbedarf wird besonders von der Milchleistung der Kuh, der Qualität des Grundfutters, der Futteraufnahme des Tieres, dem Stadium der Säugeperiode, der Genetik und natürlich auch von der angestrebten Leistung der Jungrinder bestimmt. Bei **optimalen Bedingungen** ist in der Jungrindermast **keine Kraftfutterergänzung** notwendig.

In der Praxis können die oben beschriebenen Optimal-Bedingungen nicht immer erreicht werden. Teilweise reichen das Grundfutterangebot bzw. die Qualität für hohe Milchleistungen bzw. eine hohe Nährstoffaufnahme der Kälber nicht aus. Hier ist eine Kraftfutterbeifütterung zu empfehlen. Vor allem bei der Schlachtung der Jungrinder nach dem Absetzen ist dies besonders wichtig. Hier rechnet sich der Kraftfuttereinsatz auch für Biobetriebe. Im Durchschnitt kann pro Tier und Tag eine Ergänzung des Grundfutters mit ca. 0,5–1 kg Kraftfutter empfohlen werden. Eine geringe Milchleistung der Kuh erhöht den Kraftfutterbedarf (ca. 1 kg/Tag). Steht den Kälbern kein gutes Grundfutter zur Verfügung bzw. müssen die Kälber das Grundfutter mit den Kühen teilen, dann sind zum Erreichen guter Zunahmen bereits relativ hohe Kraftfuttermengen notwendig (1,5–2 kg/Tag).

Bei guter Milchleistung und hoher Grünlandfutterqualität kann das Kraftfutter praktisch vollständig aus eiweißarmen Komponenten wie Getreide, Körnermais, Trockenschnitzel und eventuell Kleie bestehen. Das Einmischen von Eiweißfuttermitteln (Erbsen, Ackerbohnen, Rapskuchen etc.) ist nicht bzw. nur in geringen Mengen erforderlich. Bei geringer Milchleistung der Kühe oder geringer Grundfutterqualität bzw. bei Einsatz von Maissilage müssen auch Eiweißkomponenten im Kraftfutter (10–25 % je nach Ergänzungsbedarf) enthalten sein. Grundsätzlich sollte das Kraftfutter für Kälber schmackhaft sein!

Da **Kraftfutter im Kälberschlupf** häufig zur freien Aufnahme angeboten wird, sollten auch 30–40 % „pansenschonende Komponenten" darin enthalten sein. Dazu zählen beispielsweise Körnermais, Trockenschnitzel und eventuell auch Weizenkleie. Diese Futtermittel werden im Pansen langsam abgebaut – das Risiko einer Pansenübersäuerung wird bei hoher Aufnahme vermindert. Das Kraftfutter könnte beispielsweise aus 30–60 % Getreide (max. 30 % Roggen und/oder Triticale), 20–30 % Körnermais, 10–20 % Trockenschnitzel, 0–10 % Weizenkleie und je nach Bedarf aus 0–25 % eiweißreichen Komponenten (Erbsen, Sojabohnen, Rapskuchen etc.) sowie 4–6 % Mineralstoffmischung und 2–3 % Futterkalk bestehen. Das Kraftfutter darf nicht zu fein geschrotet werden bzw. kann auch gequetscht oder pelletiert angeboten werden. Die Preiswürdigkeit der Komponenten ist zu beachten.

Grundsätzlich muss auch für Kälber und Jungrinder **immer sauberes Wasser** zur freien Aufnahme zur Verfügung stehen. Nur dadurch ist die Aufnahme von Grund- und Kraftfutter gewährleistet.

Mineralstoff- und Vitaminergänzung

Auch bei Jungrindern muss auf eine ausreichende Versorgung mit Mineralstoffen und Spurenelementen geachtet werden. Der Phosphorbedarf des Jungrinds kann im Normalfall über die Milch- sowie die Grund- und Kraftfutteraufnahme abgedeckt werden. Zu Mastbeginn (100–200 kg) besteht bei Calcium mit 15–20 g pro Tier und Tag der größte Ergänzungsbedarf. Es ergibt sich in dieser Phase auch ein leichter Magnesiumergänzungsbedarf (1–3 g pro Tier und Tag). Der Natriumgehalt der Milch ist relativ hoch (3,2 g/kg TM), weshalb zu Mastbeginn keine zusätzliche Ergänzung über Viehsalz erforderlich ist. Ab ca. 250 kg Lebendgewicht muss Natrium geringfügig ergänzt werden (Ergänzungsbedarf: 1–2 g/Tag). Eine mögliche Ergänzungsmethode wäre die Einmischung einer calcium- und spurenelementreichen Mineralstoffmischung (4–6 %) zusätzlich zu 2–3 % Futterkalk in das Kälberkraftfutter. Man nimmt dabei allerdings in Kauf, dass die größeren Kälber leicht mit Calcium überversorgt werden. Diese Variante ist dennoch günstiger als das unkontrollierbare Anbieten von Mengenelementen und Spurenelementen (2/3 Mineralstoffmischung, 1/3 Futterkalk) zur freien Aufnahme. Die Mineralstoffergänzung könnte bei Stallhaltung aber auch durch das Streuen der Mineralstoffe über das Grundfutter (30 g Mineralstoffmischung + 10–20 g Futterkalk oder 50 g Mineralstoffmischung) erfolgen. Der Magnesiumbedarf (zu Mastbeginn) sowie der Vitaminbedarf werden durch die Mineralstoffmischung gedeckt.

Ab etwa 250 bis spätestens 300 kg werden männliche Jungrinder in der Herde zunehmend unruhig – eine Herdentrennung ist notwendig.

Fütterung des Mutterkuh-Absetzers

Nach dem Absetzen fehlen dem Jungrind die Nährstoffe der Milch (3–8 kg Milch). Damit in der Folge kein Leistungsrückgang erfolgt, müssen alle Maßnahmen kombiniert werden, die eine hohe Grundfutter- und angepasste Kraftfutteraufnahme fördern. Das Absetzen darf daher nicht mit einem gravierenden Futterwechsel zusammenfallen. Neue Rationskomponenten sollten bereits zwei bis drei Wochen vor dem Absetzen angeboten werden. Langsame Rationsumstellungen sind erforderlich. Die Kraftfuttergabe sollte bereits in den Wochen vor dem Absetzen langsam gesteigert und auf diesem Niveau auch nach dem Absetzen gehalten werden. In den ersten Wochen nach dem Absetzen muss Kraftfutter gefüttert werden. Pro Teilgabe dürfen jedoch maximal 1,5 kg Kraftfutter angeboten werden. Ein Energie- und Rohproteingehalt der Gesamtration von zumindest 11,0 MJ ME (6,5 MJ NEL) bzw. 14 % Rohprotein je kg Trockenmasse sind erforderlich. Nur mit bester Grundfutterqualität und frischer Vorlage, zweimal täglich, kann die notwendige hohe Futteraufnahme erreicht werden. Die Versorgung mit Trinkwasser wirkt sich entscheidend auf die Futteraufnahme des Absetzers aus.

In den ersten Wochen nach dem Absetzen sollten die Jungrinder Kraftfutter erhalten.

Weide in der Mutterkuhhaltung

In der Mutterkuhhaltung sollte die Weidehaltung zum System gehören und in der Vegetationszeit vorherrschen. Die Weidehaltung liefert das billigste Futter. Ganzjährige Freilandhaltung wird in erster Linie mit Robustrindern betrieben. Weide- und Mutterkuhhaltung mit milchbetonten Zweinutzungsrindern erfordert ein gutes Weidemanage-

Zu Weidebeginn oder bei Futtermangel kann über transportable Heuraufen eine Ergänzungsfütterung erfolgen.

ment. Extensive Weideflächen und Almen sollten daher mit Tieren beweidet werden, die keine zu hohen Ansprüche stellen (trockenstehende Kühe, Nachzucht etc.). Zu Weidebeginn sind eine langsame Futterumstellung und die Beifütterung von Heu oder angewelkter Grassilage notwendig. Bei Weide- und Almhaltung dürfen die Qualität und das Angebot an Futter nicht überschätzt werden. Durch die Gabe von Viehsalz (20–30 g/Tag) und 20–50 g einer angepassten Mineralstoffmischung können der Mengen- und Spurenelementbedarf sowie der Vitaminbedarf (insbesondere in den Wintermonaten) gedeckt werden. Eine hohe Futteraufnahme kann nur bei guten Haltungsbedingungen und mit gesunden Kühen erreicht werden.

Herdentrennung

Aufgrund des unterschiedlichen Nährstoffbedarfs ist eine getrennte Haltung der trockenstehenden Mutterkühe von den säugenden Tieren auch auf der Weide notwendig. Weide-Gunststandorte, welche eine hohe Weidefutterqualität aufweisen, sind für trockenstehende Mutterkühe zu intensiv – das Verfettungsrisiko ist hoch und Schwergeburten sowie Stoffwechselstörungen rund um die Geburt nehmen zu. Zusätzlich besteht bei gemeinsamer Herde auch das Risiko, dass trockenstehende Mutterkühe von anderen Kälbern besaugt werden.

Eine Herdentrennung ist aber auch bei geschlechtsreifen männlichen Tieren notwendig. Ab etwa 250 bis spätestens 300 kg werden diese zunehmend unruhig, was zu schlechteren Zunahmen in der Herde führt. Darüber hinaus können weibliche Jungrinder bereits ab 250–280 kg Lebendgewicht unerwünscht trächtig werden!

Herdentrennung erhöht die Ruhe.

Weidefutterqualität in den ersten Säugemonaten

Sowohl die laktierenden Mutterkühe als auch die Jungrinder benötigen in den ersten Säugemonaten eine ausreichende, gleichbleibende und hohe Weidefutterqualität. Bei saisonaler Spätwinterabkalbung kann das Weidepotenzial in der Mutterkuhhaltung am besten genutzt werden. In diesem Fall steht den Mutterkühen in der Phase mit hoher Milchleistung bestes Weidefutter zur Verfügung, in der Weidesaison stehen zudem keine Mutterkühe trocken. Die Jungrinder können bei diesem System auf der Weide ebenfalls bestes Weidefutter aufnehmen. Am Ende der Säugeperiode (Herbst) bzw. bei Stallhaltung erhalten die säugenden Jungrinder bei Bedarf eine Kraftfutterergänzung im Kälberschlupf. Verbleiben die abgesetzten Jungrinder am Betrieb, dann muss jedenfalls bestes Grundfutter, und in den ersten Wochen auch Kraftfutter, gefüttert werden.

Auch in der Mutterkuhhaltung ist ein **früher Frühlings-Weideaustrieb** zu empfehlen. Der Weidefutteranteil sollte in der Ration langsam steigen. Dies kann über eine langsame Steigerung der Weidedauer und entsprechende Ergänzungsfütterung (im Stall) am besten erreicht werden. Eine langsame Anpassung der Pansenmikroben an das Grünfutter kann eventuell auch über das „Eingrasen" (Grünfütterung im Stall) erreicht werden – dabei zeigt sich in der Praxis jedoch oft, dass die Tiere dann auf der Weide einige Tage zum Erlernen des effizienten Weidens benötigen.

Ende der Säugeperiode

Am Ende der Säugeperiode kann die Weidefutterqualität bzw. das Weidefutterangebot für die Mutterkühe zurückgehen. Eine regelmäßige Beurteilung der Körperkondition ist anzuraten. Die Mutterkuh-Jungrinder sollten prinzipiell immer Zugang zu bester Weide haben. Wenn dies nicht möglich ist, dann kann eine Ergänzungsfütterung (Kraftfutter und/oder bestes Grundfutter) empfohlen werden. In Irland setzen Weidebetriebe bei Jungrindern diesbezüglich teilweise auf „Vorweidesysteme". Dabei können die Jungrinder über einen Kälberschlupf bzw. entsprechend angebrachte Weidezwischenzäune das beste Weidefutter vorausgrasen.

Trockenstehzeit

Zu **Beginn** der Trockenstehzeit sinkt der Nährstoffbedarf deutlich, die Futteraufnahme verändert sich jedoch mit dem Trockenstellen nicht wesentlich. Kühe fressen am Beginn der Trockenstehzeit sehr hohe Futtermengen, was auf guten Weiden zu einer deutlichen energetischen Überversorgung und Verfettung führen kann. Für trockenstehende Kühe sind deshalb insbesondere extensive Weiden geeignet. Bei Verfettungsrisiko kann eine begrenzte Weidedauer und entsprechende Ergänzungsfütterung mit strukturreichem Heu notwendig sein. Die Energiekonzentration sollte im Bereich von 5 MJ NEL/kg TM liegen, auf eine ausreichende Pansenfüllung ist zu achten.

In den **letzten zwei bis drei Wochen vor der Abkalbung** sollte die Ration allmählich auf die Säugeration umgestellt werden (Vorbereitungsfütterung). Damit wird verhindert, dass mit der Abkalbung auch eine radikale Futterumstellung zusammenfällt. In dieser Phase verfetten Kühe üblicherweise nicht mehr. Eine optimale Vorbereitungsfütterung ist bei vollständiger Weidehaltung schwierig, da insbesondere der Mineralstoffgehalt von Weidefutter zu gesundheitlichen Problemen führen kann. Bei hoher Versorgung mit Calcium steigt das Risiko für das Auftreten von „Milchfieber" an. In den letzten Trockenstehwochen muss die Ca-Versorgung daher soweit wie möglich eingeschränkt werden. Weitere Faktoren, die zu Milchfieber führen können, sind ein Kationenüberschuss (Kalium, Natrium), eine unzureichende Schwefelzufuhr und ein Rohproteinüberschuss. Weiderationen sind üblicherweise reich an Calcium und Kalium und die Eiweißversorgung ist ebenfalls hoch. Diese Faktoren begünstigen daher das Auftreten von Milchfieber bei weidebetonter Vorbereitungsfütterung, sodass hier nur eine begrenzte Weidefütterung empfohlen werden kann.

Weidesysteme

Nach der Übergangsfütterung im Frühjahr, in deren Rahmen langsam von Stunden- auf Ganztagsweidehaltung umgestellt wird, setzen Mutterkuhbetriebe vorwiegend auf die Ganztags- oder Vollweidehaltungsstrategie. Hinsichtlich der Weidesysteme dominieren in der Mutterkuhhaltung die arbeitszeitsparende Kurzrasenweide- oder Koppelweidehaltung.

Bei **Kurzrasenweidehaltung** ist die Fläche nicht bzw. in maximal zwei bis drei Teilflächen unterteilt. Die Tiere sind ständig auf der Fläche bzw. rotieren zwischen den Teilflächen. Der Flächenbedarf liegt je nach Säugestadium und Größe des Jungrindes pro Mutterkuh und Jungrind im Frühjahr bei ca. 0,15–0,25 ha und muss bis in den Herbst auf etwa 0,4–0,6 ha vergrößert werden. Das Futter muss den Tieren ständig ins Maul wachsen – die Aufwuchshöhe gemessen mit der Deckelmethode sollte immer zwischen 5–7 cm liegen.

Beim **Koppelweidesystem** sollten zu Weidebeginn etwa drei bis vier Koppeln vorliegen. Die Koppeln werden dabei bei einer Aufwuchshöhe von 10–15 cm (max. 20 cm) bestoßen und über ca. vier bis fünf (max. sieben) Tage beweidet. Die Koppelgröße liegt dabei je nach Kuhgewicht und Säugestadium bzw. Größe des Jungrindes bei 400–600 m^2. Bei guter Weideführung kann sowohl bei Kurzrasenweide als auch bei Koppelweidehaltung weitestgehend auf Weidepflege verzichtet werden. Damit können Futterverluste minimiert sowie Kosten und Arbeitszeit gespart werden. Bei uneinheitlichen Pflanzenbeständen kann eine Zwischen- oder Nachmahd bzw. ein Mulchen notwendig werden.

Bei **extensiver Standweide- und Almhaltung** dürfen die Qualität und das Angebot an Futter nicht überschätzt werden. Hier muss ab Ende Juli mit einem Rückgang des Futterzuwachses und der Futterqualität gerechnet werden. Zusätzlich steigt bei saisonaler Spätwinterabkalbung auch der Futterbedarf der Jungrinder an. Wenn das Futterangebot oder die Qualität des Alm- oder Weidefutters überschätzt bzw. zu viele Tiere pro Fläche gehalten werden, verschlechtert sich die Körperkondition der Kühe, das Krankheitsrisiko steigt, die Milchleistung geht stark zurück und die Jungrinder entwickeln sich nur sehr schlecht. Das Weidemanagement muss daher so gestaltet werden, dass der Tierbesatz an den Futterbedarf der Tiere bzw. das Flächenausmaß an den Tierbesatz abgestimmt ist. In der Säugeperiode sollten daher Mutterkühe nach Möglichkeit nicht auf extensiven Standorten gehalten werden! Auch bei Alpung muss das Futterangebot bzw. der **Tierbesatz an den Futterbedarf angepasst** werden.

Dies erreicht man durch:

- Umtriebsalmhaltung
- Vermeidung eines Überbesatzes
- Reduktion des Tierbesatzes im Spätsommer
- Gezielte Steuerung der Abkalbung (z. B. Abkalbung im Oktober – Auftrieb der trockenen Kühe)
- Beweidung von Hochalmen im Juli – Wanderung talwärts im Spätsommer

Bei Kurzrasenweide muss das Futter den Tieren ins Maul wachsen.

Trockengestellte gesunde Kühe erreichen auf guten Weiden Tageszunahmen von über 1.000 g.

- Zeitigen Auftrieb und rechtzeitigen Herbstabtrieb
- Weidehaltung bereits im Tal vor dem Almauftrieb
- Beifütterung von Heu oder Silage nach Auftrieb und vor Abtrieb
- Angebot eines Kälberschlupfes mit Kraftfutter, wenn säugende Mutterkühe auf Almen kommen

Kuhausmast

Altkühe, die keine gesundheitlichen Probleme haben bzw. deren Bewegungsapparat in Ordnung ist, können vor der Schlachtung durch eine **zwei- bis dreimonatige Ausmast** gezielt gemästet werden, wodurch die Schlachtkörperqualität und damit der Erlös verbessert werden. In der Kuhausmast sollten Tageszunahmen von mehr als 1 kg erreicht werden. Dafür ist eine Energieversorgung entsprechend einer theoretischen Milchleistung von 15–18 kg notwendig. Im Vergleich zur herkömmlichen Rindermast setzen die Ausmastkühe mehr Fett und weniger Muskelgewebe (Eiweiß) an. Eine zu hohe Energieversorgung kann zu intensiver Verfettung und verringerter Futteraufnahme führen. Im Gegensatz dazu führt eine zu geringe Nährstoffversorgung zur Erhöhung des Futteraufwandes – es wird viel Futter für den Erhaltungsbedarf benötigt. Natürlich wird der Nährstoffansatz und damit auch der Nährstoffbedarf von der Genetik und dem aktuellen Ausmastgrad bestimmt. Milchbetonte bzw. bereits gut ausgemästete Kühe neigen stärker zur Verfettung als Zweinutzungs- und großrahmige Fleischrassen bzw. Kühe in schlechter Kondition.

Gut ausgemästete Kühe erzielen einen deutlich höheren Verkaufserlös.

Altkühe, die keine gesundheitlichen Probleme haben, können vor der Schlachtung ausgemästet werden.

Die tägliche Futteraufnahme beträgt im Mittel etwa 13 kg Trockenmasse (11–15 kg TM). Dies entspricht einer Futteraufnahme von 1,9–2,3 % des Lebendgewichts. Je kg Zuwachs muss im Mittel mit einem Gesamtfutterbedarf von etwa 12 kg TM (9–14) gerechnet werden. Dies liegt über dem Futteraufwand in der Mast von Mastochsen und Kalbinnen. Die Kuhausmast rechnet sich daher nur bei kostengünstigen Bedingungen.

Nährstoffbedarf und Mastdauer

Die **Energiekonzentration** der Gesamtration sollte in der Kuhausmast zwischen 6,0 und 6,5 MJ NEL/kg TM betragen. Dies entspricht 10–11 MJ Umsetzbarer Energie (ME) je kg TM. Die täglich notwendige Kraftfutterergänzung hängt vom Energiegehalt des Grundfutters ab. Bei maissilagebetonten Rationen sind etwa 1–2 kg Kraftfutter und bei üblichen Grünlandrationen etwa 2–3 kg Kraftfutter pro Tag zu füttern. Bei hochwertigem Weidefutter (Kurzrasenweide

		A	B	C	D	E
Maissilage (33 % TM)	kg FM			15–17	24–26	
Grassilage (35 % TM)	kg FM	20–24	24–28	13–17		
Junge Weide (16 % TM)	kg FM					75–80
Heu	kg FM	2			2,5	0–2
Getreide	kg FM	3	2,5	1,5	0,8	0 (1)
Eiweißkraftfutter*	kg FM			0,5	1,2	
Mineralstoffmischung	g	50	50	50	60	50
Viehsalz	g	20	20	20	20	20
*Eiweißkraftfutter mit ca. 40 % Eiweiß je kg FM						

***Tabelle 94:** Rationsbeispiele für die Kuhausmast*

bzw. Koppelweide mit einer Grasaufwuchshöhe unter 15–20 cm) kann auf Kraftfutter verzichtet werden.

Der **Eiweißgehalt** der Ration muss sich vor allem am Bedarf der Pansenmikroben orientieren. Der Eiweißansatz der Kühe ist relativ gering. Es reicht daher ein Eiweißgehalt von 12–13 % in der Gesamtration aus. Bei Grünlandrationen ist daher keine zusätzliche Eiweißergänzung notwendig – das Kraftfutter kann ausschließlich aus preiswertem Getreide bestehen. Hohe Maissilagemengen erfordern eine Eiweißergänzung.

Je nach Grundfutterration und Mineralstoffgehalt der Komponenten sind eine **Mineralstoffergänzung** im Umfang von 50–70 g einer handelsüblichen calciumbetonten Mineralstoffmischung und zusätzlich 20 g Viehsalz zu empfehlen.

Die **Mastdauer** ist so zu wählen, dass eine starke Verfettung der Kuh und damit schlechte Futterverwertung durch zu lange Mastdauer verhindert wird. Andererseits sollte aber ein möglichst hohes Schlachtkörpergewicht erreicht werden. Daher muss die Mastdauer individuell auf die Körperkondition und Genetik der Kuh abgestimmt werden. Ob die Kuhausmast wirtschaftlich ist, muss betriebsindividuell geprüft werden. Diese hängt wesentlich von den Futter-, Stallplatz- und Arbeitskosten sowie den Erlösen (Qualitätsprogramme) ab.

Weidehaltung in der Kuhausmast

Bei Qualitätsweidehaltung kann eine kostengünstige Kuhausmast ohne Kraftfutterergänzung durchgeführt werden. Dazu eignen sich sowohl Koppel-, Kurzrasen- als auch Portionsweidehaltung auf Gunststandorten. Entscheidend ist, dass die Altkühe weidetauglich (Bewegungsapparat in Ordnung, gesund, keine Euterprobleme etc.) sind und dass zu Weidebeginn eine gezielte Übergangsfütterung (und -haltung) erfolgt. In der Übergangszeit gewöhnen sich die Tiere an das Grasen und die Weidebedingungen und die Pansenmikroben werden langsam auf die Weideration umgestellt. Etwa drei Wochen nach Weidebeginn kann eine Ganztags- bzw. Vollweidehaltung empfohlen werden. Ein geschützter Unterstand (Witterungsschutz) mit Möglichkeiten zur Ergänzungsfütterung wird empfohlen. Bei Weidehaltung muss aufgrund des Carotingehaltes im Futter mit einer Gelbfärbung des Fettes am Schlachtkörper gerechnet werden.

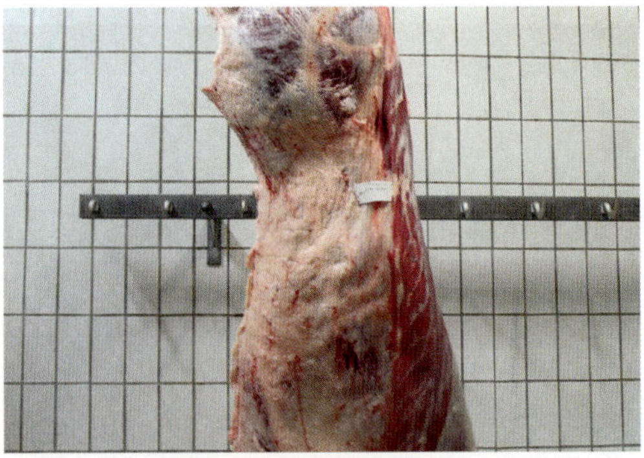

In der zwei- bis viermonatigen Ausmast steigen Bemuskelung, Fettabdeckung und Schlachtkörperqualität.

Genetik & Zucht

Milchkühe

Durch züchterische Maßnahmen sowie Veränderungen in der Fütterung und Haltung stieg in den letzten Jahrzehnten bei Milchkühen in vielen Ländern die Milchleistung kontinuierlich an. Systeme mit ganzjähriger Stallfütterung bzw. Rationen mit keinem oder nur mehr minimalem Weidegrasanteil nehmen zu. Dabei wird zumeist eine wirtschaftlich effiziente Milchproduktion durch mehr oder minder starke Umsetzung der Hochleistungsstrategie angestrebt. In den USA, in Kanada und vielen Ländern Europas erfolgt die Betriebsentwicklung vorwiegend in diese Richtung.

Demgegenüber wird in Regionen, welche mit der „Low-Input"-Strategie arbeiten, auf die Weidehaltung gesetzt. Dies versucht man durch Vereinfachung der Produktionstechnik unter Ausnutzung des natürlichen Graswachstums (Vollweide, saisonale Frühjahrsabkalbung) und Minimierung des Einsatzes von Technik, Hilfsstoffen, Zukauffutter und auch Arbeitszeit zu erreichen. Als Ziele gelten die konsequente Minimierung des Aufwandes und Deckung der Jahresration soweit wie möglich mit dem billigsten Futter „Weidegras". In Neuseeland, Australien und auch Irland wird diese Strategie in großem Ausmaß umgesetzt. Neben diesen zwei beschriebenen Hauptstrategien sind in vielen Regionen

Hochleistungstiere können bei Ganztags- und Vollweidehaltung nicht ausgefüttert werden.

Mischformen anzutreffen. Dazu ist sicherlich auch die Milchviehhaltung in Österreich zu zählen. Da sich Veränderungen in der Rationsgestaltung und Haltung auch deutlich auf die Zucht auswirken, stellt sich die Frage, ob die aktuell gezüchteten Kühe für Weidebetriebe noch optimal geeignet sind.

Futteraufnahme und Futterkonvertierungseffizienz

In einer Übersichtsarbeit von Steinwidder und Gruber (2002) wurde auf leistungsbegrenzende Faktoren in der Fütterung und Haltung von Milchkühen unter konventionell und biologisch wirtschaftenden Bedingungen eingegangen. Dabei zeigten sich die **hohen Anforderungen an den Stoffwechsel von Hochleistungstieren**, die insbesondere von der Abkalbung bis Laktationsmitte gegeben sind. Einige bedeutende Ursachen für hohe Stoffwechselanforderungen stellen strukturarme Rationen, mangelnde Nährstoffversorgung (Energie, nutzbares Rohprotein etc.) und starke Mobilisation von Körperreserven dar. Diese Effekte sind zumeist direkt oder indirekt auf eine im Verhältnis zur Milchleistung mangelnde Futter- und Nährstoffaufnahme zurückzuführen.

Gruber et al. (2006) haben umfangreiches Datenmaterial von Versuchsstationen Europas hinsichtlich **Einflussfaktoren auf die Futteraufnahme** bearbeitet. Dabei zeigte sich, dass mit steigendem **Lebendgewicht** die Futteraufnahme bei Stallhaltung deutlich zunahm. Im Mittel erhöhte sich diese um 1 kg TM je Tag (Laktationsbeginn 1,3 kg, Laktationsende etwa 0,8 kg TM) bei Anstieg des Gewichts um 100 kg. Die Erhöhung der Futteraufnahme mit steigendem Gewicht ist insofern von Bedeutung, als damit auch der Erhaltungsbedarf ansteigt. Bei einer Energiekonzentration des Futters von beispielsweise 6,4 MJ NEL muss die Mehraufnahme pro 100 kg LG etwa 0,7 kg TM betragen, um den damit erhöhten Erhaltungsbedarf wettzumachen. Dies liegt unter dem im Durchschnitt festgestellten Wert. Daher erhöht sich mit steigendem Gewicht, je nach tatsächlicher Energiekonzentration der Ration, im Durchschnitt die für die Milchbildung zur Verfügung stehende Energieaufnahme. Dies erklärt auch, warum eine Zucht auf hohe Einzeltierleistungen – ohne Berücksichtigung des Gewichtes der Kühe – indirekt in Richtung schwerere Kühe führt.

Ein zweiter wichtiger Faktor, welcher die Futteraufnahme beeinflusst, stellt die **Milchleistung** dar. Im ausgewerteten Datenmaterial (Gruber et al. 2006) stieg die Futteraufnahme im Durchschnitt um 0,17 kg TM pro kg Milchleistungszunahme an, wobei dieser Anstieg aber zu Laktationsbeginn mit 0,1 kg TM geringer ausgeprägt war als zu Laktationsende mit über 0,2 kg. Da der Energiebedarf pro kg Milchmehrleistung um etwa 3,2 MJ NEL zunimmt, dieser Bedarf aber über den Anstieg der Futteraufnahme (auch bei hoher Kraftfutterzulage) nicht vollständig ausgeglichen werden kann, nimmt das Energiedefizit mit steigendem Milchleistungspotenzial der Tiere zu.

Modellrechnungen von Steinwidder (2009) zeigen diesbezüglich, dass mit steigendem Lebendgewicht zur Erzielung derselben Futterkonvertierungseffizienz pro Laktation (Jahr) die Milchleistung einer Kuh je 100 kg LG-Zunahme um zumindest 10–12 % ansteigen müsste. Demnach ist eine durchschnittliche Milchkuh mit einem Lebendgewicht von 550 kg mit einer jährlichen Milchleistung von 5.900 kg ECM in der Futterkonvertierungseffizienz mit einer 850 kg schweren Milchkuh, welche dafür über 8.000 kg Milch geben müsste, etwa vergleichbar. Die Berechnungen zeigen des Weiteren, dass der Futter-

In Mitteleuropa wurden von 1990 bis 2010 die Kühe im Schnitt um 3 cm in 10 Jahren größer und damit auch schwerer.

In Weideregionen dominieren kleinrahmige Kuhtypen mit guter Fitness und Fruchtbarkeit.

aufnahmeanstieg bei höherem Gewicht (und damit höherer Milchleistung bei gleicher Energieeffizienz) jedoch nicht ausreichte, um den Nährstoffbedarf der schwereren Kühe zu decken. Kühe mit höherem Lebendgewicht müssten daher zur Erzielung derselben Futterkonvertierungseffizienz konzentriertere (kraftfutterbetontere) Rationen erhalten. Wie oben bereits ausgeführt wurde, kommt bei Ganztagsweidehaltung diesbezüglich verschärfend hinzu, dass die Futteraufnahme bei Hochleistungstieren auch aufgrund des Graseverhaltens begrenzt ist, wodurch wiederum die Nährstoffversorgung leidet.

WICHTIG | Gewicht und Größe

Schwere, große Kühe – folgende Fragen sind kritisch zu prüfen:

Bei schwereren Tieren ist die Belastung für das Skelett und die Klauen erhöht, was bei Weidehaltung die Belastung für die Grasnarbe und den Boden (Trittschäden, Verdichtungen) steigert.

Eine höhere Milchleistung und Futteraufnahme pro Tier erfordern intensivere Stoffwechselvorgänge. Dies erhöht zwangsläufig auch die Anfälligkeit hinsichtlich Stoffwechselstörungen bei suboptimalen Fütterungsbedingungen (Säurebelastung Pansen, Eiweißüberschüsse etc.).

Zudem verringert sich bei schwereren Kühen das Wärmeabgabevermögen („Extrawärme" des Stoffwechsels) aufgrund der relativen Abnahme der Körperoberfläche zum Lebendgewicht. Gleichzeitig nimmt bei höherer Futteraufnahme die Extrawärmebildung zu. Schwerere Hochleistungstiere werden dadurch hitzeempfindlicher.

Bei schwereren (und größeren) Kühen nehmen auch die Anforderungen an die Stallungen zu, wodurch sich die Kosten erhöhen (Standplatzgröße etc.).

Kühe in Weideregionen

Bei Ganztagsweidehaltung ohne größere Ergänzungsfütterung können bei Milchkühen hohe Einzeltierfutteraufnahmen und -leistungen nicht bzw. nur eingeschränkt erreicht werden. Im Gegensatz zum Berggebiet, wo die klimatischen Bedingungen eine Stallhaltung und Fütterung von Milchkühen über einen Zeitraum von zumindest fünf Monaten erfordern, kann in Weidegunstlagen auf die bei uns übliche Stallhaltung vollständig verzichtet werden. Darüber hinaus sind bei „Low-Input"-Vollweidebetrieben Weidegrasanteile in der Gesamtjahresration von über 70–80 % weitverbreitet. Ein Großteil der Betriebe greift auf saisonale Abkalbung mit einer zumindest sechswöchigen Melkpause zurück. Dies erfordert Kühe, die nach Möglichkeit bei reinen Weidegrasrationen zu Laktationsbeginn kein unphysiologisches Energiedefizit zeigen, die auch bei unausgewogenen Rationen (Eiweißüberschüsse etc.) sehr gute Fruchtbarkeitsergebnisse erreichen, weite Strecken zurücklegen können, aktiv grasen, möglichst hitzetolerant sind und vor allem auch das Graslandfutter effizient in Milch umwandeln können.

Es zeigt sich, dass beispielsweise in Neuseeland überwiegend Kuhtypen mit geringerer Lebendmasse (350–550 kg) gehalten werden und die Einzeltierleistungen (3.500–5.000 kg) tiefer liegen. Trotz konsequenter saisonaler Abkalbung und Verkauf nicht trächtiger Kühe erreichen die Tiere im Mittel eine längere Nutzungsdauer als Milchkühe in unseren Regionen. Wenngleich auch die ökonomischen Rahmenbedingungen (Kosten der Nachzuchtkalbinnen,

Angebot an geeigneten Kalbinnen etc.) die Nutzungsdauer beeinflussen, ist dieses Ergebnis doch ein deutlicher Hinweis auf die Eignung der neuseeländischen Kuhtypen für das Weidesystem.

Eignung unterschiedlicher Kuhtypen für Vollweidehaltung

In großen Teilen Europas und Nordamerikas wurden Milchkühe in den letzten Jahrzehnten verstärkt in Richtung höherer Milchproduktion pro Kuh und Jahr unter High-Input-Bedingungen selektiert. Bei Low-Input-Vollweidehaltung wird demgegenüber auf eine hohe Flächenleistung Wert gelegt. Darüber hinaus erfordern saisonale Milchproduktionssysteme sehr gute Fruchtbarkeitsergebnisse, denn unzureichende Fruchtbarkeit führt bei saisonaler Milcherzeugung zu einem Rückgang der Effizienz, höheren Abgangsraten und nicht zuletzt zu finanziellen Einbußen (Coleman et al. 2009; Evans et al. 2006; McCarthy et al. 2007a; Plaizier et al. 1997). Aus diesen Gründen prüften Arbeitsgruppen in den letzten Jahrzehnten die Eignung unterschiedlich „genetisch ausgerichteter Kuhtypen" für weidebasierte Low-Input-Milcherzeugungssysteme. Dabei zeigte sich, dass auf Milchleistung selektierte Tiere zwar höhere Laktationsleistungen erzielten, aber auch deutlich mehr Körperkondition verloren. Im Vergleich dazu waren die Laktationsleistungen von unter Vollweidebedingungen selektierten Kühen zwar niedriger, sie waren hinsichtlich Fitness und Fruchtbarkeit jedoch überlegen, was sich zumeist durch einen höheren Anteil wiederkalbender Tiere und/oder kürzere Zwischenkalbezeiten äußerte (vgl. Versuche: Buckley et al. 2000; Coleman et al. 2009; Cummins et al. 2012; Cutullic et al. 2011; Delaby et al. 2009; Dillon et al. 2003a; Dillon et al. 2003b; Fulkerson et al. 2008; Harris u. Kolver 2001; Horan et al. 2005; Horn et al. 2013; Horn et al. 2014; Kolver et al. 2002; Macdonald et al. 2008; McCarthy et al. 2007b; Mwansa u. Peterson 1998; Patton et al. 2008; Roche et al. 2006; Walsh et al. 2008).

Neuseeländische HF-Kühe zeigten zu Laktationsbeginn bei Weidehaltung eine höhere Futteraufnahme je kg Lebendgewicht als großrahmige Kühe.

Kleinrahmige und großrahmige HF-Kühe im Vergleich

Ein häufig zitierter Versuch ist diesbezüglich jener von Kolver et al. (2002). Die Autoren verglichen dabei großrahmige Holstein-Friesian-Kühe und kleinrahmige Holstein-Friesian-Kühe (neuseeländischer Typ) bei **TMR-Fütterung bzw. Vollweidehaltung** miteinander (Tab. 95). Es wurde eine Genotyp-Fütterungs-Interaktion bei den Merkmalen Jahresmilchleistung, Milchinhaltsstoffleistung, Effizienz der Milchinhaltsstoffproduktion, Lebendmassezunahme in der Laktation und Anteil an nicht trächtigen Kühen festgestellt. Die kleinrahmigen neuseeländischen Kühe zeigten eine bessere Leistung bei Weidehaltung als die großrahmigen Kühe – diese wiederum schnitten bei TMR-Fütterung besser ab. Die Unterschiede waren hauptsächlich auf Unterschiede in der Futteraufnahme zu Laktationsbeginn zurückzuführen. Die neuseeländischen Kühe zeigten zu Laktationsbeginn bei Weidehaltung eine höhere Futteraufnahme (% von LM) als die großrahmigen Kühe, bei TMR war dies in allen Laktationsabschnitten umgekehrt.

Kleinrahmige und großrahmige Schweizer Kuhtypen im Vergleich

In der Schweiz wurde von 2002 bis 2005 ein Projekt zur Eignung unterschiedlicher Kuhtypen zur Milchproduktion bei Weidehaltung durchgeführt (SHL

		Weide		TMR		P-Wert
		NS	HL	NS	HL	Interaktion
Lebendgewicht	kg	495	565	556	634	0,438
Milchleistung	kg/Kuh	5.300	5.882	7.304	10.097	0,003
Fett + Eiweiß	kg/kg LM	0,94	0,81	1,08	1,14	0,011
Kühe nicht trächtig	%	7	62	14	29	0,023
Futteraufnahme	kg von TM					
Laktationsbeginn		16,6	17,3	20,4	24,0	0,034
Laktationsmitte		16,1	17,9	18,2	21,7	0,091
Laktationsende		14,4	15,9	18,1	22,0	0,004

***Tabelle 95:** Vergleich großrahmiger (Hochleistungstyp HL) und kleinrahmiger (neuseeländischer Typ NS) HF-Kühe bei Fütterung mit TMR oder Weidehaltung (Kolver et al. 2002)*

2005; Hofstetter et al. 2011). Dabei wurden großrahmige schwerere (S) und für hohe Milchleistungen gezüchtete Schweizer Kuhtypen mit kleinen leichten Typen (L), ebenfalls aus der Schweizer Population, bei saisonaler Vollweidehaltung verglichen. Es wurden zwei Herden (13 bis 14 S-Kühe bzw. 16 L-Kühe) der Rassen Braunvieh und Fleckvieh zusammengestellt, wobei das Lebendgewicht beider Herden auf gleichem Niveau lag. Beide Herden wurden von März bis November geweidet (Umtriebsweiden mit jeweils bis zu zehn Koppeln). Die schweren Kühe erzielten dabei pro Kuh eine höhere Milchleistung und Grasaufnahme. Auf Herdenebene ergab sich für die L-Herde eine signifikant höhere Milchleistung pro kg Lebendgewicht und pro verfügbarer Flächeneinheit (geringere Futterreste). Im Lebendgewichtsverlauf, den Milchinhaltsstoffen sowie dem BCS-Verlauf bestanden keine wesentlichen Unterschiede zwischen den Kuhtypen. Die Gesundheits- und Fruchtbarkeitsergebnisse schwankten sehr stark von Jahr zu Jahr. Der Arbeitszeitbedarf war pro Kuh bei den großen Kühen höher, jedoch auf Herdenebene (13 S- zu 16 L-Kühen) geringer als bei den kleinen Kuhtypen. Die Untersuchungen zeigten, dass in beiden Herden Tiere für die Vollweidehaltung geeignet waren. Die Autoren vermuten, dass die Kuhgröße an sich nicht entscheidend für die Vollweideeignung ist, sondern eher das individuelle Verhältnis von Verzehrkapazität und genetischem Leistungspotenzial. Rein produktionstechnisch könnte es aber interessanter sein, 16 kleine Kühe mit geringerem Milchleistungspotenzial zu halten als 13 große Kühe, da die Grasnutzung auf der gegebenen Fläche bei der L-Herde etwas besser war.

Schweizer Rassen und neuseeländische HF-Kühe im Vergleich

In einem weiteren Schweizer Versuch wurden die Schweizer Rassen Holstein, Fleckvieh und Brown Swiss mit neuseeländischen HF-Kühen auf Vollweidebetrieben mit saisonaler Abkalbung verglichen (Piccand et al. 2011a; Piccand et al. 2011b). Die zwei Holsteintypen erzielten dabei die besseren Milchleistungen. Das Schweizer Fleckvieh zeigte

In der Schweiz wurden HF-Neuseelandtiere auf Vollweidebetrieben getestet.

	HF-Neuseeland	HF-Schweiz	FV-Schweiz	BV-Schweiz	P-Wert Rasse
Lebendgewicht-Laktation, kg	514	592	605	523	< 0,001
Milch über 270 Laktationstage, kg	5.321	5.921	5.291	4.927	< 0,001
ECM[1] über 270 Laktationstage, kg	5.531	5.840	5.363	4.814	< 0,001
Fett, %	4,25	4,01	4,15	3,86	< 0,001
Eiweiß, %	3,46	3,20	3,31	3,27	< 0,001
Milcheffizienz					
Milch-ECM kg/kg metabolisches Lebendgewicht[2]	52,1	50,2	44,5	43,8	< 0,001
Fruchtbarkeitsergebnisse					
Erstbesamungserfolg, %	62	46	67	59	0,36
Trächtige Kühe – 3 Wochen nach Belegesaisonbeginn[2], %	32	26	65	38	< 0,05
Trächtige Kühe – 12 Wochen nach Belegesaisonbeginn[2], %	91	81	94	93	0,32

[1] ECM = energiekorrigierte Milch mit 3,2 MJ NEL (gleiche Inhaltsstoffe)
[2] metabolisches Lebendgewicht = Lebendgewicht 0,75

***Tabelle 96:** Ausgewählte Ergebnisse der Schweizer Untersuchungen (Piccand et al. 2011b)*

dagegen sehr gute Fruchtbarkeitsergebnisse und die Schweizer HF-Tiere fielen diesbezüglich numerisch ab (s. Tab. 96).

In Österreich schnitten auf Lebensleistung gezüchtete HF-Kuhlinien in der Effizienz (kg Milch/kg LG) gleich gut wie milchbetonte Braunviehkühe ab.

Eignung für Low-Input-Vollweidesysteme

In **Österreich** verglichen Horn et al. (2013) zwei unterschiedliche österreichische Kuhtypen, herkömmliche Brown Swiss (BV) und speziell auf Lebensleistung gezüchtete Holstein-Friesian (HFL), hinsichtlich ihrer Eignung für ein biologisches **Low-Input-Vollweidesystem unter alpinen Bedingungen** (Tab. 97). Dabei waren BV den HFL-Tieren in den meisten Milchleistungsmerkmalen überlegen, jedoch wurden bei den untersuchten Effizienzparametern (Milch/kg metabolisches LG) keine Rassenunterschiede festgestellt. HFL waren während der gesamten Laktation leichter und mobilisierten signifikant weniger Körperreserven zu Beginn der Laktation als BV. Für HFL ergaben sich signifikant kürzere Güst- und Zwischenkalbezeiten, was speziell für saisonale Vollweidesysteme mit Blockabkalbung einen Vorteil darstellt. In einer weiteren Arbeit wurde zusätzlich der Einfluss des Abkalbezeitpunkts (November bis März) auf Rationszusammensetzung, Milchleistung und Lebendgewicht für die zwei Kuhtypen untersucht (Horn et al. 2014). Im Vergleich zur Herbstabkalbung stieg bei

	BV	HFL	P-Wert
Laktationslänge, Tage	326	297	0,016
Lebendgewicht, kg	600	539	< 0,001
ECM-Leistung, kg	6.402	5.354	< 0,001
Milchleistung/LG 0,75, kg/Tag	0,16	0,16	0,747
LG nach Abkalbung, kg	647	569	< 0,001
LG-Tiefpunkt, kg	566	512	< 0,001
Woche LG-Tiefpunkt	24	19	0,012
Energiebedarfsdeckung bis Wo. 18, %	92	96	0,13
Güstzeit, Tage	103	73	0,016
Zwischenkalbezeit, Tage	395	353	0,002

__Tabelle 97:__ Ergebnisse von Brown Swiss (BV) bzw. speziell auf Lebensleistung gezüchteten Holstein-Friesian-(HFL-)Kühen bei Vollweidehaltung im Berggebiet Österreichs (Horn et al. 2013)

Frühjahrsabkalbung der Weideanteil in der Ration signifikant an, während der Kraftfutterverbrauch sank. Bei BV gingen Milch- und Milchinhaltsstoffleistung im Vergleich von Herbst- zu Frühjahrsabkalbung stark zurück. Gleichzeitig zeigten BV bei Herbstabkalbung, trotz deutlich höherer Ergänzungsfütterung, auch eine höhere Mobilisation von Körperreserven. Da Milch- und Milchinhaltsstoffleistung von HFL hingegen nicht vom Abkalbezeitpunkt beeinflusst wurden, konnte mit HFL das volle ökonomische Potenzial der Frühjahrsabkalbung genutzt werden.

In den letzten Jahrzehnten nahm auch das Interesse an der **Kreuzungszucht** in Weideregionen zu. Damit wird insbesondere bei HF-Kühen (High-Input-Typ) eine Verbesserung der Fruchtbarkeitsergebnisse, der Tiergesundheit und Lebensdauer angestrebt (Buckley et al. 2005). In Neuseeland wurden Heterosiseffekte im Ausmaß von 5–6 % bei den Produktionsdaten und bis zu 18 % bei Fruchtbarkeit und Tiergesundheitsparametern festgestellt. Im Vergleich zu reinrassigen HF-Tieren erreichten hier um 20 % mehr Kreuzungstiere (HF x Jersey) die 6. Laktation.

Eignung von Milchkühen für die Weidehaltung

Grundsätzlich kann Weidebetrieben empfohlen werden, bei der Zuchttierauswahl besonderes Au-

Innerhalb jeder Rasse muss auf Weidebetrieben mit den geeigneten Kuhlinien und passenden Stieren weitergezüchtet werden.

genmerk auf die Fitnessmerkmale zu legen. Bei zunehmender Differenzierung der Leistungs- und Fütterungsbedingungen zwischen den Betriebssystemen ist zu erwarten, dass die unter intensiveren Bedingungen ausgelesenen Hochleistungstiere nicht mehr die besten für Weidebedingungen (Genotyp-Umwelt-Interaktion) sind.

In unseren Regionen greift ein Großteil der Weidebetriebe auf Stunden- oder Halbtagsweidehaltung mit entsprechend hoher Beifütterung zurück. Darüber hinaus ist die saisonale Abkalbung nicht weitverbreitet. Bei diesen eingeschränkten (Weide-)Systemen ist daher (noch) nicht zu erwarten, dass die derzeit gezüchteten Kuhtypen nicht mehr weidetauglich sind. Je stärker „Low-Input"-Strategien am Milchviehbetrieb jedoch umgesetzt werden, desto weniger geeignet sind dafür große und schwere Kühe mit hohen Laktations(einsatz)leistungen und umso wichtiger werden weideangepasste Milchkuhtypen.

Es darf allerdings nicht vergessen werden, dass bei gegebener Genetik Haltung und Fütterung der Tiere die Fruchtbarkeitsergebnisse verbessern können: Dazu zählen einmaliges Melken zu Beginn der Laktation, eine knappe Körperkondition bei der Kalbung (3,0 BCS-Punkte), Verzicht auf eine Kraftfutteranfütterung vor der Abkalbung und eine moderate Kraftfutter- und Proteinzufuhr zu Laktationsbeginn (vgl. Piccand et al. 2011a). Durch diese Maßnahmen sollen die Laktationsspitze und damit die energetische Unterversorgung verringert und die Fruchtbarkeitsergebnisse verbessert werden.

Mutterkühe

Eine Mutterkuh sollte bei üblichen Fütterungsbedingungen innerhalb einer neunmonatigen Säugeperiode eine Milchleistung von 2.500–3.500 kg erreichen. In die Mutterkuhhaltung sind **eher kleinrahmige, nicht zu schwere Kühe** mit sehr gutem „Fundament" einzustellen. Fitness, Fruchtbarkeit und Gutmütigkeit spielen in der Mutterkuhhaltung eine große Rolle. Mutterkühe zeichnen sich durch eine lange, breite Mittelhand mit tiefer Brust und Flanke aus. Sie zeigen einen guten Muskelansatz an der Außen- und Innenkeule sowie am Rücken und an der Schulter. Das Becken muss genügend breit und leicht abfallend sein. Ein breites Maul und ein großer Verdauungstrakt sind notwendig. Die Zitzen dürfen nicht zu dick und zu lang sein, ein hoher Eutersitz ist unbedingt notwendig. Wenn Kühe aus der Milchviehhaltung in die Mutterkuhhaltung umgestellt werden, dann sollten diese als Milchkühe eine mittlere Milchleistung von 4.000–6.000 kg (max. 7.000 kg) erzielt haben. Zusätzlich wäre eine flache Laktationskurve günstig.

Bei Einsatz von **intensiven Fleischrassen** oder Kreuzungstieren muss mit einer geringeren Milchleistung der Kühe gerechnet werden. Mutterkühe von spätreifen Linien oder Rassen reagieren bei suboptimalen Fütterungsbedingungen stärker als kleine, frühreife Rassen, wodurch die Fruchtbarkeit, die Milchleistung und das Absetzgewicht negativ beeinflusst werden (Buckley et al. 2005). Demgegenüber geht die Zuchtrichtung bei Fleckvieh (Milchviehbetriebe) in Richtung der Verbesserung der Milchleistung. Das kann zu einer Verschlechterung in der Schlachtleistung der Nachkommen führen, spezialisierte Mutterkuhrassen oder Kreuzungen gewinnen dann an Bedeutung.

Wenn **gekreuzte Mutterkühe** (F1) eingesetzt werden (z. B. Fleckvieh x Limousin), dann sollten diese in der Folge nach Möglichkeit mit einer weiteren Rasse (z. B. Charolais) belegt werden, um bei den Nachkommen den Heterosiseffekt nochmals zu nutzen. In Weideregionen (z. B. Irland) mit hohem Milchkuhbestand werden auf Mutterkuhbetrieben häufig F1-Kreuzungen (Milch x leicht kalbende frühreife englische Rasse; z. B. HF-Weidekühe x Angus) gehalten und diese dann wiederum mit einer Fleischrasse belegt.

Auch in der Mutterkuhhaltung wird der größte Weidegrasanteil in der Gesamtjahresration bei saisonaler Frühjahrsabkalbung erreicht. Es wird damit den jungen Kälbern auch das beste Frühjahrsweidegras zur Verfügung gestellt. Durch gestaffeltes Mastendalter (Ochsen z. B. 24 bis 28 Monate, Kalbinnen 18 bis 20 Monate, Stiere 15 bis 16 Monate) wird teilweise eine Entzerrung des Angebots an Schlachttieren am Markt erreicht.

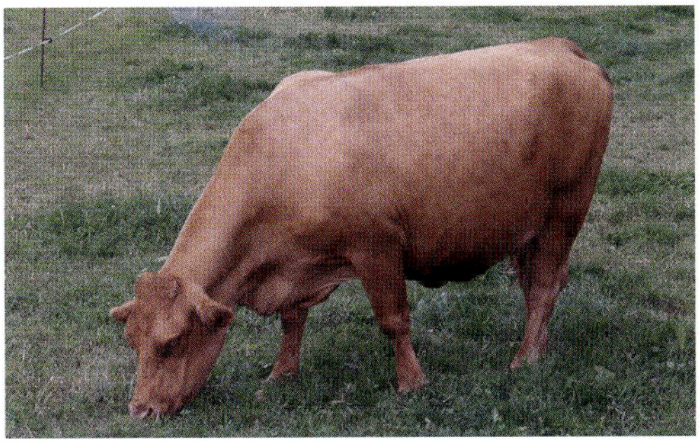

Bei gezielter Kreuzung wird bei Mutterkühen der Heterosiseffekt genutzt.

Rindermast

In der Rindermast beeinflusst die Rassen- oder Kreuzungswahl die notwendige Mastintensität, die Mast- und Schlachtleistung sowie die Fleischqualität. Eine gute Beurteilung der Fleischqualität erfordert neben einer schonenden Schlachtung und entsprechenden Fleischreifung eine ausreichende Fetteinlagerung im Muskelgewebe (zumindest 2,5 %). Gut marmoriertes Fleisch wird hinsichtlich Geschmack, Zartheit und Saftigkeit, aber auch Fleischfarbe besser beurteilt. Daneben hat das Alter der Tiere bei der Schlachtung einen Einfluss auf die Muskelfaserausbildung (Feinheit) im Gewebe, die Löslichkeit des Bindegewebes, die Zartheit, das Aroma und den Geschmack. Der Rückgang der Zartheit und Saftigkeit mit steigendem Alter ist bei Stieren deutlich stärker ausgeprägt als bei gezielt gemästeten Ochsen und Kalbinnen.

Wie in der Weide-Milchviehhaltung gilt auch für die Weidemast, dass mit steigender Einzeltierleistung (hohes Futterangebot) die Flächenleistung (kg Tageszuwachs oder Muskelgewebe/ha) sinkt.

Wenn daher eine **hohe Flächenleistung** angestrebt wird, dann ist dies häufig mit einem **geringeren Fettansatz** verbunden. Verstärkt wird dieser Effekt auch noch dadurch, dass bei weide- und grünlandfutterbasierter Mast die Fütterungsintensität im Jahresverlauf häufiger schwankt. Je extensiver die Mastbedingungen sind bzw. je mehr Wert bei Weidehaltung auf eine hohe Flächenleistung anstelle hoher Einzeltierleistung gelegt wird, desto

Großrahmige Rassen oder Kreuzungen mit diesen können die höhere Mastleistung bei guten Weidebedingungen ausschöpfen.

	Fütterungsintensität		Rasse		Geschlecht			kompensatorisches Wachstum	
	hoch	niedrig	frühreif	spätreif	Kalbin	Ochse	Stier	nein	ja
Fettansatz	früh	spät	früh	spät	sehr früh	früh	spät	früh	spät

Tabelle 98: *Einfluss der Fütterungsintensität, der Rasse und des Geschlechts auf den Fettansatz*

besser schneiden daher Kalbinnen oder Ochsen in der Fleischqualität ab. Darüber hinaus gewinnen unter diesen extensiveren Bedingungen frühreife Rassen oder Linien bzw. Kreuzungen mit diesen an Konkurrenzkraft. Wenn spätreifere Tiere gemästet werden, dann ist zu Mastende zumeist eine intensive Stallausmastperiode über zumindest zwei bis vier Monate erforderlich.

Rahmen	Rasse	Mastleistung	Ausschlachtung	nötige Mastintensität	Leichtkalbigkeit
Großrahmig	Charolais	++	++	++	o
	Blonde d'Aquitaine	++	++	+	o
	Weiß-Blaue Belgier	+	++	++	–
	Piemonteser	+	++	++	++
	Fleckvieh	+	+	+	o
	Gelbvieh	+	+	+	o
	Limousin	+	++	+	+
	Pinzgauer	o	+	+	+
	Deutsch Angus	+	+	o	+
	Aberdeen Angus	o	+	o	++
	Luing	–	+	o	++
Kleinrahmig	Galloway	–	o	–	++
	Highland	–	o	–	++

[1] Bewertung: ++ = hoch, + = überdurchschnittlich, o = durchschnittlich, – = gering
Bewertet ist die Eignung in der Gebrauchskreuzung mit milchbetonten Mutterrassen. Luing, Galloway und Hochlandrinder werden in der Gebrauchskreuzung nicht eingesetzt.

Tabelle 99: *Fleischrinderrassen und deren Eigenschaften für die Gebrauchskreuzung*[1] (Steinwidder 2012)

Tiergesundheit

Den positiven und gesundheitsfördernden Aspekten bei Weidehaltung (Bewegung an frischer Luft, Möglichkeiten zum Sozialkontakt, artgemäße Haltung, Sonnenlichteffekte etc.) stehen mögliche weidespezifische tiergesundheitliche Probleme und Herausforderungen gegenüber.

Parasiten und Blutharnen

Das Risiko für **Magen-Darm-Strongyliden** ist auf feuchten Standorten, in tiefen Lagen und auf schlecht durchlässigen Böden erhöht. Wenn zusätzlich ein hoher Jungtierbesatz auf den Weiden besteht, keine Weiderotation (z. B. Kurzrasenweide oder extensive Standweide) erfolgt, ausschließlich Jungtiere auf der Fläche gehalten werden und keine Mähzwischennutzung durchgeführt wird, dann ist die Belastung mit infektiösen Larven ab Ende Juli zumeist sehr hoch. Wenn Jungkalbinnen und Kälber gemeinsam mit älteren Rindern (oder Pferden) gehalten werden, kein Überbesatz gegeben ist, gleichzeitig eine Weiderotation mit Mähzwischennutzungen erfolgt sowie feuchte und schattige Standorte gemieden werden, dann kann Wurmerkrankungen in der Aufzucht in der Regel vorgebeugt werden.

Im Gegensatz zu den Magen-Darm-Würmern haben **Lungenwürmer** eine deutlich kürzere Generationszeit. Dadurch nimmt bei Auftreten der Infektionsdruck rasch zu. Nur bei leichtem Infektionsdruck können Jungrinder in guter Konstitution innerhalb von ca. zwei Wochen eine körpereigene Abwehr aufbauen. Wenn Rinder ohne körpereigene Abwehr mit starkem Infektionsdruck konfrontiert werden, dann kommt es zum Ausbruch einer schweren Lungenerkrankung mit den entsprechenden Folgeschäden (beginnt mit vermehrtem Husten und beschleunigter Atmung). Die Ausheilung dauert sehr lange. Eine feuchtwarme Witterung und feuchte Weiden begünstigen den Lungenwurmbefall. Tiere, die sich schon einmal infiziert haben, bilden eine Immunität aus, die aber nur durch Aufnahme

Ein struppiges Fell und schlecht entwickelte Tiere können Hinweis auf Parasitenbefall sein.

Feuchtstellen müssen großzügig ausgezäunt und Tränkestellen errichtet werden.

einer geringen Anzahl von Lungenwürmern weiter aufrechterhalten wird.

Zur Vorbeugung gegen den **Großen Leberegel** sind Feuchtstellen großzügig auszuzäunen, zudem dürfen keine Moraststellen auf den Weiden vorhanden sein und die Wasserversorgung muss über Tränkeeinrichtungen erfolgen. Belastete Flächen sollten nach Möglichkeit für die Futterkonservierung herangezogen werden.

WICHTIG | **Regelmäßige Tierkontrolle**

Zur Erhaltung der Tiergesundheit ist eine regelmäßige Kontrolle des Parasitenbefalls unabdingbar.

Es ist sinnvoll, in regelmäßigen Abständen Kotproben auf ausgeschiedene Eier zu untersuchen. Bei hohem Infektionsdruck kann es notwendig sein, strategische Behandlungen durchzuführen. Da nicht jedes „Wurmmittel" gegen alle Spezies von Parasiten wirksam ist, muss der Einsatz von Antiparasitika möglichst gezielt und unter tierärztlicher Anleitung durchgeführt werden. Bei Schlachtbefund Leberegelbefall steht die Diagnose fest, es ist jedoch zusätzlich auch mit dem Vorhandensein weiterer Parasiten, insbesondere von Magen-Darmparasiten und Lungenwürmern, zu rechnen. Die Voraussetzung für eine gezielte Bekämpfung sind eine Untersuchung eventuell erkrankter Tiere sowie die parasitologische Kotuntersuchung eines repräsentativen Anteils an Tieren im Bestand. Dadurch erlangt der Tierarzt Kenntnis über die vorrangig am Betrieb vertretenen Parasiten und dementsprechend kann ein individuelles Bekämpfungsprogramm ausgearbeitet werden. Durch nicht fachgerechte Anwendung von Entwurmungsmitteln (falsche Dosierung, ungünstiger Anwendungszeitpunkt, speziesbezogene Wirksamkeit von Präparaten nicht berücksichtigt) wird die Ausbildung behandlungsresistenter Parasiten gefördert.

Der Erfolg der medikamentellen Parasitenbekämpfung kann durch eine neuerliche parasitologische Kotuntersuchung überprüft werden. Nach Einsatz von Wurmmitteln ist die Einhaltung der gesetzlichen Wartezeiten bei Milch und Fleisch unbedingt zu beachten. Über das Internet steht kostenlos ein Entscheidungsbaum zur „Parasitenstrategie" unter www.weide-parasiten.de zur Verfügung.

Babesien, die das **Blutharnen** verursachen, werden durch Zecken übertragen. Je nach Region und Zeckenart ist das zeitliche Auftreten von Babesiosen sehr unterschiedlich. Aufgrund der Saisonaktivität der Zecken kommt es meist im Mai und Juni sowie im September und Oktober zu Ausbrüchen. Zur Erkrankung kommt es, wenn Jungtiere im Alter von über neun Monaten von infizierten Zecken befallen werden oder wenn empfängliche Tiere in endemische Regionen gelangen. Jungtiere bis zu einem Alter von neun Monaten sind durch eine Jugendresistenz vor der Erkrankung geschützt. Die ausgebildete Immunität schützt sie in den folgenden Lebensjahren. In bekannten Babesiengebieten ist die wichtigste Maßnahme das Fernhalten empfänglicher Tiere von den Zeckenhabitaten (Ränder von Weiden). An der Herstellung von Impfstoffen wird geforscht, momentan gibt es aber keine am Markt.

Neosporose ist eine bei Haus- und Nutztieren durch *Neospora caninum* hervorgerufene Infektion. Beim Rind ist Neosporose die weltweit am häufigsten nachgewiesene infektiöse Abortursache. Hunde stellen den Endwirt des Erregers dar (Gasteiner 2005). Die Aborte können vom 3. Trächtigkeitsmonat bis zum Ende der Trächtigkeit, mit einer Häufung im 5. und 6. Monat, auftreten. Neben dem klassischen Fruchttod mit Verwerfen finden sich oftmals auch Fälle einer mumifizierten Frucht. Eine wirksame Behandlung von Neosporose gibt es nicht, weshalb besonderes Augenmerk auf vorbeugende Maßnahmen zu legen ist. Hunde sind in den Infektionskreislauf von *N. caninum* involviert. Es ist deshalb sicherzustellen, dass diese keine Möglichkeit erhalten, Abortmaterial oder Nachgeburten zu beschlecken oder zu fressen. Rinderfutter darf nicht mit Hundekot verschmutzt sein und Weiden sollten nicht als Hundeklo dienen (Gasteiner 2005).

Im ersten Lebensjahr ist das Parasitenrisiko am größten.

Fliegenbelastung

In den Sommermonaten ist vor allem in den Mittagsstunden mit einer hohen Fliegenbelastung zu rechnen. Dadurch kommt es zu mehr Unruhe auf der Weide. Die Tiere fressen und liegen weniger und sind einem erhöhten Stress ausgesetzt. Zudem ist zu bedenken, dass Fliegen nicht nur lästig sind, sondern dass über Sekrete und Blut (stechend-saugende Fliegenarten) verschiedene Infektionskrankheiten wie die Holstein'sche Euterseuche oder die Infektiöse Keratokonjunktivitis (Rötung der Augenbindehäute und Rötung/Trübung der Hornhaut) übertragen werden können (Gasteiner 2005).

Auf hofnahen Flächen kann die Einstallung der Tiere bei großer Hitze und Fliegenbelastung während der Mittagsstunden hilfreich sein. Bei massiver Belastung können Fliegenschutzpräparate („pour-on" bzw. „Ohrclips") zusätzlich eine Entlastung für das Tier schaffen – auf biologisch wirtschaftenden Betrieben sind Einsatzbeschränkungen und Wirkungsdauer zu beachten. Im Wartebereich des Melkstands kann eine kostengünstige Berieselung mit feinsten Wassertropfen für Abkühlung und weniger Stress durch Fliegen (auch bei der Melkarbeit) sorgen.

Euterpflege

Die Umstellung von der Stallhaltung auf die Weidehaltung stellt auch für die Zitzenhaut eine Belastung dar, weil Kälte, Hitze, Regen und Sonneneinstrahlung die nicht an diese Konditionen gewöhnte Zitzenhaut belasten. Eine rissige und nicht geschmeidige Zitzenhaut kann Euterentzündungen fördern. Die am Markt befindlichen **Euterpflegemittel** enthalten Pflegesubstanzen, um die Zitzenhaut geschmeidig zu halten. Außerdem sind in manchen Produkten Substanzen enthalten, die Fliegen abhalten können. Ein **frühzeitiger und langsamer Weidebeginn** im Frühjahr beugt Sonnenbränden vor.

Bei Milchkühen sollte zumindest einmal täglich ein Euterpflegemittel verwendet werden.

Hitzeschutz

Bei hohen Temperaturen, geringen Luftraten, hoher Luftfeuchtigkeit und vielleicht auch noch praller Sonneneinstrahlung auf den Tierkörper ist die Thermoregulation des Tieres deutlich eingeschränkt bzw. überfordert. Für die Kühe wird es unter diesen Umständen problematisch, die überschüssige Wärme durch Atmen und Schwitzen aus dem Stoffwechselprozess abzugeben. Je nach Leistungsniveau der Tiere und Umweltbedingungen kann in unseren Breiten **ab Temperaturen von 25–28 °C von beginnendem Hitzestress** bei Milchkühen ausgegangen werden. Bei höheren Temperaturen erhöht sich die Atemfrequenz, zudem nimmt die innere Körpertemperatur zu, die Futteraufnahme und Milchleistung gehen zurück und die Stoffwechselbelastung steigt. Hitzestress reduziert auch die Abwehrkräfte der Tiere, sodass vermehrt Euterentzündungen auftreten können. Abhilfe kann an heißen Tagen durch das Anbieten von Schattenplätzen (freier Zugang zum Stall, verkürzte Weidedauer, Schattenplätze unter Bäumen) oder auch durch das Anbringen einer Sprenkleranlage oder von Ventilatoren geschaffen werden. Auch auf die Bedeutung einer ständig zugänglichen Wasserversorgung wird in diesem Zusammenhang hingewiesen.

An heißen Tagen benötigen Rinder Schattenplätze.

Blähungen

Man unterscheidet zwischen schaumiger Blähung oder vergrößerter Gasblase. Bei Blähungen auf der Weide trifft man häufiger auf eine schaumige Gärung. Folgende Faktoren erhöhen nach Gasteiner (2005) das **Weideblährisiko**:

- Ein unvorbereiteter Weidebeginn im Frühling
- Ein hoher Kleeanteil im Weidebestand (über etwa 30 %)
- Hoher Zucker- und Eiweißgehalt in jungem Futter
- Bestoßung frischer, saftiger Weiden und Aufwuchshöhe etwa zwischen 10–20 cm
- Tage, an denen die Kühe hastig fressen (späterer Austrieb, neue Koppel, frische Weiden)
- Bei Koppel- und Portionsweide höheres Risiko als bei Kurzrasenweide
- Kühe kommen nüchtern mit Heißhunger auf die Weide
- Frostiges Futter
- Aufnahme von warmem „gärigem" Futter im Stall
- Eventuell nach warmen Nächten bzw. an warmwindigen Tagen
- Fallobst auf den Weiden

Je mehr der oben angeführten Faktoren zusammenfallen, desto höher wird das Blährisiko! Daher gilt es, das Blährisiko durch verschiedene Maßnahmen (Umstellung des Weidesystems, Heufütterung im Stall, höherer Gräseranteil in der Weide etc.) auf ein Minimum zu reduzieren. Risikobestände sollten portioniert angeboten werden. Wenn neue Blährisiko-Koppeln mit Milchkühen bestoßen werden, dann sollte dies nach Möglichkeit ein bis zwei Stunden vor der Melkung erfolgen. In diesem Fall kommen die Kühe dann vor der kritischen Phase von der Weide und können hier auch beobachtet werden. Zusätzlich kann das Blährisiko in kritischen Zeiten durch den vorbeugenden Einsatz von Anti-Blähmitteln oder Ölen (zumindest 100 ml pro Teilgabe) verringert werden. Bio-Einsatzbeschränkungen und Wirkungsdauer sind zu beachten.

Bei Blähungen können von erfahrenen Personen über eine Schlundsonde oder einen Schlauch oberflächenentspannende Medikamente in den Pansen eingegeben werden.

Bei **schaumiger Gärung** können in einem frühen Behandlungsstadium **Blähöle** oder spezielle **oberflächenentspannende Medikamente** (bzw. im Notfall auch Speiseöle oder Rizinusöl) über eine Schlundsonde mit viel Flüssigkeit eingegeben werden. Dadurch sollen die Schaumbläschen zerfallen, wodurch das Gas abgegeben oder abgelassen (Schlauch) werden kann. Der Tierarzt hat die Möglichkeit, durch bestimmte Injektionspräparate eine Entspannung des Schlundes und der Schlund-Pansenöffnung zu bewirken, wodurch Gase leichter aufgestoßen werden können.

Der **Pansenstich** mit einem **Trokar** (linke Hungergrube!) **war eine weitverbreitete Methode** zur „Behandlung" geblähter Rinder. Die Komplikationen, welche im Anschluss an eine Trokarierung zumeist auftreten, sowie die Alternative, das Setzen einer Schlundsonde, lassen diese Methode als **veraltet** erscheinen (Gasteiner 2005). Neben Wundkomplikationen besteht die große Gefahr, dass Panseninhalt in die freie Bauchhöhle des Rindes gelangt und eine Bauchfellentzündung ausgelöst wird, die nur schwer zu behandeln ist. Sollte aus verschiedenen Umständen keine Pansenschlundsonde gesetzt werden können, so kann der Pansenstich als letzte, lebensrettende Maßnahme von einem Fachmann durchgeführt werden. Im Anschluss an einen Pansenstich sollte jedoch sofort eine chirurgische Sanierung durch einen Tierarzt veranlasst werden.

TIPPS Vorgehen bei Pansenblähung

Absetzen des verursachenden Futters bzw. Tiere auf andere Weide treiben, um Neuerkrankungen zu vermeiden

Geblähtes Tier gut fixieren und bei Erfahrung **Schlundsonde setzen** (Betriebe mit hauptsächlicher Weidehaltung sollten stets ein 2,20–2,50 m langes Schlauchstück zur Hand haben)

Nur erfahrene Landwirte sollten **Präparate** in den Pansen einschütten, es besteht die große Gefahr, dass die Sonde in der Luftröhre und nicht im Schlund sitzt (Einguss in die Lungen = Lungenentzündung/Tod des Tieres)

Nur bei stehenden Tieren sollten oberflächenentspannende Mittel und Wasser über die Schlundsonde eingegeben werden, bei festliegenden Tieren ist äußerste Vorsicht geboten – es sollte nichts eingegeben werden (wieder große Gefahr des Fehlschluckens)

In jedem Fall ist bei Pansenblähung der **Tierarzt** zu rufen, um Folgeprobleme zu vermeiden. (Gasteiner 2005)

Klauengesundheit

Gesunde Klauen sind die Voraussetzungen dafür, dass auf der Weide ausreichend Futter aufgenommen werden kann. Spätestens drei bis vier Wochen vor Weidebeginn sollten die Klauen der Kühe überprüft und bei Bedarf einer funktionellen Klauenpflege unterzogen werden. Möglicherweise ist auch im Herbst eine Kontrolle der Klauen bzw. funktionelle Klauenpflege erforderlich. Trockene und nach Möglichkeit weiche Triebe sind günstig. Zu Klauenproblemen und Lahmheiten kann es bei Pansenübersäuerungen (Kraftfutter zu hoch, rascher Futterwechsel, hastige Futteraufnahme), deutlichem Rohproteinüberschuss in der Ration und langem Treiben auf harten Böden kommen.

Gesunde Klauen sind die Voraussetzungen dafür, dass auf der Weide ausreichend Futter aufgenommen wird.

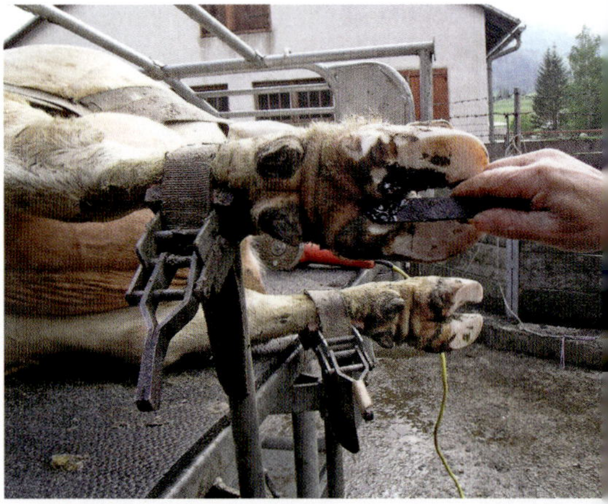

Bei Bedarf ist drei bis vier Wochen vor dem Weidebeginn eine funktionelle Klauenpflege notwendig.

Durchfall

Weicher Kot ist bei Weidehaltung üblich, wenn der frisch abgesetzte Kot jedoch unangenehm riecht bzw. Schleim und/oder Luftblasen enthält, dann weist dies auf Verdauungsstörungen hin. Die Versorgung des Tieres mit Nährstoffen, Mineralstoffen, Spurenelementen und Vitaminen ist unter diesen gestörten Resorptionsverhältnissen beeinträchtigt, die Leistung sinkt.

Häufig tritt Durchfall bei Rindern auf, wenn Futterwechsel (Weidebeginn) zu rasch durchgeführt werden. Im Frühjahr muss der Weidegrasanteil daher in den ersten Weidewochen langsam gesteigert werden. Wenn es zu einer Pansenübersäuerung kommt, beispielsweise durch eine überhöhte Kraftfuttergabe, oder wenn verschmutztes Futter aufgenommen wird (Regenperioden und morastige Triebwege), dann muss ebenfalls mit Durchfällen gerechnet werden. Je höher der Weidegrasanteil in der Futterration ist, umso weniger Kraftfutter darf eingesetzt werden bzw. umso wichtiger werden pansenschonende Komponenten im Kraftfutter. Hastige Weidefutteraufnahme erhöht ebenfalls das Durchfallrisiko. Bei Jungtieren kann Weidedurchfall auch bei Parasitenbelastungen auftreten.

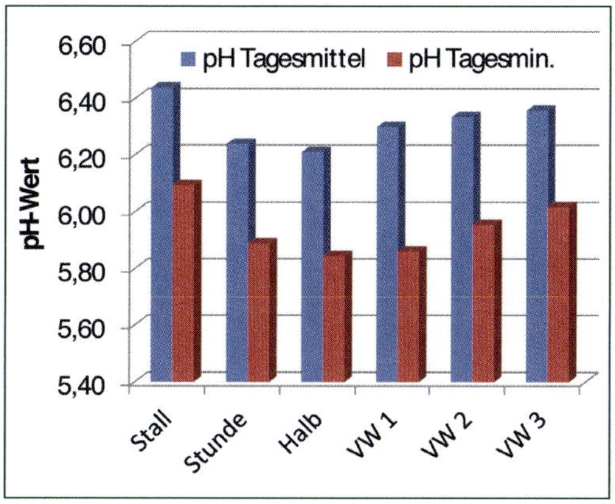

***Abbildung 93:** Pansen-pH-Wert (Wochenmittelwerte) bei schonender Umstellung von Milchkühen von Stallhaltung über Stunden- und Halbtagsweide auf Vollweidehaltung*

(Steinwidder et al. 2013)

Weicher Kot ist bei Weidehaltung üblich. Wenn dieser aber unangenehm riecht bzw. Schleim und/oder Luftblasen enthält, dann weist dies auf Verdauungsstörungen hin.

Zaun

Tore

Triebwege

Wasser

Schattenplätze und Witterungsschutz

Bewässerungsanlagen

Fangstände und Verladeeinrichtungen

Ergänzungsfütterung auf der Weide

Weidemelkroboter und Weidemelkstand

Weidetechnik

Zaun

Der Tierbesitzer haftet dafür, dass seine Rinder jederzeit ordnungsgemäß verwahrt sind bzw. dass eine entsprechende Zaunkontrolle gegeben ist. In Abhängigkeit von Tierart und Tierkategorie gibt es unterschiedliche Zaunanforderungen (Zaunhöhe, Anzahl der Drähte etc.), damit diese den gesetzlichen Anforderungen einer ordnungsgemäßen Verwahrung gerecht werden. Wenn Zäune entlang von öffentlichen Straßen und Wegen errichtet werden, dann müssen die länderspezifischen Auflagen (Abstandmaße, Bauweisevorschriften) eingehalten werden.

Elektrozäune haben sich bei Umtriebs- und Koppelweiden durchgesetzt, werden aber auch bei Standweiden erfolgreich eingesetzt. Die hohe Flexibilität und große Sicherheit spricht für diese Zäune. Elektrische Zäune mit Drähten, Litzen oder Bändern gibt es für jeden Bedarf. Häufig werden starke Drähte im Außenzaunbereich eingesetzt. Diese Systeme sind beständig und sicher, auch wenn die Drähte teilweise mit Gräsern verwachsen und damit den Strom teilweise ableiten. Außenzäune werden häufig als **Fixzaunsysteme** (Holz + zwei

Zaunerrichtung mithilfe eines Quads

Bei Elektrozäunen muss das Weidezaungerät auf die Zaunlänge, den Bewuchs und den Widerstand der Leiter abgestimmt werden.

bis drei legierte Weidezaunstahldrähte) errichtet, die Unterteilungen bestehen zumeist aus Bändern. Bei Standweiden sind elektrische Zäune teilweise in Kombination mit Holzzäunen anzutreffen, wodurch landschaftlich schöne Zäune mit der nötigen Sicherheit versehen werden.

WICHTIG Hütesicherheit

Zur Erhaltung der Hütesicherheit sollten folgende Mindestkriterien erfüllt werden:

Hütespannung am Zaun an jeder Stelle **zumindest 2.000 Volt**, 4.000 Volt werden bei langhaarigen Tieren empfohlen.

Eine **regelmäßige Messung und Kontrolle der Spannung** ist vorgeschrieben. Dies setzt das Vorhandensein von funktionstüchtigen Prüfgeräten am Betrieb voraus.

Je nach Gefährdungspotenzial und Tierart ist eine **entsprechende Zaunhöhe und Drahtanzahl** notwendig.

Stacheldrahtzäune sind bei Standweiden immer noch sehr häufig anzutreffen, weil sie lange halten und von Rindern respektiert werden. Es ist aber darauf zu achten, dass die Drähte gut gespannt sind, weil die Wirkung ansonsten teilweise verloren geht. Auch die Pfosten müssen ständig kontrolliert werden. In der Regel werden zwei bis drei Drähte gespannt. Drei sind dann notwendig, wenn sich Kälber und Jungrinder in der Herde befinden. Unterteilungen bei Umtriebsweiden werden häufig mit elektrischen Zäunen gemacht. Durch Stacheldrahtzäune kommt es leider immer wieder zu Euter- bzw. Zitzenverletzungen bei Rindern. Daher gehen immer mehr Betriebe von diesem Zaunsystem weg. Es ist jedenfalls nicht erlaubt, Stacheldrahtzäune mit Elektrozäunen zu kombinieren, da sich hier Tiere verhängen können und dann vielen Stromstößen ausgesetzt wären.

Je nach Region gibt es verschiedene **Zaunformen aus Holz**. Diese typischen Zäune passen sich sehr gut in das Landschaftsbild ein. Wenn Rinder keine Scheuermöglichkeiten auf Weiden haben, werden dazu oft Zäune herangezogen, wodurch diese instabil werden. Zäune aus Holz halten je nach Holzart, Feuchtigkeit und Vorbehandlung des Holzes etwa acht bis zwölf Jahre. Eine längere Haltbarkeit wird nur mit nicht heimischen Hartholzarten oder imprägniertem Holz erreicht. Ständige Kontrolle und Ausbesserungen sind notwendig.

Mobiler Elektrozaun

Man kann zwischen Mobilzäunen und Fixzäunen unterscheiden. Mobilzäune werden dort eingesetzt, wo eine **Weidehaltung nur vorübergehend** angewandt wird bzw. wo eine regelmäßige Portionierung

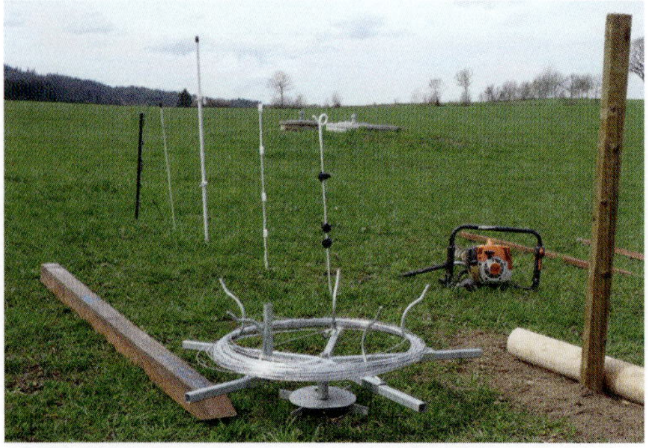

Unterschiedliche Zaunmaterialien sind im Handel erhältlich.

In der Milchviehhaltung sind zumindest zwei und in der Mutterkuhhaltung drei rostfreie Stahldrähte für Außenzäune zu empfehlen.

Zur Spannung von Stahldrähten werden ...

... Spannrollen und Federn eingesetzt.

Die Zaunspannung erfordert eine durchdachte Eckausführung.

So sieht ein fachmännisch angebrachter Fixzaunisolator aus.

Für mobile Elektrozäune werden zumeist geflochtene Litzen oder Bänder verwendet.

Zur E-Zaunkontrolle können unterschiedliche Alarmsysteme verwendet werden.

erfolgt. Dazu werden vorwiegend Kunststoff-, Glasfiber- oder Federstahlpfähle und eventuell leichte Holzpfähle verwendet. Bei Kunststoffpfählen sowie Isolatoren ist auf die UV-Beständigkeit zu achten, Glasfiber- und Federstahlpfähle sind langlebiger, aber meist auch teurer. Ältere Glasfiberpfähle können spröde werden, ist dies der Fall, können sie nur mehr mit Handschuhen angefasst werden. Federnde Pfähle sind günstig, da sich diese nach einem Tierkontakt nicht verbiegen und auch wieder aufrichten. Eck- und Torpfähle müssen auch bei Mobilzäunen stabil ausgeführt werden (z. B. verzinktes Winkeleisen).

Für die **Stromleitung bei mobilen Zäunen** werden zumeist **Litzen oder Bänder** verwendet. Für die Qualität ist die Leitfähigkeit bzw. ein **geringer Widerstand** (Ohm) entscheidend. Je geringer die Ohmangabe, desto besser! Günstig sind hier Werte von unter 0,1 Ohm. In diesem Fall kann der Zaun bei entsprechendem Elektrogerät auch über 10 km Länge aufweisen. Wenn der Widerstand bei 4,5 Ohm liegen würde (schlechte Qualität), dann kann derselbe Zaun maximal 250 m lang sein! Geflochtene Litzen sind teurer als gedrehte, haben jedoch eine bessere Leitfähigkeit und auch längere Haltbarkeit (über zehn Jahre möglich).

Bänder haben den Nachteil, dass sie sich beim Aufrollen leicht verdrehen, sie sind jedoch für die Tiere besser sichtbar, daher werden zum Anlernen von Weidetieren oft Bänder eingesetzt. Geflochtene Litzen haben zumeist geringere Widerstände als Bänder. Wenn Bänder und Litzen geknüpft werden (müssen), dann ist speziell bei nicht quervernetzten Produkten (gedrehte Litzen, billige Bänder) darauf zu achten, dass alle Leiterlitzen gut miteinander verbunden sind, damit der Leiterquerschnitt (wenig Widerstand) ausgenutzt wird. Es gibt dazu spezielle „Verbinder", man kann behelfsmäßig aber auch auf ein Feuerzeug zur Entfernung des Kunststoffes zurückgreifen.

Fixer Elektrozaun

Ein Fixzaun wird für **mehrere Jahre** (Jahrzehnte) errichtet. Fallweise wird der Draht im Winter (Schneedruck) abgelegt. Das Leitmaterial ist hier ein **rostfreier Stahldraht** (Legierung). Je nach Tierart wird ein 1,5–2,6 mm starker Draht verwendet, wobei ein stärkerer Draht einen geringeren Widerstand aufweist (z. B. 0,035 Ohm). Stahldrähte müssen gut gespannt werden, daher werden hier alle 400–600 m Spannfedern und -ringe eingebaut. Auch die Eckpfähle, die Anfangs-, End- und Torpfähle müssen besonders stabil ausgeführt werden. Sie werden etwa ebenso tief eingegraben oder eingeschlagen, wie die Entfernung zwischen Boden und letztem oberem Draht beträgt. Zusätzlich sind sie mit einem ca. 1 m langen, gleich unterhalb der Erdoberfläche eingegrabenen Querholz (zumindest 10 x 10 cm = „toter Mann") zu sichern. Streckenpfähle werden im Abstand von etwa 10 m gesetzt. Wenn man Kosten sparen will, kann man auf geraden Strecken auf nicht eingeschlagene Abstandhalterlatten (alle 10 m) zurückgreifen und benötigt in diesem Fall dann nur alle 30 m einen stärkeren Pfahl.

Weidezaungerät

Es werden Netzgeräte, Akkugeräte (9 oder 12 Volt), Solargeräte (+12-Volt-Akku) und Kombigeräte (12 Volt und Netz) angeboten. 9-Volt-Akku-Geräte können nicht empfohlen werden, da die Hütesicherheit nicht garantiert werden kann. Weidezaungeräte müssen nach Tierart, Zaunlänge und zu erwartendem Widerstand (bzw. Ableitung durch Bewuchs) ausgewählt werden. In der Praxis sollte die **Zaunspannung über 3.000 Volt** betragen. Die Energie, die bei einem Stromstoß frei wird, wird in Joule angegeben. Die maximale Impulsenergie ist ein wichtiges Leistungskriterium für Zaungeräte. Sie liegt bei Akku-Geräten meist zwischen 1 und 5 Joule und bei Netzgeräten bei über 15 Joule. Zur Ein- und Ausschaltung von Weidezaungeräten gibt es im Handel zu manchen Produkten Fernbedienungen, welche auch mit Digitalvoltmeter und Ampermeter ausgestattet sind.

Erdung

Die Erdung eines Weidezaungerätes schließt den Stromkreis bei einem Zaunkontakt. Rostige Erdungsstäbe, welche darüber hinaus auch nicht tief genug in den (feuchten) Untergrund eingeschlagen wurden, sind häufig Ursachen für mangelhafte E-Weidezaunsysteme. Als Erdungen eignen sich **verzinkte Eisen- bzw. Wasserleitungsrohre**. Diese müssen zumindest 1 m tief eingeschlagen werden, wobei ein feuchter Untergrund notwendig ist. Starke Weidezaungeräte benötigen jedenfalls mehrere Erdungspfähle, die in einem Abstand von zumindest 2 m eingeschlagen werden und untereinander gut stromleitend verbunden sind.

Hochspannungs-E-Kabel

Zur Verbindung des Weidezaunes mit dem Elektrogerät oder aber auch zur (unterirdischen) Überbrückung von Toren müssen unbedingt Hochspannungselektrozaunkabel verwendet werden. Nur diese weisen die entsprechende Stromdurchlässigkeit auf. Es dürfen keine üblichen Kupferkabel (Hausbau) verwendet werden. Diese korrodieren und sind auch deutlich zu schlecht isoliert – beides verringert die Leitfähigkeit deutlich.

Überwachung des Weidezaunes

Zur Überwachung der Stromführung in Weidezäunen gibt es bereits eine **Vielzahl an Geräten und Hilfsmitteln**.

- Digitale Voltmeter: Messung der Zaunspannung
- Digitale Volt- und Ampermeter: Messung der Zaunspannung und Stromstärke, teilweise mit Fehlersuche – erleichtern das Auffinden der Ableitung
- Zaunalarm: Blitzlicht zeigt Spannungsabfall an
- Sirenen: Ton zeigt Spannungsabfall an
- Telefonwählgeräte: Bei Spannungsabfall wird telefonisch ein Alarm gesendet

Tipps zum E-Zaun-Bau

- Eine häufige Fehlerquelle bei der Nutzung von Elektrozäunen ist die schlechte **Erdung** des Stromgerätes. Diese muss ausreichend dimensioniert und nach Möglichkeit in feuchtes Erdreich eingeschlagen werden.
- **Korrosionsbeständige Drähte** sowie Bänder und Seile mit mehreren quervernetzten Edelstahlleitern zeigen geringe Widerstände. Hochwertige Produkte sind vor allem im Außenzaunbereich sehr wichtig!
- Fehlerhafte **Isolatoren** sowie unterdimensionierte E-Geräte, aber auch nicht geeignete Verbindungsdrähte zwischen Gerät und Zaun erhöhen das Ausbruchrisiko. Mit Zaunkontrollgeräten oder Anzeigen am E-Gerät kann die Spannung und Hütesicherheit einfach geprüft werden.
- Wenn Bänder und Seile geknüpft werden, dann ist an den **Knotenstellen** sicherzustellen, dass auch die Litzen bzw. Drähte (= Stromleiter) tatsächlich verbunden wurden.
- Bei Festzaunsystemen sind **Spann- und Entspanneinrichtungen** (Winter) sowie gut verankerte und ausreichend dimensionierte Eckhölzer

vorzusehen. Festzaunsysteme mit korrosionsbeständigen Stahldrähten sind im Außenzaunbereich häufig die ideale Lösung.

- **Stacheldraht und Elektrozaunsysteme** dürfen in einem Zaunabschnitt aus Tierschutzgründen **nicht gemeinsam genutzt** werden.
- Rinder, die noch keine Erfahrung mit Elektrozäunen hatten, sollten vor Weidebeginn im Auslauf an das System angewöhnt werden. Grundsätzlich sollte an den ersten Weidetagen eine größere Weidefläche genutzt werden.

TIPPS **Schaugarten und Kostenplanung**

Um den Landwirten einen Überblick über gängige Elektro-Weidezaunsysteme geben zu können, wurde am Bio-Lehr- und Forschungsbetrieb der HBLFA Raumberg-Gumpenstein ein Weidezaunschaugarten aufgebaut. Dieser kann in der Weidesaison in Betrieb besichtigt werden.

Auf der Website des Bio-Instituts finden Sie im Weideinformationsbereich Kalkulationshilfen zu Weidezaunerrichtungskosten (www.raumberg-gumpenstein.at/weideinfos).

Tore

Je nach Nutzung ist das Anbringen von Toren notwendig. Bei Elektrozäunen werden meist nur ein Draht, Federn oder Bänder gespannt, welche leicht zu öffnen und zu schließen sind. Bei Standweiden sind festere Tore oder Gatter aus Holz oder Eisen zu finden. Der Schließmechanismus von Toren muss sicher sein, weil Tiere in der Regel am Tor reiben und spielerisch versuchen, das Tor zu öffnen. Tore aus Eisen sind sehr stabil, wenn sie gut verankert sind. Selbst schließende Tore sind dann von Vorteil, wenn Wanderwege durch die Weide führen. Bei Wanderwegen haben sich auch Durchgänge, die nur von Menschen genutzt werden können, gut bewährt. Holztore sollten so gestaltet sein, dass die Tiere nicht mit den Köpfen durchschlüpfen können. Mithilfe von schwenkbaren Elektrozaunschranken können innerbetriebliche Hofwege mit eingezäunt werden. In diesem Fall ist beim Durchfahren mit Fahrzeugen das Aus- bzw. Absteigen nicht notwendig.

Wenn öffentliche Wege beim Viehtrieb vorübergehend abgesperrt werden, dann ist auf eine

Wenn Tore gut verankert sind, dann sind sie sehr stabil.

Federn für Weideeintriebe

Wege können mit schwenkbaren „E-Zaun-Schranken“ abgesichert werden.

Vor allem im Almgebiet werden Weideroste eingesetzt.

deutliche Sichtbarkeit der Absperrung zu achten. Es darf dadurch zu keiner Gefährdung der Straßenverkehrsteilnehmer kommen. Beispielsweise können Fahrradfahrer Band- bzw. Drahtabsperrungen übersehen, was ein großes Verletzungs- und Haftungsrisiko mit sich bringt.

Triebwege

Bei Weidehaltung müssen Milchkühe zweimal täglich von der Weide in den Stall gehen. Es ist daher sinnvoll, tiergerechte, kostengünstige und arbeitszeitsparende Triebwege zu errichten. Die Triebwege sollten zumindest zehn bis 20 Jahre ohne größeren Aufwand halten und möglichst viele Weideflächen erschließen. Optimal für die Rinder sind trockene und weiche Triebwegausführungen. Die Haltbarkeit des Weges steigt, wenn Wasser seitlich rasch abfließt bzw. dieser gut drainagiert ist. Wenn Tiere über

Triebwege mit Hackschnitzel sind sehr tiergerecht, aber nicht sehr dauerhaft.

morastige Wege gehen müssen, steigt das Risiko für Klauenkrankheiten, zudem nimmt das Risiko für Futterverschmutzung und das Auftreten von Durchfällen in Regenperioden deutlich zu. Auch harte Böden und lange Wegstrecken (über 1–2 km) können bei täglich zweimaliger Benutzung zu Klauenproblemen führen. Am Bio-Institut der HBLFA Raumberg-Gumpenstein wurde zusätzlich zum Weidezaun- auch ein Triebwegschaugarten errichtet, um unterschiedliche Triebwegausführungen mit einer Versuchsherde über mehrere Jahre zu testen.

Wegbreite

Je größer die Herde ist, desto breiter sollte der Weg ausgeführt werden. Im Anfangsbereich ist eine Wegbreite von 3–5 m günstig. Bei kleinen Herden ohne „Pendelverkehr" kann der Weg dann auf bis zu 1 m Breite reduziert werden. Elektrozäune müssen etwa 50 cm vom Wegrand entfernt aufgestellt werden, weshalb sich dadurch eine Gesamtbreite von etwa 2 m ergibt. Bei größeren Herden über 40 bis 50 Kühen sind Wegbreiten von 3–4 m günstig, da der Eintrieb ansonsten viel Zeit kostet.

Material

Hackschnitzel

Vor allem für lange Wegstrecken ist eine 10–20 cm dicke Holzspäne- und Rindenschicht auf einem unbedingt (!) wasserdurchlässigen Untergrund (Schotter) eine gute Möglichkeit. Je rascher Niederschläge abfließen und der Boden auftrocknet, desto beständiger ist der Weg. Es ist jedoch davon auszugehen, dass insbesondere in feuchteren Bereichen (Schatten, feuchter Untergrund etc.) alle zwei Jahre wieder Holzspäne aufgestreut bzw. die kompostierten Reste entfernt werden müssen.

Kunststoffgitter

Am Bio-Institut wurden zwei Kunststoffgittervarianten in den bestehenden Weidezaun- und Triebwegschaugarten eingebaut. Von einer Firma wurden Multifunktionsplatten XXL (ca. 0,68 m² pro Platte; ca. 59 x 116 cm, 4 cm Höhe; aus HD-PE-Recyclingmaterial) zur Verfügung gestellt. Dieses Produkt wird auch im Garten- und Böschungsbau eingesetzt. Die Firma

Kunststoffgitter (vor Befüllung) sind relativ teuer und nur bedingt rutschfest.

empfiehlt, bei Verwendung der Gitter als Triebwegsuntergrund, diese auf einem Sand- oder Kiesbett aufzulegen, die Löcher aufzufüllen und die Platten danach mit einer Holzspäne- und Rindenschicht etwa 10 cm dick zum Schutz der Klauen abzudecken. Die Platten weisen spezielle Verbindungspunkte zum einfachen Verbundverlegen auf. Die Kosten für die Platten belaufen sich je nach Abnahmemenge auf 10–15 Euro je m^2.

Weiters wurden auch Kunststoffgitter eingebaut (75 x 57,5 cm groß und 5 cm stark), welche seit mehreren Jahren in der Pferdehaltung zur Befestigung von Ausläufen verwendet werden. Die Gitter werden ebenfalls auf einer Sand- oder Kiesschicht aufgelegt und danach aufgefüllt. Ein Begrünen der Kunststoffgitterlochfläche ist möglich. Diese Kunststoffgitter müssen laut Hersteller nicht unbedingt mit einer Rinden- oder Holzspäneschicht abgedeckt werden, ohne Abdeckung besteht jedoch auf geneigten Flächen Rutschgefahr. Die Kosten für die Platten belaufen sich auf über 20 Euro je m^2.

Betonlochsteine

Für die Triebwegbefestigung können auch Betonlochsteine aus dem Straßen- und Gartenbau eingesetzt werden. Ob nach der Verlegung der Lochsteine auf einem befestigten Untergrund und nach dem Hinterfüllen mit Sand oder Erde eine zusätzliche Abdeckung mit Holzspänen zum Schutz der Klauen notwendig ist, muss gemäß der jeweiligen Ausführung (Lochgröße, Form, Befüllungsmaterial etc.) entschieden werden. Bei Betonlochsteinen mit kleinen Öffnungen ist dies zumeist nicht erforderlich, sie können daher auch begrünt werden. Am Bio-Institut wurden Rasengittersteine (60 x 40 x 8 cm) verlegt, wobei eine Holzspäneschicht aufgebracht wurde. Die Kosten für die Betonlochsteine belaufen sich je nach Abnahmemenge und Stärke auf 12–15 Euro je m^2.

Betonlochsteine aus dem Straßen- und Gartenbau können auch begrünt werden.

Alte Spaltenböden oder Gummiliegematten

Eine interessante und preiswerte Möglichkeit zur Befestigung ebener Triebwege stellen gebrauchte Spaltenbodenelemente aus der Rinder- oder Schweinehaltung dar. Diese können ebenfalls hinterfüllt und begrünt werden. Vor allem wenn die gebrauchten Spaltenbodenelemente glatt sind, ist eine Begrünung oder das Aufbringen von Hackschnitzeln anzuraten. Bei Steigungen besteht Rutschgefahr.

Darüber hinaus werden in der Praxis auch alte Liege-Gummimatten oder Kunststoffförderbänder

Alte Spaltenbodenelemente sind eine interessante und preiswerte Möglichkeit zur Befestigung ebener Triebwege.

für die Triebwegbefestigung eingesetzt. Diese Matten müssen dazu beispielsweise mit Kanthölzern aneinandergeschraubt und auf einem ebenen verdichteten Untergrund aufgelegt werden, bei Steigungen besteht Rutschgefahr.

Weitere in der Praxis anzutreffende Varianten

Eine weitere Möglichkeit, Triebwege auszuführen, ist die Verwendung von **feinem Sand**, der auf dem drainagierten Untergrund feucht aufgestreut und danach gut verdichtet wird. Wichtig ist hier, dass der Sand nicht zu grobkörnig ist und dass der Weg bombiert ausgeführt wird. Wenn der Humus vom Untergrund abgezogen wird und dann ein Straßenbau-Vlies aufgelegt wird, ist keine tiefe Drainagierung notwendig.

Säurebeständige **Asphalt-** und **Betonwege** sind sehr dauerhaft, gut befahrbar, jedoch teuer und bergen bei abfallenden Wegen eine Rutschgefahr. Wenn Steine auf diesen Böden liegen, können sich Kühe diese sehr leicht in defektes Sohlenhorn eintreten. Für lange Triebwege sind harte Untergründe nicht optimal.

Variante	Vorteile	Nachteile
Hackschnitzel	weich; rasche Errichtung; sehr flexibel; Naturprodukt	Haltbarkeit sehr eingeschränkt – rasche „Kompostierung" (vor allem an Feuchtstellen, Schattenbereichen, Vertiefungen); bedingte Befahrbarkeit
Kunststoffgitter	Haltbarkeit; einfache Verlegung auf ebenem Untergrund; Verbundverlegung durch Verbindungselemente möglich; leichtes Baumaterial	je nach Ausführung kann eine Abdeckung mit Holzspänen zum Schutz der Klauen notwendig sein; nicht jede Variante begrünbar; ebener Untergrund erforderlich; bedingte Befahrbarkeit; je nach Produkt nur bedingt rutschsicher – Rutschgefahr bei Steigungen; Kosten teilweise sehr hoch
Beton-Rasengittersteine	Haltbarkeit; erhältlich in jedem Baumarkt	Verlegeaufwand hoch (kleine und schwere Elemente, keine Verbindungsstücke); Befahrbarkeit je nach Produkt; Schutzschicht für Klauen zumeist notwendig (dann nicht begrünbar)
Alte Spaltenböden (Schwein/Rind)	preiswert; begrünbar; verlegbar auch ohne tiefe Drainage	Verfügbarkeit; Rutschgefahr bei Steigungen
Aspalt, Beton	dauerhaft; Befahrbarkeit gut	Rutschgefahr bei Steigungen; hart, daher nicht günstig für lange Triebwege; teilweise genehmigungspflichtig; Kosten;

Tabelle 100: *Vor- und Nachteile von Triebwegausführungen*

Geländestufen und Triebwegquerungen

Wenn **Geländestufen** (über 20 % Steigung) überwunden werden müssen, sind mit Erde oder Holzspänen hinterfüllte Holzschwellentritte zu empfehlen. Die Auftrittsbreite muss für Rinder bei zumindest 50 cm liegen!

Mit Weidezauntoren, einfachen Spannbügeln oder über schwenkbare Elektrozaunschranken können **Hofwege** überquert werden. Letztere bestehen aus einem oder zwei elektrifizierten Schranken und Scharnieren zur Montage an Pflöcken. Sie ermöglichen das einfache und gefahrlose Durchfahren mit Fahrzeugen, ohne dass ausgestiegen werden muss. Nach der Durchfahrt schwingt der Schranken in die Ausgangsposition zurück.

Elektrozaunschranken sind bei Hofwegüberquerungen günstig.

Wasser

Weidetiere müssen ständig Zugang zu sauberem Wasser haben. Wassermangel oder verschmutztes Wasser führen zu einer schlechteren Futteraufnahme, erhöhen den Stress der Tiere und belasten den Stoffwechsel und die Tiergesundheit. Bei einer Praxiserhebung war beispielsweise die Zellzahl der Milch auf Weidebetrieben mit mangelhafter Wasserversorgung bzw. zu großen Abständen zwischen Liegeflächen und Tränken erhöht (Leisen, persönliche Mitteilung 2003).

Weidetiere müssen ständig Zugang zu sauberem Wasser haben.

Der tägliche **Wasserbedarf** bzw. die Wasseraufnahme der Tiere wird neben der Leistung entscheidend von der Feuchtigkeit des Futters und der Witterung beeinflusst. An Regentagen ist die Wasseraufnahme sehr gering, an Hitzetagen werden sehr große Tränke-Wassermengen aufgenommen!

Wassertemperaturen unter 15 °C sind anzustreben. Hohe Temperaturen im Sommer liefern Schadkeimen beste Wachstumsbedingungen. Das macht eine häufige Erneuerung des Tränkewassers (Fässer) bzw. Reinigung der Tränken im Abstand von ein bis zwei Tagen notwendig.

	Tränkwasserbedarf in l je Tier und Tag	
	Mittelwert	Maximalwert
Milchkühe	70	180
Mutterkühe	50	100–120
Kalbinnen über 1 Jahr	25	70

Tabelle 101: *Richtwerte für den Wasserbedarf auf der Weide*

Auch feuchte Tränkestellen erhöhen das Parasiten- und Krankheitsrisiko. Günstige Versorgungseinrichtungen stellen einfache Trinkwasserringleitungen, Quellfassungen, Weidebrunnen sowie Wasserfässer mit Tränkebecken dar. Eine Nutzung von Oberflächengewässern ist nicht zu empfehlen. Tiere dürfen jedenfalls keine Ausscheidungen in öffentliche Gewässer einbringen bzw. Bachböschungen eintreten.

Weidepumpen müssen ausreichend dimensioniert sein, um längere Wartezeiten an der Tränke zu vermeiden. Um Boden- und Narbenschäden sowie Morastbildung im stark frequentierten Tränkebereich zu vermeiden, sollten die Versorgungseinrichtungen versetzbar sein oder wasserdurchlässig befestigt werden.

Kostengünstige Selbstbautränkeeinrichtung

Auf Weiden sind leicht zu reinigende Tränken bzw. kippbare Tränken zu empfehlen.

Je höher die Leistung der Tiere, desto kürzere Wege zur Wasserstelle sind anzustreben. Sehr wichtig ist eine **ausreichende Anzahl von Tränken** (zumindest zwei) bzw. eine entsprechende Länge des Troges mit einem hohen Wasserzufluss. Bei zu wenigen Tränkemöglichkeiten nehmen rangniedrige Tiere weniger Wasser auf! Eine gleichmäßige Verteilung der Tränkestellen verbessert zudem die Verteilung der Kot- und Harnausscheidungen. Vor allem bei Standweiden kann über das Anbringen der Tränkestellen der gleichmäßigere Anfall der Rinderausscheidungen gelenkt werden. Daher sollten beispielsweise Tränken auch in entfernteren Weidebereichen und nicht im Weideeintriebsbereich angebracht werden.

Da Tränkebecken mehrmals pro Monat gereinigt werden müssen, ist beim Kauf und der Errichtung speziell darauf zu achten, dass dies einfach und rasch erfolgen kann. Bei zu großem Wasservolumen im Behälter wird leider oft auf das **Reinigen** verzichtet, was allerdings nicht geschehen sollte, da sich in schwer zugänglichen Bereichen häufig Algen anlagern. Leicht zugängliche Abflussöffnungen und Schwimmereinheiten oder kippbare Behälter sind von Vorteil.

In der extensiven Rinderhaltung können auch Tränkeeinrichtungen mit Pumpmechanismus verwendet werden. Die Rinder fördern dabei selbst das Wasser aus einem Brunnen.

Die Verlegung von Wasserschläuchen kann ohne großen Aufwand mit dem Maulwurfspflug erfolgen.

Schattenplätze und Witterungsschutz

Weiderinder benötigen an heißen Tagen **Schattenplätze**, dies kann erreicht werden durch

- freien Zugang zum Stall,
- Schattenplätze unter Bäumen und Sträuchern,
- luftige Schutzhütten oder Sonnensegel,
- Verkürzung der Weidedauer an Hitzetagen (von 11 bis 15 Uhr im Stall) oder
- Nachtweide statt Tagweidehaltung in Hitzeperioden.

Darüber hinaus kann durch das Anbringen einer Sprenkelanlage oder von Ventilatoren eine gewisse Abkühlung erreicht werden. Wenn Bauwerke auf Weiden errichtet werden, bedarf es in der Regel einer Anzeige oder Bewilligung nach der Bau- und/oder Raumordnung.

Wenn sich Rinder auf Weiden zusammengruppieren und eine erhöhte Atemfrequenz zeigen, dann besteht jedenfalls Handlungsbedarf. Wenn nicht reagiert wird, steigt die innere Körpertemperatur und Futteraufnahme sowie Leistung gehen zurück, die Stoffwechselbelastung steigt. Dieser Stress ist nicht nur tierschutzrelevant, sondern reduziert auch die Abwehrkräfte der Tiere, wodurch z. B. vermehrt Euterentzündungen auftreten.

Bei Hitze suchen Rinder Schattenplätze, beispielsweise unter Bäumen, auf. Luftige Schutzhütten und Sonnensegel dienen auch als Witterungsschutz.

Bewässerungsanlagen

Eine grünlandbasierte Rinderhaltung setzt gut verteilte und ausreichende Niederschläge voraus. Weidebetriebe, die in Regionen mit geringen Jahresniederschlägen (unter 600–700 mm) oder schlechter Niederschlagsverteilung liegen, müssen entweder auf extensive Weidestrategien setzen oder aber auf Bewässerungsanlagen zurückgreifen. Je nach Klimabedingungen ergibt sich in Beregnungswochen ein beachtlicher Wasserbedarf von 100–500 m^3 pro ha (10–50 mm/m^2).

Die Effizienz von Beregnungsanlagen wird wesentlich vom Beregnungsverfahren und von der Beregnungszeit beeinflusst. Im Grünland werden bei stationären Beregnungsanlagen vorwiegend Mittelstrahlregner verwendet, für die Bearbeitung der Felder können die Regner aus den unterirdischen Hydranten entfernt werden.

Bei angedachter Errichtung von Beregnungsanlagen sind Kosten-/Nutzenkalkulationen sowie die Einhaltung rechtlicher Vorgaben (Wasserentnahme etc.) notwendig. Informationen dazu erhalten Sie bei den jeweiligen Landwirtschaftskammern bzw. landwirtschaftlichen Beratungsstellen.

Die Wirtschaftlichkeit von Grünlandberegnungsanlagen ist zumeist nicht bzw. nur eingeschränkt gegeben.

Fangstände und Verladeeinrichtungen

Bei vom Stall entfernten Standweiden sind Fang- und Verladeeinrichtungen von Vorteil. Je nach Notwendigkeit kann der Fangstand auch als Behandlungsstand verwendet werden, wodurch Behandlungen auch auf der Weide durchführbar sind.

Rinder werden, je extensiver sie gehalten werden, auch natürlicher in ihrem Verhalten und sie reagieren auf jede Einengung und Einschränkung ihrer Freiheit mit Panik und Fluchtverhalten. Fang- oder Verladeeinrichtungen müssen daher massiv ausgeführt sein. Die Ausführung richtet sich nach den Tieren und muss umso massiver sein, je extensiver die Tiere gehalten werden. Wie Wildtiere aufwachsende Kälber verhalten sich auch im weiteren Leben so, deshalb sind die Betreuung und die Beobachtung der Tiere besonders wichtig. Verladerampen sind ebenfalls notwendig, um den Transport von Rindern möglichst stressfrei für Tier und Mensch zu gestalten.

Verladerampen werden meist mit dem Fangstand kombiniert, vereinzelt gibt es auch transportable Verladerampen, die auch im Stallbereich verwendet werden.

Weideunterstand mit Fangeinrichtung

Ergänzungsfütterung auf der Weide

Eine Mineralstoffergänzung (Salzsteine, Mineralstoffe etc.) wird auf Weiden üblicherweise über **Lecksteine** und Leckmassen durchgeführt. Diese sollten an regengeschützten Bereichen auf den Weiden angebracht werden. Mineralstoffmischungen und Viehsalz können auch lose per Hand in Trögen gefüttert werden. Dabei ist jedoch zu beachten, dass bei freier Entnahme eine zu hohe Aufnahme möglich ist. Daher sollten gekörnte Mineralstoffmischungen oder Viehsalz immer gezielt vorgelegt werden.

In spezialisierten Weideregionen erfolgt die Mineralstoffversorgung der Weiderinder teilweise mithilfe von Tränkewasser-Ringleitungen mit Mineralstoffdosiereinrichtungen.

In der Mutterkuhhaltung können zur Ergänzungsfütterung der Kälber mobile **Weideschlupfeinrichtungen** eingesetzt werden. **Kraftfutterautomaten** mit Transpondereinrichtungen für Milchkühe sind derzeit nahezu nur in Kombination mit Melkrobotereinrichtungen anzutreffen.

Überdachte und flexible **Heu- und Silageraufen** ermöglichen eine gezielte Ergänzungsfütterung mit Grundfutter, beispielsweise zu Weidebeginn und -ende sowie bei Futtermangel. Auf eine leichte Befüll- und Reinigbarkeit sowie Umstellbarkeit ist zu achten. Es gibt im Handel auch Raufen mit Selbstfangfressgitter.

Heuraufen und Kraftfutterschlupf auf Weiden

Weidetiere benötigen immer eine Natriumergänzung.

Weidemelkroboter und Weidemelkstand

Milchproduktion mit Weidegang ist finanziell äußerst interessant, bei Ganztags- oder Vollweidehaltung erfordert der zweimal täglich erforderliche Zugang zur Melkanlage jedoch hofnahe arrondierte Weideflächen. Da die Verfügbarkeit dieser Flächen nicht mit den stets steigenden Betriebsgrößen wächst, können mobile Melksysteme das Weideflächenangebot erhöhen. Weltweit wird diesbezüglich nach Lösungsansätzen gesucht – Beispiele aus den Niederlanden und aus Belgien stellen **innovative und traditionellere Lösungen** sowie ihre Grenzen dar (Kohnen u. Steinwidder 2012 bzw. Literatur-Link: http://iglt.eu/PDF/IGLT_brochure_2011.pdf; Tagungsband zur Internationalen Grünlandtagung in Luxemburg 2011, S. 75–84):

- Mobile Melkroboter
- Transportierbare Melkroboter
- Stallmelkroboter mit Weidegang
- Mobile Melkstände

Bis jetzt führte die Installation eines stallgebundenen Melkroboters zumeist zu einem Rückgang bis hin zum Verzicht der Beweidung mit Milchkühen. Mobile Melkroboter und transportierbare Melkroboter sind erste Systeme, die auf automatisches Melken auf der Weide setzen. Herausforderungen ergeben sich dabei nicht nur im konstruktiven Bereich, sondern auch hinsichtlich der Steuerung des Kuhverkehrs, um eine ausreichende Anzahl an Tagesmelkungen, insbesondere bei hochleistenden Kühen und saisonaler Abkalbung, zu erreichen (vgl. Lyons et al. 2014).

Mobile Melkroboter auf der Weide

Der aufwendigste und konsequenteste Lösungsansatz kommt aus den Niederlanden, bei dem ein Melkroboter auf eine Baggerraupe angebaut wurde (De Haan et al., Livestock Research Wageningen; Melkveeproefbetdreif Zegveld; Versuch Weidesaison 2008 – 2009 – 2010). Ausgestattet mit Milchtank, Stromaggregat, Kraftfutterbehälter, Wassertank und Elektronik ist dieser Melkroboter mobil und autonom. Er fährt dabei mit den Milchkühen auf den Weideflächen mit. Beste Ergebnisse im Kuhverkehr ergeben sich dabei bei ausgeklügelter Portionsweidehaltung („strip grazing system"). Die Kühe gelangen dabei nur nach einem Melkroboterbesuch auf die neue Weideparzelle.

Folgende **Ergebnisse** wurden erzielt:

- Hohe Einzeltier-Milchleistungen (8.000 kg Milch/Kuh/Jahr) waren auch mit einem mobilen Melksystem möglich.

Weide-Kraftfuttertransponder haben sich nicht durchgesetzt (Ausnahme: Kombination mit Melkroboter).

Mobiler Melkroboter auf der Weide: Raupe ausgerüstet mit Melkroboter, Milchtank, Wassertank, Kraftfutter und Stromaggregat.

Weidesystem	Kühe	Milch (kg/Kuh & Tag)	Melk-frequenz	Standard-abweichung
Standweide mit freiem Kuhverkehr 2008	35	20,3	1,9	± 0,10
Winter (Stall) 2008–2009	58	22,1	2,4	± 0,07
Portionsweide ab Juni 2009 mit gesteuertem Kuhverkehr	62	19,4	2,1	± 0,12
Portionsweide ab September 2009 mit freiem Kuhverkehr	50	17,1	2,4	± 0,12
Winter (Stall) 2009–2010	44	25,0	2,5	± 0,08
Portionsweide 2010 mit gesteuertem Kuhverkehr durch 3 Portionsweiden pro Tag	51	24,9	2,4	± 0,10

Tabelle 102: *Versuchsergebnisse zum Einfluss des Weidesystems auf Melkfrequenz und Milchleistungen*

- Die Melkfrequenz hatte einen großen Einfluss auf die Milchleistung. Bei Weidehaltung war die Anzahl der Melkvorgänge im Mittel geringer und die Melkintervalle waren weniger regelmäßig als bei Stallhaltung.
- Eine gezielte Portionsweide (dreimal täglich) garantierte eine hohe Melkfrequenz (> 2,4).
- Regenwetter zeigte einen negativen Einfluss auf die Melkfrequenz.
- Mit einer Eingewöhnungszeit (Tier und Mensch) ist zu rechnen.

Einzeltierbehandlungen wie Besamungen sind im Melkroboter möglich.

Transportierbare Melkroboter

Ein weiterer innovativer Ansatz ist ein transportierbarer Melkroboter in einem mobilen Container (Dufrasne et al., Ferme expérimentale, Universität Lüttich). Dieser ist im Winter im Stall und während der Weidezeit auf der Weide platziert. Die Weide verfügt über einen Zugang zum örtlichen Strom- und Wassernetz. Die Milch wird über einen befestigten Zufahrtsweg direkt von der Weide abgeholt.

Transportierbarer Melkroboter im Stall und auf der Weide (mit fest installiertem Kuhverkehr, Milchtank, Kraftfuttervorrat, Wasser-/Stromversorgung und Abwasserbehälter).

Melkroboter im Stall und beim Weidegang

In Belgien wurden Untersuchungen mit einem Stallmelkroboter bei Weidegang angestellt (Betrieb Grandjean in Wallonien; Betriebsdaten: 80 ha Grünland, davon 45 % Mahd bzw. Rest Weide; 8 ha Maissilage; 76 Milchkühe; Milchleistung über 9.000 kg pro Kuh und Jahr). Eine Melkfrequenz über zwei Melkungen pro Kuh und Tag wurde hier durch einen morgendlichen und abendlichen Weideabtrieb in den Stall erreicht. Im Vergleich zur Stallhaltung verringert sich jedoch die Auslastung des Roboters.

Zeitraum	Milchleistung (kg Milch/ Tag)	Melkfrequenz pro Kuh u. Tag)	Melkungen pro Tag
Winter 2008	2.085	2,5	170
Weide 2009	1.976	2,2	158
Winter 2009	2.153	2,5	173
Weide 2010	2.202	2,2	167
Winter 2010	2.152	2,5	182

***Tabelle 103:** Leicht reduzierte Melkfrequenz bei Stallmelkroboter und Weidehaltung (durchschnittlich 75 Kühe)*

Stallmelkroboter mit Weidegang, Kuhverkehr über zwei Sortiertüren, verfügbare Weide in Hofnähe ist begrenzt.

Mobile Melkstände

Mobile Melkstände bieten ähnlichen Melkkomfort (für den Melker) wie festinstallierte Melkstände im Stall (Melken im Stehen, Kraftfutteranlage, Spülung usw.). Sie sind flexibel und kostengünstig und eignen sich speziell für kleinere und mittelgroße Herden.

Der modernste mobile Melkstand wird zurzeit in Frankreich gebaut und wurde 2010 mit dem Preis „Innovativste Maßnahme“ in der Landwirtschaft ausgezeichnet. Ein Video dazu ist über folgenden Link verfügbar: http://www.lafranceagricole.fr/video-et-photo-agricole/tracteurs-materiel-et-equipement/traite-patrice-bonnet-a-concu-sa-propre-salle-de-traite-ambulante-32485.html.

Die Größe der Parzellen (2,5 ha Maximum bei ca. 75 Kühen) ist entscheidend für den Kuhverkehr.

Salers-Rinder können nur gemeinsam mit Kälbern gemolken werden – die Milch wird zu französischem Qualitätskäse verarbeitet.

Mobiler Melkstand für 40 Milchkühe, mit sechs Melkplätzen auf der Weide (sehr flexibel, aber weniger arbeitsfreundlich) und im Stall

Durchtreibe-Weidemelkstand auf einer Almfläche in Frankreich

Produktqualität

Der Begriff Qualität muss sehr umfassend definiert werden. Neben den herkömmlichen Qualitätskriterien (z. B. Milchfett- und Eiweißgehalt, Fettsäuregehalt, Kocheigenschaften, Zartheit etc.) gewinnen auch die Prozessqualität und die Erwartungen der Kunden an die Produktionsweise zunehmend an ökonomischer Bedeutung. Die Weidehaltung hat einen Einfluss auf viele Qualitätsmerkmale in der Rinderhaltung.

Das **Fettsäurenmuster** wird deutlich von der Grundfutterbasis und vom Kraftfutteranteil an der Ration beeinflusst (Jahreis et al. 1997, Pastushenko et al. 2000, Thomet et al. 2011). Mit steigender Kraftfuttergabe und/oder steigendem Maissilageanteil an der Ration ist mit einem Rückgang an ernährungsphysiologisch wertvollen Fettsäuren (Omega-3-Fettsäuren, CLA) zu rechnen. Eine grünlandbasierte Fütterung bzw. Weidehaltung geht zumeist mit geringer Kraftfutter- und Maissilage-Ergänzung einher. In diesen Fällen kann daher immer mit einem hohen Gehalt an wertvollen Fettsäuren und Vitaminen in den Produkten gerechnet werden (s. Tab. 104). Weidefutter enthält viel Carotin und Vitamin E, was auch zu einer besseren Oxidationsstabilität der Produkte beiträgt. Im Vergleich zur intensiven Milch- und Fleischproduktion wurden bei

Eine grünlandbasierte Fütterung (wenig Kraftfutter und Maissilage) führt zu höheren Anteilen an wertvollen Fettsäuren in Milch und Fleisch.

	Fettgehalt g/kg	mg Omega-3-FS/g Fett Vollweide	intensive Fütterung[2]	Bedarfsdeckung in %[1] Vollweide	intensive Fütterung
1 l Milch (bzw. Produkte daraus)	37	16	4	45	10
0,2 kg Rindfleisch	25 Weide; 35 intens. F.	40	10	15	5

[1] Annahme: Tagesbedarf an Omega-3-Fettsäuren: 1,35 g/Tag
[2] intensive Fütterung: Maissilage- und kraftfutterbetonte Fütterung ohne Weide

Tabelle 104: *Gehalt an Omega-3-Fettsäuren und Beitrag von Milch und Fleisch zur Tagesbedarfsdeckung an Omega-3-Fettsäuren* *(Velik 2012)*

Weidehaltung auch Unterschiede in der **Färbung** der Produkte festgestellt. Mit steigendem Weideanteil wird das Fett der Milch bzw. des Fleisches aufgrund des höheren Carotingehaltes im Futter gelber und das Rindfleisch kann etwas dunkler werden. Mit dunklerer Rindfleischfarbe ist dann zu rechnen, wenn Weiderinder aufgrund extensiverer Fütterung bei höherem Alter geschlachtet werden bzw. wenn der intramuskuläre Fettgehalt geringer ist (Velik 2012).

Die **Fleischzartheit** ist abhängig vom Bindegewebsanteil, von der Struktur der Muskelfasern und dem intramuskulären Fettgehalt. Bei männlichen Tieren (Bullen/Stiere) ist im Vergleich zu Ochsen und Kalbinnen diesbezüglich mit einem deutlicheren Einfluss zu rechnen. Wenn die Schlachttiere extensiver gemästet und damit später geschlachtet werden (mehr Bindegewebe, geringerer intramuskulärer Fettgehalt), muss jedenfalls der Fleischreifung besondere Beachtung geschenkt werden. Unter guten Weidebedingungen kann vor allem mit Ochsen und Mastkalbinnen eine hohe Zartheit erreicht werden.

Hochwertige Produkte aus der Weidehaltung im Berggebiet von Frankreich

In Verkostungen wurde festgestellt, dass auch der **Geschmack** von Fleisch und Milch von der Futterart beeinflusst wird. Weideprodukte wurden beispielsweise als grasig bzw. milchig und Produkte von intensiv gefütterten Tieren als eher seifig beurteilt (Velik 2012).

WICHTIG | **Weide – Bindeglied zum Konsumenten**

Es wurde bereits darauf hingewiesen, dass bei guter Weideführung tiergemäße Haltungsbedingungen gegeben sind. Positive Effekte auf die Tiergesundheit wurden ebenfalls festgestellt. Damit wird die Basis für eine hohe umfassende Produkt- und Prozessqualität gelegt. Weidende Tiere sind aber auch ein wichtiges Bindeglied zwischen Produzenten und Konsumenten. Damit trägt die Weide auch zur Erhaltung der Akzeptanz landwirtschaftlicher Nutztierhaltung bei. In der Biologischen Landwirtschaft wird der Weidehaltung grundsätzlich große Bedeutung geschenkt und sie ist in den Richtlinien verpflichtend vorgeschrieben.

Mögliche Vorteile

Mögliche Nachteile

Ökonomische Untersuchungen zur Weidehaltung

Wirtschaftlichkeit

Wie bei Stallhaltungssystemen werden die ökonomischen Ergebnisse auch bei Weidehaltung besonders von den betrieblichen Voraussetzungen, den allgemeinen Rahmenbedingungen und den Fähigkeiten der Betriebsführer beeinflusst. Daher können Weidestrategien, je nach Gegebenheiten, ökonomisch besser, gleichwertig oder auch schlechter als Stallhaltungsverfahren abschneiden. Der folgende Abschnitt soll mögliche Potenziale und entscheidende Erfolgsfaktoren für eine ökonomisch wettbewerbsfähige Weidehaltung aufzeigen.

Mögliche Vorteile

Futterkosten

Die Angaben zu Futterkosten für Grund- und Kraftfutterkomponenten variieren je nach Betriebssituation, Rahmenbedingungen und Berechnungsverfahren deutlich. Unabhängig davon zeigt sich in praktisch allen Arbeiten, dass **Weidefutter** je Energieeinheit zu den preiswertesten Futtermitteln zählt bzw. überhaupt das **preiswerteste Rinderfutter** ist. Im Vergleich zu Grassilage liegen die

Im Vergleich zu Grassilage liegen die Vollkosten (je Energieeinheit im Futter) von Weidefutter um 25–65 % tiefer.

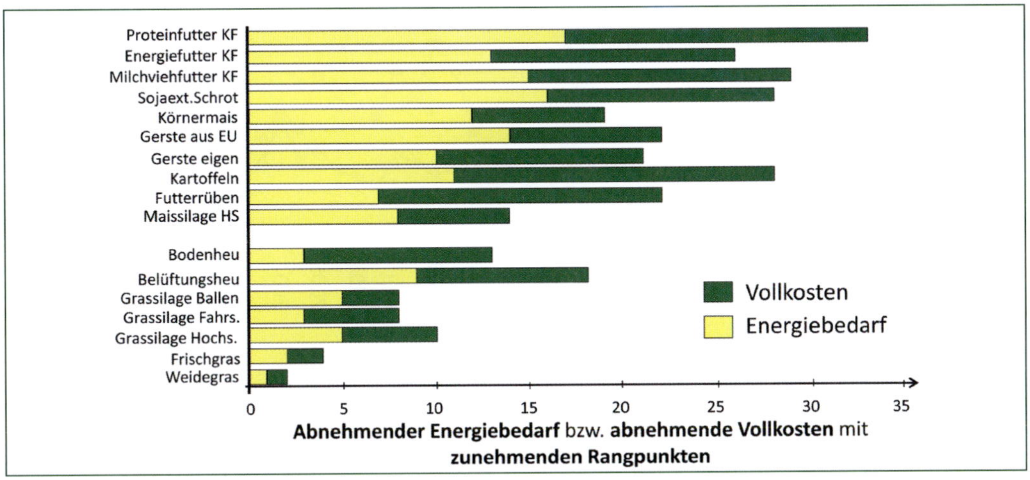

Abbildung 94: *Rangierung von Futtermitteln hinsichtlich des Energiebedarfs und der Vollkosten unter Schweizer Bedingungen je MJ NEL Futterenergieeinheit* (Zimmermann 2006)

Vollkosten (je Energieeinheit im Futter) von Weidefutter um 25–65 % tiefer. Beispielsweise muss man für die Konservierung (Mahd, Lager, Maschinenringsätze) eines Grassilage-Rundballens ohne (!) Futterwertkosten 20 bis 25 Euro rechnen. Wenn in der Vegetationszeit daher weniger Silageballen benötigt werden, dann kann ein beträchtlicher Teil dieser Kosten gespart werden.

Wie Abbildung 94 zeigt, zeichnet sich Weidefutter auch durch geringen Energiebedarf bei der „Futterherstellung + Vorlage" aus. Systeme, die mit hohem Energie-, Maschinen- und Zukauffuttermitteleinsatz produzieren, sind anfälliger für Preisschwankungen bzw. werden bei steigenden Energiekosten überdurchschnittlich teuer.

Nährstoffgehalt und Grundfutterleistung

Weidefutter zeichnet sich **bei gutem Management** durch eine **hohe Futterqualität** (Energiegehalt, Rohproteingehalt, Vitamine etc.) aus. Damit kann Weidehaltung den (Kraftfutter-)Ergänzungsbedarf senken und die Grundfutterleistung steigern. Insbesondere in Regionen bzw. Situationen, in denen Kraftfutter- bzw. Eiweißfuttermittel teuer sind, gewinnt daher die Weidehaltung an ökonomischer Konkurrenzkraft.

Wenn die globale Ausrichtung der Milchwirtschaft in den letzten Jahrzehnten betrachtet wird, dann zeigt sich, dass in Regionen, wo das Verhältnis zwischen Milcherlös und Kraftfutterpreis über 1,5 : 1 liegt (z. B. Kanada, USA), intensive Milchproduktionsstrategien dominieren. Je enger jedoch dieses Verhältnis wird (unter 1,5 : 1), desto stärker wird auf grundfutter- und weidebetonte Fütterungsstrategien gesetzt (z. B. Neuseeland). In unseren Regionen finden wir ein enges Verhältnis (unter 1,5 : 1) in biologisch wirtschaftenden Betrieben. Hohe Kraftfutterpreise bzw. ein enges Verhältnis (Milcherlös : Kraftfutterkos-

Bei Weidehaltung kann der Einsatz von teuren Eiweißfuttermitteln gesenkt werden.

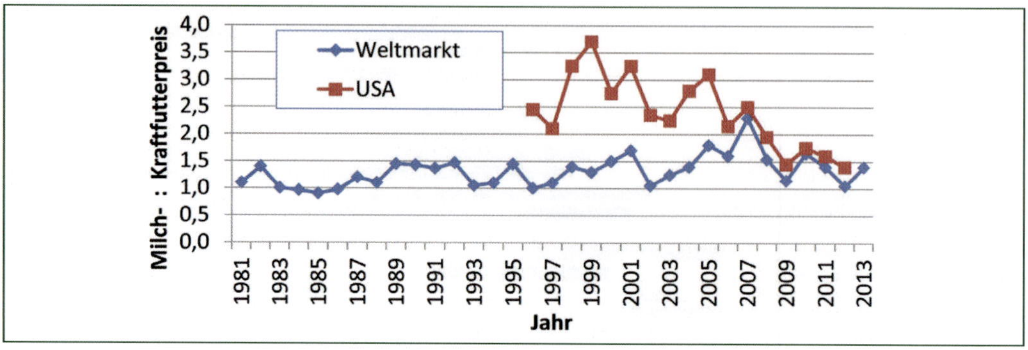

Abbildung 95: *Verhältnis zwischen Milchpreisen und Kraftfutterpreisen am Weltmarkt bzw. in den USA (Daten: IFCN 2013)*

ten) ergeben sich für konventionell wirtschaftende Betriebe insbesondere in jenen Jahren, in denen (global) mäßige Ackerkulturerträge erzielt werden und/oder das Milchaufkommen hoch ist. Steigende Energiekosten, in Kombination mit einer weltweit zunehmenden Nachfrage nach Ackerflächen (Bevölkerungswachstum, Energienutzung von Ackerbaustandorten, Bodenverlust, Klimawandel etc.), lassen zukünftig ein hohes Preisniveau für Kraftfutter und Eiweißfuttermittel erwarten, was sich weniger stark auf Weidehaltungssysteme auswirkt. Weidehaltung kann darüber hinaus auch die Abhängigkeit von Dritten (Zukauf) reduzieren.

Tiergesundheit und Fruchtbarkeit

Wie jedes Verfahren hat auch die Weidehaltung hinsichtlich Tiergesundheit und Fruchtbarkeit ihre Herausforderungen (z. B. Parasiten, Blähungsrisiko, mögliche Stoffwechselstörungen, Steine in Klauen, Milchleistungsabfall, Hitzestress, Panaritium bei Nässe, saisonale Abkalbung). Internationale Daten, Versuchsergebnisse und Praktiker-Rückmeldungen weisen jedoch darauf hin, dass bei **guter Weideführung** und Verwendung weidegeeigneter Kuhtypen **positive Effekte** hinsichtlich Langlebigkeit, Brunsterkennung, Fruchtbarkeit, Klauengesundheit, Körperkondition, Abkalbeverlauf und Vermeidung von Schäden am Bewegungsapparat erwartet werden können, was zu geringeren Behandlungs- und Remontierungskosten führt.

In der Aufzucht können sich wechselnde Fütterungsintensitäten (kontrollierte Über- und Unterversorgungsphasen) günstig auf Leistung und Nutzungsdauer auswirken. Diese Effekte können auch bei

Die günstigen Bodenverhältnisse führen zu deutlicherem Brunstverhalten.

Eine fachgerechte Weidehaltung ist sehr tiergemäß.

Weidehaltung, zusätzlich zu möglichen Verbesserungen in der Gesundheit (Kalbeverlauf, Fruchtbarkeit, geringeres Verfettungsrisiko, Gliedmaßen und Klauen), auftreten.

Arbeitszeit und -effizienz

Heimische Familienbetriebe weisen im internationalen Vergleich nach wie vor überdurchschnittlich hohe Kosten in der Produktion auf. Dies erklärt sich über höhere Betriebsmittelpreise, Standortnachteile und kleinere Betriebsstrukturen. Auffallend sind aber auch die teilweise sehr hohen (kalkulatorischen) Arbeitskosten. Wenn man in der Rinderhaltung dem allgemeinen Umfeld entsprechende Stundenlöhne erzielen möchte, dann müssen auch im Arbeitszeitbedarf bzw. in der Arbeitseffizienz Verbesserungen gelingen.

Zu den täglichen Weidearbeiten gehören zum Beispiel das Portionieren, die Zaunkontrolle, die „Tränkearbeit", das Weidemanagement und insbesondere bei Milchkühen der Ein- und Austrieb der Tiere. Unter günstigen Bedingungen – das bedeutet kurze Triebwege, wenig Zaunarbeit und wenig Aufwand für die Wasserversorgung – ist die Weidehaltung hinsichtlich des Arbeitszeitbedarfs zumeist vorteilhaft.

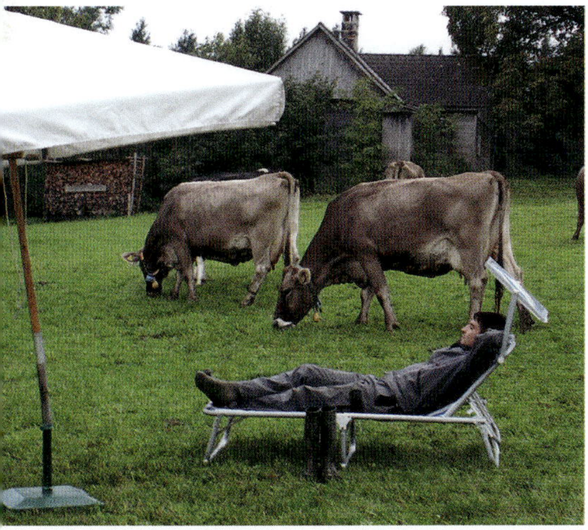

Vollweidebetriebe bei der Brunstkontrolle im Mai – Weidebetriebe arbeiten verstärkt im Jahresrhythmus und in der Natur.

Eine standortangepasste Weidehaltung kann also deutliche Vorteile mit sich bringen. Dies gilt vor allem für die Weidemonate, aber auch für die Winterfütterungszeit, wenn durch saisonale Produktionsschwerpunkte die Arbeitseffizienz zunimmt. Dazu ein Zitat eines Praktikers: „Wenn alle Kälber in kurzer Zeit zur Welt kommen, dann überlegst du dir gut, wie du diese effizient tränken kannst."

Österreichische Milchviehbetriebe, die von kontinuierlicher Abkalbung und begrenzter Weidehaltung auf Vollweide umgestellt haben, gaben eine durchschnittliche Arbeitszeitentlastung von etwa 20 % (10–55 %) an, obwohl der Kuhbestand teilweise ausgeweitet wurde (Steinwidder et al. 2010b). Sie haben darüber hinaus auch das Aufbrechen der monotonen Tagesabläufe durch die vollweidebedingte Saisonalität als positiv beurteilt, wie folgende Praktikerzitate zeigen:

- „ 365 Tage Winter, wer will das schon?"
- „Endlich Zeit, um einige Urlaubstage mit der Familie zu verbringen, da im Sommer nur das Melken zu erledigen ist."

Es ist bekannt, dass eine hohe Arbeitsplatzzufriedenheit die Basis für eine positive (wirtschaftliche) Entwicklung des Betriebes ist.

Hohe Akzeptanz – ganzheitliche Produktqualität

Eine weidebasierte Rinderhaltung hat in der Gesellschaft eine hohe Akzeptanz und sie ist auch ein wichtiges Bindeglied zum Konsumenten. Laut einer Studie der Universität Göttingen sind für 80 % der Verbraucher weidende Kühe das wichtigste Kriterium einer artgerechten Milchkuhhaltung (Kühl et al. 2014). Bei Weidehaltung zeigen die Konsumenten auch eine höhere Bereitschaft, hochpreisige Produkte zu kaufen. In der Direktvermarktung, aber auch bei der Produktion für spezielle Vermarktungsschienen (Weidemilch und -fleisch) kann dies genutzt werden. Darüber hinaus können in manchen Regionen über die Weidehaltung zusätzliche Förderungen erzielt werden.

Mögliche Nachteile

Bei Weidehaltung ergeben sich aus ökonomischer Sicht auch Herausforderungen, Begrenzungen bzw. mögliche Nachteile. Diese müssen geprüft und bei der Weide- und Betriebsausrichtung bestmöglich berücksichtigt werden.

Weideflächenbedarf

Vor allem wenn Milchkühe geweidet werden, müssen ausreichend Weideflächen im Bereich des Betriebes (oder Melkstandes) vorhanden sein. Je nach Weidestrategie (Stunden- bis Vollweide) werden zumindest 0,1–0,3 (0,5) ha arrondierte Weidefläche pro Kuh benötigt. Betriebe, die ihren Tierbestand ausweiten, könnten diesbezüglich früher an Grenzen stoßen. Je höher der Weidefutteranteil an der Tagesration ist, desto weniger Kraftfutter sollte/darf eingesetzt werden – eine flächenungebundene Rinderhaltung ist daher bei Weidehaltung nicht bzw. nur eingeschränkt möglich.

Eingeschränkte Einzeltierleistung

Wie bereits mehrfach ausgeführt wurde, ist bei Weidehaltung die Einzeltierleistung – insbesondere bei Ganztags- und Vollweidehaltung – stärker als bei Stallhaltung begrenzt. Beispielsweise sind bei Vollweidehaltung Tagesmilchleistungen über 35 kg Milch nicht erwünscht, da selbst bei bester Weidefutterqualität im Frühjahr Weidegrundfutterleistungen über 25–28 kg Milch nicht überschritten werden können und eine hohe Kraftfutterversorgung pansenphysiologisch problematisch und ökonomisch auch nicht sinnvoll ist.

Darüber hinaus sind bei Vollweidekühen auch die Gehalte an milchpreisrelevanten Milchinhaltsstoffen (Eiweiß, Fett) im Schnitt geringer. Im Vergleich zur Stallhaltung kann es bei Weide auch zu stärkeren Leistungsschwankungen im Jahresverlauf (Wetter, Futterqualität, Rationswechsel etc.) kommen. Bei Milchviehzuchtbetrieben kann eine Weidehaltung zu geringeren Verkaufserlösen bei Zuchttieren führen. Bei extensiver Weidehaltung kann sich in der Aufzucht das Erstabkalbealter verzögern. Langfristig muss berücksichtigt werden, dass weidebetonte Strategien weideangepasste Tiere benötigen, was die Verfügbarkeit und die Preise beeinflussen kann. Bei Weidemastverfahren kann eine zu extensive Weidehaltung auch zu ungünstigeren Mast- und Schlachtleistungsergebnissen und damit Preisabschlägen führen.

Im Vergleich zur Stallhaltung kann es bei Weide zu saisonal bedingten Milchlieferschwankungen kommen.

Melkroboter sind bei Weidetierhaltung schwerer einsetzbar.

Klima und Erträge

Weidehaltende Betriebe sind im Vergleich zu Stallbetrieben stärker von den aktuellen Wetterbedingungen (z. B. Trockenheitsperioden) abhängig. Generell erfordert eine grünlandbasierte Rinderhaltung mehr Niederschläge als eine ackerbaubasierte Futterproduktion. Günstig sind in der Vegetationsperiode häufige und gut verteilte Niederschläge. In Weidegunststandorten liegen die Jahresniederschläge im Bereich zwischen etwa 900 und 1.800 mm. Bei Jahresniederschlägen von unter 600–700 mm wird entweder auf extensivere Weidesysteme gesetzt oder teilweise auf Bewässerungen zurückgegriffen. Bei hohen Jahresniederschlägen sind boden- und pflanzenschonende Weidestrategien notwendig. In Hitzeperioden oder bei starker Fliegenbelastung kann es notwendig sein, Rinder aus Tierschutzgründen bei Tag nicht mehr weiden zu lassen.

Effiziente Weidehaltung erfordert besondere Kenntnisse.

Zusätzliches Verfahren am Betrieb

In unseren Regionen muss zusätzlich zur Weide auch ein Stall für die Winterfütterungsperiode vorhanden sein, wobei dieser in der Weidezeit nur teilweise genutzt wird. Daneben erfordern zusätzliche Einrichtungen am Betrieb Investitionen (Weide-, Triebwegs- und Wasserstellenerrichtungskosten) und Erhaltungsmaßnahmen. Eigenmaschinen und -geräte (Futterbereitung) werden bei Weidehaltung möglicherweise schlechter verwertet. Wer in der Rinderhaltung ein Low-Input-Konzept umsetzt, muss dieses daher in möglichst allen Bereichen am Betrieb (Stallungen, Maschinen, Futterkonservierung etc.) konsequent umsetzen.

Tierhaltung im Freien

Die Haltung von Weidetieren bzw. der Weideauf- und -abtrieb kann insbesondere in verbautem Gebiet Anrainerprobleme mit sich bringen oder die Kosten der Weidehaltung (Einzäunungen, Ausbruchsrisiko, Unterstände) erhöhen.

Ökonomische Untersuchungen zur Weidehaltung

Im folgenden Abschnitt wird exemplarisch auf ausgewählte ökonomische Untersuchungen zur Weidehaltung von Milchkühen im deutschsprachigen Raum eingegangen.

Weide- und Stallhaltungsbetriebe im Vergleich

In einer Studie wurden **süddeutsche Milchvieh-Weidebetriebe** (Kiefer et al. 2013; Kiefer 2013) untersucht und **mit Stallhaltungsbetrieben verglichen** (s. Tab. 105 u. 106). Im Durchschnitt schnitten dabei die Vollweidebetriebe etwas besser als die Halbtagsweidebetriebe ab, was unter anderem daran liegen könnte, dass diese aufgrund des höheren Anteils an biologisch wirtschaftenden Betrieben einen höheren Milcherlös sowie Förderungen erzielten. Der Vergleich des Durchschnitts mit den jeweils besseren 15 % der Betriebe zeigt das große betriebsindividuelle Potenzial bzw. die Standorteinflüsse auf.

In Tabelle 106 sind die ökonomischen Vergleiche der Weidebetriebe mit konventionell wirtschaftenden Arbeitskreisbetrieben (niedriger bzw. kein Weideanteil) dargestellt. Unabhängig von den Betriebs-

		Halbtags-weide	Voll-weide	Die besseren 15 % Halbtags-weide	Die besseren 15 % Vollweide
Betriebe	N	43	41	6	6
Flächenbedarf/Kuh	ha	1,32	1,20	1,23	1,17
Milchkühe	Stück	42	41	47	58
Milchleistung	kg ECM/Kuh	6.748	5.900	7.448	6.110
Auszahlungspreis Milch	Cent/kg M.	38,0	40,9	44,8	45,9
Gewinn/Kuh inkl. ZA	Euro/Kuh	999	1.117	1.653	1.662
Gewinn/kg Milch inkl. ZA	Cent/kg M.	15	19	22	27
Arbeitszeit pro Kuh	h/Kuh	76	69	65	51
Kalkul. Betriebszweigergebnis	Cent/kg M.	–10,5	–5,2	2,6	6,6
Stundenlohn	Euro/h	14,5	18,5	25,3	32,3

Tabelle 105: *Vergleich von Weidebetrieben in Süddeutschland 2009–2011* *(Kiefer et al. 2013; Kiefer 2013)*

systemen erzielten die Durchschnittsbetriebe beider Systeme kein positives kalkulatorisches Betriebszweigergebnis. Die ca. 10–15 % der besten Betriebe konnten sowohl bei Weide- als auch bei Stallhaltung alle Kosten (inkl. Arbeit, kalk. Bodenkosten etc.) decken und ein positives Betriebszweigergebnis erwirtschaften. Bei halber Kuhanzahl bzw. ca. 20 % geringerer Flächenausstattung erzielten die besten Weidebetriebe vergleichbare Ergebnisse wie die intensiv wirtschaftenden besten Arbeitskreisbetriebe.

Auch hier war der Anteil biologisch wirtschaftender Betriebe bei den Weidebetrieben höher, was sich auch positiv auf die Milchverkaufserlöse und Förderungen auswirkte. Für die Weidebetriebe zeigte sich vor allem dann eine hohe Wettbewerbsfähigkeit, wenn eine gute Milchleistung und eine höherpreisige Vermarktung der Milch und zusätzliche Förderungen (z. B. Bio-Milchviehhaltung) erreicht wurden. Die Autoren sehen vor allem in Grünland- und Grenzregionen, bei ausreichend arrondiertem

		Weidebetriebe	Die besten Weidebetriebe	Rinderreport	Die besten Rinderreport
Betriebe	N	82	8	ca. 600	ca. 80
LW-Fläche	ha	64	63	74	85
Milchkühe	Stück	43	53	80	106
Milchleistung	kg ECM/Kuh	6.239	6.432	8.227	8.613
Auszahlungspreis Milch	Cent/kg M.	38,7	45,7	32,7	33,0
Grundfutterleistung	kg/Kuh	3.740	4.502	3.385	3.849
Saisonale Abkalbung	%	35	75	0	0
Kalk. Betriebszweigergebnis	Cent/kg M.	–10,6	5,7	–5,5	1,9
Kalk. Betriebszweigergebnis	Euro/Betrieb	–22.710	19.694	–35.938	17.319
Grundrente/ha	Euro/ha	–316	492	–233	455

Tabelle 106: *Vergleich von Weidebetrieben mit konventionellen Milchreport-Spitzenbetrieben in Süddeutschland 2009–2011* *(Kiefer 2013)*

Flächenangebot und saisonaler (Vollweide-)Milchviehhaltung erhebliches Potenzial. Eine Ausweitung der Weidehaltung könnte in diesen Regionen auch einen Beitrag zur Erreichung gesellschaftlich gewünschter Nachhaltigkeitskriterien darstellen (Kiefer et al. 2013; Kiefer 2013).

Umstellung auf Vollweidehaltung

In einem umsetzungsorientierten Forschungsprojekt begleiteten Steinwidder et al. (2010a, 2010b) in **Österreich Grünland-Milchviehbetriebe bei angestrebter Umstellung auf Vollweidehaltung** (s. Tab. 107). In der dreijährigen Umstellungsphase wurde eine streng saisonale Milchproduktion mit Melkpause nur auf zwei Betrieben umgesetzt. In Abhängigkeit von den Betriebsbedingungen sowie der Umsetzungsintensität der Vollweidestrategie wurde ein Weidefutteranteil an der Gesamtjahresration der Milchkühe von 26–61 % (Ø 42 %) festgestellt. Jene vier Projektbetriebe, die die Vollweidestrategie am konsequentesten umsetzten und in der Vegetationsperiode eine geringe Ergänzungsfütterung

Wertvolle Forschungsergebnisse wurden im Team von Peter Thomet aus der Schweiz erarbeitet.

betrieben, erreichten einen Weidefutteranteil von 50 % an der Jahresration. Sie verfütterten im Mittel nur mehr 470 kg T Kraftfutter (581 kg FM) je Kuh und Jahr und erreichten eine Milchleistung von 5.542 kg (4,02 % Fett, 3,34 % Eiweiß). Trotz geringerer Einzeltierleistungen schnitten diese Betriebe in der

Die Wirtschaftlichkeit unterschiedlicher Kuhtypen und Rassen bei Low-Input-Weidehaltung wird derzeit in vielen Ländern geprüft.

Merkmal		Projekt-betriebe	Arbeitskreisbetriebe bio.	Arbeitskreisbetriebe konvent.
Betriebe	N	4	111	525
Durchschnittsbestand Kühe [Stk]	N	29,1	22,5	24
Produzierte Milchmenge	kg/Kuh	5.542	6.320	6.973
Produzierte energiekorr. Milch (ECM)	kg/Kuh	5.539	6.444	7.237
Milchfettgehalt	%	4,02	4,16	4,28
Milcheiweißgehalt	%	3,34	3,38	3,48
Kraftfutter/Kuh	kg FM/Kuh	581	1.291	1.787
Kraftfutter/kg Milch	g FM/kg Milch	100	200	250
Kraftfutterpreis	Cent/kg FM	25	28	20
Futterkosten gesamt	Cent/kg Milch	8	10	9
Tiergesundheit und Fruchtbarkeit				
Verkaufte Kühe	%	17,3	25,5	27,6
Verlustkühe	%	1,4	1,7	2,3
Durchschnittsalter der Kühe am 30.09.	Jahre	6,0	5,4	5
Lebensleistung der Kühe am 30.09.	kg/Kuh	21.402	19.736	20.072
Anteil gesamte Bestandesergänzung	%	23	32	34
Zwischenkalbezeit	Tage	419	393	394
Besamungsindex Kühe	N	1,4	1,5	1,6
Serviceperiode	Tage	123	104	103
Summe der Leistungen	Cent/kg Milch	46,1	46,0	43,0
Direktkosten				
Bestandesergänzung	Cent/kg Milch	5,8	6,9	6,6
Kraftfutter	Euro/Kuh u. Jahr	144	359	351
Kraftfutter	Cent/kg Milch	2,5	5,6	5
Grundfutter	Euro/Kuh u. Jahr	284	272	269
Grundfutter	Cent/kg Milch	5,2	4,4	3,9
Tiergesundheit	Euro/Kuh u. Jahr	33,1	58,2	63,4
Tiergesundheit	Cent/kg Milch	0,6	0,9	0,9
Besamung	Cent/kg Milch	0,3	0,4	0,4
Summe Direktkosten	Cent/kg Milch	16,7	20,1	18,4
Direktkostenfreie Leistung/Kuh	Euro/Kuh u. Jahr	1.640	1.645	1.720
Direktkostenfreie Leistung/kg Milch	Cent/kg Milch	29,4	25,9	24,6

Tabelle 107: Ergebnisse von Praxisbetrieben bei der Umstellung auf Vollweidehaltung in Österreich im Vergleich zu biologisch bzw. konventionell wirtschaftenden Milchvieh-Arbeitskreisbetrieben Österreichs (dreijähriges Mittel) (Steinwidder et al. 2010a, 2010b)

direktkostenfreien Leistung je kg Milch besser ab als der Durchschnitt der biologisch bzw. konventionell wirtschaftenden Arbeitskreisbetriebe. Aus den erhobenen Daten zur Tiergesundheit und Fruchtbarkeit konnten keine negativen Auswirkungen der Umstellung auf Vollweidehaltung abgeleitet werden. Kirner (2012) führte darauf aufbauend Modellrechnungen unter österreichischen Rahmenbedingungen durch. Generell konnte aus der ökonomischen Analyse ein beachtenswertes Potenzial für Vollweidesysteme in der Milchproduktion in Österreich abgeleitet werden. Vollweidebetriebe sind demnach unter biologischer Wirtschaftsweise erheblich wettbewerbsfähiger als in der konventionellen Landwirtschaft. Darüber hinaus erhöhen eine längere Weideperiode sowie die Möglichkeit, die geringere Milchleistung je Kuh über günstige Bestandeserweiterungen zu kompensieren, das ökonomische Potenzial von Vollweidesystemen signifikant.

Stall- und saisonale Vollweidehaltung im Vergleich

In einem **dreijährigen Schweizer Forschungsprojekt** „Systemvergleich Milchproduktion Hohenrain" wurde in einem wüchsigen Ackerbau-Übergangsgebiet (Berufsbildungszentrum Hohenrain) ein umfangreicher Milchviehversuch unter konventionellen Bedingungen durchgeführt (Hofstetter et al. 2011). Es wurde dabei eine **Stallhaltungsstrategie mit saisonaler Vollweidehaltung verglichen**. Jeder Versuchsherde stand die gleiche Futterfläche zur Verfügung (s. Tab. 108). Die Stallherde setzte sich aus zwölf Brown-Swiss- und zwölf Holstein-Friesian-Kühen zusammen, welche ganzjährig abkalbten. Sie wurden mit einer aufgewerteten Grundfutterration (Grassilage, Maissilage, etwas Heu bzw. Stundenweide im Sommer) und leistungsbezogener Kraftfutterergänzung gefüttert. Das Proteinkraftfutter wurde vollständig zugekauft. Die Vollweidekuhherde setzte sich am selben Standort aus 14 Brown-Swiss- und 14 Schweizer Fleckviehkühen zusammen, welche saisonal von Februar bis April kalbten. Kraftfutter wurde hier nur sehr restriktiv zu Laktationsbeginn gefüttert, als Weidesystem diente die Kurzrasenweide. Heu wurde im Winter gefüttert und auf Silage wurde verzichtet.

Die Stallherde produzierte mit 1.094 kg Kraftfutter eine sehr hohe Milchleistung von 8.900 kg, die Weidekühe erhielten demgegenüber nur 285 kg Kraftfutter und gaben 6.074 kg Milch. Wyss et al. (2011) untersuchten auch Milchqualitätsparameter der Fütterungsgruppen. Bei den Vollweidekühen schwankte der Milchanfall saisonal stark und der Milchfettgehalt lag im Schnitt signifikant tiefer. Die Milch der Weideherde wies weniger gesättigte, dafür mehr einfach und mehrfach ungesättigte Fettsäuren (CLA und Omega-3-Fettsäuren) auf, in der Milch der Stallherde war im Schnitt die Zellzahl leicht erhöht. Die Weideherde erreichte tiefere Fremdkosten und erzielte trotz geringerer Milchleistung je Tier, Fläche und Versuchsherde unter den Schweizer Bedingungen ein höheres Einkommen, zudem war der Stundenlohn höher (vgl. Gazzarin et al. 2011). Die Autoren schließen aus den Ergebnissen, dass unter gegebenen Wachstumsrestriktionen mit einer Weidestrategie das Kostensenkungspotenzial rascher und mit weniger Risiko umgesetzt werden kann.

Umstellung auf Vollweide mit Winterkalbung

In **Bayern** wurde die **Umstellung auf das System „Vollweide mit Winterkalbung"** bei Kurzrasenweide untersucht (Steinberger et al. 2012). Die Umstellung auf eine saisonale Abkalbung brachte für die Betriebsleiter hinsichtlich Arbeitserledigung große Vorteile. Anfallende Arbeitsabläufe ließen sich rationalisieren. Die konzentrierten Arbeitsblöcke (Weide, Abkalbung, Kälberaufzucht, Besamung etc.) führten zu einer strukturierteren Arbeitserledigung. Der gewählte Abkalbezeitraum im Winter hat sich bewährt, bei Abkalbungen von November bis Februar wurde ein normaler Laktationsverlauf festgestellt. Durch die Möglichkeit der gezielten Winterfütterung (Stall) mit anschließender Kurzrasenweide als Vollweide wurden Herdenleistungen von bis zu 7.500 kg Milch bei einem Kraftfutteraufwand von ca. 1.000–1.200 kg je Kuh und Jahr erreicht. Insgesamt konnte nach fünf Jahren eine deutliche Verbesse-

	Stallhaltung	Vollweide
Tierhaltung + Fütterung		
Gesamtfläche, ha	15,8	15,7
Fläche als Grundfutter genutzt, ha	11,5	14,6
Kraftfutter/Kuh u. Lak., kg FM	1.094	285
Kraftfutter je kg Milch, dag je kg ECM	13,1	5,4
Milchleistung		
Standardlaktationsdauer, Tage	301	294
Milch, kg/Kuh	8.900	6.074
Fett, %	4,1	3,8
Eiweiß, %	3,5	3,4
Brutto-Milchproduktion (marktfähig), kg/Jahr	194.000	165.000
Zellzahl > 200.000, %	15,7	13,5
Fruchtbarkeit u. Gesundheit		
Bestandesergänzung, %	26	21
Besamungsindex	2,1	1,6
Erstbesamungserfolg, %	45	53
Kühe mit mehr als 3 Besamungen, %	29	14
Zwischenkalbezeit, Tage	405	373
Kosten Tierarzt + Arzneim., CH-Fr/Kuh	457	272
Energieaufnahme und Flächenleistung		
Energieaufnahme aus Weide, %	5	63
Energieaufnahme aus Kraftfutter, %	20	7
Herdengrundfutterleistung, kg marktf. Milch	155.200	153.450
Milch je ha Gesamtfläche, kg ECM/ha	12.717	10.307
Milch je ha Grundfutterfläche, kg ECM	17.513	11.080
Energieverwertung für Milch, %	64	57
Betriebswirtschaft		
Arbeitszeitbedarf, Stunden/Jahr	2.553	2.268
Landwirtschaftliches Einkommen, CH-Fr.	23.963	35.978
Arbeitsverdienst pro Stunde CH-Fr./h	8	13

Tabelle 108: *Systemvergleich von Stallhaltung und Vollweidehaltung von Milchkühen in der Schweiz* *(Gazzarin et al. 2011; Hofstetter et al. 2011)*

rung der Fruchtbarkeitslage der Herden verzeichnet werden. Der Gesundheitsstatus der Kälber hat sich auf den Pilotbetrieben im Zuge der Umstellung auf saisonale Abkalbung merklich verbessert. Außerdem wirkte sich der zeitlich begrenzte Anfall an Kälbern in kurzer Zeit positiv auf die Versorgungsintensität der betreuenden Person aus. Nach Einführung der Kurzrasenweide in der Jungviehaufzucht stellte das Erreichen eines Erstkalbealters von 24 bis 26 Monaten für die Betriebe keine Schwierigkeit dar.

Das Weidesystem „Kurzrasenweide" stellt, in der Gesamtheit betrachtet, ein effizientes Weidesystem dar, je nach betrieblicher Ausgangslage wurden im Milchviehbetrieb Flächenleistungen von 6.000 bis

12.000 kg ECM je ha beweidete Fläche erreicht. Die ökonomischen Ergebnisse (Betriebszweigauswertung) zeigten, dass ein Low-Cost-Vollweide-System mit Winterkalbung ökonomisch erfolgreich sein kann, die Einflüsse des Einzelbetriebs jedoch sehr hoch sind. Die Vermarktung der Milch (biologisch/konventionell), der Umfang der Weide und das Weidesystem sowie die einzelbetrieblichen Fähigkeiten sind hier maßgebend für die Wettbewerbsfähigkeit.

Zusammenfassung der Ergebnisse

Ökonomische Berechnungen zeigen, dass es auch für festgelegte Betriebssituationen nicht von vornherein nur eine einzige Betriebsentwicklungsstrategie gibt. Das Ergebnis hängt wesentlich davon ab, welche Produktionsfaktoren auf einem Betrieb knapp bzw. teuer sind.

Die vorliegenden Ergebnisse aus Forschungsprojekten zeigen, dass **Weidestrategien**, bei passenden Betriebsstrukturen, auch in unseren Regionen ein **beachtenswertes wirtschaftliches Potenzial** haben. Möglicherweise auftretende Einbußen bei Milcherlösen, als Folge von geringeren Einzeltierleistungen und niedrigeren Milchinhaltsstoffen, können durch deutliche Kosteneinsparungen bei Grund- und Kraftfutter kompensiert werden. Die Konkurrenzkraft von Weidesystemen nimmt zu, wenn externe Betriebsmittel (z. B. Energie, Kraftfutter, Maschinen) teurer werden, wenn hohe Weide- und Grünlanderträge erzielbar sind und wenn gute Weidebedingungen am Hof vorliegen. Darüber hinaus begünstigen freie Stallkapazitäten, der überbetriebliche Maschineneinsatz, ausreichend Grundfutter am Betrieb und eine höherpreisige Vermarktung der Weideprodukte sowie Förderungen die Weidehaltung.

Betriebe, die auf **Halbtags- oder Stundenweide** setzen, können damit die Grundfutterleistung erhöhen und Kosten für Kraftfutter einsparen. Darüber hinaus sind bei gutem Weidemanagement positive Effekte auf die Tiergesundheit und Fruchtbarkeit möglich.

Die **Vollweidehaltung** von Milchkühen rechnet sich derzeit auf biologisch wirtschaftenden Betrieben rascher und stellt hier eine beachtenswerte Betriebsentwicklungsstrategie dar. **Begrenzend für Grünland-Low-Input-Systeme** wirken auf Betriebsebene steile oder sehr trockenheitsgefährdete Lagen bzw. viele nicht zusammenhängende Schläge – effiziente Weidestrategien können hier nur schwer umgesetzt werden. Die Betriebsflächengebundenheit ist hoch, wodurch Produktionsausweitungen oft schwieriger möglich sind. Sehr hohe Einzeltierleistungen und Low-Input-Vollweide schließen sich gegenseitig aus. Eine Mindestmilchleistung pro Tier ist jedoch auch bei Low-Input-Vollweidehaltung in unseren Regionen (Stallbedarf etc.) aus ökonomischer Sicht notwendig.

All jene Betriebe, die einen wesentlichen Einkommensteil aus dem Zuchtviehabsatz erwirtschaften, müssen mit reduzierten Kalbinnenerlösen rechnen. In der Zuchtausrichtung am Betrieb muss das Augenmerk auf weidetaugliche Kuhtypen (Persistenz, nicht zu groß und schwer, Fitness, keine hohen Einsatzleistungen) und, aufgrund der angestrebten saisonalen Abkalbung, auf beste Fruchtbarkeit gelegt werden.

Teure Stallplätze und Maschinen können über Low-Input-Systeme nicht finanziert werden – wenn auf Low-Input gesetzt wird, dann muss dies nicht nur in der Fütterung, sondern im gesamten Betriebskon-

Low-Input-Vollweidehaltung auf einem Schweizer Milchviehbetrieb mit steilen Weideflächen

zept umgesetzt werden. Ein hoher Weidefutteranteil an der Jahresration und damit geringe Futterkosten werden dann erreicht, wenn die Abkalbezeit in die Winter- und Frühjahrsmonate fällt. Als Konsequenz daraus sind die Milchzusammensetzung, die Milchlieferleistung, das Milchgeld, aber auch der Kälberanfall und die Arbeitsspitzen ungleichmäßiger über das Jahr verteilt. Auf regionaler Ebene ist zu berücksichtigen, dass es bei Umsetzung einer konsequenten saisonalen Abkalbung zu Schwierigkeiten in der Verarbeitung und Vermarktung kommen könnte. Bei Umsetzung unausgewogener oder „extremer" Low-Input-Strategien kann es auch zu einer ineffizienten Verwertung bzw. Ausnutzung der vorhandenen Betriebsressourcen kommen.

Low-Input-Strategien in der Rindermast erfordern überwiegend Mastverfahren mit frühreiferen Rassen, Linien und Kreuzungen bzw. müssten zu einer Ausweitung der Kalbinnen- und Ochsenmast anstelle der Stiermast führen.

Wenn am Betrieb **gute Weidebedingungen** vorliegen, ausreichend Grundfutter und Stallplätze vorhanden sind und der Kraftfutterzukauf auch bisher nicht hoch war, dann begünstigt dies die Umstellung auf Weidehaltung. Die wichtigste Voraussetzung für eine erfolgreiche Weidestrategie sind natürlich die Bauern und Bäuerinnen selbst. Nur wer gerne ein betriebsangepasstes Weidesystem umsetzt, wird längerfristig damit erfolgreich sein.

Ökobilanz

Die Veränderungen im Bereich der Energie- und Rohstoffversorgung, der Klimawandel, die Problematik um Wasserressourcen und fruchtbare Bodenressourcen, aber auch um die weitere Zunahme der Weltbevölkerung dürfen in der Rinderhaltung nicht unbeachtet bleiben. Daher muss sich die Landwirtschaft mit dem Klima- und Umweltschutz, dem Verbrauch von knapper werdenden Ressourcen und dem effizienten Ressourceneinsatz verstärkt beschäftigen. Es steigen aber auch die Erwartungen der Bevölkerung an die landwirtschaftliche Produktion. Die Weidehaltung ist ein wertvolles Bindeglied zwischen Produzenten und Konsumenten, sie muss jedoch auch optimal betrieben werden, um den vielfältigen Anforderungen bestmöglich gerecht zu werden.

Ökobilanzierung und Nachhaltigkeitsbewertung

Die Ökobilanzierung landwirtschaftlicher Systeme basiert auf wissenschaftlichen Modellen, welche eine möglichst gute **Abbildung der Umweltwirkungen von Produktionsstrategien** anstreben. Es werden sowohl die Umweltwirkungen eines Produktes während seines „Lebensweges" (Lebenszyklusanalyse) als auch der Produktionsverfahren (Dünger, Maschinenherstellug etc.) berücksichtigt. Darüber hinaus wird die Abschätzung des Ressourcenverbrauchs bei der Erzeugung von Lebensmitteln ermöglicht.

Ganzheitliche systemische Betrachtungen der Lebensmittelerzeugung tierischer Herkunft zeigen, dass sowohl die Systemgrenze (z. B. Landnutzungsänderungen bei Futterzukauf) als auch die Bezugsbasis (z. B. Bezugsbasis Produktionsmenge oder Betriebsfläche), auf die die potenziellen Umweltwirkungen umgelegt werden, das Bewertungsergebnis beeinflussen können. Teilweise muss diesbezüglich auch mit Zielkonflikten gerechnet werden (vgl. DGfZ 2011). So können geringere Umweltwirkungen je Produktionseinheit durch steigende Einzeltierleistungen gleichzeitig zu vermehrten Gesundheitsproblemen bei Tieren

Die Ökobilanzierung betrachtet die Umweltwirkungen eines Produktes, es fließen auch die Umweltwirkungen der Produktionsmittel (Dünger, Maschinenherstellung etc.) ein.

oder höheren Umweltwirkungen in anderen Bereichen führen. Beispielsweise wird bei Milchkühen mit höherem Kraftfutter- oder Fetteinsatz ein Rückgang der ruminalen Methanemission beschrieben. Gleichzeitig können dadurch aber Verdauungsstörungen oder Emissionen in der Düngerlagerung bzw. der Grünlandumbruch durch vermehrten Ackerflächenbedarf (Treibhausgasemissionen durch Landnutzungsänderungen) zunehmen.

Rinder haben sich in der Evolution behauptet, weil sie mithilfe der Vormagenverdauung (Pansenmikroben) Grünlandfutter sehr effizient aufschließen können. Für den Menschen liegt der größte Nutzen der Rinder darin, dass diese, aus für den Menschen direkt nicht verwertbaren Grünlandfutterressourcen, hochwertige Lebensmittel bereitstellen. Demgegenüber sind Wiederkäuer im Vergleich zu Schweinen und Geflügel keine effizienten Kraftfutterverwerter. Wenn in der Rinderhaltung eine standortangepasste und gute Grundfutterleistung ohne hohen Aufwand und negative Umweltwirkungen erzielt werden kann, dann ist die Basis für eine nachhaltige und ökologisch sinnvolle Wiederkäuerhaltung zur Lebensmittelproduktion gelegt.

Die Wirkungen der Dünger fließen auch in die Nachhaltigkeitsbewertung ein.

Bewertung von Futtermitteln

Abbildung 96 zeigt die Bewertung unterschiedlicher Futtermittel hinsichtlich ökonomischer und ökologischer Parameter bei durchschnittlichen Schweizer Produktionsbedingungen (Zimmermann 2006). Bei den Vollkosten schnitten Frischgras und Weidegras am günstigsten ab. Die potenziellen negativen Umweltwirkungen sind bei den Grundfutterkomponenten in der Regel geringer als bei Kraftfuttermitteln. Dies gilt vor allem dann, wenn Kraftfuttermittel aufwendig getrocknet und verarbeitet oder über lange Strecken transportiert werden müssen bzw. wenn dafür Regenwaldrodungen erfolgten. Als günstig ist bei Weidehaltung auch der mit steigendem Weidefutteranteil geringere Arbeitszeitbedarf einzustufen, demgegenüber ist jedoch die Einzeltierleistung mit zunehmendem Weideanteil begrenzt.

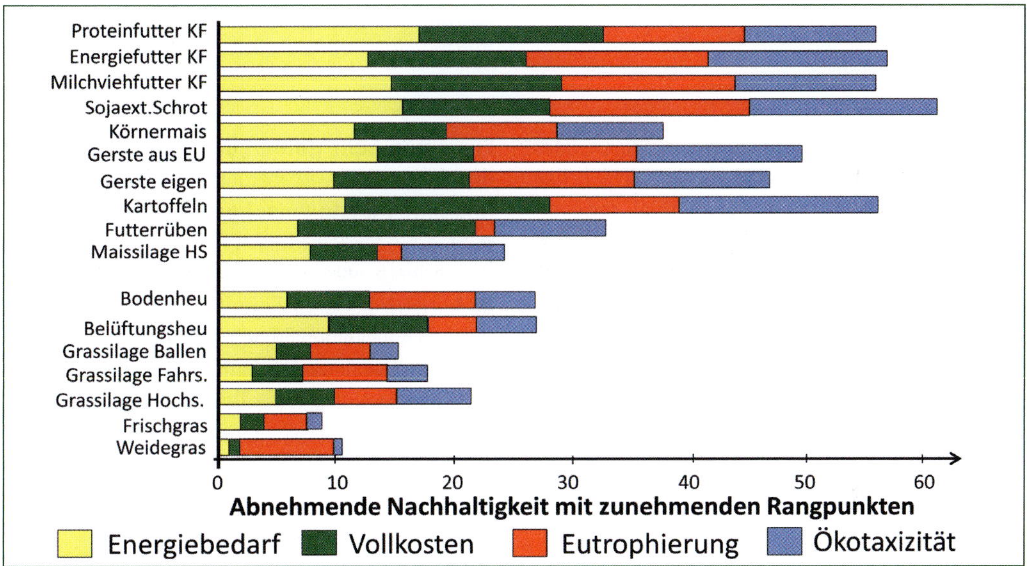

***Abbildung 96:** Rangierung von Futtermitteln hinsichtlich Futtermittelvollkosten, Energiebedarf, Eutrophierungsrisiko und Ökotoxizität je MJ NEL Futterenergieeinheit* (Zimmermann 2006)

Systemvergleichsversuch

Aufbauend auf Schweizer Versuchsergebnissen (vgl. Hofstetter et al. 2011; Gazzarin et al. 2011; Wyss et al. 2011) verglichen Sutter et al. (2013) die Ökobilanzen von stall- und weidebasierten Milchproduktionssystemen. Dabei zeigten sich je nach Bezugsebene (pro kg Milch bzw. pro ha landwirtschaftlicher Nutzfläche) unterschiedliche Ergebnisse (Abb. 97 u. 98).

Bezogen auf die produzierte Milchmenge schnitt die Vollweidehaltung im Versuchszeitraum bei sieben von 13 Parametern günstiger, bei drei Parametern ungünstiger (Treibhauspotenzial, Ozonbildungspotenzial und Flächenbedarf) und bei zwei Parametern gleichwertig wie die Stallherde ab. Wenn die Ergebnisse auf die Nutzfläche bezogen wurden, dann schnitt die Vollweidehaltung bei zwölf von 13 Parametern günstiger und bei einem Parameter (Flächenbedarf) gleichwertig wie die Stallhaltung ab.

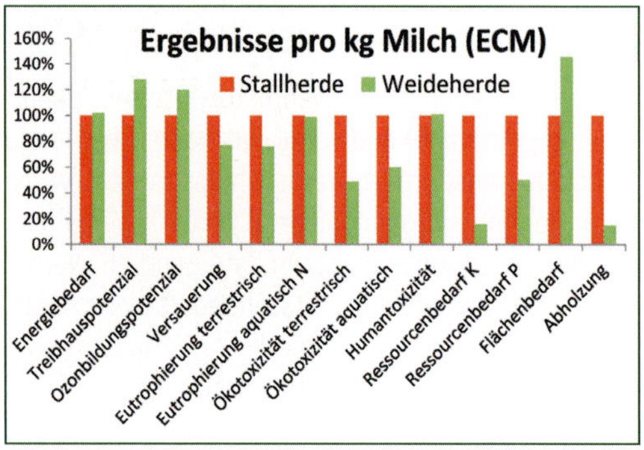

Abbildung 97: *Ökobilanzergebnisse pro kg Milch (relativ zu Stallherd)*
(nach Sutter et al. 2013)

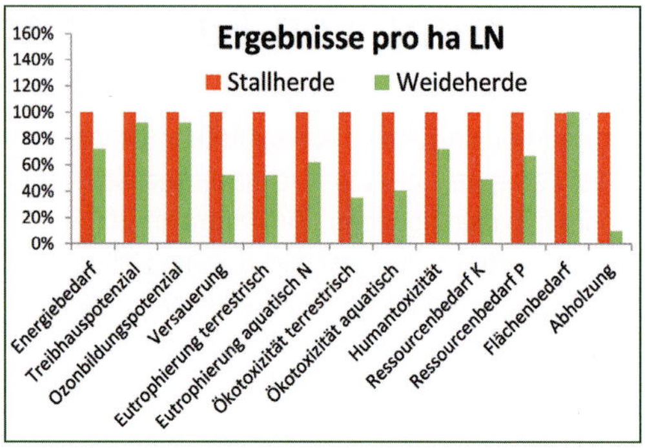

Abbildung 98: *Ökobilanzergebnisse pro ha landw. Nutzfläche (relativ zu Stallherde)*
(nach Sutter et al. 2013)

Die Ergebnisse dieser Ökobilanzierung zeigen, dass beide Systeme sowohl Stärken als auch Schwächen haben. Bezüglich Versauerungspotenzial, terrestrischer Eutrophierung, Ökotoxizität, Ressourcenbedarf an P und K, Abholzung von Regenwald sowie Biodiversitätspotenzial schneidet die Vollweidehaltung günstiger ab. Zudem nutzt diese die natürlichen und regionalen Ressourcen besser und benötigt deutlich weniger Ackerflächen. Demgegenüber muss bei grundfutterbetonter Fütterung bezogen auf das Produkt mit höherem Treibhausgas- und Ozonbildungspotenzial sowie höherem (Grünland-)Flächenbedarf gerechnet werden.

Für einen sehr guten „ökologischen Fußabdruck" sind bei weidebetonter Wiederkäuerhaltung **folgende Punkte entscheidend**:

- Hohe Flächeneffizienz (Weidepflanzenbestand, effiziente Tiere, Weideführung)
- Mittlere bis gute Einzeltierleistungen müssen auch bei Weidehaltung erreicht werden
- Standortangepasstes gutes Weidemanagement
- Optimale Nutzung der Betriebsressourcen (Düngermanagement, Saisonalität etc.)
- Hohe Grundfutterlebensleistung bei Milchkühen
- Konsequente Umsetzung von Low-Input-Strategien am Gesamtbetrieb

Low-Input-Betriebe setzen auf kostengünstige Strategien am gesamten Hof.

Wanderer und Weidehaltung

Aggressive Weidetiere

Die Weidehaltung ist für den Erhalt der Kulturlandschaft von zentraler Bedeutung. Leider kommt es in den Sommermonaten, zwar vereinzelt – aber umso tragischer –, zu Vorfällen, bei denen Wanderer von Weidetieren angegriffen, schwer verletzt bzw. sogar getötet werden.

Besondere **Vorsicht** ist **bei Mutterkuhherden (Kuh + Kalb)** und **Rinderherden mit Stieren** geboten, aber auch Jungrinder und Milchkühe können unter bestimmten Bedingungen aggressiv reagieren. In diesem Zusammenhang muss der natürliche Mutter- und Beschützerinstinkt bei Tieren beachtet werden. Insbesondere wenn die **Wanderer in Begleitung von Hunden** an Rinderherden vorbei- bzw. durch Rinderherden hindurchwandern, ist mit aggressivem Verhalten der Rinder zu rechnen. Rinder nehmen Hunde noch aus „Wolfszeiten" als Gefahr wahr, wodurch ein Verteidigungsverhalten einsetzen kann. Aber auch ohne Hundebegleitung ist Vorsicht geboten.

Auf Wanderwegen sollten vom Weidebesitzer jedenfalls gut sichtbare Hinweise und **Warnschilder** („Achtung Weiderinder – Betreten auf eigene Gefahr" etc.) angebracht werden. Auf stark frequentierten Wanderwegen sollten auch die folgend angeführten Verhaltensregeln den Wanderern nähergebracht werden. In manchen Regionen werden diesbezügliche Aktivitäten auch von Tourismusverbänden unterstützt.

WICHTIG Verhaltensregeln für Wanderer

Besondere Vorsicht mit Hunden

Hunde nicht auf Weidewanderungen mitnehmen

Großen Bogen um Rinderherden machen

Hunde bei Wanderungen grundsätzlich an der Leine führen

Sobald sich Rinder den Hunden oder Menschen gefahrvoll nähern, den Hund sofort freilassen und Schutz suchen! Oft werden Menschen verletzt, weil sie den Hund beschützen wollen. Man stürzt bzw. es fehlt die Zeit, um sich selbst in Schutz zu bringen, die Situation eskaliert bzw. schaukelt sich auf.

Auf markierten Wegen bleiben

Nicht durch die Herde gehen

Sich **nicht zwischen Kalb und Kuh stellen** und **Kälber und Jungrinder nicht streicheln**

Ruhiges und leises Verhalten

Langen **Wanderstock mitnehmen** und bei Gefahr schwingen

Tore und Hütesicherheit

Weiden, die von Wanderwegen gekreuzt werden, sollten so eingezäunt sein, dass Wanderer die Weide ohne das Öffnen von Toren betreten und verlassen können. Damit ist am besten sichergestellt, dass sich die Tiere ständig in gesicherten Weiden befinden und keine Tore nach dem Durchgang unverschlossen bleiben. Schwer erkennbare Drähte oder Bänder dürfen nicht über Wege gespannt werden, da hier eine hohe Verletzungsgefahr (z. B. für Radfahrer) besteht. Wenn E-Zäune verwendet werden, dann werden diesbezügliche Hinweisschilder empfohlen.

Hundekot auf Weiden

Obwohl das Risiko für die Verbreitung von Parasiten (z. B. *Neospora caninum* – Aborte bei Rindern) über Hundekot auf Weiden laut neuester Studien (Schares et al. 2014) gering ist, sollten Hundebesitzer darauf hingewiesen werden, dass Hundekot auch auf Wiesen und Weiden entsprechend eingesammelt werden muss. Mögliche Schadwirkungen ergeben sich nicht nur aufgrund des Parasiten- und Hygienerisikos, sondern auch durch verminderte Geruchs- und Schmackhaftigkeit sowie Konservierbarkeit des Futters.

Leitfaden für den Einstieg in die Weide

Wer einmal mit der professionellen Weidehaltung begonnen hat, will deren Vorteile nicht mehr missen. Neueinsteiger in die Weide müssen jedoch gezielt vorgehen! Die folgende Checkliste soll den Einstieg erleichtern, sie fasst wichtige Ansatzpunkte und Tipps zum Weideeinstieg zusammen und verweist auf die weiterführenden Infos in den Spezialkapiteln des vorliegenden Buches.

Den Frühling nicht verschlafen – ein früher Weidebeginn ist notwendig.

Maßnahmen	Wichtige Punkte	Infos in Kapitel
Flächeneignung prüfen	Boden, Steilheit, Wasserbedingungen, Erreichbarkeit etc.	Flächeneigung (S. 39 f.)
Weidepflanzenbestand prüfen/aufbauen	Wiesenrispe, Engl. Raygras, Weißklee, Lücken etc.; Übersaat, Neuansaat bei Bedarf	Weidepflanzenbestand (S. 23 ff.); Entwicklung von Weidebeständen (S. 34 ff.), Übersaat (S. 40 ff.), Neuansaat (S. 42 ff.)
Weidestrategie festlegen	Stundenweide, Halbtagsweide, Ganztagsweide, Vollweide	Weidestrategien (S. 108 ff.); Ökonomische Untersuchungen (S. 273 ff.), Zucht (S. 229 ff.), Produktqualität (S. 266 f.)
Weidesystem auswählen	Kurzrasenweide, Koppelweide, Portionsweide, Standweide; Dauerweide, Mähweide	Weidesysteme (S. 79 ff.)
Weidetechnik zeitgerecht planen und umsetzen	Zaunbau, Wasser, Schattenplätze, Triebwege, Weidemelkstand, Verladeeinrichtungen etc.	Weidetechnik (S. 246 ff.), Wanderer auf Weiden (S. 285 f.)
Tiere auf Weide vorbereiten	Fütterung; Verhalten – Angewöhnung an Zaun etc.	Weide in der Fütterung – siehe jeweilige Tierkategorie (S. 157 ff., 194 ff., 204 ff.); Zaun (S. 246 ff.)
Fütterungsstrategie fixieren	Ergänzungsfütterung, Grundfutter, Kraftfutter, Mineralstoffe	Weidestrategie (S. 108 ff.); Weide in der Fütterung – siehe jeweilige Tierkategorie (S. 157 ff., 194 ff., 204 ff.)
Weideführung, Düngung und Weidepflege beachten	Steuerung des Weidesystems; Düngung der Weiden; Weidepflege	Weidesysteme (S. 79 ff.) Aufwuchshöhenmessung (S. 69 ff.); Pflege und Düngung (S. 101 ff.)
Tiergesundheitsaspekte bei Weide beachten	Blähungen, Parasiten, Hitze, Euterpflege, Lästlinge	Tiergesundheit (S. 239 ff.); Weidetechnik (S. 246 ff.)
Verknüpfung mit Vermarktungsstrategien	Zusatzerlöse, Zusatznutzen, Direktvermarktung, Weidetiere als Werbeträger	Wirtschaftlichkeit (S. 268 ff.); Ökobilanz (S. 281 ff.); Produktqualität (S. 266 f.)

Im Frühahr muss der Zaun rechtzeitig fertiggestellt sein.

Abkürzungen

Abkürzung (weitere Abk.)	**Bezeichnung**	**Bedeutung**
ADF	Saure Detergensfaser (acid detergent fiber) = Zellulose und Lignin	Nährstoffe, Strukturversorgung
ADL	Saures Detergenslignin (acid detergent lignin) = Lignin	Strukturversorgung, Futterwert
BCS	Körperkondition (body condition score)	Nährstoffversorgung, Fütterungskontrolle
b. St	Beständige Stärke (im Pansen nicht abgebaute Stärke)	Nährstoffe, wiederkäuergerechte Ration
C	Kohlenstoff	Element
Ca	Calcium	Mineralstoff
CH_4	Methan	Pansenstoffwechsel
CO_2	Kohlendioxid	Stoffwechsel
Cl	Chlor	Mineralstoff
Cu	Kupfer	Mineralstoff
dOM	Verdauliche organische Masse	Energiebewertung
ECM	Energiekorrigierte Milchleistung (energy corrected milk)	Milchleistung
FM	Frischmasse	Preiswürdigkeit, Nährstoffkonzentration
IE	Internationale Einheiten	Mengeneinheit (Vitamine)
J	Jod	Mineralstoff
K	Kalium	Mineralstoff
KF	Kraftfutter	Futtermittelgruppe
LG (LM)	Lebendgewicht, Lebendmasse	Maßstabsbezeichnung
ME	Umsetzbare Energie (metabolizable energy)	Energiemaßstab
Mg	Magnesium	Mineralstoff
MJ	Megajoule	Energieeinheit
Mn	Mangan	Mineralstoff
MP	Mikrobenprotein	Proteinbewertung und -versorgung
N	Stickstoff	Proteinbewertung und -versorgung
Na	Natrium	Mineralstoff
NEL	Netto-Energie-Laktation	Energiemaßstab
NDF	Neutrale Detergensfaser (neutral detergent fiber)	Nährstoffe, Strukturversorgung
NFC	Nicht-Strukturkohlenhydrate (non-fiber carbohydrates)	Nährstoffe, wiederkäuergerechte Ration
NH_3	Ammoniak	Pansenstoffwechsel

Abkürzung (weitere Abk.)	Bezeichnung	Bedeutung
NPN	Nicht-Protein-Stickstoff	Proteinbewertung und -versorgung
nXP	Nutzbares Rohprotein am Dünndarm	Proteinbewertung und -versorgung
OM (OS)	Organische Masse	Nährstoffe
P	Phosphor	Mineralstoff
RNB	Ruminale Stickstoff-Bilanz (Pansen-Stickstoff-Bilanz)	Proteinbewertung und -versorgung
RPM	Rising Plate Pasture Meter	Aufwuchshöhenmessgerät
Se	Selen	Mineralstoff
st. Rfa	Strukturierte Rohfaser	Strukturversorgung
SW	Strukturwert	Strukturversorgung
TM (TS, T)	Trockenmasse	Preiswürdigkeit, Nährstoffkonzentration, Futteraufnahme
TMR	Total-Mischration	Fütterungstechnik
UDP	Im Pansen unabgebautes Rohprotein (undegradable protein, „geschütztes Eiweiß", „Durchflussprotein", pansenbeständiges Protein)	Proteinbewertung und -versorgung
XA (Ra)	Rohasche	Mineralstoffe, Verschmutzung
XF (Rfa)	Rohfaser	Nährstoffe, Strukturversorgung
XL (Rfe)	Rohfett (Rohlipide)	Nährstoffe
XP (RP)	Rohprotein	Nährstoffe
XS (St)	Stärke	Nährstoffe
XX (NfE)	Stickstofffreie Extraktstoffe	Nährstoffe
Z (XZ)	Zucker	Nährstoffe
Zn	Zink	Mineralstoff

Das große Potenzial der Weidehaltung wird wieder erkannt.

Verwendete und weiterführende Literatur

Bargo, F., L. D. Muller, J. E. Delahoy und T. W. Cassidy (2002): Milk response to concentrate supplementation of high producing dairy cows grazing at two pasture allowances. In: Journal of Dairy Science, 85, S. 1777–1792.

Bartussek, H. (1999): Die Weidehaltung von Milchkühen aus der Sicht des Tierschutzes. Bericht über das 5. Alpenländische Expertenforum zum Thema „Zeitgemäße Weidewirtschaft", 18. bis 19. 03. 1999, BAL Gumpenstein, S. 7–14.

Baudracco, J., N. Lopez-Villalobos, C. W. Holmes, E. A. Comeron, K. A. Macdonald, T. N. Barry und N. C. Friggens (2012): e-Cow: an animal model that predicts herbage intake, milk yield and live weight change in dairy cows grazing temperate pastures, with and without supplementary feeding. In: Animal, 6, S. 980–993.

Berendonk, C. (2011): Auf kurzem Rasen grasen. In: Bioland 05, S. 20–22.

Bischof, A. und A. Steinwidder (2012): Heuration zur Vollweide. In: Blick ins Land, 9, S. 16.

Blättler, T., B. Durgiai, S. Kohler, P. Kunz, S. Leuenberger, H. Menzi, R. Müller, H. Schäublin, P. Spring, R. Stähli, P. Thomet, K. Wanner, A. Weber und H. Menzi (2004): Projekt Opti-Milch: Zielsetzungen und Grundlagen. In: Agrarforschung Schweiz, 11, S. 80–85.

BMLFUW (2006): Bundesministerium für Land- und Forstwirtschaft, Umwelt und Wasserwirtschaft. Richtlinien für die Sachgerechte Düngung – Anleitung zur Interpretation von Bodenuntersuchungsergebnissen in der Landwirtschaft. 6. Auflage, Wien.

Buckley, F., C. Holmes und M. G. Keane (2005): Genetic characteristics required in dairy and beef cattle for temperate grazing systems. In: J. J. Murphy (Hrsg.): Utilisation of grazed grass in temperate animal systems. Niederlande: Wageningen Academic Publishers, S. 61–78.

Buckley, F., P. Dillon, S. Crosse, F. Flynn und M. Rath (2000): The performance of Holstein Friesian dairy cows of high and medium genetic merit for milk production on grass-based feeding systems. In: Livestock Production Science, 64, S. 107–119.

Cavestany, D., J. E. Blanc, M. Kulcsar, G. Uriarte, P. Chilibroste, A. Meikle, H. Febel, A. Ferraris und E. Krall (2005): Studies of the transition cow under a pasture-based milk Production System: Metabolic profiles. In: Journal of Veterinary Medicine. A, 52, S. 1–7.

Choi, Y. J., I. K. Han, J. H. Woo, H. J. Lee, K. Jang, K. H. Myung und Y. S. Kim (1997): Compensatory growth in dairy heifers: The effect of a compensatory growth pattern on growth rate and lactation performance. In: Journal of Dairy Science, 80, S. 519–524.

Clark, C. E. F., W. J. Fulkerson, K. S. Nandra, I. Barchia und K. L. Macmillian (2005): The use of indicators to assess the degree of mobilisation of body reserves in dairy cows in early lactation on a pasture-based diet. In: Livestock Production Science, 94, S. 199–211.

Coleman, J., K. M. Pierce, D. P. Berry, A. Brennan und B. Horan (2009): The influence of genetic selection and feed system on the reproductive performance of spring-calving dairy cows within future pasture-based production systems. In: Journal of Dairy Science, 92, S. 5258–5269.

Coleman, J., D. P. Berry, K. M. Pierce, A. Brennan und B. Horan (2010): Dry matter intake and feed efficiency profiles of 3 genotypes of Holstein-Friesian within pasture-based systems of milk production. In: Journal of Dairy Science, 93, S. 4318–4331.

Cummins, S. B., P. Lonergan, A. C. O. Evans, D. P. Berry, R. D. Evans und S. T. Butler (2012): Genetic merit for fertility traits in Holstein cows: I. Production characteristics and reproductive efficiency in a pasture-based system. In: Journal of Dairy Science, 95, S. 1310–1322.

Cushnahan, A., D. McGilloway, A. S. Laidlaw und C. S. Mayne (1996): The influence of sward structure and height on short term herbage intake rates by grazing dairy cows. In: Animal Science, 60, S. 429–438.

Cutullic, E., L. Delaby, Y. Gallard und C. Disenhaus (2011): Dairy cows' reproductive response to feeding level differs according to the reproductive stage and the breed. In: Animal, 5, S. 731–740.

Delaby, L., P. Faverdin, G. Michel, C. Disenhaus und J. L. Peyraud (2009): Effect of feeding strategies on lactation performance of Holstein and Normande dairy cows. In: Animal, 6, S. 891–905.

Delagarde, R., S. Prache, P. D'Hour und M. Petit (2001): Ingestion de l'herbe par les ruminants au pâturage. In: Fourrages, 166, S. 189–212. [Zitiert nach Peyraud und Delagarde 2013.]

Delagarde, R. und M. O'Donovan (2005): Modelling of herbage intake and milk production by grazing dairy cows. In: J. J. Murphy (Hrsg.): Utilisation of grazed grass in temperate animal systems. Niederlande: Wageningen Academic Publishers, S. 89–104.

Delagarde, R., P. Faverdin, C. Baratte und J. L. Peyraud (2011): GrazIn: A model of herbage intake and milk production for grazing dairy cows. 2. Prediction of intake under rotational and continuously stocked grazing management. In: Grass Forage Science, 66, S. 45–60.

De Brabander, D. L., J. L. De Boever, J. M. Vanacker, C. V. Boucque und S. M. Botterman (1999): Evaluation of physical structure in dairy cattle nutrition. In: P. C. Garnsworthy und J. Wiseman (Hrsg.): Recent Advances in Animal Nutrition. Nottingham: Univ. Press, S. 111–145.

DGfZ (Deutsche Gesellschaft für Züchtungskunde) (2011): Der Klimawandel und die Herausforderungen für die Nutztierhaltung von morgen in Deutschland. Positionspapier der DGfZ-Projektgruppe „Klimarelevanz in der Nutztierhaltung". Bonn.

Dillon, P., F. Buckley, P. O'Connor, D. Hegarty und M. Rath (2003a): A comparison of different dairy cow breeds on a seasonal grass-based system of milk production: 1. Milk production, live weight, body condition score and DM intake. In: Livestock Production Science, 83, S. 21–33.

Dillon, P., S. Snijders, F. Buckley, B. Harris, P. O'Connor und J. F. Mee (2003b): A comparison of different dairy cow breeds on a seasonal grass-based system of milk production: 2. Reproduction and survival. In: Livestock Production Science, 83, S. 35–42.

DLG (Deutsche Landwirtschaftsgesellschaft) (1973): Mineralstoffgehalt in Futtermitteln. DLG Futterwerttabellen. Band 62. Frankfurt: DLG-Verlag, S. 199.

DLG (Deutsche Landwirtschaftsgesellschaft) (1997): DLG Futterwerttabellen Wiederkäuer. Frankfurt: DLG Verlag, S. 212.

DLG (Deutsche Landwirtschaftsgesellschaft) (2001a): Empfehlungen zum Einsatz von Mischrationen bei Milchkühen. DLG-Information 1.

DLG (Deutsche Landwirtschaftsgesellschaft) (2001b): Struktur- und Kohlenhydratversorgung der Milchkuh. DLG-Information 2.

Durgiai, B. und R. Müller (2004): Projekt Opti-Milch: Betriebswirtschaftliche Ergebnisse. In: Agrarforschung Schweiz, 11, S. 126–131.

Evans, R. D., M. Wallace, L. Shalloo, D. J. Garrick und P. Dillon (2006): Financial implications of recent declines in reproduction and survival of Holstein-Friesian cows in spring-calving Irish dairy herds. In: Agricultural Systems, 89, S. 165–183.

Fulkerson, W. J., T. M. Davison, S. C. Garcia, G. Hough, M. E. Goddard, R. Dobos und M. Blockey (2008): Holstein-Friesian dairy cows under a predominantly grazing system: Interaction between genotype and environment. In: Journal of Dairy Science, 91, S. 826–839.

Garcia, S. C. und C. W. Holmes (2001): Lactation curves of autumn- and spring-calved cows in pasture-based dairy systems. In: Livestock Production Science, 68, S. 189–203.

Gasteiner, J. (2005): Tiergesundheitliche Aspekte zur Vollweidehaltung von Milchkühen. Österreichische Bio-Fachtagung, Tagungsband, S. 17–21.

Gazzarin, C., H.-J. Frey, R. Petermann und M. Höltschi (2011): Systemvergleich Milchproduktion Hohenrain – Weide- oder Stallfütterung – was ist wirtschaftlicher? In: Agrarforschung Schweiz, 2 (9), S. 418–423.

GfE (Gesellschaft für Ernährungsphysiologie – Ausschuss für Bedarfsnormen) (1995): Energie- und Nährstoffbedarf landwirtschaftlicher Nutztiere. Empfehlungen zur Energie- und Nährstoffversorgung der Mastrinder. Frankfurt: DLG Verlag.

GfE (Gesellschaft für Ernährungsphysiologie) – Ausschuss für Bedarfsnormen (1997): Zum Proteinbedarf von Milchkühen und Aufzuchtrindern. In: Proceedings of the Society of Nutrition Physiology, 6, S. 217–236.

GfE (Gesellschaft für Ernährungsphysiologie – Ausschuss für Bedarfsnormen) (2001): Empfehlungen zur Energie- und Nährstoffversorgung der Milchkühe und Aufzuchtrinder. Frankfurt: DLG-Verlag.

Gibb, M. J., C. A. Huckle, R. Nuthall und A. J. Rook (1997): Effect of sward surface height on intake and grazing behaviour by lactating Holstein Friesian cows. In: Grass and Forage Science, 52, S. 309–321.

Graf, C. M., M. Kreuzer und F. Dohme (2003): Der Einfluss verschiedener Weidesysteme auf den ruminalen pH-Verlauf, die Kauaktivität und die Leistung von Milchkühen. In: Kreuzer, Wenk und Lanzini (Hrsg.): Gesunde Nutztiere – heutiger Stellenwert der Futterzusatzstoffe in der Tierernährung. Tagungsbericht, Band 24 (Schriftenreihe aus dem Institut für Nutztierwissenschaften ETH Zürich), S. 155–156.

Graf, C. M., M. Kreuzer und F. Dohme (2004): Einfluss der Häufigkeit von Heuzufütterung zu Gras auf Kauaktivität, Pansenfermentation und Faserverdauung von Milchkühen. In: Kreuzer, Wenk und Lanzini (Hrsg.): Lipide in Fleisch, Milch und Ei – Herausforderungen für die Tierernährung. Tagungsbericht, Band 25 (Schriftenreihe aus dem Institut für Nutztierwissenschaften ETH Zürich), S. 232–234.

Graf, C. M., M. Kreuzer und F. Dohme (2005): Influence of supplementing hay to grass once or three times per day on the effectiveness of the fibre as determined by changes in ruminal pH, chewing activity and milk composition of cows. In: Animal Research, 54, S. 321–335.

Gruber, L. und G. Wiedner (1994): Auswertung und Interpretation der Grundfutteranalysen des Futtermittellabors Rosenau der NÖ. Landeslandwirtschaftskammer. In: BAL-Veröffentlichung, 21.

Gruber, L., M. Pries, F.-J. Schwarz, H. Spiekers und W. Staudacher (2006): Schätzung der Futteraufnahme bei der Milchkuh. In: DLG-Information 1.

Harris, B. L. und E. S. Kolver (2001): Review of Holsteinization on Intensive Pastoral Dairy Farming in New Zealand. In: Journal of Dairy Science, 84, S. E56–E61.

Häusler, J., T. Guggenberger, R. Resch und J. Wildling (2008): Ergebnisse zur Ergänzungsfütterung bei Ganztagsweidehaltung von Milchkühen. Tagungsbericht HBLFA Raumberg-Gumpenstein. 4. Österr. Fachtagung für biologische Landwirtschaft, S. 81–95.

Häusler, J., M. Velik, D. Eingang und J. Wildling (2008): Ergebnisse zur Weideaufzucht von Kalbinnen. Tagungsbericht HBLFA Raumberg-Gumpenstein, Österreichische Fachtagung für Biologische Landwirtschaft, S. 97–104.

Häusler, J., D. Eingang und J. Wildling (2011): Mit Weide Kraftfutter sparen. In: Der fortschrittliche Landwirt, 17, S. 26–27.

Hofstetter, P., H. Frey, R. Petermann, W. Gut, L. Herzog und P. Kunz (2011): Systemvergleich Milchproduktion Hohenrain – Stallhaltung versus Weidehaltung – Futter, Leistung und Effizienz. In: Agrarforschung Schweiz 2 (9), S. 402–411.

Hofstetter, P., M. Steiger Burgos, R. Petermann, A. Münger, J. W. Blum, P. Thomet, H. Menzi, S. Kohler und P. Kunz (2011): Does body size of dairy cows, at constant ratio of maintenance to production requirements, affect productivity in a pasture-based production system? In: Journal of Animal Physiology and Animal Nutrition, 95, S. 717–729.

Holmes, C. W., I. M. Brookes, D. J. Garrick, D. D. S. Mackenzie, T. J. Parkinson und G. F. Wilson (2002): Milk production from pasture, principles and practices. Palmerston North: Massey University.

Holmes, C. W., J. Garcia-Muniz, D. Laborde, M. Christfield und J. Purchas (1999): Reproductivity performance of Holstein-Friesian cows which have been selected for heavy or light life weight. In: Dairyfarming annual, 51, S. 79–86.

Horan, B., P. Dillon, P. Faverdin, L. Delaby, F. Buckley und M. Rath (2005): The interaction of strain of Holstein-Friesian cows and pasture-based feed systems on milk yield, body weight, and body condition score. In: Journal of Dairy Science, 88, S. 1231–1243.

Horn, M., A. Steinwidder, J. Gasteiner, L. Podstatzky, A. Haiger und W. Zollitsch (2013): Suitability of different dairy cow types for an Alpine organic and low-input milk production system. In: Livestock Production Science, 153, S. 135–146.

Horn, M., A. Steinwidder, W. Starz, R. Pfister und W. Zollitsch (2014): Interactions of calving season and cow type in a seasonal Alpine organic and low-input dairy system. In: Livestock Production Science, 160, S. 141–150.

IFCN (2013): Dairy Report 2013. International Farm Comparison Network – Jahresbericht IFCN Dairy Research Center.

Jahreis, G., J. Fritsche und H. Steinhart (1997): Conjugated linoleic acid in milk fat: High variation depending on production system. In: Nutrition Research, 17, S. 1479–1484.

Jilg, T. (2003): Kälberaufzucht – Erfahrungen und aktuelle Entwicklungen. Bericht BAL Gumpenstein, 30. Viehwirtschaftliche Fachtagung, 24. bis 25. April 2003, S. 7–16.

Johnson, I. R. und A. J. Parsons (1985): Use of a model to analyse the effects of continuous grazing managements on seasonal patterns of grass production. In: Grass and forage science, 40 (4), S. 449–458.

Kiefer, L., E. Bahrs und R. Over (2013): Die Vorzüglichkeit der Grünlandnutzung in der Milchproduktion – Potentielle Vorteile der Vollweidehaltung. Schriftlicher Beitrag zur 53. Jahrestagung der Gesellschaft für Wirtschafts- und Sozialwissenschaften des Landbaues e. V., 25. bis 27. September, Berlin, S. 1–13.

Kiefer, L. (2013): Vorstellung der produktionstechnischen und ökonomischen Ergebnisse von süddeutschen Weidebetrieben. Vortragsunterlagen. URL: http://www.naturland.de/fileadmin/MDB/documents/Erzeuger/Tagungsbeitraege/Milchviehtagung_Irschenberg_2013/KIEFER_Uni_Hohenheim.pdf [abgerufen im Jänner 2014]

Kikuzawa, K. (1995): Leaf phenology as an optimal strategy for carbon gain in plants. In: Canadian Journal of Botany, 73 (2), S. 158–163.

Kirner, L. (2012): Wettbewerbsfähigkeit von Vollweidesystemen in der Milchproduktion im alpinen Grünland. In: Die Bodenkultur, 63 (2–3), S. 17–27.

Klapp, E. (1971): Wiesen und Weiden – Eine Grünlandlehre. Berlin, Hamburg: Verlag Paul Parey.

Kohler S., T. Blättler, K. Wanner, H. Schäublin, C. Müller und P. Spring (2004): Projekt Opti-Milch: Gesundheit und Fruchtbarkeit der Kühe. In: Agrarforschung, 11, S. 80–85.

Kohnen, H. und A. Steinwidder (2012): Mobile Melkanlagen für Weide und Stall. In: Der fortschrittliche Landwirt, 9, S. 11–13.

Kolver, E. S. und L. D. Muller (1998): Performance and nutrient intake of high producing Holstein cows consuming pasture or a total mixed ration. In: Journal of Dairy Science, 81, S. 1403–1411.

Kolver, E. S., J. R. Roche, M. J. De Veth, P. L. Thorne und A. R. Napper (2002): Total mixed rations versus pasture diets: Evidence for genotyp x diet interaction in dairy cow performance. In: Proceedings of the New Zealand Society of Animal Production, 62, S. 246–251.

KTBL (2002): Ganzjährige Freilandhaltung. KTBL Schrift.

Kühl, S., M. Ermann und A. Spiller (2014): Imageträger Weidegang. In: DLG Mitteilung 4, S. 94–97.

Laca, E. A., E. D. Ungar und M. W. Demment (1994): Mechanisms of handling time and intake rate of a large mammalian grazer. In: Applied Animal Behaviour Science, 39, S. 3–19.

Laca, E. A., E. D. Ungar, N. G. Seligman, M. R. Ramey und M. W. Demment (1992): Effects of sward height and bulk density on bite dimension of cattle grazing homogeneous swards. In: Grass and forage Science, 47, S. 91–102.

Lattanzi, F. A., H. Schnyder und B. Thornton (2004): Defoliation effects on carbon and nitrogen substrate import and tissue-bound efflux in leaf growth zones of grasses. In: Plant, Cell & Environment, 27 (3), S. 347–356.

Leisen, E. (2014): pH-Wert Veränderungen im Pansen bei Umtriebs-, Portions- und Kurzrasenweide. Poster-Präsentation – Treffen der internationalen Weidearbeitsgruppe, 21. und 22. August, Zollikofen.

Lobsiger, M., E. Mosimann, B. Jeangros und A. Lüscher (2007): Auswirkungen des letzten Nutzungstermins von Weiden im Herbst auf den Ertrag im darauf folgenden Frühling. Tagungsband 9, Band 1. Wissenschaftstagung Ökologischer Landbau, 20. bis 27. März, Hohenheim, S. 181–184.

Lyons, N. A., K. I. Kerrisk und S. C. Garcia (2014): Milking frequency management in pasture-based automatic milking systems: A review. In: Livestock Science, 159, S. 102–116.

Macdonald, K. A., G. A. Verkerk, B. S. Thorrold, J. E. Pryce, J. W. Penno, L. R. McNaughton, L. J. Burton, A. S. Lancaster, J. H. Williamson und C. W. Holmes (2008): A comparison of three strains of holstein-friesian grazed on pasture and managed under different feed allowances. In: Journal of Dairy Science, 91, S. 1693–1707.

Mayne, C. und J. L. Peyraud (1996): Recent advances in grassland utilization under grazing and conservation. In: Grassland and Land use systems. 16. EGF-Meeting, S. 347–360.

Mayne, C. S., I. A. Wright und G. E. J. Fisher (2000): Grassland management under grazing and animal response. In: A. Hopkins: Grass: Its Production and Utilization. 3. Aufl. Oxford: Blackwell Science Ltd., S. 247–291.

McCarthy, S., B. Horan, P. Dillon, P. O'Connor, M. Rath und L. Shalloo (2007a): Economic comparison of divergent strains of Holstein-Friesian cows in various pasture-based production systems. In: Journal of Dairy Science, 90, S. 1493–1505.

McCarthy, S., D. P. Berry, P. Dillon, M. Rath und B. Horan (2007b): Effect of strain of Holstein-Friesian and feed system on calving performance, blood parameters and overall survival. In: Livestock Science, 111, S. 218–229.

McCarthy, B., L. Delaby, K. M. Pierce, F. Journot und B. Horan (2011): Meta-analysis of the impact of stocking rate on the productivity of pasture-based milk production systems. In: Animal, 5, S. 784–794.

McDowell, R. E. (1972): Improvement of livestock production in warm climates. San Francisco: W. H. Freeman and Company.

Mosimann, E., J. Pitt und M. Lobsiger (2005): Weiden von Milchkühen. Umtriebsweide: Grashöhe und Weidevorrat. In: Information AGFF W16, S. 2.

Mosimann, E., A. Münger, F. Schori und J. Pitt (2008): Weiden von Milchkühen: Hilfsmittel unterstützen die Weideführung. In: Agrarforschung, 15 (8), S. 384–389.

Münger, A. (2003): Intensive Milchproduktion und maximale Weidenutzung – Möglichkeiten, Grenzen, spezielle Fütterungsaspekte. Bericht BAL Gumpenstein. 30. Viehwirtschaftliche Fachtagung, 24. bis 25. April, S. 1–6.

Mwansa, P. und R. Peterson (1998): Estimates of G x E Effects for Longevity among Daughters of Canadian and New Zealand Sires in Canadian and New Zealand Dairy Herds. In: Interbull bulletin, 17, S. 110–114.

NMfELF (Niedersächsisches Ministerium für Ernährung, Landwirtschaft und Forsten) (2000): Empfehlungen für die saisonale und ganzjährige Weidehaltung von Rindern. Arbeitsgruppe Rinderhaltung. 2. Aufl. Hannover.

NRC (2001): Nutrient Requirements of Dairy cattle. National Research Council – Nutrient Requirements of Domestic Animals. 7. Aufl. Washington, D. C.: National Academy Press.

Nultsch, W. (2001): Allgemeine Botanik. 11. Aufl. Stuttgart: Thieme Verlag.

Park, C. S., G. M. Erickson, Y. J. Choi und G. D. Marx (1987): Effect of compensatory growth on regulation of growth and lactation: Response of dairy heifers to a stair-step growth pattern. In: Journal of Animal Science, 64, S. 1751–1758.

Pastushenko V., H. C. Matthes, T. Hein und Z. Holzer (2000): Impact of cattle grazing on meat fatty acid composition in relation to human nutrition, Proceedings of the 13th IFOAM Scientific Conference, Basel, S. 293–296.

Patton, J., J. J. Murphy, F. P. O. O'Mara und S. T. Butler (2008): A comparison of energy balance and metabolic profiles of the New Zealand and North American strains of Holstein Friesian dairy cow. In: Animal, 6, S. 969–978.

Pérez-Prieto, L. A. und R. Delagarde (2013): Meta-analysis of the effect of pasture allowance on pasture intake, milk production, and grazing behaviour of dairy cows grazing temperate grasslands. In: Journal of Dairy Science, 96, S. 6671–6689.

Peyraud, J. L. und L. Delaby (2005): Combiner la gestion optimale du pâturage et les performances des vaches laitières: enjeux et outils. In: INRA Productions Animales, 18 (4), S. 231–240.

Peyraud, J. L. und R. Delagarde (2013): Managing variations in dairy cow nutrient supply under grazing. In: Animal, 7, S. 57–67.

Piccand, V., E. Cutullic, F. Schori, K. Keckeis, C. Gazzarin, M. Wanner und P. Thomet (2011a): Projekt „Weidekuh-Genetik": Zusammenfassung und Perspektiven. Agrarforschung Schweiz, 2, S. 542–547.

Piccand, V., E. Cutullic, F. Schori, K. S. Weilenmann und P. Thomet (2011b): Projekt „Weidekuh-Genetik": Produktion, Fruchtbarkeit und Gesundheit. Agrarforschung Schweiz, 2 (11–12), S. 252–257.

Pitt, J. und S. Käch Pitt (2014): LUDF-Weidemanagement – Das LUDF-Weidemanagement-System: Inspiration und Hilfsmittel für Schweizer Vollweidebauern. URL: http://www.weidemilch.ch/index.php?id=44 [abgerufen im August 2014]

Plaizier, J. C. B., G. J. King, J. C. M. Dekkers und K. Lissemore (1997): Estimation of economic values of indices for reproductive performance in dairy herds using computer simulation. In: Journal of Dairy Science, 80, S. 2775–2783.

Porzig, E. und H. H. Sambraus (1991): Nahrungsaufnahmeverhalten landwirtschaftlicher Nutztiere. 1. Aufl. Berlin: VEB Deutscher Landwirtschaftsverlag, S. 31–146.

Pötsch, E. M. (2007): Freilandhaltung von Rindern im Konnex zum Aktionsprogramm 2003. Tagungsband zur Bautagung Raumberg-Gumpenstein, 23. und 24. Mai, S. 79–82.

Pries, M. (2004): Weidegang ja – aber richtig ergänzen. URL: www.landwirtschaftskammer.de [abgerufen im Jänner 2013]

Pries, M. und A. Menke (2011): Futterbewertung: Verdaulichkeit von Frischgras aus dem System der Kurzrasenweide. In: Riswicker Ergebnisse 1, S. 16–20. URL: http://www.landwirtschaftskammer.de/riswick/pdf/ergebnisse_futterwertpruefung/ergebnisse-futterwertpruefung-2010.pdf [abgerufen im Mai 2014]

Pries, M., A. Schiborra, H. Spiekers und A. Verhoeven (2004): Einfluss des Kraftfutterniveaus in der ökologischen Milchviehhaltung. URL: http://www.oekolandbau.nrw.de/pdf/Tierhaltung/Milchkuehe/Kraftfutterniveau.pdf [abgerufen im Jänner 2013]

Pries, M. und A. Verhoeven (2013): Hohe Leistungen mit der Kurzrasenweide. URL: http://www.lk-wl.de/riswick/pdf/top_agrar_weidehaltung_pries_und_verhoeven.pdf [abgerufen im Mai 2014]

Pulido, R. G. und J. D. Leaver (2003): Continuous and rotational grazing of dairy cows – the interactions of grazing system with level of milk yield, sward height and concentrate level. In: Grass and Forage Science, 58, S. 265–275.

Resch, R., T. Guggenberger, G. Wiedner, A. Kasal und K. Wurm (2006): Futterwerttabellen für das Grundfutter im Alpenraum. In: ÖAG-Info 8/Der fortschrittliche Landwirt, 24, S. 1–20.

Ribeiro Filho, H. M. N., R. Delagarde und J. L. Peyraud, 2005: Herbage intake and milk yield of dairy cows grazing perennial ryegrass swards or white clover/perennial ryegrass swards at low- and medium-herbage allowances. In: Animal Feed Science and Technology, 119 (1–2), S. 13–27.

Roche, J. R., D. P. Berry und E. S. Kolver (2006): Holstein-Friesian strain and feed effects on milk production, body weight, and body condition score profiles in grazing dairy cows. In: Journal of Dairy Science, 89, S. 3532–3543.

Roche, J. R., K. A. Macdonald, C. R. Burke, J. M. Lee und D. P. Berry (2007a): Associations among body condition score, body weight, and reproductive performance in seasonal-calving dairy cattle. In: Journal of Dairy Science, 90, S. 376–391.

Roche, J. R., J. M. Lee, K. A. Macdonald und D. P. Berry (2007b): Relationships among body Condition score, body weight, and milk production variables in pasture-based dairy cows. In: Journal of Dairy Science, 90, S. 3802–3815.

Rook, A. J., C. A. Huckle und P. D. Penning (1994): Effects of sward height and concentrate supplementation on the ingestive behaviour of spring-calving dairy cows grazing grass-clover swards. In. Applied Animal Behaviour Science, 40, S. 101–112.

Schares, G., K. Tackmann, M. Ziller und F. J. Conraths (2005): Risikobewertung. Rinderaborte durch Neospora caninum – Welche Gefahren gehen von Hundekot auf Weiden aus? URL: http://www.fli.bund.de/fileadmin/dam_uploads/Publikationen/Risikobewertungen/Risikobewertung-Rinderaborte_durch_Neospora_caninum_050726.pdf [abgerufen im August 2014]

Schleip, I., F. A. Lattanzi und H. Schnyder (2013): Common leaf life span of co-dominant species in a continuously grazed temperate pasture. In: Basic and Applied Ecology, 14 (1), S. 54–63.

Schori, F., (2008): Effects of different stocking rates with dairy cows on herbage quality and milk production in organic farming. 16. IFOAM Organic world Congress, Modena. URL: http://orgprint.org/11907 [abgerufen im Dezember 2012]

Schori, F. (2013): Die Wuchshöhe von Weiden und Wiesen messen. In: ALP aktuell, Agroscope (Hrsg.), Merkblatt Nr. 48, S. 1–4.

Schori, F., S. Darms, S. Thanner, A. Münger und F. Dohme-Meier (2012): Verzehrsverhalten, Aktivität und Energieaufwand von weidenden Kühen. Vortrag ALP-Tagung Posieux, 27. September. URL: http://www.agroscope.admin.ch/publikationen/einzelpublikation/index.html?aid=30252&lang=de&pid=30110 [abgerufen im Dezember 2013]

SHL (Schweizer Hochschule für Landwirtschaft) (2005): Schlussbericht: Eignung unterschiedlicher Schweizer Kuhtypen zur Milchproduktion auf der Weide.

Spranger, J. (2002): Artgerechte Tierzucht muss das Wesen der Tiere beachten. Rinderzucht im Bio-Landbau. In: Ernte Spezial, Mai, S. 20–24.

Stähli R., F. Merk-Lorez und A. Weber (2004): Projekt Opti-Milch: Zusammenarbeit in Erfahrungsgruppen. In: Agrarforschung, 11, S. 378–383.

Starz, W., A. Steinwidder, R. Pfister und H. Rohrer (2010): Continuous grazing in comparison to cutting management on an organic meadow in the eastern Alps. Tagungsband, 23. General Meeting of the European Grassland Federation, S. 1009–1011.

Starz, W. und A. Steinwidder, (2007): Stickstoffflüsse auf der Weide bei Vollweidehaltung im alpinen Raum Österreichs. 9. Wissenschaftstagung, Ökologischer Landbau, Zwischen Tradition und Globalisierung, Universität Hohenheim, S. 17–20.

Starz, W., J. Kreuzer, A. Steinwidder, H. Rohrer und R. Pfister (2013): Kurzrasen- und Koppelweide auf einem trockenheitsgefährdeten Dauergrünlandstandort. In: Bericht HBLFA Raumberg-Gumpenstein zur Fachtagung für Biologische Landwirtschaft, 7. November, S. 103–106.

Starz, W., A. Steinwidder und W. Angeringer (2010): Ampferregulierung durch intensive Beweidung möglich? Ergebnisse aus einem Exaktversuch sowie aus der Praxis. In: Bericht HBLFA Raumberg-Gumpenstein zur Fachtagung für Biologische Landwirtschaft, 10. November, S. 25–44.

Starz, W., A. Steinwidder, R. Pfister und H. Rohrer (2014a): Inhaltsstoffverläufe im Weidefutter auf vielfältigen Dauerweidebeständen im inneralpinen Klimaraum. In: B. Reidy, B. Gregis und P. Thomet (Hrsg): Mitteilungen der Arbeitsgemeinschaft Grünland und Futterbau, Band 16, Internationale Weidetagung 21. und 22. August, Zollikofen, S. 142–147.

Starz, W., A. Steinwidder, R. Pfister und H. Rohrer (2014b): Unterschiedliche Aufwuchshöhen bei simuliertem Koppelsystem und deren Auswirkung auf Ertrag und Graszuwachs. In: B. Reidy, B. Gregis und P. Thomet (Hrsg): Mitteilungen der Arbeitsgemeinschaft Grünland und Futterbau, Band 16, Internationale Weidetagung 21. und 22. August, Zollikofen, S. 123–126.

Steinberger, S. (2010): Jungviehaufzucht auf Vollweidebetrieben mit saisonaler Abkalbung. In: LfL-Tierernährung, Nov. URL: http://www.lfl.bayern.de/mam/cms07/ite/dateien/26616_jungviehaufzucht_auf_vollweidebetrieben.pdf [abgerufen im März 2014]

Steinberger, S., P. Rauch und H. Spiekers (2009): Vollweide mit Winterkalbung. In: Schriftenreihe der Bayerischen Landesanstalt für Landwirtschaft, 8, S. 42–47.

Steinberger, S., P. Rauch, H. Spiekers, G. Hofmann und G. Dorfner (2012): Vollweide mit Winterkalbung – Ergebnisse von Pilotbetrieben. In: Schriftenreihe der Bayerischen Landesanstalt für Landwirtschaft, 5, S. 102.

Steinwidder, A. (2002): Aspekte zur Weidehaltung von Milchkühen. Tagungsband, 28. Viehwirtschaftliche Fachtagung, 2. und 3. Mai, S. 53–67.

Steinwidder, A. (2009): Modellrechnungen zum Einfluss der Lebendmasse von Milchkühen auf Futtereffizienz und Kraftfutterbedarf. Proceedings 10. Wissenschaftstagung Ökologischer Landbau, Zürich, S. 30–33.

Steinwidder, A. (2012): Qualitätsrindermast im Grünland. Graz, Stuttgart: Leopold Stocker Verlag.

Steinwidder, A., M. Ehm-Blach, E. Zeiler, L. Gruber und F. Lettner (2001): Einfluss von Tag- oder Nachtweidehaltung auf Futteraufnahme und Fressverhalten von Milchkühen. In: Züchtungskunde, 73, S. 215–232.

Steinwidder, A. und L. Gruber (2002): Leistungsgrenzen der Milchkuh im Biolandbau sowie bei konventioneller Haltung. Seminar des genetischen Ausschusses der ZAR, 21. März, Salzburg, S. 13–35.

Steinwidder, A., R. Pfister, H. Rohrer, M. Horn und J. Gasteiner (2014): Schonende Weide-Übergangsfütterung sehr bedeutend für stabile Vormagen pH-Werte bei Milchkühen. Tagungsband zum Öko-Landbau-Tag 2014. Bayerische Landesanstalt für Landwirtschaft. (= Schriftenreihe LFL 2/2014), S. 9–12.

Steinwidder, A., P. Schweiger, L. Gruber und F. Lettner (1999): Einfluß des Fütterungszeitpunktes sowie der Protein- und Energieversorgung auf den

Milchharnstoffgehalt. In: Agribiological Research, 51, S. 341–355.

Steinwidder, A. und W. Starz (2006): Sind unsere Kühe für die Weide noch geeignet? Tagungsband zur 13. Freilandtagung, 28. September, S. 37–43.

Steinwidder, A., W. Starz, R. Pfister, E. M. Pötsch, E. Schwab, E. Schwaiger, L. Podstatzky, L. Kirner, und M. Gallnböck (2010a): Untersuchungen zur Vollweidehaltung von Milchkühen unter alpinen Produktionsbedingungen. Tagungsband zur 4. Bio-Fachtagung, 12. und 13. November 2008, HBLFA Raumberg-Gumpenstein, S. 5–80.

Steinwidder, A., W. Starz, L. Podstatzky, L. Kirner, E. M. Pötsch, R. Pfister und M. Gallnböck (2010b): Low-Input-Vollweidehaltung von Milchkühen im Berggebiet Österreichs – Ergebnisse von Pilotbetrieben bei der Betriebsumstellung. In: Züchtungskunde, 82, S. 241–252.

Steinwidder, A., W. Starz, L. Podstatzky, R. Pfister, H. Rohrer und M. Gallnböck, (2011): Einfluss des Abkalbezeitpunktes von Milchkühen auf Produktionsparameter bei Vollweidehaltung im Berggebiet. In: Züchtungskunde, 83, S. 203–215.

Steinwidder, A. und K. Wurm (2005): Milchviehfütterung – Tier- und leistungsgerecht. Graz, Stuttgart: Leopold Stocker Verlag.

Sutter, M., T. Nemecek und P. Thomet (2013): Vergleich der Ökobilanzen von stall- und weidebasierter Milchproduktion. Agrarforschung Schweiz 4 (5), S. 230–237.

Thomet, P. (2005): Angepasste Vollweidehaltung – Boden, Pflanze und Ökologie. Tagungsband zur Österreichischen Fachtagung für Biologische Landwirtschaft. HBLFA Raumberg-Gumpenstein, S. 11–16.

Thomet, P. (2007): Welche Kuhtypen brauchen wir zur graslandbasierten Produktion von Milch? Tagungsband zum 13. Alpenländischen Expertenforum, HBLFA Raumberg-Gumpenstein, S. 33–38.

Thomet, P., M. Stettler, M. Hadorn und E. Mosimann (2007): N-Düngung zur Lenkung des Futterangebotes von Weiden. In: Agrarforschung, 14 (10), S. 472–477.

Thomet, P., E. Cutullic, W. Bisig, C. Wuest, M. Elsaesser, S. Steinberger und A. Steinwidder (2011): Merits of full grazing systems as a sustainable and efficient milk. Proceedings, 16. Symposium der European Grassland Federation, 29. bis 31. August, Gumpenstein, S. 273–285.

Thomet, P., M. Hadorn und J. Troxler (2000): Leistungsvergleich zwischen Kurzrasen- und Umtriebsweide mit Ochsen. In: Agrarforschung, 7 (10), S. 472–477.

Thomet, P., M. Hadorn, J. Troxler und B. Koch (2000): Entwicklung von Raigras/Weissklee-Mischungen bei Kurzrasenweide. In: Agrarforschung, 7 (5), S. 218–223.

Thomet, P. und P. Kunz (2008): What type of cow do we need for grassland based milk production? In: Grassland Science in Europe, 13, S. 864–866.

Thomet, P., S. Leuenberger und T. Blaettler (2004): Projekt Opti-Milch: Produktionspotential des Vollweidesystems. In: Agrarforschung, 11, S. 336–341.

Thomet, P., V. Piccand, F. Schori, J. Troxler, M. Wanner und P. Kunz (2010): Efficiency of Swiss and New Zealand dairy breeds under grazing conditions on Swiss dairy farms. Ergebnisse des 23. EGF General Meetings, „Grassland in a Changing World", Grassland Science in Europe, 15, S. 1018–1020.

Thomet, P., M. Stettler und D. Weiss (2008): Methode zur Berechnung der Flächenproduktivität Milch. In: Mitteilungen der Arbeitsgemeinschaft Grünland und Futterbau, 9, S. 95–98.

Veerkamp, R. F., P. Dillon, E. Kelly, A. R. Cromie und A. R. Groen (2002): Dairy cattle breeding objectives combining yield, survival and calving interval for pasture-based systems in Ireland under different milk quota scenarios. In: Livestock Production Science, 76, S. 137–151.

Velik, M. (2012): Weide und ihre Auswirkungen auf die Produktqualität (Fleisch und Milch). Seminarunterlagen „Weidepraktiker-Ausbildung 2012", 4. Juli, Bio-Austria, HBLFA Raumberg-Gumpenstein. URL: http://www.google.at/url?sa=t&rct=j&q=&esrc=s&frm=1&source=web&cd=7&ved=0CE8QFjAG&url=http%3A%2F%2Fwww.raumberg-gumpenstein.at%2Fc%2Findex2.

php%3Fno_html%3D1%26option%3Dcom_fodok%26task%3Ddownload%26publ_id%3D11260&ei=K_-uUt7lHub_ygPi5lGIDQ&usg=AFQjCNGI2R1acKE_zn40J_KuBpJAQRrz0Q [abgerufen im Dezember 2013]

Velik, M., E. M. Friedrich, J. Häusler und A. Steinwidder (2013): Färsenmast auf Kurzrasenweide oder im Stall – Einfluss auf Mastleistung, Schlachtleistung und Fleischqualität. In: Züchtungskunde, 85, S. 206–215.

Verhoeven, A., C. Berendonk und M. Pries (2014): Kurzrasenweide: auch für Jungrinder gut. In: Bioland, 5, S. 25–26.

Vibart, R. E., V. Fellner, J. C. Burns, G. B. Huntington und J. T. Green (2008): Performance of lactating dairy cows fed varying levels of total mixed ration and pasture. In: Journal of Dairy Research, 75 (4), S. 471–480.

Walsh, R. B., J. S. Walton, D. F. Kelton, S. J. LeBlanc, K. E. Leslie und T. F. Duffield (2007): The effect of subclinical ketosis in early lactation in reproductive performance of postpartum dairy cows. In: Journal of Dairy Science, 90, S. 2788–2796.

Walsh, S., F. Buckley, K. Pierce, N. Byrne, J. Patton und P. Dillon (2008): Effects of breed and feeding system on milk production, body weight, body condition score, reproductive performance and postpartum ovarian function. In: Journal of Dairy Science, 91, S. 4401–4413.

Wassmuth, R. (2007): Freilandhaltung von Rindern – Technik und Management. Tagungsband, Bautagung Raumberg-Gumpenstein, 23. und 24. Mai, S. 75–78.

Wims, C. M., L. Delaby, T. M. Boland und M. O'Donovan (2014): Effect of pre-grazing herbage mass on dairy cow performance, grass dry matter production and output from perennial ryegrass (Lolium perenne L.) pastures. In: Animal, 8 (1), S. 141–151.

Woodward, S. J. R. (1997): Formular for predicting animals' daily intake of pasture and grazing time from bite weight and composition. In: Livestock Production Science, 51, S. 1–10.

Wyss, U., J. Mauer, H. Frey, T. Reinhard, A. Bernet und P. Hofstetter (2011): Systemvergleich Milchproduktion Hohenrain – Aspekte zur Milchqualität und Saisonalität der Milchlieferungen. In: Agrarforschung Schweiz, 2 (9), S. 412–417.

Yan, T., C. S. Mayne, T. W. J. Keady und R. E. Agnew (2006): Effects of dairy cow genotype with two planes of nutrition on energy partitioning between milk and body tissue. In: Journal of Dairy Science, 89, S. 1031–1042.

Zimmermann, A. (2006): Kosten und Umweltwirkungen der Milchvieh-Fütterung. Beurteilung verschiedener Futtermittel und Fütterungsvarianten mittels Vollkostenrechnung und Ökobilanzierung. In: ART-Berichte (früher: FAT-Berichte), 662, S. 12.

Ihr Profi für Weidezaun und Milchverarbeitung!
FA45 Profi
FAIE
QUALITÄT + AUSWAHL
DIE GANZE WELT DER LANDWIRTSCHAFT
elecrem
Jetzt gratis FAIE Katalog anfordern!
FAIE
QUALITÄT + AUSWAHL
Tel.: 07672/716-0
Fax: 07672/716-34
Tel. BRD: 01801/716000
Fax BRD: 01801/716001
email: info@faie.at
A-4844 Regau, Handelsstraße 9
Online bestellen
www.faie.eu
über 30.000 Artikel online

Gras dich fit
Weide erfolgreich umsetzen
Praxisnahe Anleitung zur optimalen Weidehaltung von Rindern
Bio AUSTRIA
MINISTERIUM FÜR EIN LEBENSWERTES ÖSTERREICH
HBLFA RAUMBERG - GUMPENSTEIN LANDWIRTSCHAFT
agrarfoto.com
Bio Institut
raumberg-gumpenstein.at/bio-institut

Aus unserem Programm

ISBN 978-3-7020-1303-5

ISBN 978-3-7020-1382-0

Leopold Stocker Verlag
www.stocker-verlag.com

Gutschein für ermäßigten Bezug

Weidefilm „Gras dich fit"

Der Weidefilm „Gras dich fit" zeigt anschaulich und klar Wissenswertes für einen erfolgreichen Weidegang der Tiere. Der Bogen spannt sich dabei von der Beurteilung des Pflanzenbestandes über die unterschiedlichen Weidesysteme bis hin zur Düngung und zum Zaunbau. Weideprofis geben Tipps für Praxis, Beratung und Lehre.

Für den ermäßigten Bezug des Weidefilms (7 Euro + Versand) senden bzw. faxen Sie bitte diesen Abschnitt an:

Bio-Austria/3. OG
Auf der Gugl 3
A-4021 Linz
Fax: +43 732 654884-140

Name: ....

Adresse: ....

Telefon: ....